中国科学院大学研究生教材系列

精密时间的产生与测量

李孝辉 袁海波 刘 娅 著

国防工业出版社

·北京·

内 容 简 介

现代无线电导航系统，依托精密时间测量实现定位和授时，教材从时间和导航的关系入手，使学生全面理解时间对导航的重要作用，理解现代授时系统的工作原理。以授时为基础，进一步分析产生标准时间的守时系统和用户定时应用的时间统一系统，全面介绍精密时间的产生、传递和应用涉及的技术和方法。使学生了解卫星导航系统中的时间同步原理与方法，掌握现代守时技术、高精度时间传递技术、时间测量技术和时间统一技术，能针对现代各种电子系统的实际需求，设计出合理先进的时间统一系统。

作为研究生教材，本书可以作为卫星导航、时间频率专业的研究生以及相关领域人员的入门参考书。

图书在版编目（CIP）数据

精密时间的产生和测量 / 李孝辉，袁海波，刘娅著.
北京：国防工业出版社，2025.7. ——（中国科学院大学研究生教材系列）. —— ISBN 978 – 7 – 118 – 13646 – 3

Ⅰ. TN967. 1

中国国家版本馆 CIP 数据核字第 2025KJ7156 号

※

*国防工业出版社*出版发行
（北京市海淀区紫竹院南路23号　邮政编码100048）
三河市天利华印刷装订有限公司印刷
新华书店经售
*

开本 710×1000　1/16　印张 21　字数 375 千字
2025 年 7 月第 1 版第 1 次印刷　印数 1—1500 册　定价 105.00 元

_____

（本书如有印装错误，我社负责调换）

国防书店：（010）88540777　　书店传真：（010）88540776
发行业务：（010）88540717　　发行传真：（010）88540762

前　言

在中国科学院大学，为硕士研究生讲授《精密时间的产生与测量》这门课程已经七年，每年都根据学生的情况对讲义进行调整和修改，并且不断根据时间频率学科的发展增加新的内容。现在，课程的基本框架和基本知识结构已经可以固定下来，能够确定教材内容了。

近几年来，随着北斗卫星导航系统、国家重大科技基础设施——高精度地基授时系统、国家导航定位授时体系、空间站高精度时间频率实验系统等重大工程的启动，时间频率领域呈现出蓬勃发展的态势，国家对时间频率方面的人才需求也是急剧上升。但由于时间频率属于综合性较强的交叉学科，很少有高校专门开设直接讲授时间频率基础知识的研究生课程，这方面的专业入门级书籍相对较少，不便于时间频率领域的从业人员快速掌握时间频率方面的基础技能。

出于这两个方面的考虑，很有必要出版一本介绍精密时间产生和测量的行业入门教材，使时间频率、卫星导航等相关专业的研究生能系统了解时间频率基础知识，培养学生在时间频率方面的基本研究能力，使学生掌握从事时间频率方面工程建设的基础技能。

本书根据时间的技术特点，设计为以下三个板块。

第一部分是时间与卫星导航。在介绍国家重大工程中时间的作用的基础上，重点介绍北斗卫星导航系统中的时间。导航的实现离不开时间，从时间的角度讲述导航，能够更透彻地理解导航和授时。通过对卫星导航的定位方法的分析，展示卫星导航基本原理，分析时间测量与传递对卫星导航的重要作用。通过介绍卫星导航系统中的时间流，引导读者了解卫星导航系统的主控站、监测站、卫星等各部分精密时间的产生与控制方法，让读者理解卫星导航系统作为时间的传递者和使用者的双重角色。最后，通过对一种虚拟星载原子钟工程实现案例的分析，系统展示卫星导航系统中时间校准的原理和实现方法，进一步加深读者对卫星导航的理解。

第二部分是国家标准时间产生方法。时间尺度算法就是平滑原子钟各种噪声的过程，引导读者熟悉当前常用的铯原子钟和氢原子钟的噪声特性，理解经典原子时算法的过程及其原理，并给出国际上几种有特色的时间尺度算法，通过比较让读者更加深入理解并掌握时间尺度算法。接下来,介绍国际标准时间的产生和应用,并以国际著名的守时实验室软硬件系统为例,具体说明现代守时系统的构成和时间产生与保持策略。最后,从共视时间比对与双向时间传递的数据处理入手,详细介绍两种时间传递技术的实现方法,以我国正在建设的国家时间频率体系为例,对守时系统的时间比对链路设计进行综合讨论,启发并引导读者思考高精度时间传递技术的重要意义。

第三部分是精密时间频率测量仪器与时间统一系统的设计。从时间频率测量方法和仪器的发展历程开始,介绍各种时间频率测量设备的测量原理与实现方法,为读者展示国际上先进的时间频率测量方法,介绍时频数据分析工具如何准确分析测量结果。在此基础上,给出一个典型的频率测量仪器从需求分析到设计实现的完整过程,使读者对时间频率测量有全面认识,并了解工程上实现一台测试仪器所需要考虑的各个关键环节。最后,分析现代电子系统对时间统一的要求,熟悉组成时间统一系统的各种设备,结合时间统一系统的具体实现案例,更加深入地剖析现代时间统一系统的实现技术,使读者在进一步深刻领会时间系统设计方法的基础上,能根据实际需求设计时间统一系统。

由于时间频率的技术特点复杂,编写人员需要有较为深厚的研究基础。编写第一部分的李孝辉研究员,编写第二部分的袁海波研究员,编写第三部分的刘娅研究员,均在中国科学院国家授时中心有二十年以上的从业经历,能够掌握所在领域的发展方向,所编写的内容都是他们研究工作的核心,相信对读者会有所帮助。本书在编写过程中,得到了董绍武研究员、刘音华研究员、薛艳荣研究员、张虹副研究员、张继海副研究员、樊多盛副研究员、赵志雄高级工程师等同志的帮助,在此表示感谢。也感谢中国科学院大学光电学院各位老师为本书编写提供的帮助。本书的出版得到中国科学院大学教材出版中心资助。

最后,由于作者的能力限制,本书难免会有错误,欢迎读者批评指正。

李孝辉

2025 年 3 月 20 日

目　　录

第1章　时间是现代计量的基础 ·· 1

1.1　测量与计量的发展 ·· 1

　1.1.1　计量的发展 ·· 2

　1.1.2　计量的意义 ·· 5

1.2　时间与现代计量 ·· 7

　1.2.1　主要物理量的定义 ·· 7

　1.2.2　时间是基本物理量定义的基础 ·· 10

　1.2.3　时间频率体系 ·· 12

1.3　测量误差与不确定度 ·· 12

　1.3.1　误差与不确定度的定义 ·· 12

　1.3.2　不确定度的评定 ·· 15

　1.3.3　不确定度和误差的区别与联系 ·· 19

1.4　参考文献 ·· 20

1.5　思考题 ·· 21

第2章　从天文导航到无线电导航 ·· 22

2.1　利用月亮和摆钟的天文导航 ·· 22

　2.1.1　导航的重要性 ·· 22

　2.1.2　导航的前提是经度和纬度 ·· 23

　2.1.3　月距法和钟表法的实现 ·· 25

2.2　利用现代原子钟的无线电导航 ·· 35

　2.2.1　天文导航和无线电导航的区别 ·· 35

　2.2.2　无线电导航的基础是伪随机码 ·· 36

　2.2.3　利用伪随机码测量伪距 ·· 38

2.3　无线电导航中位置的确定方法 ·· 40

　2.3.1　卫星导航系统定位的原理 ·· 40

　2.3.2　伪距方程组的解法 ·· 41

　2.3.3　定位和授时对系统时间的要求 ·· 45

　　　2.3.4　多普勒测速对系统时间的要求 ················· 46

　2.4　参考文献 ·········· 47

　2.5　思考题 ·········· 47

第3章　卫星导航系统中的时间 ········· 49

　3.1　卫星导航的系统时间 ········· 49

　　　3.1.1　各卫星导航系统的系统时间 ········· 49

　　　3.1.2　系统时间偏差及其对多系统导航的影响 ········· 53

　　　3.1.3　系统时差的两种常规处理方法 ········· 55

　3.2　导航卫星的本地时间 ········· 59

　　　3.2.1　星载原子钟与星上参考时间和频率 ········· 59

　　　3.2.2　导航卫星参考时间和频率生成方法 ········· 60

　　　3.2.3　导航卫星参考时间和频率的控制方法 ········· 69

　3.3　接收机的本地时间 ········· 71

　　　3.3.1　绝对时延的定义及其与群时延的关系 ········· 71

　　　3.3.2　基于信号模拟器的定时接收机时延校准 ········· 72

　　　3.3.3　依托参考时间的定时接收机时延校准 ········· 74

　3.4　参考文献 ·········· 76

　3.5　思考题 ·········· 77

第4章　虚拟星载原子钟的工程实现 ········· 79

　4.1　虚拟星载原子钟实现的条件 ········· 79

　　　4.1.1　中国区域定位系统的组成结构 ········· 79

　　　4.1.2　CAPS 的特点 ········· 82

　4.2　虚拟星载原子钟时延改正技术 ········· 83

　　　4.2.1　上行时延测量与改正技术 ········· 83

　　　4.2.2　虚拟星载原子钟时间校准的要求 ········· 85

　　　4.2.3　虚拟星载原子钟的效果 ········· 92

　4.3　基于通信振荡器实现多普勒测速信源 ········· 97

　　　4.3.1　虚拟星载原子钟频率校正的要求 ········· 98

　　　4.3.2　双载波频差提供测速信源 ········· 100

　　　4.3.3　单载波实时预偏提供测速信源 ········· 105

　4.4　参考文献 ·········· 109

　4.5　思考题 ·········· 109

第5章　原子钟的性能分析 ········· 111

　5.1　从日晷到原子钟 ········· 111

　　5.1.1　计时工具的发展 ……………………………………… 111

　　5.1.2　原子钟的原理 …………………………………………… 115

5.2　原子钟噪声特性 …………………………………………………… 117

　　5.2.1　原子钟噪声模型 ………………………………………… 117

　　5.2.2　原子钟五种常见噪声时域表象 ………………………… 120

5.3　原子钟性能时域表征 ……………………………………………… 126

　　5.3.1　原子钟频率稳定度表征方法 …………………………… 126

　　5.3.2　原子钟相对频率偏差表征方法 ………………………… 134

　　5.3.3　原子钟频率漂移 ………………………………………… 135

5.4　参考文献 …………………………………………………………… 135

5.5　思考题 ……………………………………………………………… 136

第6章　原子时与协调世界时 ………………………………………… 138

6.1　从国际原子时到协调世界时 ……………………………………… 138

　　6.1.1　真太阳时和平太阳时 …………………………………… 138

　　6.1.2　世界时 …………………………………………………… 140

　　6.1.3　历书时 …………………………………………………… 141

　　6.1.4　原子时与国际原子时 …………………………………… 141

　　6.1.5　闰秒与协调世界时 ……………………………………… 142

6.2　典型的原子时算法分析 …………………………………………… 145

　　6.2.1　原子时计算基本原理 …………………………………… 146

　　6.2.2　ALGOS 原子时计算方法 ……………………………… 150

　　6.2.3　AT1 原子时计算方法 …………………………………… 155

6.3　其他原子时计算方法 ……………………………………………… 157

　　6.3.1　卡尔曼加权原子时算法 ………………………………… 157

　　6.3.2　TAC 原子时算法 ………………………………………… 159

6.4　参考文献 …………………………………………………………… 160

6.5　思考题 ……………………………………………………………… 161

第7章　标准时间产生方法 …………………………………………… 162

7.1　现代守时系统基本配置 …………………………………………… 162

　　7.1.1　现代守时系统的组成 …………………………………… 162

　　7.1.2　小型守时系统设计 ……………………………………… 172

7.2　UTC 产生 ………………………………………………………… 173

　　7.2.1　UTC 产生过程 ………………………………………… 174

　　7.2.2　时间的国际溯源 ………………………………………… 175

7.2.3 我国国家标准时间溯源关系 ·················· 175

7.3 国外的国家标准时间产生系统 ·················· 176

7.3.1 美国的标准时间产生系统 ·················· 176

7.3.2 欧盟的标准时间产生系统 ·················· 178

7.3.3 俄罗斯的标准时间产生系统 ·················· 179

7.4 中国的国家标准时间产生系统 ·················· 180

7.4.1 国家授时中心和国家标准时间 ·················· 180

7.4.2 国家标准时间本地信号实时驾驭流程 ·················· 182

7.4.3 国家标准时间性能 ·················· 183

7.4.4 我国其他守时系统 ·················· 184

7.5 参考文献 ·················· 186

7.6 思考题 ·················· 186

第8章 国家标准时间传递方法 ·················· 188

8.1 基于卫星导航系统的高精度时间传递 ·················· 188

8.1.1 GNSS 共视时间传递 ·················· 188

8.1.2 GNSS 全视时间传递 ·················· 192

8.1.3 GNSS 载波相位时间传递 ·················· 193

8.2 卫星双向时间传递 ·················· 205

8.3 其他高精度时间传递方法 ·················· 206

8.3.1 光纤时间传递 ·················· 207

8.3.2 激光时间传递 ·················· 208

8.4 参考文献 ·················· 209

8.5 思考题 ·················· 210

第9章 时间间隔和频率测量基础 ·················· 212

9.1 时间频率测量技术的发展 ·················· 212

9.1.1 原始阶段的时间测量 ·················· 212

9.1.2 以地球转动为基础的天文学时间测量 ·················· 213

9.1.3 电子学测量阶段 ·················· 213

9.2 时间频率测量的基本概念 ·················· 215

9.3 时间间隔测量技术 ·················· 216

9.3.1 直接时间间隔测量 ·················· 216

9.3.2 高分辨率时间间隔测量 ·················· 218

9.4 频率直接测量技术 ·················· 220

9.4.1 测频法 ·················· 220

9.4.2　测周期法 ……………………………………………… 221

9.4.3　李沙育图形法 ………………………………………… 222

9.4.4　时差法 ………………………………………………… 222

9.4.5　分辨率改进型频率计 ………………………………… 224

9.5　参考文献 …………………………………………………… 226

9.6　思考题 ……………………………………………………… 227

第 10 章　现代精密测频技术和设备分析 …………………………… 228

10.1　分辨率提高的频率测量方法 ……………………………… 228

10.1.1　差拍法 ………………………………………………… 228

10.1.2　零差拍法 ……………………………………………… 230

10.1.3　倍频法 ………………………………………………… 231

10.1.4　频差倍增法 …………………………………………… 232

10.1.5　比相法 ………………………………………………… 234

10.1.6　双混频时差法 ………………………………………… 236

10.1.7　经典测频方法总结 …………………………………… 238

10.2　现代测频系统及方法 ……………………………………… 240

10.2.1　多通道频标稳定度分析仪 …………………………… 240

10.2.2　信号稳定度分析仪 …………………………………… 242

10.2.3　比相仪 ………………………………………………… 245

10.2.4　频率比对仪 …………………………………………… 247

10.2.5　相位噪声测试系统 …………………………………… 250

10.2.6　数字化测频方法 ……………………………………… 253

10.2.7　异频相位重合检测测频方法 ………………………… 255

10.2.8　各系统特点小结 ……………………………………… 259

10.3　参考文献 …………………………………………………… 260

10.4　思考题 ……………………………………………………… 261

第 11 章　频率测量仪器设计实例 ………………………………… 263

11.1　差拍数字化测频方法 ……………………………………… 263

11.1.1　差拍数字化测量解决的关键问题 …………………… 263

11.1.2　频率测量原理 ………………………………………… 265

11.2　系统误差分析 ……………………………………………… 268

11.2.1　正弦差拍信号失真影响 ……………………………… 269

11.2.2　量化及算法误差 ……………………………………… 270

11.2.3　误差校准方法 ………………………………………… 273

　　11.2.4　公共参考源噪声影响 ……………………………………… 275

11.3　差拍数字化测量实现技术 ……………………………………… 276

　　11.3.1　系统组成 ……………………………………………………… 276

　　11.3.2　系统测试 ……………………………………………………… 277

11.4　参考文献 ……………………………………………………………… 288

11.5　思考题 ………………………………………………………………… 289

第12章　时间统一系统的工程实现 …………………………………… 290

12.1　时间统一系统的发展和应用 …………………………………… 290

　　12.1.1　时间统一系统的发展 ………………………………………… 290

　　12.1.2　在导弹航天领域的应用 ……………………………………… 292

　　12.1.3　在电力领域的应用 …………………………………………… 293

　　12.1.4　在科研领域的应用 …………………………………………… 293

　　12.1.5　在国防领域的应用 …………………………………………… 294

　　12.1.6　在通信领域的应用 …………………………………………… 294

12.2　时间统一系统设计 ………………………………………………… 295

　　12.2.1　时间统一系统组成 …………………………………………… 295

　　12.2.2　时间统一系统主要性能要求 ………………………………… 297

　　12.2.3　时间统一系统关键技术 ……………………………………… 299

12.3　时间统一系统实施方案 …………………………………………… 305

　　12.3.1　需求分析 ……………………………………………………… 306

　　12.3.2　方案设计 ……………………………………………………… 308

　　12.3.3　系统主要组成设备 …………………………………………… 310

　　12.3.4　关键指标测试方法 …………………………………………… 317

12.4　参考文献 ……………………………………………………………… 324

12.5　思考题 ………………………………………………………………… 324

第1章 时间是现代计量的基础

测量是人类认识世界的基本手段，当测量被赋予法律意义后，就成了计量。在现代计量体系中，直接通过无线电信号传递的便捷性以及电子化的易实现性，使得时间成为现代计量体系的基础。通过对国际单位制形成过程的分析，展现了基本物理量定义的发展，揭示了使用时间定义基本物理量定义的必然性。最后，给出了表征测量性能的两个主要指标，测量误差与不确定度的区别与联系。

1.1 测量与计量的发展

法国巴黎，国际计量局，一年一度的重要时刻来临了。国际计量局主任、巴黎国家档案馆主任、国际度量衡委员会主席，三个人又聚在一起了，因为他们三个都各有一把不同但世界上唯一的钥匙。

慢慢地走进地下室。国际计量局主任拿出自己的钥匙，慢慢地打开了最上面的一把锁，巴黎档案馆主任打开了中间的锁，国际度量衡委员会主席打开了最下边的锁。

沉重的大门慢慢打开，一眼就能看到，整个地下室里只有一个特大型的保险柜，打开保险柜，里面有一个三重的钟形玻璃罩，里面放着一个圆柱形金属物体。

看到这个圆柱形金属物体，他们相互对视了一眼，轻舒一口气，小心地关上保险柜，轻轻地退出地下室，慢慢地关上那有三把钥匙才能打开的大门，又长舒一口气，今年这个神圣的使命就完成了。

这就是一年一度的巡检，巡检的对象就是国际千克原器，巡检时不能对国际千克原器做任何操作，只是确认它还在。

没错，每年的巡检就是确认这个一千克的家伙还存在，国际千克原器可能是世界上利用率最低的设备，从 1889 年到 2019 年的 130 年中，国际千克原器只出场工作了 4 次，每次只校准 6 个副本，这 6 个副本却被用作校准各个国家的质量基准。

利用率这么低的设备，还要花这么大的力气保存，有没有必要？要明白这件事，还要从世界的计量体系上来说。

1.1.1 计量的发展

计量是对测量的规范。人类要认识世界和改造世界，首当其冲的就是要开展大量的测量活动。但是，经常发现不同人的测量结果不同，这给认识世界带来了麻烦。为了能够使测量的结果更加可信，让不同人的测量结果能够统一，计量就产生了。计量就是实现单位统一、量值准确可靠的活动。它属于测量，源于测量，但又严于一般测量，是测量的一种特定形式。

计量在中国已有近五千年的历史，在国际上，一般把计量的发展分为三个阶段：古典计量阶段、经典计量阶段和现代计量阶段。

1.1.1.1 古典计量阶段

人类从利用工具到制造工具的过程中，必须要做的一件事情就是分析一件物体的大小、宽窄、轻重、软硬等，在长期的实践过程中形成量的概念。在自然界漫长的演化过程中，人们最先学会的就是用自身的感觉器官去测量，例如用耳朵听、用眼睛看、用手臂量等。但是，不同人的感觉器官有差异，自我的感觉也有差异。为了统一不同人的不同感觉，实现测量的统一，人们开始寻找"计量基准"来统一测量活动。很自然的，最先使用的计量基准就是人的器官，或者人们经常接触到的动物身体或者植物果实等。

《孔子家语》中记载"布手知尺、布指知寸，舒肘知寻，斯不远之则也"，就是用手确定长度。汉《小尔雅》中记载"跬，一举足也，倍跬为步"，可以理解成用步长确定面积。《小尔雅》记载"一手之盛谓之溢，两手谓之掬，掬，以一升也"，用两只手确定了体积。

《史记·夏本纪》中记载禹"身为度，称以出"。即禹在治理水患、丈量九州的过程中，就已经使用了自己的身高和体重作为长度和质量的基准，此外治水时还制作了准绳作为测量工具。禹统一了测量的标准，使测量结果一致，实质上就已经开始了计量工作。

周朝在广泛应用度量衡的同时，还强化了其政治含义，使其成了统治象征。据《礼记·明堂位》记载，周公"朝诸侯于明堂，制礼作乐，颁度量，而天下大服"，从此开始把计量制度上升为国家法律。

春秋战国是我国计量发展的繁荣时期，诸侯国均建立了计量制度，但诸侯国的计量标准并不统一。秦始皇统一全国后，实行"一法度衡石丈尺，车同轨，书同文字"等一系列巩固中央集权的措施。以皇帝权威，颁布了全国统一度量衡的诏令，并对计量器具的校准周期和校准时的环境条件都做了严格的规定。这是我国计量史上的里程碑事件，标志着计量正式进入了国家法制管理范畴。

在三国、两晋、南北朝时期，国家处于分裂状态，度量衡制度与法制一样，极其混乱，甚至出现"南人适北，视升为斗"的情况。直到隋代，才开始了中国第二轮统一度量衡的计量工作。

严格的度量衡技术和管理在我国有近 1300 年的发展史，尤其以唐宋元明清时期为盛。其中唐代《唐律疏议》中设置了关于度量衡的法律条文，这是中国历史上首次将度量衡的规定写入国家法律。

清宣统元年，国际社会逐步进入经典计量阶段，清朝皇帝也委托国际计量局制造了营造尺和库平两铂铱合金原器，启动了用国际先进计量科学技术对中国古代度量衡的改造工作，标志着中国也进入了经典计量阶段。

1.1.1.2　经典计量阶段

古代主要是依据自然物体来确定计量单位，由于自然物体的差异，准确性难以保证，且由于世界各国采用了不同的测量标准器具、不同的测量单位和测量方法，大大阻碍了各国的经济发展和贸易往来。到了 18 世纪，随着世界经济和贸易的飞速发展，统一世界各国计量单位制的问题已经迫在眉睫。

18 世纪末，法国创立了"米制"测量单位制，以经过巴黎的地球子午线的四千万分之一作为长度单位"米"；长宽高均为十分之一米长度的立方体作为容量单位"升"；以一升纯水在 4℃时的质量作为质量单位"千克"。这种制度是十进位制，完全以"米"为基础，因此得名。

法国政府根据科学家们实地测定的敦刻尔克到巴塞罗那之间的地球子午线的弧长和给定体积纯水的重量的结果，制成铂基准米尺和铂基准千克，保存在法国巴黎档案局，并从法律上分别赋予这两个基准为"1 米"和"1 千克"的值，但是，不久以后发现"档案米"比经过巴黎的子午线四千万分之一的长度约短 0.2mm，"档案千克"也不是准确等于一立方分米的纯水在 4℃时的质量。

尽管存在准确性问题，法国创立的米制还是逐渐被许多国家广泛应用。首先是荷兰、比利时和卢森堡。接着，阿尔及利亚、智利、西班牙、墨西哥、葡萄牙、意大利、巴西等国也相继采用。随后，德国、美国、英国等也采用了这样的单位。

1872 年 8 月，法国政府邀请一些国家派代表到巴黎开"国际米制委员会"，有 24 个国家派了代表。与会代表赞成普遍采用"米制"，并认为应该按照巴黎档案局保存的"米"和"千克"复制出一些原器分发给各国使用。1875 年 3 月 1 日，法国政府召开了"米制外交会议"，有 20 个国家派出了政府代表和科学家出席。会议批准了国际米制委员会的建议。

1875 年 5 月 20 日，俄、法、德、美、意等 17 国的代表正式签署了"米制公约"。公约约定米制作为国际通用的计量单位制，并决定成立国际计量委员会和国际计量局，负责组织制造铂铱合金"米"和"千克"原器，如图 1.1.1 所示。

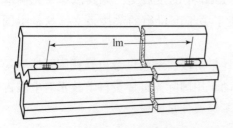

图 1.1.1　国际米原器和保存于三层玻璃罩内的国际千克原器

1889 年，国际计量局完成了一批"米"和"千克"原器的制造工作。同年在巴黎召开了第一届国际计量大会，从制作的原器中选出了作为统一国际长度和质量单位的米尺和砝码，称为米制的"国际原器"，由国际计量局保存。大会还批准将其余的米尺和砝码发给米制公约签字国，作为各国的最高计量基准器。并约定各国的基准器需定期与国际原器比对，以保证其量值一致。至 1985 年 12 月，共有 47 个国家加入了米制公约，我国也于 1977 年 5 月 10 日参加该公约。

米制虽然有许多优点，但也存在局限性。当时规定的测量单位，只涉及生产和商品交换中经常使用的长度、质量、体积等量的单位，远远满足不了物理学和技术科学研究的需要。随着生产和科学技术的发展，米制之外出现了许多单位制，如厘米·克·秒制、米·千克·秒制、米·吨·秒制等，还出现了一些不属于任何一种单位制的制外专用单位，如马力、毫米汞柱、克拉等。

这样一来，单位制又多了起来，特别是许多国家还有本国历史上遗留下来的单位制，多种单位制在一个国家内并用，互相之间又缺乏科学联系，实际应用时不得不进行复杂的换算。这不仅造成了人力、物力和时间上的巨大浪费，还严重妨碍了生产和科学技术的发展与国际经济技术交流。因此，进一步改进和统一计量单位制，成为人们十分关心的问题。

1.1.1.3　现代计量阶段

在国际计量委员会的组织下，科学家们在原有米制的基础上，建立了一种更为科学、更为简单、更为实用的新的单位制，即 1960 年第十一届国际计量大会正式通过的国际单位制。这标志着现代计量的开始，计量由以经典理论为基础转变为以量子理论为基础，由宏观实物基准转变为微观量子基准。

根据量子理论，微观世界的量只能不连续地阶跃式跳变，而不可能发生任意的微小变化；同一类物质的原子和分子严格一致，不随时间和地点而改变。这就是微观世界的所谓稳定性和统一性。建立在量子理论基础上的微观自然基准，或称量子基准，比宏观实物基准更精确、更稳定、更可靠。

国际单位制是在米制基础上发展起来的单位制，于 1960 年第十一届国际计量大会（General Conference of Weights & Measures，CGPM）通过并推荐各国采用，其国际简称为 SI（international system of units，国际单位制）。

各种物理量通过描述自然规律的方程及其定义而彼此相互联系。为便于表征，使用 7 个相互独立的物理量作为基本量，其他量则根据基本量和转换方程来导出，称为导出量。在国际单位制中，7 个基本单位是：长度（米）、质量（千克）、时间（秒）、电流（安培）、热力学温度（开尔文）、物质的量（摩尔）和发光强度（坎德拉）。根据基本单位可以导出各种由基本单位组合形成的单位。另外，国际单位制中还定义了辅助单位，目前只有弧度和球面角两个几何单位。当然，辅助单位也可以再通过组成导出其他单位。

1.1.2　计量的意义

计量的产生，是为了国家统一和国际交流。计量的意义也就非同一般，是国家统一和稳定的象征，是社会稳定发展的基础。

1.1.2.1　国家统一的重要标志

计量的起源与发展和国家的运转密不可分。国家机器的运转，如征收赋税、发放俸禄、兴修水利、建造城垣、制造兵器、组织生产、交换物资、分配资源等等，都离不开计量技术的保障。历代统治者对此都有清晰的认识，把计量作为行使统治权力的象征来对待。

《论语·尧曰》："谨权量，审法度，修废官，四方之政行焉。"《淮南子·本经训》："谨于权衡，审乎轻重，足以治其境内矣。"这都是政论家们给君王的献策。秦以后历代新王朝建立伊始，都要考校度量衡制度，颁发新标准器，昭告天下，使民众听命于新王朝的统治。

今天北京故宫博物院太和殿和乾清宫前，还分别陈列着计量容积的鎏金铜嘉量和计时的日晷。太和殿是清代皇帝举行仪典的场所，乾清宫是召见大臣的地方，在这两处放置日晷和嘉量，象征着国家的统一和强盛。

1.1.2.2　社会发展的基础

山东临沂西汉墓竹简，其中有几枚记载了春秋时吴国国君与军事家孙武的一段对话。吴王问孙武道："在晋国的六卿中，谁先灭亡？"孙武回答说："范氏、中行氏先亡，其次是智氏，再次是韩氏、魏氏，最后由赵氏统一晋国。"孙武预测的依据是各卿施行的赋税政策以及所采用的亩制。他说，范氏、中行氏用

160 平方步为 1 亩，魏氏用 180 平方步为 1 亩，赵氏则用 240 平方步为 1 亩。范氏、中行氏亩积小，同样按亩数征收赋税，他们辖下民众的负担就会沉重，这必然会导致失去人心，将最先灭亡。接着智氏、韩氏、魏氏也将相继灭亡。赵氏的亩积最大，又免征税收，民众归心，晋国当然是属于他的。历史记载后来的发展大势正如孙武分析，只是韩、魏没有亡，而造成了韩、魏、赵"三家分晋"的局面。

同样在春秋时期，齐国的田氏也把改革量制作为夺取姜氏政权的手段。对田氏的做法，齐国大臣晏婴曾有过类似孙武的分析。这都说明，国家政治经济的发展，与计量密切相关。

科学技术发展的基础是测量，而计量是测量的科学，因此计量的发展与科学技术进步密切相关。以中国古代为例，计量对古代数学、天文学、音律学、医学、钱币学的发展和进步有着不可或缺的作用，它们互相促进，携手创造了灿烂的中华文明。

1.1.2.3 国家法典的关注对象

由于度量衡的社会性，其单位制必须是法定的，国家对度量衡予以法制管理，才能确保其制度的统一。

秦国在商鞅变法基础上制定的《秦律》，严格规定了使用度量衡器具允许误差的范围，超差的就要对主管人员罚以兵器错甲或盾牌。

《三国志·武帝纪第一》中有关于曹操擅弄权谋的记事，名著《三国演义》据之做了描述：曹操统率大军进攻袁术的城池寿春，久攻不克，军中缺粮，曹操授意管粮官王垕以小斛分发粮食，引起将士不满。事发后，曹操以克扣军粮罪诛杀了王垕，以此激励将士奋勇作战，终于攻克了寿春。这则故事虽主要是揭露曹操"酷虐变诈"，但也证实汉代已有计量立法。

《唐律疏议》中有两条计量条文，一条是关于法制检定的，一条是关于私造度量衡器具的，都规定对使用不规范的度量衡器具或在器具上做手脚侵吞国家财物或造成对方损害的，要处以杖刑。

自唐以后各代的典章中，都有关于惩处违反计量公平、公正行为的法律条文。史书上也有严惩不法者的个案记载。但在封建社会里，官吏、地主、大商贾相互勾结，利用度量衡器具剥夺平民百姓，是司空见惯的，法律条文往往徒有其名。

1.1.2.4 诚信是计量的灵魂与象征

《汉书·律历志》开首记录："虞书曰：及同律度量衡，所以齐远近立民信也"。统一度量衡的目的之一就是取信于民，也让人民诚信。古代木杆秤有 16 颗秤星，取自北斗七星、南斗六星、"福禄寿"三星，寓意天人合一，公平天地鉴。短一两，损福；少二两，失禄；缺三两，折寿。

计量的一切都是人为制造，包括设立了计量单位，确定基本单位的计量定义。正因为计量是人创造的，所以"诚信"就应该是它的灵魂。

准确、公平、公正、诚信是计量实施应遵循的基本准则，这也与社会主义核心价值观完全一致。

1.2　时间与现代计量

七个基本物理量是现代计量体系的基础，其单位定义的发展经历了漫长的历程，主要的趋势是定义的精度越来越高，本节简单回顾几个主要单位的发展过程。

1.2.1　主要物理量的定义

七个基本单位制中，最复杂的是质量的单位千克（kg），最有意思的是长度的单位米（m），最有用的是时间的单位秒（s）。

1.2.1.1　时间的单位

在人类观察到的自然现象中，以来自天空的现象最为直观，也最有规律，所以很自然地将地球自转的周期作为时间量度的基准，这就是太阳日。秒长定义为1 个平太阳日的 1/86400。但是由于地球自转并不均匀也不稳定，1960 年国际计量大会确认，把时间量度的基准改为以地球围绕太阳公转的周期为依据，秒长定义为在 1900 年地球绕太阳运动一周所需时间的 1/31556925.9747。这一数据之所以有如此高的精确度，是因为经过了为期数年的一系列天文观测获得。

然而维持该定义精确性不但观测难度大，并且地球自转本身的不均匀性也限制了这种秒长定义的实现精度，随着时间和频率测量技术的发展，特别是原子钟技术的发展，1967 年第十三届国际计量大会重新确定了时间单位的定义："秒是铯 – 133 原子基态的两个超精细能级之间跃迁所对应辐射的 9192631770 个周期的持续时间。"

随着原子钟技术的发展，复现秒定义的基准型原子钟的不确定度已经达到10^{-16}，光钟的不确定度更是达到 10^{-18}，为实现更加精确的秒创造了可能。七个基本物理量中，时间是测量精度最高的物理量，时间信号最显著的计量特征是可以直接将国家标准时间传递到用户，而不必像其他物理量一样分级传递，获得了广泛的关注。对比长度的单位和质量的单位可知，如果能将物理量的定义转化为时间的计量，计量的准确性和便捷性将会极大地提高。在 2019 年的计量大会上，对基本物理量的重新定义，已经迈出了物理量定义转化的关键一步。

1.2.1.2　长度的单位

古代常以人体的一部分作为长度的单位。"布指知寸，布手知尺，舒肘知寻。"两臂伸开长八尺，就是一寻。可见，古时丈量物体的长度，寸根据指头长度确定、尺根据手的长度确定、寻根据身体的长度确定，有一一对应的关系。西方古代经常使用的长度单位中有一种"腕尺"，大概是 52~53 厘米（cm），主要是根据手的中指尖到肘之间的长度确定的。

也有用实物作为长度单位依据的。例如，英制中的英寸来源于三粒圆而干的大麦粒一个接一个排成的长度，中国也把几颗粟米并排在一起确定一种长度单位。

多少年来世界各国通行种类繁多的长度单位，甚至一个国家或地区在不同时期所采用的长度单位也不相同，不够统一，对商品流通造成许多麻烦。随着交流和合作范围的扩大，长度单位的不统一造成了极大混乱，统一长度单位的必要性益发迫切。

从 1792 年开始，法国就开始了利用自然界的恒量定义长度的努力，天文学家测量从南到北穿过巴黎天文台的一条子午线的长度，用 7 年的观测数据确定了准确的长度数据，取其四千万分之一为 1m，并制成了的铂质米原器，这支米原器一直保存在巴黎档案局里。后来发现所保存的米原器长度小了 0.2mm，经过分析，发现是原来测量的子午线长度误差所致。尽管如此，考虑到测量技术还会不断进步，势必会再发现偏差，与其修改米原器的长度，不如就以这根铂质米原器为基准，这样也能确保长度计量单位的统一。

1875 年 5 月 20 日，米制公约的成员国决定成立国际计量委员会和国际计量局。国际计量局经过几年的研究，用含铂 90%、铱 10% 的合金精心设计和制成了 30 根横截面呈 X 形的米原器。这种铂铱合金做成的物体坚固又省材料，最大的特点是膨胀系数极小，是制造米原器的理想材料。这 30 根米原器分别跟铂质米原器比对，取其中误差最小的一根作为国际米原器。1889 年，国际计量委员会宣布："1m 的长度等于这根截面为 X 形的铂铱合金尺两端刻线记号间在冰融点温度时的距离"。

由于刻度制作工艺和测量方法等方面的原因，米原器的长度并不一定是 1m，有一定误差，这个误差不小于 $0.1\mu m$，即相对误差可达 10^{-7}。此外，随着时间积累，很难保证米原器不发生变化，再加上世上唯一的米原器，可能存在人为或非人为破坏的风险。综上原因，随着科学与技术的发展，让长度基准更科学、更方便和更可靠，而不是依赖某一个实物的尺寸，成为长度计量新的发展目标。

1927年确定1m的长度等于镉（Cd）红色谱线长度的1553164.13倍，这是人们第一次找到了可定义米长的非实物标准。后来，科学家又发现氪（^{86}Kr）的橙色谱线比镉红线还要稳定。1960年，在第十一届国际计量大会上，决定用氪（^{86}Kr）橙线代替镉红线，并决定把米的定义改为："米的长度等于氪（^{86}Kr）原子的2P10到5d5能级之间跃迁的辐射在真空中波长的1650763.73倍。"该定义下长度基准的相对误差不超过4×10^{-9}，相当于在1km长度测量中误差小于4mm，精确度远高于米原器。

但是原子光谱波长太短，又难免受电流、温度等因素的影响，复现的精确度仍受限制。20世纪60年代以后，随着激光的出现，科学家们发现用激光代替氪谱线，可以测得更准确的长度。利用真空中光传播速度的不变性，测量激光通过某一长度所经历的时间间隔，就可以测定该长度，用于定义长度的单位。

1983年10月，第十七届国际计量大会通过了米的新定义："米是光在真空中1/299792458s的时间间隔内所经路程的长度"。新的米定义有重大科学意义。从此光速成了一个常数值，长度单位统一到时间上，利用高度精确的时间计量能力，可以大大提高长度计量的精确度。

1.2.1.3 质量的单位

古代质量单位也有多种形式，这一点与长度单位类似。例如：我国秦代度量衡制度中规定：1石是4钧，1钧为30斤，16两是1斤，1斤相当于现在的0.256kg。后来将一千二百粒黍子的重量规定为十二铢，二十四铢为一两，十六两为一斤。波斯的质量单位是卡拉萨（Karasha），相当于约0.834kg。埃及的格德特（Gedet），约9.33g。英制中以磅（Pound），盎司（Ounce），打兰（Dram），格令（Grain）作单位：1磅=16盎司=265打兰=7000格令。不列颠帝国曾用纯铂制成圆柱体，作为磅原器，高约1.35inch，直径1.15inch。

现代使用的质量单位千克是法国科学家用长度单位导出的：1L纯水在最大密度（温度约为4℃）时的质量，为1kg。1799年法国在制作铂质米原器时，也制作了铂质千克原器，保存在巴黎档案局里。

随着测量能力提升，科学家发现铂质千克基准并不等于1L最大密度纯水的质量，实际测得为1.000028L。于是在1875年米制公约会议之后，用含铂90%、铱10%的合金制成了千克原器，一共做了三个，在与巴黎档案局的铂质千克原器比对后，选定其中一个成为新的千克原器，作为国际上公认的质量标准源。

国际计量局的专家们非常仔细地将千克原器保存在特殊地点，并用三层玻璃罩好，其中最外层玻璃罩为半真空状态，以防空气和杂质进入。此外，还以千克原器为标准，复制了四十个铂铱合金圆柱体，分发给各会员国作为各国质量基准。跟米原器一样，千克原器也需要周期性检定，以确保其稳定可靠。

如何提高国际质量标准的精度和可靠程度，是人们一直在研究的问题。

大概每隔 30 年，计量专家都会从地下室取出国际千克原器，进行清洁，并与其他六个也保存在同一地下室内的官方副本进行比较。从图 1.2.1 可以看出，第二次世界大战之后和 1992 年的两次测量都显示副本比国际千克原器略重。很明显，国际千克原器的质量不变而 6 个副本的质量都同时增加的可能性很低，一个更为可能的解释是，"国际千克原器的质量在减小"，国际度量衡局主任米歇尔·斯托克（Michael Stock）说。

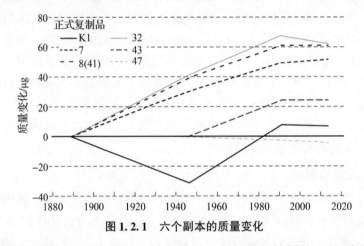

图 1.2.1　六个副本的质量变化

没人知道为何国际千克原器会丢失质量，人们对它的保护已经到了不能接受任何其他的测试的地步，所以没法弄清楚原因。这个疑案导致了一些现实问题，随着过去几十年的技术进步，在分子水平上对质量的精确测量已成为工业领域的家常便饭。在测量微克级别物体的质量时，如果用人造千克原器作为标准，想要精确到小数点后三位，在小尺度上误差就会非常大，这几乎是不可容忍的。

怎么才能使千克的定义更为准确？这是个难题。

1.2.2　时间是基本物理量定义的基础

目前的国际单位制定义已经能够满足人们生活日常测量所需，但是对现代科学中的极端测量场景来说，SI 这套工具就很糟糕。计量学家们还认为，基于特定的点或材料来定义单位既不简洁又可能会造成麻烦，最有前途的是用时间或者频率定义其他物理量。

现代计量体系向时间频率转化的趋势，让计量学家们看到了曙光。2018 年给出了七个基本物理量的定义，都与时间频率有关。这是 1960 年国际单位制

（SI）出现以来最大的一次更新。国际计量委员会基于物理常数，而非抽象标准或任意选定的衡器，重新定义了四个基础单位：安培、千克、开尔文和摩尔。2018 年 10 月 16~20 日，国际计量局在巴黎召开的会议上审核了这项计划。会议形成推荐方案，于 2018 年 11 月提交给负责监管 SI 的国际计量大会，2019 年 5 月 20 日该方案获得通过并启动实施。

曾经，千克的定义是一块存于巴黎档案局金属的质量；电流单位安培的定义是一场假想实验中两根无限长导线之间的作用力；摩尔的定义是基本微粒个数与 0.012kg 碳 12 中原子数量一致的系统中物质的量；开尔文的定义是基于水的三相点，即水、冰、蒸汽达到热力学平衡共存时的温度和压强。现在，根据新方案，这四个基础单位将基于物理常数重新计算。例如，安培是以电子电荷为基础的。

计量单位的重新定义基本不会影响日常测量，但对需要高精度测量的专业领域，重定义后可以允许在任何时间、任何地点、以任何规模进行多种方式的测量而不会损失测量精度，能在更高精度前提下显著改善计量单位使用的便捷性。

这项工作并不是一蹴而就的，为了确定单位定义所需要基础物理常数的值，科学家已经努力了几十年，最难的是千克的定义，直到 2015 年才完成。

从图 1.2.2 中可以看出，现在的基本单位定义都直接或者间接与时间频率有关，这就是时间频率日益重要的原因。发达国家都在建设和完善时间频率体系，我国也一样。

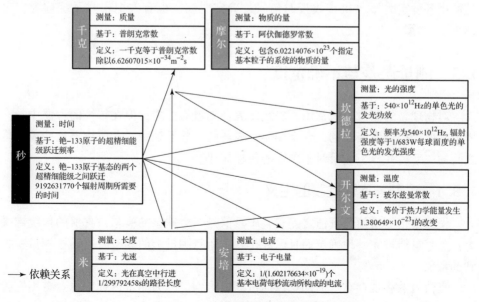

图 1.2.2 目前的基本单位的定义

1. 2. 3 时间频率体系

国家时频体系是由守时系统、授时系统、用时系统、基础技术和保障环境等相互关联要素构成的有机整体。守时系统、授时系统、用时系统是国家时频体系的物质载体，一般称为时间频率系统。时间频率系统是国家重要的基础设施，是时频体系建设的主体内容。基础技术是时频体系的支撑，保障环境是时频体系建设的必要条件，主要包括管理协调、政策法规、标准规范、产业应用、人才队伍、国际合作、学科建设等。

守时系统通常由一个或多个守时实验室构成，产生和保持高精度的时间和频率信号，支持授时系统的时间溯源。

授时系统向用户发播标准时间和标准频率信号。有两种途径。一种是专用授时系统，例如，我国的 BPL（国际统一呼号）长波授时系统、BPM（国际统一呼号）短波授时系统、BPC（国际统一呼号）低频时码授时系统，美国的 WWVB（国际统一呼号）低频时码系统，日本的 JJY（国际统一呼号）低频时码系统，以及各国的电话授时和网络授时系统等；另一种是多功能的导航定位授时系统，例如美国的全球卫星定位系统（GPS）系统和罗兰 C（LORAN – C）系统，我国的北斗卫星导航系统、转发式卫星导航系统和"长河二号"导航系统等，这是目前国际上进行标准时间频率服务的重要手段。

用时系统主要包括各种定时接收机和时间统一系统设备，用时系统中，核心是使用各种定时接收机接收授时信号，确定时间，也有人把用时系统称为定时系统。

1.3 测量误差与不确定度

对物理量的测量，通常用不确定度表征测量的性能，但在传统的习惯中，有用准确度、稳定度表述的，也有用误差表述的，并不统一。本节给出这些表征量之间的关系，并分析测量时不确定的传递规律。

1. 3. 1 误差与不确定度的定义

误差是指测量值与真值之差。其中真值是一个理想的概念，真值的传统定义为：当某量能被完善地确定而且已经排除了所有测量上的局限时，通过测量所得到的量值。

真值虽然客观存在，但却难以通过测量得到。因为测量过程中总会有不完善之处，因此一般情况下不能得到误差。只有在可以用准确度足够高的实际值作为量的约定真值（即对明确的量赋予的值，有时称为最佳估计值、约定值或参考值）时才能计算误差。因此，误差也就无法知道。

若误差加了前缀，如标准误差、极限误差等，用于表征测量结果的不确定性，与误差定义并不一致，其值是可以估算的。测量不确定度是对测量结果补充说明的一个参数，用以表征合理赋予被测量值的分散性，它是评定被测量真值在某一个量值范围内获得的参数。显然，不确定度表述的是可观测量——测量结果及其变化，而误差表述的是不可知量——真值与误差，所以，从定义上看用不确定度表征比用误差更科学合理。

1.3.1.1　随机误差和系统误差

表征误差首先要分清误差的类型，有随机误差和系统误差两类。

随机误差是指对同一量的多次测量中以不可预测的方式变化的测量误差分量。例如，轴承的摩擦力变化、晶体振荡器信号周期在纳秒或者皮秒量级的变化、读取仪表数值时在一定范围内变动的视差影响、数字仪表末位取整数时的随机舍入过程等，都会产生随机误差分量。

VIM93 中关于随机误差的定义为：在重复性条件下，对同一被测量进行无限多次测量所得测量结果与平均值之差。其中重复性条件应包括：相同的测量程序、相同的观测者、在相同的条件下使用相同的测量仪器在同一地点进行的短时间内重复测量。

随机误差分量是测量误差的一部分，其大小和符号虽然不可预测，但在同一量的多次测量中，它们的分布常常满足一定的统计规律。常用多次测量结果的算术平均值作为被测量真值的最佳估计，用标准偏差（s）表征随机误差，s 定义为

$$s = \sqrt{\frac{\sum_{i=1}^{n}(x_i - \bar{x})^2}{n-1}} \tag{1-1}$$

式中：n 为重复测量的次数。

随机误差用下式估计。

$$s(\bar{x}) = s/\sqrt{n} \tag{1-2}$$

根据这两个公式可以知道，标准偏差小的测量值，其可靠性较高。

系统误差与随机误差不同，在同一被测量的多次测量过程中，保持恒定或以可预知方式变化的测量误差分量称为系统误差，简称系差。系统误差包括已定系统误差和未定系统误差。

已定系统误差是指符号和绝对值已经确定的误差分量。测量过程中应尽量采取措施消除已定系统误差，也可以通过修正测量结果的方式消除其影响，已定系统误差的修正公式为

修正后测量结果 = 测得值(或其平均值) – 已定系统误差

　　未定系统误差是指符号或绝对值未经确定的分量。通常可以采取以下措施减小未定系差：设计更优的方案或工作参数、校准计量器具、控制环境条件、改进计算方法等。

　　系统误差的不确定度评定不能用统计的方法。可以通过理论分析或对比分析等方法，先确认系统误差来源，在此基础上采取措施避免或减小系统误差。例如，由于天平左右臂长不完全相同导致的系统误差，可通过左右交换称取平均的方法消除。而对于与振幅有关的单摆周期系统误差，缩小振幅可以减小此项系统误差，在测量要求更高时，可根据理论分析得到的修正参数进行补偿。

　　因为随机误差通常符合概率分布，系统误差经过校正补偿后剩余的部分，按原误差理论一般认为不具有概率分布特征。但在实际测量时，很难区分误差的性质是"随机"的还是"系统"的，部分误差兼具"随机"和"系统"双重特征。例如，用千分尺测量钢丝直径，测量对象是钢丝不同位置的直径，测量误差应主要来源于千分尺，属系统误差，但多次测量数据又具有统计特性，即测量结果中还含有随机误差。又如磁电式电表，记录结果中系统误差和随机误差的综合，难以区分。

　　误差表征经常使用的两个术语是精度和准确度。精度是一个比较含糊的概念，一般情况下精度用来衡量随机误差，用标准差来表征，但在有些场合把精度作为准确度使用，需要区别对待。准确度就是测量值与真值的偏差，是系统误差和随机误差的总和。

1.3.1.2　不确定度评定方法

　　不确定度是对被测量真值所处范围的评定，是对测量结果受测量误差影响的不确定程度的科学描述。不确定度可以定量地表示随机误差和未定系统误差的综合分布范围，可以近似理解为一定置信概率下的误差限值。

　　测量不确定度的评定方法分为两类，A 类评定和 B 类评定，两者之间无主次之分，享有同等地位。这种分类代替"随机误差"和"系统误差"的分类方法，使用由对观测列的统计分析和由非统计分析两种方式来评定不确定度，前者为 A 类不确定度评定方法，后者为 B 类不确定度评定方法。其好处在于可免除实验数据处理时难以区分误差的"随机"和"系统"属性困惑，更易实施。

　　用对观测列进行统计分析的方法来评定标准不确定度，称为不确定度 A 类评定，得到的相应标准不确定度称为 A 类不确定度分量，用符号 u_A 表示。常用实验标准偏差表征：

$$u_A = S_{\bar{x}} = \sqrt{\frac{\sum_{i=1}^{n}(x_i - \bar{x})^2}{n(n-1)}} \tag{1-3}$$

用不同于对观测列进行统计分析的方法来评定标准不确定度，称为不确定度B 类评定，所得到的相应标准不确定度称为 B 类不确定度分量，用符号 u_B 表示。它是用实验或其他信息来估计，含有主观鉴别的成分。

B 类不确定度是对测量结果的信任程度。B 类不确定度评定的信息来源主要有六项。

（1）以前的测量数据。

（2）对有关数据资料和测量仪表特性的了解和经验。

（3）生产部门提供的技术说明文件。

（4）校准证书、检定证书或其他文件提供的数据、准确度的等别或级别，包括目前还在使用的极限误差等。

（5）手册或某些资料给出的参考数据及其不确定度。

（6）规定实验方法的国家标准或类似技术文件中给出的重复性限。

根据仪器、仪表说明书，由国家标准、材料特性等确定测量误差限 Δ。例如，已知仪表精度等级和量程可计算出误差限。确定测量误差的分布，常见的有正态分布和均匀分布。

对于均匀分布的误差，其 B 类不确定度估算为

$$u_B = \frac{\Delta}{\sqrt{3}} \tag{1-4}$$

对于服从正态分布的误差，其 B 类不确定度估算为

$$u_B = \frac{\Delta}{3} \tag{1-5}$$

A 类和 B 类标准不确定度用平方和开方合成，称为合成标准不确定度 u_c，即

$$u_c = \sqrt{u_A^2 + u_B^2} \tag{1-6}$$

在工程技术中，置信概率通常取较大值，此时的不确定度称为扩展不确定度。常用标准不确定度的倍数表达式为

$$U = ku_c \quad (k=2 \text{ 或 } 3) \tag{1-7}$$

当 k 取 2，且对应不确定度分布为正态分布时，置信概率约为 95%。一般情况若不特别指明，不确定度均指扩展不确定度。

1.3.2　不确定度的评定

对于测量，分为单次测量、多次测量和间接测量，不确定的计算并不相同，需要分别对待。

1.3.2.1　单次测量结果的评定

单次测量在实验中经常遇到，很显然，A 类不确定度无法由贝塞尔公式计

算，但并不表示它不存在。在一般实验中，我们可认为 $u_A \ll u_B$，从而得到

$$u_c \approx u_B = A/\sqrt{3} \qquad (1-8)$$

式中：A 为仪器误差限，一般取仪器最小分度值。

因此，测量结果可表达为

$$x = \bar{x} \pm 2u_c \qquad (1-9)$$

1.3.2.2 多次测量结果的评定

设测量值分别为 $x_1, x_2, \cdots, x_n$，则

$$\bar{x} = \frac{1}{n}\sum_{i=1}^{n} x_i$$

$$u_A = S_{\bar{x}} = \sqrt{\frac{\sum_{i=1}^{n}(x_i - \bar{x})^2}{n(n-1)}} \qquad (1-10)$$

$$u_B = A/\sqrt{3} \qquad (1-11)$$

$$u_c = \sqrt{u_A^2 + u_B^2} \qquad (1-12)$$

测量结果表示为

$$x = \bar{x} \pm 2u_c \qquad (1-13)$$

例1. 用时间间隔计数器测量一个设备的时间延迟 D，计数器的测量分辨率为 0.01ns，测量数据如下表（单位：ns）所示。试求其不确定度 $U(D)$。

量次	1	2	3	4	5	6	7	8	9	10
直径	16.003	16.000	15.998	15.994	16.002	16.005	15.998	16.005	15.999	15.996

$$\bar{D} = \frac{1}{10}\sum_{i=1}^{10} D_i = 16.000\text{ns}$$

$$u_A = \sqrt{\frac{\sum_{i=1}^{10}(D_i - \bar{D})^2}{10(10-1)}} = 0.0013\text{ns}$$

$$u_B = \frac{A}{\sqrt{3}} = 0.0058\text{ns}$$

$$u_c(D) = \sqrt{u_A^2 + u_B^2} = \sqrt{0.0013^2 + 0.0058^2} = 0.006\text{ns}$$

结果为

$$D = (16.000 \pm 0.012)\text{ns} \quad (k=2)$$

例2. 用一个量程是 2.00V 的电压表测量一个电压值，测量 10 次，测量结果如下表（单位：V），试分析测量电压的不确定度 $u_c(U)$。

量次	1	2	3	4	5	6	7	8	9	10
电压	1. 04	1. 05	1. 03	1. 06	1. 02	1. 04	1. 06	1. 05	1. 04	1. 03

$$\overline{U} = \frac{1}{10} \sum_{i=1}^{10} U_i = 1.042 \text{ V}$$

$$u_A = S_{\overline{U}} = \sqrt{\frac{\sum_{i=1}^{10} (V_i - \overline{V})^2}{10(10-1)}} = 0.004 \text{V}$$

$$A = 2.00 \times 0.5\% = 0.01 \text{V}$$

$$u_B = \frac{A}{\sqrt{3}} = 0.0058 \text{V}$$

$$u_c(U) = \sqrt{S_{\overline{u}}^2 + u_B^2} = \sqrt{0.004^2 + 0.0058^2} \approx 0.0072 \text{V}$$

结果为

$$U = (1.042 \pm 0.014) \text{V} \quad (k = 2)$$

1. 3. 2. 3　间接测量结果的评定

在间接测量中，待测量是直接测定量的函数。由于各直接测定量不可避免地存在误差，必然会导致间接测定量产生误差。相应地，各直接测量不确定度将会按某种规律影响间接测量结果的总不确定度。这就是间接测量结果的不确定度的合成。

设间接测定量 y 是各直接测定量 $x_1, x_2, \cdots, x_m$ 的函数，即

$$y = f(x_1, x_2, \cdots, x_m) \tag{1-14}$$

若各直接测定量的平均值为 $\overline{x}_i (i = 1, 2, \cdots, m)$，则间接测定量 y 的平均值为

$$\overline{y} = f(\overline{x}_1, \overline{x}_2, \cdots, \overline{x}_m) \tag{1-15}$$

基于随机误差的理论可以证明，式（1-15）就是间接测定量的最佳估计值。

若各直接测定量相互独立，其误差为 $\Delta x_i (i = 1, 2, \cdots, m)$，则由此产生的间接量 y 的标准不确定度为

$$\Delta_y = \frac{\partial f}{\partial x_1} \Delta x_1 + \frac{\partial f}{\partial x_2} \Delta x_2 + \cdots + \frac{\partial f}{\partial x_m} \Delta x_m \tag{1-16}$$

对于已定系统误差 $\Delta x_i (i = 1, 2, \cdots, m)$，其大小和符号确定，可以直接用上式计算间接测定量的误差，即上式就是已定系统误差合成公式。

一般情况下，我们要求以不确定度大小来评价结果。按照国家《测量误差及数据处理技术规范》JJG1027-91 要求及国际惯例，间接测定量的合成不确定度采用方和根方式合成，将上式改写为

$$u_c(y) = \sqrt{\left(\frac{\partial f}{\partial x_1}\right)^2 u_c(x_1)^2 + \left(\frac{\partial f}{\partial x_2}\right)^2 u_c(x_2)^2 + \cdots + \left(\frac{\partial f}{\partial x_m}\right)^2 u_c(x_m)^2} \quad (1-17)$$

式中：$u_c(x_i)(i=1,2,\cdots,m)$ 为直接测定量 x_i 的标准不确定度。这就是间接测量结果的不确定度合成公式（误差传递公式）。

两点提示：

(1) 间接测定量的合成不确定度不仅依赖于各直接测定量的不确定度 $u_c(x_i)$，而且还与系数 $\left|\dfrac{\partial f}{\partial x_i}\right|$（不确定度传递系数）有关。因此，测量时应该首先注意提高不确定度传递系数比较大的直接测定量的测量准确度。

(2) 考虑到不确定度只保留 1~2 位有效数字，在实际的不确定度合成计算过程中，如果发现公式中某几个分项不确定度相对很小且其方和根小于某另一分项的 1/3，即几小项的平方和小于某一大项平方的 1/9，则可忽略这些微小项不计。这称为微小误差取舍准则。利用微小误差取舍准则可以简化计算，尤其当项数较多时，这种简化更是必要。

例3. 测量一个圆柱体的体积，用游标卡尺对圆柱体的高（H）进行单次测量，测量值为 45.04mm，用螺旋测微计对圆柱体的直径（D）进行 8 次测量，测量数据如下。（游标卡尺分度值 0.02mm，螺旋测微计测量范围 0~25mm，示值误差限为 0.004mm），试计算圆柱体的体积和合成不确定度。

量次	1	2	3	4	5	6	7	8
直径	16.272	16.272	16.274	16.271	16.275	16.270	16.271	16.273

解：先计算直接测量量高 H 和直径 D 的平均值及其标准不确定度。其中单次测量高的标准不确定度为

$$u_c(H) = A_H / \sqrt{3} = 0.012 \text{mm}$$

直径的标准不确定度为

$$\bar{D} = \frac{1}{8}\sum_{i=1}^{8} D_i = 16.2726 \text{mm}$$

$$u_A(D) = S_{\bar{D}} = \sqrt{\frac{\sum_{i=1}^{8}(D_i - \bar{D})^2}{(8-1)8}} = 0.0007 \text{mm}$$

$$u_B(D) = A_D / \sqrt{3} = 0.0022 \text{mm}$$

$$u_c(D) = \sqrt{u_A^2 + u_B^2} = 0.0023 \text{mm}$$

圆柱体体积为

$$V = \frac{\pi}{4}HD^2 = \frac{3.1416}{4} \times 45.04 \times 16.2726^2 = 9367\,\text{mm}^3$$

这里 V 与 H 和 D 为乘除关系，需要求 V 的相对不确定度 $\Delta V/V$。为了简便，先对

$V = \frac{\pi}{4}HD^2$ 两边取对数。

$$\ln V = \ln H + 2\ln D + \ln\frac{\pi}{4}$$

两边全微分，有

$$\frac{\mathrm{d}V}{V} = \frac{\mathrm{d}H}{H} + 2\frac{\mathrm{d}D}{D}$$

换微分为相对标准不确定度，得 V 的相对不确定度如下。

$$E_V = \frac{u_c(V)}{V} = \sqrt{\left(\frac{u_c(H)}{H}\right)^2 + \left(2\frac{u_c(D)}{D}\right)^2} = \sqrt{\left(\frac{0.012}{45.04}\right)^2 + \left(2\frac{0.0023}{16.2726}\right)^2} = 3.88 \times 10^{-4}$$

体积的绝对标准不确定度为

$$u_c(V) = \overline{V} \cdot E_V = 9.367 \times 10^3 \times 3.9 \times 10^{-4} = 3.63\,\text{mm}^3$$

圆柱体体积测量结果为

$$V = (9367 \pm 7.2)\,\text{mm}^3 \quad (k=2)$$

1.3.3　不确定度和误差的区别与联系

误差客观存在，但不能准确得出，属于理想条件下的定性概念。与此类似，反映测量误差大小的"准确度"也是定性的概念。误差不以人的认知程度而改变，是一种客观存在。测量不确定度与人们对被测量和测量过程的认识有关，是根据人们的认知赋予被测量之间的分散性，是与测量结果紧密相关的参数。它反映了测量结果不能被确认的程度，是一个可以定量表示的物理量。

不确定度是误差理论发展和完善的产物，是建立在概率论和统计学基础上的新概念，目的是为便于使用而澄清一些模糊的概念。测量不确定度反映的是测量结果的不可信程度，是可以根据试验、资料、经验等信息定量评定的量。

误差与不确定度的简要比较如表 1.3.1 所列。

表 1.3.1　误差与测量不确定度简要比较表

类型	测量误差	测量不确定度
含义	表明测量结果偏离真值的程度	表明被测量值的分散性
分类	按性质分为随机误差和系统误差两类	按评定方法分为 A、B 两类

类型	测量误差	测量不确定度
主客观性	客观存在，不以人的认知程度而改变	与对被测量、影响量及过程的认知有关
修正性	已知系统误差的估计值时可以对测量结果进行修正，得到已修正的测量结果的不确定度	不能用不确定度对结果进行修正，应考虑误差修正引入的测量结果
置信概率	不需要且不存在	需要且存在
与分布的关系	无关	有关
与测量条件的关系	无关	有关

A 类或 B 类标准不确定度与随机误差、系统误差之间不存在简单的对应关系，随机误差和系统误差是表示两种不同性质的误差，测量不确定度评定时一般不必区分其性质，A 类和 B 类不确定度是表示两种不同的评定方法。在需要区分不确定度性质时，可用"由随机误差引起的不确定度分量"和"由系统误差引起的不确定度分量"两种表述方法，均可以用 A 类或者 B 类评定方法获得，误差的性质和评定方法没有一一对应关系。

1.4　参考文献

［1］GIBNEY E. New definitions of scientific units are on the horizon［J］. Nature,2017, 550(7676):312 – 313.

［2］ALLAN D W. Time and Frequency:Theory and Fundamentals［M］. Washington: NBS Monograph 140,1974.

［3］中国天文学会. 天文学学科发展报告 2007—2008［M］. 北京:中国科学技术出版社,2008.

［4］MARKOWITZ W,HALL R G,ESSEN L,et al. Frequency of Cesium in Terms of Ephemeris Time［J］. Physical Review Letters,1958,1:105 – 106.

［5］ALLAN D W,WEISS M A,JESPERSEN J L. A Frequency – Domain View of Time – Domain Characterization of Clocks and Time and Frequency Distribution Systems ［C］. Durbin:Proceedings of the Forty – Fifth Annual Symposium on Frequency Control,1991:667 – 678.

［6］FARREL B F,DECHER R,EBY P B,et al. Test of relativistic gravitation with a space – borne hydrogen maser[J]. Physical Review Letters,1980,45:2081 – 2084.

[7] 李孝辉,杨旭海,刘娅,等. 时间频率信号的精密测量[M]. 北京:科学出版社,2010.

[8] 吴海涛,李孝辉,卢晓春,等. 卫星导航系统时间基础[M]. 北京:科学出版社,2011.

[9] 李慎安. JJF1059—1999《测量不确定度评定与表示》讨论之四方法确认的重复性标准差与复现性标准差[J]. 工业计量,2006,16(2):35 – 37.

[10] 李慎安. JJF1059—1999《测量不确定度评定与表示》讨论之十四测量方法与结果的准确度和测量方法与结果昀不确定度[J]. 工业计量,2007,17(6):32 – 33.

[11] 李慎安. 测量误差及数据处理技术规范解说[M]. 北京:中国计量出版社,1993.

[12] 叶德培. 测量不确定度[M]. 北京:国防工业出版社,l996.

1.5　思考题

1. 测量是比对待测量与标准的差的过程，请分析计量与测量的区别与联系。

2. 用国际千克原器校准六个官方副本，发现六个官方副本的质量都在增加，为什么由此能推断出国际千克原器的质量在减少？

3. 长度单位的定义，从最早的自然物，到米制公约的子午线长度的一部分，再到原子谱线波长的倍数，最后发展成光在一定时间内的传播距离，请分析一下这个变化过程带来的精度改善和传递方式改善。

4. 测量误差分随机误差和系统误差，不确定度评定分 A 类评定和 B 类评定，这两种表述有什么联系？

5. 不确定度 A 类评定是通过测量数据自身的特点进行分析得到的，对于一组数据，如何计算其 A 类不确定度？

6. 一个因变量 y 由两个自变量 x 和 t 共同决定，三者之间符合关系 $y = \sin(x) + 3t + 1$，如果 x、t 的不确定度分别为 U_x 和 U_t，试求 y 的不确定度。

第 2 章　从天文导航到无线电导航

哥伦布发现新大陆后，欧洲各国发现海外的巨大利益，都想通过海外贸易和战争谋取利益，自然而然地就出现了航海的热潮。但想不到的是，海上航行带来的是巨大的灾难，大量的船只因为迷路而导致巨大的损失，这使人们认识到导航的重要性，绞尽脑汁研究各种解决办法。后来由于时间测量精度的提高，人们才得以实现依靠天然星体的天文导航，进而实现更加方便的无线电导航，实现全球自由航行。

2.1　利用月亮和摆钟的天文导航

导航首先需要知道自己在什么地方、目标在什么地方，其次才能确定前进的方向和路径。测量自己的位置是导航的第一步，人们最早想到的方法是通过分析天体位置之间的角度关系测量位置。

2.1.1　导航的重要性

中世纪以后，欧洲的人口发展加快，由于当时的欧洲资源短缺，迫使他们发展海外贸易，强国既能在海外贸易中获利，又能进一步强化霸权，这吸引着他们努力提高航海技术。而提高航海技术的关键一步就是：海中定位与导航。导航可以让船员在途中找到岛屿或陆地，这是海洋中存活的基本条件。

当时最让人们头疼的不是缺少淡水和食物，而是一种比渴死饿死还让人头疼的病：坏血病。过去几百年间，这是在海员、探险家及军队中广为流行的一种病，特别是在远航海员中尤为严重。他们倦怠、全身乏力肿痛、精神抑郁、牙龈肿胀、出血，并可因牙龈及齿槽坏死而致牙齿松动、脱落。而且，受伤后不能愈合，不受伤也全身发青，皮肤组织周围出血，会导致假性瘫痪，严重者经过万分痛苦后就会死亡。在大海中航行，即使不触礁，不遇到大风浪，几个月后，水手仍会由于坏血病而死掉大半。

但在海中没有定位导航系统时，迷路是正常的，不迷路才是反常的，在大海浪费的时间比真正航行的时间要多得多，这是很让航海国家们痛苦的事。因此，知道自己的方位并知道向预定的港口或岛屿行驶是保命的根本，导航是生死攸关的大事。欧洲各国都大力发展导航技术，甚至很多国家都开出巨额奖赏，寻找有前途的导航技术。

1588 年西班牙无敌舰队被英国击溃，代表西班牙海上霸主地位的衰落，出于军事和经济振兴的需要，西班牙国王菲利普三世颁布诏书，设立经度奖，只要找出海上测量经度方法，就可以得到 2000 金杜卡托的奖励。后来，多国相继跟进，荷兰悬赏一万佛罗林，法国开出十万里弗，英国奖励两万英镑。

你可能以为一万佛罗林，十万里弗值不了多少钱，可想到这是四百多年前的钱币，就会明白这是多么大的一笔巨款了。2 万英镑相当于现在 1000 万人民币的巨款，并且这 1000 万完全是给个人的，可见这悬赏的诱惑有多大。实际上，当时的大科学家基本上都被该大奖所吸引，很多人都在想办法解决这个问题。

导航是将运动物体从起始点导引到目的地的技术或方法。导航首先要定位，即确定航行体的位置，然后根据航行体的位置和目标位置确定前进的方向。

为了导航，人们使用了想到的各种办法，也许这是人类历史上耗费精力最大的一件事。

为了导航，几乎吸引了当时欧洲绝大部分科学家，也基本上培育了 18 世纪之前所有伟大的欧洲天文学家。

为了导航，欧洲的科技飞速发展，迅速超过了中国。元朝时期中国的科技水平还远远领先于欧洲，当时郭守敬确定的年的长度，比欧洲领先二百八十年。可是，从中国的明朝后期开始，重视导航的欧洲科技水平很快超越了中国。

为了导航，欧洲各国的君主放下身份，低声下气地恳求于天文学家们，但天文学家们也是束手无策……伽利略为这个问题绞尽脑汁，牛顿不惜与格林尼治天文台台长反目成仇，但最后都不得不放弃。

2.1.2　导航的前提是经度和纬度

在地球表面进行导航，最主要的是经度和纬度的测量。测量的方法非常简单，公元前的人们就掌握了这些方法。

2.1.2.1　地球大小的测量

公元前 240 年，在没有任何现代化测量工具，人们的活动范围只不过几百千米的情况下，人们就已经正确地测量出了地球的大小。测量方法有很多，中国古代的张衡、一行等人都设计了测量方法并完成了测量。我们这里分析一种比较容易说明的测量方法，这是由古希腊学者埃拉托色尼完成的。

埃拉托色尼的方法很简单，那就是利用影子。他听人说，在赛恩这个地方，中午没有影子，而他生活的亚历山大是有影子的，影子与物体两者顶端的连线，与物体的夹角是 7.2°, 他敏锐地发现, 测量地球大小的方法有了。

地球是一个球体, 近似平行的太阳光会从不同的角度照到它的不同部分。某一个地方, 太阳正当顶的时候, 由于地球是弧形, 其他地方的阳光是倾斜的。影子与物体的夹角, 就等于赛恩与亚历山大对应的圆心角。

埃拉托色尼量出了从赛恩走到亚历山大的距离, 最后算出地球的周长是 39600km (准确的值是 40000km)。

2.1.2.2　纬度的测量

知道地球大小以后, 就可以画出地图了, 通常需要在地图上标出经纬线。由于纬度是通过自然法则确定的, 测量纬度相对简单。

纬度的测量关键是在天空中找一个点, 根据观测这个点的仰角就可以知道纬度。这很好理解, 一个圆球与圆球外一个定点, 人在圆球上运动时, 人与点之间的连线与地平面的夹角度必然会变大或变小, 纬度也随之变化。

很幸运, 这个点确实存在。人们很早就发现北极星在天空的正北方不动, 只要测量出北极星相对于观测者所处的水平面的夹角, 根据夹角就能确定当前的维度。人们专门发明了测角用的象限仪, 维度测量就变成非常容易的事情了。

这个方法在晚上可以用, 但在白天, 只能观察太阳了。纬度越高, 太阳处于最高点时观测的仰角越小。这是非常困难的, 需要观测人员的眼睛长时间直视太阳, 这使远洋船上 90% 的导航员因观测太阳而损伤了一只眼睛。

在没有找到测量经度的方法时, 即使只能测量纬度, 也是有用的。"如果不是由于广大海洋的间隔, 人们就可以沿着同一个纬圈从西班牙航行到印度。即, 既然不能测定经度, 那么就不再测定经度, 而是按照以上笨法子, 向正西沿同一纬度一直航行, 那么绕地球一圈后就会回到原点。" 这是一千多年后哥伦布发现新大陆的理论基础, 因为地球是圆的, 只要沿着一条纬度线朝一个方向一直走下, 从西班牙向西, 就可以走到亚洲。但哥伦布却忘记了, 西班牙和亚洲之间还有另外的陆地, 航行了一个多月后, 哥伦布以为看到了日本, 但实际上只到达了巴哈马群岛。

2.1.2.3　经度的测量

仅测量纬度尽管能解决一些问题, 但测量经度还是很有必要的。经度测量和纬度测量方法不同, 因为地球是旋转的, 一个地方观测到的天空, 换一个时间就被转到了另外一个地方。换句话说, 由于地球的旋转, 在同一个纬度圈上, 不同经度观测的天空可能是一样的, 只是观测到的时间不同罢了, 纬度测量方法不适用于经度测量。

实际上, 经度测量是有窍门的, 这个窍门就是时间。

早在公元前 160 年，就已经出现了经度测量方法：两个地方共同观测天象，记下天象发生时的本地时间，然后交换观测资料，对同一个天象记录时间的差异就是本地时间的差异。天象需要寻找持续时间较短的，例如流星、日食、月食等。这样，经度的测量可以通过时间的测量实现。

各地方都把太阳处于最高点的时间记为中午 12 点，由于地球是旋转的，每个地方太阳处于最高点的时间不一样，即虽然都是 12 点，但各地记为 12 点的时刻并不同时发生，这就是本地时间，称为地方时。

地球自转 360°，需要 24h，相当于每个小时经度变化 15°，因此，如果知道两地地方时间的差异，就可以推算出经度差。

如图 2.1.1 中所示的例子，如果知道非洲某地的正午 12 点时南美洲某地是上午 6 点，那么就说明两地的经度差是 90°。

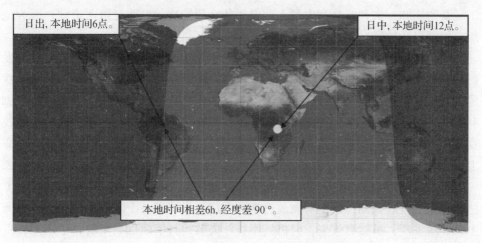

图 2.1.1　时间差可以转换为经度差

天文导航的发展过程，就是如何测量经度的过程。随着人们活动范围的扩大，需要经度测量的领域也逐渐增大，从最初的陆地到海上，再到现在的太空，这是一条坎坷的探索之路，这条路显示了人类探索科学的智慧。

2.1.3　月距法和钟表法的实现

借助天体的位置关系实现对自身位置的判断，这是天文导航的主要特征。人们主要使用了月食、木星卫星食、月亮和星星的位置关系等手段进行导航，但当不晕船的摆钟出现后，海上导航才真正变成一件方便实现的工作。

2.1.3.1　利用月食的天文导航

测量两个地方的经度差要在两个地方同时观测一个天文事件，最初人们采用月食，但月食发生概率太低。在遥远的古代，人们的活动范围主要在地面，对经度测量的要求不是非常迫切，就把测量经度用的天文事件定为月食。虽然月食每1~2年才发生一次，但将就着也能用。

到了 15 世纪，欧洲开始了航海，在茫茫大海上，定位成为生死攸关的大事。这就需要经常测量经度，但月食又可遇不可求，这可把人给急坏了。很多国家就设大奖，鼓励人们寻找在海上测量经度的方法。

这个时候，伽利略出场了。他告诉人们，可以用木星卫星食。

木星有四颗卫星，这四颗卫星以很高的速度绕着木星公转，木星的卫星一年要发生一千多次卫星食，因此每天总有两次或三次，而且这种卫星食也有一定规律。伽利略潜心观察了 6 年，编制了近似准确的木星卫星食发生表。他最终确认后把结果整理了一下，写了一个说明，上交给了当时的西班牙国王。

众所周知，伽利略是意大利人，但为什么他把这一发明交给西班牙？因为他想获得西班牙的经度奖金。

伽利略没想到的是，西班牙发布悬赏二十几年内，西班牙国王已被各种想发财的人包围，被各种胡思乱想搞得要发疯了。但由于伽利略的声望，国王还是找最著名的几位皇家天文学家研究了伽利略的提案，最后，得到了一个结论："伽利略的方案只是理论上可行，但实施不了，不要说发现木星卫星食，就单是能找到木星的四颗卫星就难似登天，连咳嗽这样轻微的振动就能把木星丢掉，到了海上就别提了。"

这种方法被西班牙否定后，伽利略并不气馁。实际上，伽利略也知道这种方法的缺点是难以观测，就下功夫改进观测方法，发明了一个观测用的头盔，到海上试验后发现，虽然有效果，但仍然不行。失败是打不败伽利略的，他还是在不懈地观测木星，继续研究了 16 年。

16 年后（1638 年），他又把"木星卫星法"提交给了法国政府。法国政府自发布了奖金之后也同样很烦，不太相信有人能解决经度问题；但考虑到伽利略的声望和地位，3 年后，法国政府还是认为需要深入了解一下，就派出了国内最一流的科学家前往意大利，去和伽利略进一步研究这种方法的可行性，这个科学家叫克里斯蒂安·惠更斯。

实际上，惠更斯是可以与牛顿、胡可等人比肩的大科学家，他的成就不只是钟表方面，在天文学方面也有很多建树。可是，惠更斯还没赶到意大利，伽利略就去世了。不过，即使惠更斯与伽利略见面，这个方法也很难通过。

伽利略的木星卫星法并不能解决海上导航定位的难题，因为木星实在是太远了，在陆地上观测都很困难，更别说在风高浪急的海上了。这种方法，在伽利略手上没有成功。

木星卫星法出现转机发生在 1667 年，法国政府决定成立巴黎天文台来专门攻克这个难题，不仅花重金建造了世界上最好的天文望远镜，还聘请欧洲的顶级科学家进行联合研究，想要解决海上定位导航的问题。

法国聘请的第一个人是意大利的土木工程师卡西尼。卡西尼是个天才，在各方面都有较大建树，他测量了火星和木星的自转周期，编制了确定木星卫星运动的星表，卡西尼还发明了一种物镜和目镜分开的大型望远镜。

法国聘请的第二个人是荷兰的惠更斯，惠更斯是当之无愧的大家，他研究的钟表，曾有一度被认为最有希望解决经度问题。在天文方面，他发明了惠更斯目镜，可以减小望远镜图像缺陷，并利用这个望远镜，发现了土星的卫星土卫六。他还发明了测微计来改进望远镜。

卡西尼被委任为巴黎天文台台长，他发挥了土木方面的特长，建起了当时世界上最好的天文台——巴黎天文台。他们经过三年的实验后，决定推广伽利略提出的"木星卫星法"。

卡西尼到欧洲各国游说，开展了联合观测木星的计划。法国国王路易十四从国库拿出经费，支持巴黎天文台的观测队，带着望远镜前往世界上重要的地区，希望通过观测木星的卫星来确定当地的经度。欧洲其他各国纷纷响应，并纷纷派出自己的科学家进行测量。

在卡西尼的游说下，当时欧洲很多国家都派出了天文学家支持这个计划。通过联合观测的资料，确定了基本准确的经度，最终画出了一份现在看来也相当准确的世界地图，人类终于第一次准确地知道了地球家园的样子。在这以前人们用的是托勒密绘制的地图，由于地球半径的错误，夸大了陆地的面积，缩小了海洋的面积。据说当路易十四看到新地图后很不高兴，抱怨说，他丢在天文学家手里的土地比丢在敌人手里的还多。因为以前他们用的是托勒密的地图，夸大了陆地的面积。

有趣的是，天文学家们在测量地图的同时，积累的观测资料也促进了其他研究的进行。牛顿根据观测的数据，第一次得出了地球不是标准圆球体的结论。在巴黎天文台工作的丹麦天文学家奥勒·雷默根据木星卫星的"星蚀"数据，在世界上第一次测出了光速，虽然他测出的光速比实际速度稍慢。

木星卫星法测出了陆地上准确的经度，但没有解决海上经度的测量问题，因为木星实在是太遥远了，在陆地上观测都有困难，稍一不慎就会丢失，更别说在风浪摇晃的船上了。巴黎天文台几十年的努力仍然没有结果，还需要更加深入的科学探索。

2.1.3.2 利用星星和月亮的月距法导航

木星卫星法的经度测量方法在海上使用不了，巴黎天文台没有解决海上测量经度的问题。要解决这个问题，还需要继续探索。

月食最容易观测，但月食出现的频率太低，不能随时在海上应用。要说出现频率最高的天文现象，肯定是月亮与星星的位置重合这一天文现象。1514 年，德国天文学家约翰尼斯·沃纳提出"月距法"。根据月亮在星空背景中的运行规律来确定航海者的位置。地球上观察到的月亮位置都是一样的，只要在两个地方分别观测月亮，准确记下月亮移动到某个星星的位置的当地时间，根据两个地方记录月亮位置的本地时间，就可以求出两个地方的本地时间的偏差。

月距法可以这样理解，布满星星的天空就相当于钟表的钟面，而月亮就是这个钟表的指针，自然界给我们安排的天然时钟指示了准确的时间，每个地方将当地的时间与这个天然时钟的时间比较，两地交换数据就得到两个地方的时间差，两个地方的时间差就可以对应到经度差上。

月距法需要同时知道两个地方观测到月亮运行的情况，由于古代没有现代化的通信手段，在外航海的人不能打电话问出发地的月亮的位置，需要事先对某个地方观测到的月亮位置变化非常了解，并能准确预测这个地方月亮的位置，那么在航海时只需要观测本地的月亮就可以了。因此，要实现月距法，需要三个条件：第一个是星星的位置变化规律，第二个是月亮的运行规律，第三个是合适的观测手段。

古人为什么要研究天文，可以说，就是为了解决上面三个问题。

早在公元前 160 年，希腊学者喜帕恰斯就开始研究星星位置的变化规律，并编制了 1022 颗恒星的星表，给出了这些恒星的位置变化，还根据历史资料给出了几个世纪的太阳和月亮运动表，即喜帕恰斯星表，并用来推算日食和月食。喜帕恰斯的目的是以天空中星体的位置来确定经度，而不依赖日食或月食。但是，他的观测精确度不够，一千多颗恒星远不能满足经度的测量需求，还有观测方面也存在问题，特别是在波涛起伏的海面上根本就无法进行准确的观测。这些问题，依当时的情况都是无法解决的，因此，海上确定经度的方法并没有得到应用。

后来，很多科学家都对星表进行了研究，最著名的是第谷。丹麦国王在 1576 年聘任第谷为皇室天文学家，把一个小岛（汶岛）作为封地赐给第谷，并拨巨款供他建造天文台。第谷建立的天文台十分讲究，并用他所能制出的最佳仪器来装置该台，这是历史上的第一座真正的天文台。

第谷改进、制造了各种仪器，以方便瞄准恒星。他的观测是当时世界上最精确的，他观察各行星的位置误差不超过 $0.67°$，比哥白尼观测精度高 20 倍。他根据自己的观测资料，编制出一份包含 1000 颗星的星表，数百年后使用现代仪器的科学家也不得不惊叹于他当时观察的准确。

虽然如此,第谷的星表精度仍然不够,最终也未能解决经度问题,但第谷的观测,对于以后的月距法,以及后世天文学、物理学等学科的发展都产生了非常重要的影响。

经过一千多年,星表的问题还是没有办法解决,月距法一直没有办法使用。为了促进这个问题的解决,英国特意出台了一个经度法案,悬赏两万英镑寻找能解决海上经度测量的人,并专门设置了经度委员会来管理这笔奖金。这笔奖金是非常大的,吸引了当时许多大科学家来研究这个问题。

1675 年,英国国王查理二世多次专门召集科学家开会,希望他们能找到办法解决海上测量经度的问题。有一次,一个年仅 29 岁的天文学家约翰·弗拉姆斯蒂德发言了。他指出,从原理上来讲月距法确实可行,但难点在于两个支撑条件不具备:第一个条件是一张准确的星表,准确地记录所有星星的位置随时间的变化情况;第二个条件是一张准确的月亮运行规律图,也就是搞清楚月亮在每一天的位置变化规律。满足这两个条件,才有可能运用月距法进行海上定位。他提议,不要进行无谓的争论了,最好马上开始星表的观测。

查理二世采纳了弗拉姆斯蒂德的建议,由国家出资,在伦敦附近的格林尼治山上建成了一座天文台,"皇家天文学家"弗拉姆斯蒂德担任皇家天文台的第一任台长,开始建造格林尼治天文台。弗拉姆斯蒂德知道解决经度问题的紧迫性,立即开始了天文台的建设,做了两件事。

第一件事,因为知道准确时间的重要性,找到当时英国最好的制表匠,订做了两台摆长长达 4m 的摆钟,每天的误差小于两秒,这可能是当时世界上最准的钟表。

第二件事,在天空中划出一条经过天文台屋顶的经线,然后每天晚上开始观测,准确记录每颗星星通过这条经线的时间和高度。这项工作虽然枯燥,但是是必需的,因为只有积累了足够多的观测数据,才能准确地画出一张具有实际使用价值的星表。

从此以后,弗拉姆斯蒂德把自己关在格林尼治天文台,开始了星表的观测,这一干就是 44 年,直到他去世,没有一天间断!

弗拉姆斯蒂德去世 10 年后的 1729 年,他的遗孀和助手才整理完所有的数据,出版了《不列颠星表》。这本星表记录了 3000 个星星的位置,准确到 10 角秒,这个精度是第谷星表的七倍,是当时世界上最准确的星表。月距法所需的第一个条件满足了。

在这期间,数学上也取得了巨大的成就:首先是约翰·纳皮尔发明了对数,使用对数更容易分析天体运行规律。然后数学家欧拉,虽然他也不能准确地求解太阳、月亮和地球三者的相互运动问题,但他将这个三体问题简化为一组优美的数学方程。利用这些成果，德国制图专家迈耶完成了对月亮位置的准确计算，制作了一份预测下一年月亮位置的《月历表》。月距法所需的第二个条件满足了。

英国人哈德利发明了哈德利象限仪，后演变成六分仪，可以方便直接地测量天体的高度和距离。月距法所需的第三个条件满足了。

所有这一切表明，月距法就要成功了。这个时候，月距法发展过程中一个重要的人物出场了。他就是格林尼治天文台第四任台长，内维尔·马斯基林。

从各方面看，马斯基林都像他的导师弗拉姆斯蒂德。他对天文学着迷，一心扑在上面，对除了天文之外的一切事情毫不感兴趣，一直到52岁才结婚，他所做的一切只有一个目的：解决海上导航这个两千年也未能解决的问题，赢得经度法案奖金。

马斯基林在研究月距法的同时，加大力气宣传月距法，出版了《英国海员指南》，这本书相当于月距法的使用指南。这本书的出版，使海上航行的水手们掌握了利用月距法测量经度的有效方法。

光有理论还不算，马斯基林又找来了四位船长进行出海实验，这四位船长一致支持月距法，说他们根据马斯基林的方法，只要4h就能在海中定位，应当推广这种方法。他们说的也是实际情况，月距法需要根据观测结果进行大量的、复杂的计算工作，这要求相当高的数学功底。即使当时极为优秀的数学家，算一次经度大概需要绞尽脑汁地花费4~5h的时间，稍微算错一点，都可能导致极大的偏差，这个偏差有可能致使一船的人丢掉性命。

马斯基林知道月距法必须解决计算时间过长的问题，他研究了几年，征求了好多数学家的意见，都认为无法解决。最后，实在没有办法的马斯基林找到了一个虽然笨但是有效的方法：预先计算出来，需要的时候查表就行了。

马斯基林招聘了很多数学家，让他们计算下一年（1767年）的月亮位置预测数据。1766年年底，马斯基林出版了第一本《航海年鉴和天文星历》（简称航海年鉴），把1767年整年的月亮的位置随格林尼治天文台本地时间的变化给一一列举了出来。出海的水手们根据这本航海年鉴，就可以把一次定位的时间从4个多小时缩短到大概30min。

马斯基林为提高月距法的影响，找当时最有名的航海家库克船长实验月距法。库克船长实验后认为月距法的精度是40km。

毫无疑问，马斯基林在这一点上的贡献是巨大的，他的《航海年鉴》由于事先经过精心的计算，绝无失误的可能，为航海的人们提供了可靠的定位方法。以后的航海年鉴每年出版一次，直到现在。但是，遗憾的是，马斯基林最后没有获得经度法案的奖金，因为有了哈里森这个人。

2.1.3.3　利用摆钟的钟表法导航

不管是月距法，还是木星卫星法，观测的难度很大，并且定位过程需要复杂的解三角形知识，这在当时是少数精英人物才掌握的技巧。要想简单，还是使用钟表的方法。为什么不用钟表呢？因为哈里森没有出现，等他做出航海钟 H4 以后，利用钟表测量经度才成为可能。

2002 年，英国广播公司（British Broadcasting Corporation，BBC）组织了一次评选，选出 100 个最伟大的英国人，哈里森排名第 39 位。这个人的排名在大作家狄更斯与电话发明人贝尔前面，可见英国人对哈里森的认可。

早在 1530 年，荷兰数学家、天文学家伽马·弗里西斯就提出用钟表测量经度。该方法是携带一个钟表上船，让钟表遵照出发港口的时间运行。在大海中航行时，用六分仪测量太阳高度进而得出所在地的时间，再和钟表上显示的时间做对比，就能知道此地和出发港口的时差，从而方便地换算为经度差。

钟表法非常简单，比其他天文方法要简便得多，但对计时所用钟表的精确度提出了较高要求。

在弗里西斯的时代，还没有伽利略提出的钟摆理论，也没有造出摆钟，计时主要使用沙漏，但沙漏的误差太大，即使是非常好的沙漏、完美的操作，也很难把每天的误差控制在几十分钟以下。如果按半小时计算，在航行中每天要相差半个时区，即相差 7.5°。如果在海中航行一个月，那么可能测得的经度误差二百多度，可能会从东半球偏到西半球，以这样的精度导航，可真是南辕北辙了。

为了研制能满足海上航行应用的钟表，伽利略、惠更斯、胡克等大科学家把注意力放在了摆钟上，但摆钟不可避免地会"晕船"，受船身摇晃、摆长热胀冷缩等因素的影响，摆钟在海上无法使用，他们都失败了。

哈里森 1693 年 3 月 24 日出生在英国约克郡，学会了木工手艺。从童年开始，哈里森就对文学不感兴趣，他最喜欢的一本书是剑桥大学数学家桑德森教授所做的自然哲学讲座的记录，甚至把整本书都抄了下来，还给这本手抄本起了个名字，叫《桑德森先生的机械学》。成年后，哈里森也不喜欢文学，却把牛顿的《自然哲学之数学原理》奉为珍宝。可能这是他成功的部分原因吧。

在 19 岁时，哈里森造出了一台摆钟。如今，这台摆钟仍然被保存在伦敦同业工会会所的展览室内，凡是看到它的人都会发现一个令人惊讶的事实：这座摆钟几乎完全是用木头做成的。用橡木做齿轮，黄杨木做轴，只在连接处用了少量的黄铜和铁。从这里可以看出，哈里森确实是一个好木匠，他对木头的结构和性能非常熟悉，充分利用了橡木的纹理，把最坚实耐磨的部分用在了齿轮上，因此这台钟的木齿在正常情况下几乎不会因磨损而脱齿。

　　哈里森在 1715 年和 1717 年又分别制造了两台一模一样的木头摆钟。他做的钟表非常准确，在当地是赫赫有名的钟表制造者。1720 年，当地一位爵士出钱让哈里森帮忙在自己庄园里建造一座塔钟，他花了两年时间造了出来。直到现在，这座塔钟仍在正常运行，在 300 年的时间里，除了因装修而人为停过一次外从来没有间断过！

　　这座塔钟也是木制的，不用上油就能工作。哈里森选用了一种会自己渗出油脂的热带坚木作为摩擦部件，非用金属不可的地方也都选用了上等黄铜，因此这台钟完全不必担心生锈，杜绝了空气湿度对精度造成的影响。

　　这座钟真正值得大书特书的是哈里森做出的两大发明。

　　第一，哈里森设计了一种新式擒纵器，并根据它的样子起名为"蚂蚱"。擒纵器是摆钟的核心部件，它在钟表的动力源（如弹簧或者重锤）和计数器（如钟摆）之间建立了联系，负责控制转动齿轮按照单摆的周期进行转动，同时把齿轮的转动传递给钟表指针。一般情况下，擒纵器转动摩擦是钟表内误差的主要来源，是钟表不准的一个原因，但哈里森设计出了一种像蚂蚱腿似的擒纵器，把摩擦降到了最小，这就极大地提高了钟表的精度和抵抗环境变化的能力。

　　第二，哈里森设计了一个"烤架"式钟摆。钟摆的长度对摆动频率影响极大，而金属的热胀冷缩是早期钟表不准的最大的原因。哈里森通过实验了解到，铜和铁有着不同的热胀冷缩比，于是他把 9 根长短不同的铜棍和铁棍并列在一起，组成一个像烤肉架一样的东西，两种金属不同的胀缩程度相互抵消，于是钟摆的长度就不受温度的影响了，这大大提高了摆钟的精度。

　　为了验证这座塔钟的准确度，哈里森利用星星来定时。他每天在自家卧室里观察几颗位置恒定的星星。用卧室窗户的窗框和邻居家的烟囱之间的连线作为准线，记录这几颗星星消失在烟囱背后的时间。因为地球自转的缘故，每颗星的消失时间都会比前一天早 3min56s。哈里森用这架"天文钟"校正了自制的塔钟，发现这台塔钟每个月误差不超过 1s，其精度达到了前所未有的高度。到这个时候，哈里森觉得，他具有了向经度法案挑战的实力。

　　1727 年，哈里森开始进行航海钟的研究，想要制作一台不晕船的钟，还需克服不少新的困难。哈里森经过 4 年的努力，终于想出了解决船只晃动的办法。他设计了一种平衡摆，两只钟摆的两头分别用一根弹簧连接在一起。这样一来，一根钟摆受到的震动就会被另一根钟摆所抵消，无论船怎么摇晃，都不会影响这种平衡摆的频率。

　　想出了这个巧妙的方法之后，哈里森决定正式向经度难题发起挑战。但他没有研究经费，幸亏伦敦一个钟表匠格雷厄姆从自己的私人金库里拿出 200 英镑，作为无息贷款借给了哈里森。

"你不用着急还这笔钱，"格雷厄姆说，"我只想尽快地看到你用这笔钱做出一台样钟来。"

哈里森拿到这笔钱后，立刻回家和弟弟一起开始了艰苦的工作。5 年之后，也就是 1735 年，第一台样钟做出来了。这台被称为 H1 的航海钟重达 42kg，被装在一个长宽高均为 1.3m 左右的铜壳内。兄弟俩用家里的壁炉检验了它抵抗高温的能力，又把它放进一艘小船，在村子旁边的河上检验了它抵抗摇晃的水平。满意了之后，两人把它抬到了伦敦，去找格雷厄姆。格雷厄姆立即找了 5 位皇家学会的会员前来参观，5 人检查了 H1 的机械结构，一致叫好，并联名给经度委员会写了一封热情洋溢的推荐信。

有了专家的推荐，经度委员会安排哈里森带着 H1 出海试验。首次远航目的地选择了葡萄牙的里斯本，1736 年，哈里森和 H1 搭上了"百夫长"号军舰。船长安排 H1 "住"进了自己的休息室，还用铁钩把 H1 吊在房顶上，尽量减少震动。哈里森就没这么好待遇了，这是他第一次出海，晕得上吐下泻。

返航时，"百夫长"号遇到了风暴天气，在海上漂了一个多月才返回英国。船将靠岸时，分歧产生了，关于船只抵达的港口，船长认为是达特茅斯附近的斯塔特，而哈里森根据 H1 给出的经度数据，认为这是彭赞斯半岛上的利泽德。

晕船从钟表转移给哈里森后自己果然不晕了，最后证明根据 H1 确定的位置是准确的，而船长的位置偏了 100km。在暗礁密布的英国海滩，100km 的误差足以造成一次海难。

1737 年 6 月 30 日，经度委员会的 8 名常委一起听取了哈里森的报告。出乎委员们的意料，哈里森并没有要求经度法案奖，而是逐一分析 H1 存在的不足，并向经度委员会申请预支一笔经费，用于改正已经发现的错误和不足，重新造一台新的航海钟，一台"完美"的时间机器。

"经度法案"设立时，确实有鼓励应征者勇于尝试的规定：经度委员会有权向提出可行性方案的人预支奖金作为试验经费。因此经度委员会当即同意了哈里森的要求，预支了 500 英镑，支持他造一台新的改进型航海钟。

经度委员会存续期间的 100 多年里，预支的研究经费累计高达约 10 万英镑。现在看来，经度委员会可以算是人类历史上第一个官方资助研究开发的机构。

这一次哈里森仅用了 3 年时间就做好了 H2。1741 年 1 月，哈里森带着 H2 再次向经度委员会进行展示。与 H1 相比，H2 体积略小，但却更重，因为哈里森把一部分木质材料换成了铜。之外还改进了驱动系统，并设计了一个更加灵敏的温度补偿器。

由于正值英国和西班牙在打仗，经度委员会没有让它出海测试，而是改在陆地上对 H2 进行了一系列比海上条件更加苛刻的试验，H2 通过了考验。经度委员会讨论后认为，哈里森可以获得经度奖金。

哈里森再一次提出了不同意见。原因是他在 H2 建造完成后才发现，H2 在船只转弯时，会受离心力影响出现微小误差，即每次改变航向都会导致 H2 出现误差，尽管误差微小，但哈里森追求完美的性格不允许他的航海钟不完美。他再一次向经度委员会申请 500 英镑资助，并保证做出一台"世界上最完美的钟表"。

此时哈里森已经 48 岁了，他举家搬到了伦敦，助手也从弟弟换成了儿子威廉·哈里森。他把自己关在房子里，开始潜心制作 H3。

H3 进展得很不顺利，迟迟没能完工。哈里森不得不数次向经度委员会申请延期和经费支持。经度委员会一共给他拨了 5 次款，每次 500 英镑。

这 2500 英镑支持哈里森干了长达 19 年！虽然当时做钟表是个非常赚钱的职业，但哈里森并没有用这个技能来谋生，他把全部精力都投入到航海钟的研制了，因此他的生活并不富裕。

1757 年，哈里森终于完成了 H3 的制作。在 H3 完成的前两年，哈里森发现其他钟表匠利用 H3 的技术做的怀表精度很高，这给了他启发，他决定研制 H4。1755 年，哈里森再一次向经度委员会申请延期，他打算把之前的设计推倒重来，改为制造一块航海用的怀表。1759 年，H4 问世了，跟它的三位兄长相比，H4 是个名副其实的小不点。H4 直径为 13cm，重 1.45kg，仅比怀表略大，可以装进银表盒里随身携带。

哈里森对这块表非常满意。"我斗胆说，世界上没有哪个机械或者数学的东西比 H4 更漂亮或者更精美了。"哈里森说，"我衷心感谢上帝，让我活了足够长的时间来完成这件宝贝。"

接下来要做的事就是让 H3 和 H4 去加勒比海实测。此时哈里森已经 67 岁了，不能胜任亲自测试了，好在他的儿子威廉能代替他完成这一任务。

为防止威廉作弊，经度委员会为装表的盒子做了 4 把锁，钥匙分别由威廉和 3 名船上的军官保管。因为风浪关系，这艘船在海上漂泊了 3 个月才到达牙买加，沿途威廉不断借助 H4 为船定位，每次都被证明是正确的。"德普福德"号的船长心服口服，他向威廉保证说，如果哈里森父子生产的航海钟上市的话，他一定第一时间购买。上岸后，随船的一名天文学家用望远镜确定了当地的午时，然后利用经度数据对 H4 进行检验，结果 H4 只慢 5s！

回程时"德普福德"号遇到了更大的风暴，海浪冲进了船舱，为避免被海水浸湿，威廉不得不用毯子裹住 H4。等他们于 1762 年 3 月 26 日回到英国，威廉立刻进行对 H4 进行了校对，发现经过近半年的海上航行，总误差还不到两分钟，远小于经度奖金规定的范围。

经度委员会出于慎重，找来几个数学家对航海记录再三进行核算，得出结论说，数据还不够充分，不够准确。哈里森必须再进行一次类似的航行，才能确认是否能拿到奖金。

在上述背景下，1764 年，马斯基林主持了第二次海试，依然由威廉带着 H4 参加试验，前往了中北美洲的巴巴多斯，马斯基林也再一次试验了月距法。

实验完成后，经度委员会仔细分析了双方的数据，发现 H4 能将经度确定在 10 海里（相当于 16km）范围内，即是说这块表比经度法案规定的精确度提高了两倍有余。面对无可争议的数据，经度委员会宣布哈里森获得经度奖金。

哈里森用毕生精力，在 32 年内先后制作了 4 台航海钟，使用钟表法解决了海上测量经度的世纪难题。

2.2　利用现代原子钟的无线电导航

天文导航，利用自然界的恒星和行星，通过测量相互之间的角度进行导航，而无线电导航，则是科学技术发展到一定阶段的产物，通过人工建起一个个无线电发射台，作为无线电导航的参考点，测量与参考点的距离进行导航。

2.2.1　天文导航和无线电导航的区别

现在，我们把目光从天文导航转到无线电导航，事物都是在比较中清楚的，我们先比较一下无线电导航和天文导航的区别。

天文导航有四个特点，首先，测量的参考点是自然界的恒星和行星，例如木星、月亮和其他星星，这是天上已有的自然物，我们只是利用这些天然的道具而已；其次，观测的基本量是角度，就是观测者与不同天体之间的夹角，天文导航中最主要的测量仪器是六分仪，就是测量角度用的；第三，天文导航中，需要根据时间确定天体在空中的位置，要求时间精确到秒一级，这是机械钟可以达到的精度，定位精度是公里量级；第四，天文导航需要的数学知识是解三角形，在大航海时代，这是一项特殊的技巧，需要专业的数学人才才能做到，计算一次也非常复杂，即使后期简化以后，计算一次位置也需要约 30min 的时间，其复杂程度可想而知。

到了无线电导航时代，与天文导航相比，有四个的新特点。首先，导航的参考点由自然天体变成了人造的无线电发射台，人们根据导航的需要建起了各种发射无线电信号导航台，几个相同功能的导航台组成链，承担起导航任务，这是由天然向人工的转变，标志着人类科技水平的发展；其次，无线电导航时代，人工设计的接收机接收无线电信号，观测信号从发射台到接收机经过的传播时间，观测的基本量变成了时间；第三，无线电导航时代，对时间的要求是纳秒量级，纳秒和秒的区别，相当于米粒和地球的区别，得益于原子钟的发展，为我们提供了这样好的钟表；第四，定位过程通过简单的解方程就可以完成，这是初中生就可以掌握的技巧，为了方便，解方程的过程已经被做进接收机里，只需要打开接收机，接收到信号后就可以自动确定位置。

在无线电导航中，将作为参考点的无线电发射台放到位置已知的点上，如果测出接收机到参考点的距离，就可以把接收机的位置确定到一个圆上，因为圆的定义是"到固定点的距离等于定值的点的集合"，无线电发射台是圆心，测量出了与圆心的距离，就确定了一个圆。

如图 2.2.1 所示，在地面设置一个发射台 A，发射无线电信号，如果接收机测量出到发射台距离是 1217m，就把位置确定到一个以发射台为圆心，半径为1217m 的圆环上。选定另一个发射台 B，如果测量出到发射台距离是 1124m，就把位置确定到一个以发射台 B 为圆心，半径为 1124m 的圆环上。两个圆环相交，就可以知道接收者位于 P、Q 两点。使用第三个发射台就可以准确地将接收机的位置计算出来。

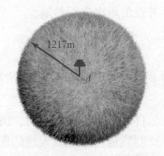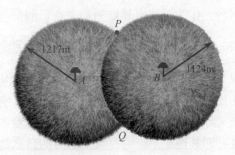

图 2.2.1　无线电导航的原理

这就是无线电的导航原理，这是采用时间的测量，还有一种无线电导航采用时间差的测量，所使用的是双曲线的定义。当然，也可以通过角度和距离两者联合的方式，人们创造了很多种无线电导航的方法，判断是否是无线电导航的标准是使用的参考点是人造天体还是无线电发射台，如果使用无线电发射台，就属于无线电导航的范畴。

2.2.2　无线电导航的基础是伪随机码

卫星导航系统功能的实现，需要用户接收导航信号，而导航信号中最主要的是调制在载波上的伪随机码，它不但是区分不同卫星的标识，也是进行距离测量的基础。

伪随机码又称为伪噪声码，简称 PN 码。简单地说，伪随机码是一种具有类似白噪声性质的二进制码，只包含 0 和 1 两种状态。

白噪声就是一种噪声，其频谱与频率轴平行，即各频率的信号强度相同。白噪声按时间变化就构成一种随机过程，就像我们抛一枚硬币，每次只有正面和反面两种状态，如果把抛的次数（时间）作为自变量，把硬币的状态作为因变量，用 0 表示正面，1 表示反面，那么，抛硬币的过程就是一个白噪声的随机过程。白噪声过程具有非常好的自相关性，就是说，这个 0、1 序列与自身相乘，如果时间完全对准，乘积（与相关系数有关）很大，如果时间错开一点，相关系数将接近于零，如图 2.2.2 所示。

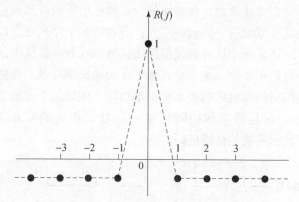

图 2.2.2 伪随机码具有很好的自相关性

但是，白噪声过程无法在工程上实现，人们想到用类似白噪声统计特性的伪随机信号来逼近，这就是伪随机码。伪随机码是周期码，是人为设计并可以产生、复制的码。尽管伪随机码不是理想的白噪声过程，但它可以根据需要生成和复制，这样才有了工程使用的价值。从应用角度，要求伪随机码具有三个特征。

第一个特征是两种状态出现的概率近似相等，一般采用"0"和"1"两个值的序列来表示伪随机码，在每一个周期内，要求 0 和 1 出现的次数要近似相等，最好只差一次或不差。例如，伪随机码"10011010010101011010110"，元素"1"出现了 12 次，元素"0"出现了 11 次，两者只相差 1，可以近似认为出现概率相等。

第二个特征是游程越长出现次数越少。游程是出现连续相同状态，连续相同状态的码的个数就是游程长度，游程每减少一个码长，出现的次数就多一倍。例如，伪随机码"10011010010101101011100"，游程长度为 1 出现了 11 次，游程长度为 2 出现了 5 次，游程长度为 3 出现了一次，满足要求。

第三个特征是相关性好。伪随机信号的自相关函数必须有非常尖锐的峰，而互相关函数值应接近于零。我们用一个较短的伪随机码说明这种性质。序列"0110100"，左移 1 位为"1101000"，两个序列对应位置元素相同的位置有 3 个，元素不同的位置有 4 个，它们的差等于 – 1，这个数称为序列的自相关函数在 1 处的值，记作 – 1。类似地，把序列左移 2 位，3 位，……，6 位，可以求出自相关函数在 2 处，3 处，…，6 处的值也等于 – 1。当序列移位的个数大于 0 而小于 7 时，相关值称为序列的自相关函数的旁瓣值。从刚才所求出的结果知道，序列 "0110100" 的自相关函数的旁瓣值只有 – 1 一个值。像这样的序列就是比较好的伪随机码。

伪随机码具有良好的相关特性，它的伪随机性可被用于系统加密和伪随机跳频等场合，很早就在雷达测距、保密通信、扩频通信等领域得到应用。如对序列进行非线性变换就可以构造一种前馈序列；或者将多个序列组合以增加通信系统保密性。伪随机码还适用于计算机模拟伪随机数和在数字系统中的误码测试信号等。伪随机码还可用于扩频，在多址系统中作为地址信号等。伪随机码的应用有很多，不同的应用对伪随机码的要求也很不相同。例如用于多址信号时不但要求互相关函数要小，而且要求和中间任意一位处反相后的互相关函数也要小；图 2.2.3 是用于加密系统的伪随机码。

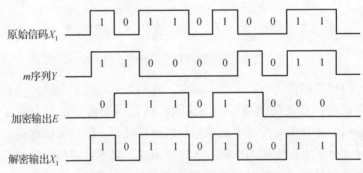

图 2.2.3　伪随机码可被用于加密通信

2.2.3　利用伪随机码测量伪距

在两座大山的顶上，A 和 B 两个人能互相看到，但不知道相距多远，他们俩想测量一下距离，有一个很简单的方法：两个人互相招招手，同时开始数数："1，2，3，…"，每秒钟数一个数。A 在数数的同时听 B 数数的声音，因为声音传播需要一定的时间，当 A 数到 2 的时候，可能会听到 B 在数 1。

这样，A 就知道声音从 B 传到 A 需要 1s 的时间，声音的速度是 334m/s，可知两个人相距 334m。

卫星导航系统测量距离的方式与这类似，只是用以光速传播的电磁波代替声速传播的声波，把数数换成发射伪随机码。

根据 2.2.2 节所述伪随机码特点，其强自相关性可以用于检测两组伪随机码的重合度，这是卫星导航使用伪随机码的原因。

图 2.2.4 显示了伪随机码测量伪距的过程。

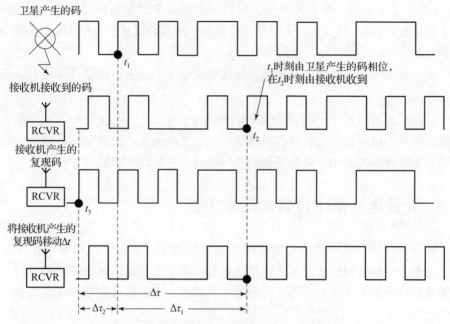

图 2.2.4　利用复现的伪随机码确定信号的传送时间

首先，卫星根据星载钟的时间，在 t_1 时刻产生伪随机码，该码从卫星下行，传播到接收机被接收。由于卫星和接收机的空间距离，接收机在 t_2 时刻收到来自卫星的伪随机码，时间差 $\Delta\tau_1 = t_2 - t_1$ 就是信号从卫星到达用户的时间。

同时接收机根据接收机的时钟，产生同样的伪随机码，由于接收机钟和星载钟不同步，接收机的伪随机码和卫星发射的伪随机码并不对齐，假定接收机产生的伪随机码是 t_3 时刻，就有了由钟差引起的时间差 $\Delta\tau_2 = t_3 - t_1$。

这样，接收机有两个伪随机码，分别是接收到卫星的伪随机码和自身产生的伪随机码，将自身的伪随机码进行移动，直到两个伪随机码相关系数最大，两个伪随机码完全重合，移动的时间为 $\Delta\tau$，其中包含信号从卫星下行的传播时间和接收机钟与星载钟的钟差 （$\Delta\tau = \Delta\tau_1 + \Delta\tau_2$）。

由于电磁波在空中以光速传播，将 $\Delta\tau$ 乘以光速就会得到一个距离值，这个距离由两部分组成：①卫星与接收机的空间距离；②星载钟与接收机钟的钟差乘以光速。因此被定义为伪距。伪距由卫星信号发射信号时星载钟的时间与接收机接收信号时接收机钟之间的偏差引起，这个偏差包含信号在空间中的传播和星载钟、接收机钟的不同步两个主要因素，用公式表示伪距为

$$\rho_1 = \sqrt{(x_1 - x_u)^2 + (y_1 - y_u)^2 + (z_1 - z_u)^2} + c(t_1 - t_u) \qquad (2-1)$$

式中：ρ_1 表示根据伪码相关得到的伪距，是观测量，下标 1 表示卫星序号；x_1、y_1、z_1 表示卫星 1 的三维直角坐标，根据导航电文中的星历模型计算；t_1 表示卫星 1 的星载钟时间；x_u、y_u、z_u 表示接收机的三维直角坐标；t_u 表示接收机的接收机钟时间。

由于卫星配备高精度的原子钟，使用导航电文中的星钟模型可以将 t_1 修正到系统时间 t。

一颗卫星可以建立一个伪距方程，包含 x_u、y_u、z_u、t_u 四个未知量。如果可以接收四颗卫星的信号，就可以解算用户的位置和速度，注意解算 t_u 只是形象的说法，实际解算的是用户接收机钟的时间相对于系统时间的偏差（$t - t_u$）。

2.3 无线电导航中位置的确定方法

测得伪距后，就可以确定接收机所处的位置了。实际上，这个过程非常简单，就是一个解方程组的问题。定位解算的结果是接收机所处的位置和时间，位置需要用三个量来表示，再加上时间这个未知数，定位过程就是求解这四个未知数的过程。

2.3.1 卫星导航系统定位的原理

使用伪随机码相关的方法，可以测量出伪距，伪距包含卫星和接收机的钟差和两者之间的距离。要说明如何根据伪距确定位置，需要用数学公式分析伪距，这个数学公式非常简单，就是两点间距离公式：

$$\rho = \sqrt{(x_s - x_u)^2 + (y_s - y_u)^2 + (z_s - z_u)^2} + c\Delta t$$

现在对这个公式一一分析。

x_u、y_u、z_u 是接收机的位置，定位就要确定这个量。在这里，为了计算距离的方便，接收机的位置用直角坐标表示。地理坐标的经、纬、高和直角坐标的 x、y、z 可以互相转化。

Δt 是用户钟与卫星时间的差，是另一个未知量。

x_s、y_s、z_s 是卫星的位置坐标，卫星广播的导航电文中包含星历模型，接收机根据星历模型计算所需要时刻卫星的位置。

c 为光速，是常数。

ρ 是伪距，是接收机实时测得的已知量。

伪距方程中包含四个未知量，$(x_u, y_u, z_u, \Delta t)$，如果只有一个方程，从数学上是无解的。

　　如图 2.3.1 所示，我们不会被这样一个简单的问题难住，很简单，安排四颗卫星，如果四颗卫星时间统一，接收机就可以测得四个伪距，得到四个方程，从而解出接收机的位置和时间了。在这里，时间和空间耦合在一起，需要一起解。因此，这种导航系统的作用，除了定位外，还可以进行授时。

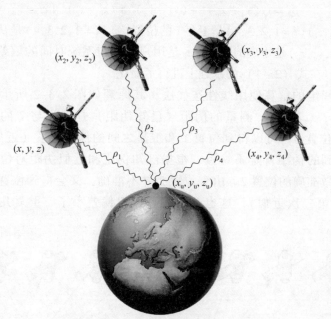

图 2.3.1　接收四颗卫星的信号实现定位

　　因为进行定位需要接收四颗卫星的信号，为保证地球上的任何地点在任何时候都能收到不少于四颗卫星的信号，需要在空间部署多颗卫星，比如 GPS 就有24 颗，还有 3 颗在空中进行备份。

　　卫星多了，在一个地方收到的信号就不止 4 颗，解方程就可以使用最小二乘的方法求解，有助于抑制误差，提高定位精度。

　　还需要注意的是，各颗卫星间时间统一是解方程的前提，如果不统一，每增加一颗卫星，方程就会多一个卫星钟差的未知数，方程组就无法解出。为了统一卫星的时间，每颗卫星上配备高精度的原子钟，在地面监测原子钟钟差的变化，并在导航电文中广播到接收终端，将原子钟的钟差统一到纳秒量级。

　　因此说，现代的原子钟技术使得卫星导航成为可能。

2.3.2　伪距方程组的解法

　　如果成功接收了四颗导航卫星的信号，并得到了每颗卫星的位置和伪距，就可以得到伪距方程组如下。

$$\rho_1 = \sqrt{(x_1 - x_u)^2 + (y_1 - y_u)^2 + (z_1 - z_u)^2} + ct_u$$

$$\rho_2 = \sqrt{(x_2 - x_u)^2 + (y_2 - y_u)^2 + (z_2 - z_u)^2} + ct_u$$

$$\rho_3 = \sqrt{(x_3 - x_u)^2 + (y_3 - y_u)^2 + (z_3 - z_u)^2} + ct_u$$

$$\rho_4 = \sqrt{(x_4 - x_u)^2 + (y_4 - y_u)^2 + (z_4 - z_u)^2} + ct_u \qquad (2-2)$$

式中：$(x_i, y_i, z_i)(i = 1, 2, 3, 4)$ 是卫星 i 的位置；$\rho_i(i = 1, 2, 3, 4)$ 是从卫星到用户的伪距；(x_u, y_u, z_u) 是用户的位置；t_u 是用户时钟与系统时间的偏差，这里为了描述的方便，在式（2-1）的基础上进行了简化。

伪距方程组的解算使用线性迭代法，其原理如图 2.3.2 所示。接收机的实际位置在 T（未知），测量的伪距（已知伪距）是卫星与 T 的关系。先假定用户处于位置 1，可以得到位置 1 和卫星之间的伪距关系（近似伪距），与实际测量得到的伪距肯定不一致。根据已知伪距和近似伪距对位置 1 进行修正，得到稍微准确的位置 2。由于位置 2 并不准确，又会得到位置 2 和卫星的伪距关系（第二次近似），这也会有偏差，但偏差小了。重复几次，位置就准了。

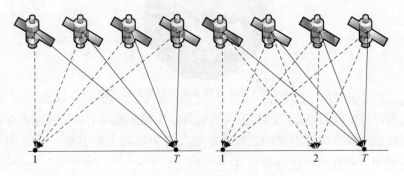

图 2.3.2　线性迭代法的基本原理

根据线性迭代法原理，首先需要获得接收机的近似位置，然后用位移 $(\Delta x_u, \Delta y_u, \Delta z_u, \Delta t_u)$ 表示真实位置与近似位置 $(\hat{x}_u, \hat{y}_u, \hat{z}_u)$ 之间的偏差。将伪距方程组按照泰勒级数围绕近似位置展开，位置偏移 $(\Delta x_u, \Delta y_u, \Delta z_u, \Delta t_u)$ 就可以表示为已知坐标和伪距测量值的线性函数。这一过程表示如下。

时差和位置联合考虑，单一伪距方程表示为

$$\rho_j = \sqrt{(x_j - x_u)^2 + (y_j - y_u)^2 + (z_j - z_u)^2} + ct_u = f(x_u, y_u, z_u, t_u) \qquad (2-3)$$

利用近似的位置 $(\hat{x}_u, \hat{y}_u, \hat{z}_u)$ 和时间偏差估计值 $\hat{t}_u$，可以计算出一个近似伪距为

$$\hat{\rho}_j = \sqrt{(x_j - \hat{x}_u)^2 + (y_j - \hat{y}_u)^2 + (z_j - \hat{z}_u)^2} + c\hat{t}_u = f(\hat{x}_u, \hat{y}_u, \hat{z}_u, \hat{t}_u) \quad (2-4)$$

如上所述，未知的用户位置和接收机时钟偏差由近似分量和增量分量两部分组成，即

$$x_u = \hat{x}_u + \Delta x_u$$
$$y_u = \hat{y}_u + \Delta y_u$$
$$z_u = \hat{z}_u + \Delta z_u$$
$$t_u = \hat{t}_u + \Delta t_u \quad (2-5)$$

因此有

$$f(x_u, y_u, z_u, t_u) = f(\hat{x}_u + \Delta x_u, \hat{y}_u + \Delta y_u, \hat{z}_u + \Delta z_u, \hat{t}_u + \Delta t_u)$$

在近似位置和近似接收机时钟偏差 $(\hat{x}_u, \hat{y}_u, \hat{z}_u, \hat{t}_u)$ 附近，将上面的函数用泰勒级数展开，得到

$$f(\hat{x}_u + \Delta x_u, \hat{y}_u + \Delta y_u, \hat{z}_u + \Delta z_u, \hat{t}_u + \Delta t_u) = f(\hat{x}_u, \hat{y}_u, \hat{z}_u, \hat{t}_u) +$$
$$\frac{\partial f(\hat{x}_u, \hat{y}_u, \hat{z}_u, \hat{t}_u)}{\partial \hat{x}_u} \Delta x_u + \frac{\partial f(\hat{x}_u, \hat{y}_u, \hat{z}_u, \hat{t}_u)}{\partial \hat{y}_u} \Delta y_u +$$
$$\frac{\partial f(\hat{x}_u, \hat{y}_u, \hat{z}_u, \hat{t}_u)}{\partial \hat{z}_u} \Delta z_u + \frac{\partial f(\hat{x}_u, \hat{y}_u, \hat{z}_u, \hat{t}_u)}{\partial \hat{t}_u} \Delta t_u$$
$$(2-6)$$

考虑到二阶小量远小于卫星导航系统的实现精度，上式中将一阶偏导数以上的量忽略不计。上式中各偏导数的值为

$$\begin{cases} \dfrac{\partial f(\hat{x}_u, \hat{y}_u, \hat{z}_u, \hat{t}_u)}{\partial \hat{x}_u} = -\dfrac{x_j - \hat{x}_u}{\hat{r}_j} \\[2mm] \dfrac{\partial f(\hat{x}_u, \hat{y}_u, \hat{z}_u, \hat{t}_u)}{\partial \hat{y}_u} = -\dfrac{y_j - \hat{y}_u}{\hat{r}_j} \\[2mm] \dfrac{\partial f(\hat{x}_u, \hat{y}_u, \hat{z}_u, \hat{t}_u)}{\partial \hat{z}_u} = -\dfrac{z_j - \hat{z}_u}{\hat{r}_j} \\[2mm] \dfrac{\partial f(\hat{x}_u, \hat{y}_u, \hat{z}_u, \hat{t}_u)}{\partial \hat{t}_u} = c \end{cases} \quad (2-7)$$

式中：$\hat{r}_j = \sqrt{(x_j - \hat{x}_u)^2 + (y_j - \hat{y}_u)^2 + (z_j - \hat{z}_u)^2}$。

综合以上各式，得到

$$\rho_j = \hat{\rho}_j - \frac{x_j - \hat{x}_u}{\hat{r}_j} \Delta x_u - \frac{y_j - \hat{y}_u}{\hat{r}_j} \Delta x_u - \frac{z_j - \hat{z}_u}{\hat{r}_j} \Delta x_u + c\Delta t_u \quad (2-8)$$

至此，相对于未知数 $\Delta x_u, \Delta y_u, \Delta z_u, \Delta t_u$，实现了伪距方程的线性化，整理式 (2-8) 可得

$$\hat{\rho}_j - \rho_j = \frac{x_j - \hat{x}_u}{\hat{r}_j}\Delta x_u + \frac{y_j - \hat{y}_u}{\hat{r}_j}\Delta x_u + \frac{z_j - \hat{z}_u}{\hat{r}_j}\Delta x_u - c\Delta t_u \qquad (2-9)$$

为了表述的方便，将式（2-9）中的部分变量用符号代替。

$$\begin{cases} \Delta\rho = \hat{\rho}_j - \rho_j \\[2mm] a_{xj} = \dfrac{x_j - \hat{x}_u}{\hat{r}_j} \\[3mm] a_{yj} = \dfrac{y_j - \hat{y}_u}{\hat{r}_j} \\[3mm] a_{zj} = \dfrac{z_j - \hat{z}_u}{\hat{r}_j} \end{cases} \qquad (2-10)$$

式中：(a_{xj}, a_{yj}, a_{zj}) 表示由近似位置指向第 j 颗卫星的单位矢量。

这样，可把式（2-9）进一步简化为

$$\Delta\rho_j = a_{xj}\Delta x_u + a_{yj}\Delta y_u + a_{zj}\Delta z_u - c\Delta t_u$$

式（2-9）中有 4 个未知数 $\Delta x_u, \Delta y_u, \Delta z_u, \Delta t_u$，接收 4 颗卫星的信号，就可以得到四个方程，可以将这 4 个未知数解出来。也就是说，接收 4 颗卫星信号得到的方程组为

$$\begin{cases} \Delta\rho_1 = a_{x1}\Delta x_u + a_{y1}\Delta y_u + a_{z1}\Delta z_u - c\Delta t_u \\ \Delta\rho_2 = a_{x2}\Delta x_u + a_{y2}\Delta y_u + a_{z2}\Delta z_u - c\Delta t_u \\ \Delta\rho_3 = a_{x3}\Delta x_u + a_{y3}\Delta y_u + a_{z3}\Delta z_u - c\Delta t_u \\ \Delta\rho_4 = a_{x4}\Delta x_u + a_{y4}\Delta y_u + a_{z4}\Delta z_u - c\Delta t_u \end{cases} \qquad (2-11)$$

定义矩阵

$$\Delta\boldsymbol{\rho} = \begin{bmatrix} \Delta\rho_1 \\ \Delta\rho_2 \\ \Delta\rho_3 \\ \Delta\rho_4 \end{bmatrix} \quad \boldsymbol{H} = \begin{bmatrix} a_{x1} & a_{y1} & a_{z1} & 1 \\ a_{x2} & a_{y2} & a_{z2} & 1 \\ a_{x3} & a_{y3} & a_{z3} & 1 \\ a_{x4} & a_{y4} & a_{z4} & 1 \end{bmatrix} \quad \Delta\boldsymbol{x} = \begin{bmatrix} \Delta x_u \\ \Delta y_u \\ \Delta z_u \\ -c\Delta t_u \end{bmatrix}$$

这样，可以把方程组写成

$$\Delta\boldsymbol{\rho} = \boldsymbol{H}\Delta\boldsymbol{x} \qquad (2-12)$$

它的解是

$$\Delta\boldsymbol{x} = \boldsymbol{H}^{-1}\Delta\boldsymbol{\rho} \qquad (2-13)$$

完成方程组的求解，便可算出用户的位置坐标 (x_u, y_u, z_u) 和接收机时钟的偏移量 Δt_u。只要位移 $\Delta\boldsymbol{x}$ 是在线性化点的附近，这种线性化的方法是可行的。如果有超过四颗卫星可用，式（2-13）就需要用最小二乘解代替。

$$\Delta\boldsymbol{x} = (\boldsymbol{H}^{\mathrm{T}}\boldsymbol{H})^{-1}\boldsymbol{H}^{\mathrm{T}}\Delta\boldsymbol{\rho} \qquad (2-14)$$

2.3.3　定位和授时对系统时间的要求

卫星导航的用户主要有授时用户和定位用户，两者对时间的要求不同。

用户进行定位，需要接收四颗卫星的信号，用导航电文中的星钟模型将星钟的时间修正到系统时间，式（2-1）伪距方程中的星载钟时间替换成系统时间 t，就可以得到如式（2-2）的四个伪距方程组。解上面方程组，就可以确定用户的位置和时间，用户的时间实际上是接收机钟与系统时间的偏差。

伪距方程中，需要用星钟模型将星载钟的时间修正到系统时间，要达到米级的定位精度，星载钟时间修正到系统时间的精度需要达到纳秒量级。由于星载钟和系统时间并不是理想的时间源，这种修正也会有误差，误差的大小取决于星载钟的特性和系统时间的特性。在对星载钟和系统时间的钟差建模过程中，由于噪声的相互作用，系统时间的稳定性会影响到星钟模型的建立，为了准确预测，要求系统时间尽可能稳定，通常采用对原子钟加权平均的方法，得到比单台原子钟更稳定的系统时间。

这样，从系统时间的角度考虑，反映到星钟模型中的系统时间误差对每颗星都是相同的，假定为 Δt。代入到伪距方程组里面，化简后可以得到

$$\rho_1 = \sqrt{(x_1 - x_u)^2 + (y_1 - y_u)^2 + (z_1 - z_u)^2} + c(t_1 + \Delta t - t_u) \qquad (2-15)$$

$$\rho_2 = \sqrt{(x_2 - x_u)^2 + (y_2 - y_u)^2 + (z_2 - z_u)^2} + c(t_2 + \Delta t - t_u) \qquad (2-16)$$

$$\rho_3 = \sqrt{(x_3 - x_u)^2 + (y_3 - y_u)^2 + (z_3 - z_u)^2} + c(t_3 + \Delta t - t_u) \qquad (2-17)$$

$$\rho_4 = \sqrt{(x_4 - x_u)^2 + (y_4 - y_u)^2 + (z_4 - z_u)^2} + c(t_4 + \Delta t - t_u) \qquad (2-18)$$

定位是解算 x_u, y_u, z_u；定时是解算 $t - t_u$，两者耦合在一起。从上式可以看出，四颗卫星相同的误差不会影响定位结果，只会影响定时结果，用户解算出的时间会与实际的时间有 Δt 的偏差。换句话说，系统时间的偏差不会影响定位结果，只会影响定时结果。

在定时中，用户解算出接收机钟与系统时间的偏差，但并没有完成授时，系统时间只是卫星导航系统自身为了工作的方便而建立的一个系统时间，只适用于卫星导航系统自身，对广大用户来说，需要将系统时间修正到国家标准时间或者国际标准时间，完成授时过程。导航电文中另外安排了溯源模型，预报系统时间和标准时间的偏差，用户根据这个偏差将接收机钟与系统时间的差修正到接收机钟与标准时间的差，完成授时过程。

总体来说，由于定位需要预测星载钟与系统时间的偏差，就要求系统时间尽可能稳定。同样，定时也要求系统时间稳定，可以精确预测系统时间相对于标准时间的偏差。因此，卫星导航系统建立系统时间考虑的第一要素是稳定。

2.3.4　多普勒测速对系统时间的要求

在卫星导航系统中，当物体运动加速度不大并且间隔时间较短时，可以通过测量一段时间内位置的变化量得到平均速度，但这种方法测速的精度不高并且实时性受限，所以一般不采用这种方法。卫星导航系统中可以根据用户接收到载波频率的多普勒频移来测量用户的速度。

多普勒频移是用户与卫星相对运动产生，卫星发射信号的频率用（f_t）表示，用户接收到的频率与卫星发射的频率之间的关系如式（2-19）所示，两者存在偏差

$$f_d = f_t\left(-\frac{v_r}{c}\right) \qquad (2-19)$$

f_d是接收机测量的多普勒频率，是用户接收到的频率与卫星发射频率之间的偏差值。用户测量多普勒频率时，需要根据接收机时钟频率分析接收到信号的频率，这样，接收机钟的频率偏差会导致多普勒频率的测量偏差。

c是光速，v_r是用户与卫星的视向速度。卫星的位置和速度可以根据导航电文中的星历参数计算得出。

根据上式得到用户与卫星连线的视向速度，接收三颗卫星的信号就可以解出用户在三颗卫星视向上的速度，这个速度与卫星的速度一一对应，就可以测量出用户的三维速度。

但是，由于用户接收机振荡器的频率偏移未知，需要接收至少四颗卫星的信号才能解出三维速度和用户振荡器的频率偏移。

多普勒测速实现的前提是卫星发射信号的频率准确，如果径向测速的精度要求为0.3m/s，那么对卫星下行信号的频率准确度的要求为

$$\frac{\Delta f}{f} = \frac{\Delta v}{c} = \frac{0.3}{3\times10^8} = 1\times10^{-9} \qquad (2-20)$$

即：要求卫星下行频率的准确度要优于1×10^{-9}。

可以看出，如果让用户使用多普勒频移进行测速，需要卫星发射下行载波的频率值准确。如果测试精度为1cm/s，要求卫星发射频率准确度为3×10^{-11}，一般的星载原子钟都能满足要求，不需要对发射频率进行修正，但如果测试精度要求在毫米量级，对卫星发射频率的要求就要达到10^{-12}量级，这种情况下，星载钟的频率准确度已经不能满足要求，需要将星载钟的频率修正到系统时间的频率，一般系统时间的频率都能达到10^{-12}量级。

因此，测速要求星载钟和系统时间的频率准确。

2.4　参考文献

[1] 王安国. 现代天文导航及其关键技术[J]. 电子学报,2007,35(12):2347-2353.

[2] 韩志鹏. 天文导航发展趋势及其关键技术[J]. 现代导航,2011,5:388-390.

[3] 袁越. 经度之战(读库0801)[M]. 北京:新星出版社,2008.

[4] 李孝辉. 时间的真相[M]. 合肥:安徽科学技术出版社,2021.

[5] 王安国. 导航战背景下的天文导航技术——天文导航技术的历史,现状及其发展趋势[J]. 天文学进展,2001,19(2):326-330.

[6] 何炬. 国外天文导航技术发展综述[J]. 舰船科学技术,2005,27(5):91-96.

[7] Elliott D. GPS原理与应用[M]. 寇艳红,译. 北京:电子工业出版社,2012.

[8] 张勤. GPS测量原理及应用[M]. 北京:科学出版社,2005.

[9] 刘大杰,施一民,过静珺. 全球定位系统(GPS)的原理与数据处理[M]. 上海:同济大学出版社,1996.

[10] ZAVOROTNY V U,VORONOVICH A G. Scattering of GPS signals from the ocean with wind remote sensing application[J]. IEEE Transactions on Geoscience & Remote Sensing,2000,38(2):951-964.

[11] 卢晓春,陈清刚,胡永辉. 卫星导航定位系统中伪随机码的研究[J]. 时间频率学报,2004,27(1):167-169.

[12] 刘伟,陈利军. 北斗系统伪随机码的硬件仿真与演化设计[J]. 计算机测量与控制,2018,26(4):152-156.

[13] 武文俊,广伟,张继海,等. 北斗亚欧共视时间比对试验[J]. 时间频率学报,2018,41(3):35-43.

2.5　思考题

1. 天文导航中测量纬度需要观测太阳最高点出现的仰角,在一个纬度处观测到的仰角应该是唯一的。试想,在某一纬度处,夏天和冬天观测到的仰角是否一样,需要怎么改正?

2. 经度差和两地的地方时密切相关,每个地方的地方时中午12点的时候太阳最高。我国采用的北京时间是东经120°处的地方时,那么,处于东经116°的北京,太阳位置达到最高的时刻是在北京时间的几点几分?

3. 卫星导航的基本原理与圆的定义相关,如果不考虑卫星钟和接收机钟的时间偏差,需要几颗卫星才能定位?如果考虑两者的偏差,又需要几颗卫星才能定位?

4. 卫星导航系统的基本观测量是伪距，伪距定义是卫星发射信号时卫星时间与接收机接收信号时的接收机时间的偏差与光速的乘积，请分析伪距中时间偏差产生的原因，并考虑一下，电磁波如果在大气中传播速度不等于光速，应该对伪距进行什么修正。

5. 卫星导航需要将各颗卫星的时间统一到系统时间，这种统一存在偏差。偏差有两种类型，一种是对每颗卫星相同的偏差，一种是对每颗卫星不同的偏差，试分析两种误差对定位和定时的影响。

6. 利用接收机收到的频率信号的多普勒效应可以测量接收机的速度，请分析测量接收机速度需要接收几颗卫星的信号，如果各颗卫星存在相同频率偏差，会不会影响速度的测量？

第3章　卫星导航系统中的时间

卫星导航定位系统中，四维时空坐标的测量依靠精密时间测量实现，其中的核心设备就是原子钟。对于卫星导航应用来说，每台原子钟的时间都不相同，需要将不同原子钟的时间统一到一个公共的标准上，这就是导航系统的系统时间。从主控站到卫星，最终到用户，都需要建立本地时间，并控制本地时间与系统时间同步，完成系统的最终功能。

3.1　卫星导航的系统时间

卫星导航系统是基于时间测量实现导航定位功能，首先需要建立统一的时间参考，称为系统时间，然后通过时间比对、同步技术，将系统内分布各环节的时间同步到系统时间，最后通过卫星广播给用户。因此授时也是卫星导航系统具备的重要功能。为保证所授时间的权威和通用性，需要卫星导航系统的系统时间能够溯源到国际通用的标准时间——协调世界时（UTC）。

3.1.1　各卫星导航系统的系统时间

3.1.1.1　系统时间的建立

卫星导航系统中的系统时间建立和应用过程如图 3.1.1 所示，在卫星导航系统中，每颗卫星上都装有星载原子钟，各监测站通过星地时间比对设备监测星载钟与本地钟的钟差，借助于监测站与主控站的站间时间比对，获得系统时间的主钟与星载钟、监测站钟之间的钟差，利用原子时算法对各钟数据进行加权平均后获得系统时间和每一台钟的钟差。系统时间不是一台物理的钟表现出来的时间，是通过每台钟与系统时间的偏差表现出来。

计算获得的时间尺度是事后生成，称为"纸面时间尺度"，因此系统时间是事后生成，其性能优于系统内各台原子钟。通过综合时间尺度建立系统时间后，必须以实时物理信号的方式，提供给全球卫星导航系统的各组成设备使用，提供的信号形式包括各种脉冲、频率和时码等。系统时间的物理实现是从主控站原子钟组中选择一台高性能原子钟，与相位微调仪和数字钟等设备组成主钟系统，主

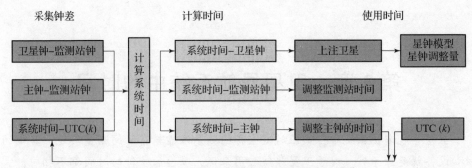

图 3.1.1　系统时间的产生、溯源与广播

钟系统输出的时间就是系统时间的物理实现，是利用过去一段时间内主钟系统输出时间与系统时间偏差的变化趋势来预测并驾驭当前系统时间物理实现。

系统时间有三种使用方式。首先根据系统时间与卫星钟的钟差，对该钟差进行预报并上注到卫星，由卫星根据星载钟的时间广播系统时间；其次是根据监测站钟的钟差调整监测站的本地时间，一般需要是监测站的本地时间与系统时间的偏差小于 1ms；第三是根据系统时间与主钟的偏差对主钟进行驾驭，使主钟时间与系统时间的偏差在一个很小的范围内。主钟的时间通过卫星双向、共视等时间比对方式，经协调世界时的物理实现（UTC(k)）向标准时间溯源。

1）GPS 系统时间的建立

GPS 系统时间（GPST）是整个 GPS 系统运行的参考时间，溯源到美国海军天文台保持的协调世界时 UTC（USNO），GPST 是连续的纸面时间尺度，采用原子时秒长，无闰秒调整，时间起点为 1980 年 1 月 6 日 0 时（UTC），以周和周内秒来计数。周计数是从 1980 年 1 月 6 日零点开始累计的星期数，周内秒从上一个星期天零点开始累计的秒数。

GPST 是由部署在地面主控站、监测站和卫星的原子钟组形成，它通过主控站运用卡尔曼滤波算法对 GPS 系统内部钟组进行不等权平均，其中星载原子钟的赋权最小，监测站原子钟的权值较大，主控站铯钟的权值最大，然后根据各钟权重分配生成 GPS 的系统时间（GPST）。

2）GALILEO 系统时间的建立

Galileo 时（GST）是 Galileo 卫星导航系统的系统时间，采用国际单位制秒，是无闰秒的连续时间。GST 的起始历元是 1999 年 8 月 22 日的 0 时（UTC），GST 使用周和周内秒进行计数，通过时间服务提供商的时间溯源到 TAI。周计数从 Galileo 时 1999 年 8 月 22 日零点开始累计的星期数，周内秒是从上一个星期天零点开始累计的秒数。

德、法、英、意大利等国联合共同组建的 GALILEO 导航系统的时间基准系统，形成了分布式的精密时间产生单元（PTF），即共同产生 GST，并互为备份。

GALILEO 主控站装备 2 台主动型氢钟和 4 台高性能铯原子钟，采用 ALOGOS 算法得到时间尺度。两台氢钟一台作为主钟，一台作为热备份，实时测量监视完好性，异常时可以无缝切换。四台铯钟实时循环比对测量，形成 GST 自由原子时，然后利用卫星双向或卫星共视比对，与欧洲各守时实验室的 UTC（k）比对，修正主钟时间，形成系统时间 GST。

3）GLONASS 系统时间的建立

GLONASS 系统时间是俄罗斯 GLONASS 系统的系统时间，同步到 UTC（SU），与前述系统不同，GLONASS 时有闰秒。

GLONASS 系统时间由若干台高精度氢原子钟和铯原子钟经纸面钟技术综合后得到。实时的 GLONASS 系统参考信号由地面综合控制中心的一台氢原子钟和一台同步控制器产生。

4）北斗系统时间的建立

北斗时（BDT）是北斗卫星导航系统的系统时间，采用国际单位制秒的无闰秒连续时间。北斗时的起始历元是 2006 年 1 月 1 日的零时（UTC）。北斗时使用周和周内秒进行计数，通过 UTC（NTSC）溯源到 UTC。周计数从北斗时 2006 年 1 月 1 日零点开始累计的星期数。周内秒是从上一个星期天零点开始累计的秒数。

北斗卫星导航系统的钟组包括地面原子钟和星载原子钟，其中星载原子钟多为铷钟，少量配置了氢原子钟，受星载钟性能以及比对链路限制，即使归入时间尺度计算，其取权也基本为零，所以 BDT 时间尺度计算中以地面原子钟为主，主要使用主控站、监测站和注入站的若干台高性能的原子钟组，通过加权平均等方法，采用纸面组合钟的方式产生。BDT 的物理实现是在主控站选择一台稳定性好的原子钟作为系统主钟，构成主钟系统，输出实时时间频率参考信号。

3.1.1.2　系统时间的广播

根据卫星导航的定位的基本方程如下。

$$\rho = \sqrt{(x_{\mathrm{s}} - x_{\mathrm{u}})^2 + (y_{\mathrm{s}} - y_{\mathrm{u}})^2 + (z_{\mathrm{s}} - z_{\mathrm{u}})^2} + c\Delta t_{\mathrm{u}} \qquad (3-1)$$

式中：ρ 是用户测量的伪距，等于信号离开卫星的星钟时间与用户接收信号的用户钟时间的差；$(x_{\mathrm{s}}, y_{\mathrm{s}}, z_{\mathrm{s}})$ 是卫星位置，可以根据导航电文中广播的星历解出；c 是光速；$(x_{\mathrm{u}}, y_{\mathrm{u}}, z_{\mathrm{u}})$ 是用户位置，Δt_{u} 是用户时间与系统时间的差，为四个待求解的未知数。方程左边伪距测量值含用户钟与星载钟的钟差，方程右边为用户钟与系统时间的钟差，不统一，多星联合解算时还需要星载钟时间统一到系统时间。卫星广播导航电文中的星钟模型参数可以将各星时间统一到系统时间。

以北斗系统为例，导航电文中的星载钟与系统时间偏差的参数生成过程如下。

第一步，导航系统中的监测站以本站的原子钟为参考，接收卫星发来的信号，获得地面监测钟 Clock$_{监测站}$和卫星钟 Clock$_{卫星}$的偏差为

$$\Delta t_{监测站,卫星} = Clock_{监测站} - Clock_{卫星} \qquad (3-2)$$

第二步，导航系统中的主控站以系统时间为参考，结合站间时间比对数据，获得导航系统时间 BDT 与地面监测钟 Clock$_{监测站}$的偏差为

$$\Delta t_{BDT,监测站} = BDT - Clock_{监测站} \qquad (3-3)$$

第三步，根据式（3-2）和式（3-3）可以得到星载原子钟与系统时间的差为

$$\Delta t_{卫星,BDT} = Clock_{卫星} - BDT \qquad (3-4)$$

最后，根据时差信息结合星钟模型，拟合生成星钟模型参数。在北斗系统中，星载原子钟相对于系统时间的钟差建模为时间的二次函数，设参考时刻为 t_0，在 t 秒（BDT），星钟与 BDT 的钟差可通过下式计算。

$$\Delta T(t) = a_0 + a_1(t-t_0) + \frac{a_2}{2}(t-t_0)^2 \qquad (3-5)$$

式中：a_0是 t_0时刻的时钟偏差；a_1是频率偏移；a_2是频率漂移。

将星钟模型参数从主控站送到注入站，由注入站送到要加注的相应卫星上去，再以导航电文参数的形式广播给用户，即实现了系统时间的广播。

3.1.1.3　系统时间的溯源

卫星导航系统还有一项重要功能——授时，为保证所授时间的通用性，要求系统时间需溯源到国际标准时间——协调世界时（UTC），根据国际电信联盟（ITU）的要求，授时系统的系统时间与 UTC 偏差在 100ns 以内。

GNSS 系统时间溯源至 UTC，既可以满足人们对均匀时间间隔的要求，又可以满足人们对以地球自转为基础的准确世界时时刻的要求。同时，多模导航作为卫星导航应用的一个重要发展方向，也要求系统时间与 UTC 同步，这样，在进行钟差计算、星历外推和伪距测量等处理时，可以采用统一的时间参考，便于后期处理。最后，实现系统时间与 UTC 的同步，可以将系统时间与世界时的时差保持在 0.9ns 以内，对轨道测量、精密测地等应用带来方便。

卫星导航系统时间授时的前提是建立与国家标准时间的溯源关系，进而溯源至 UTC。不同的导航系统有各自的溯源链路，比如，GPST 溯源至美国海军天文台的 UTC（USNO），进而溯源到 UTC；GLONASS 的系统时间 GLONASST，溯源至俄罗斯时间空间计量研究所的 UTC（SU），并通过 UTC（SU）溯源到 UTC；Galileo 的系统时间采用欧洲多个时间实验室的 UTC 综合计算而得到，通过精密

时间产生单元（PTF）溯源到 UTC；BDT 溯源至中国科学院国家授时中心保持的 UTC（NTSC），并通过 UTC（NTSC）的国际比对链路，溯源到 UTC。

3.1.2　系统时间偏差及其对多系统导航的影响

多模卫星导航技术是指把两种或两种以上的卫星导航系统以适当的方式组合在一起，利用其性能上的互补特性，从而获得比单一使用任一系统都高的性能。

多模卫星导航的概念在 GPS 和 GLONASS 建设时就已经出现，但一直没有充分发展，直到 Galileo 系统开始建设后，多模导航才逐渐被人们重视，随着中国的北斗系统和其他卫星导航系统的规划和建设，多模导航迎来井喷式发展。

在多模卫星导航中，由于不同卫星导航系统的系统时间不同，虽然都溯源到协调世界时（UTC），但各系统时间之间仍然存在偏差，这个偏差被称为系统时间偏差，简称系统时差。系统时差约为几十纳秒，并且随着时间的推移而变化，这是多模导航需要重点关注的一个问题。

本节对系统时差在多模导航中的作用与使用方法进行分析，给出了利用系统时差辅助进行导航的方法，并介绍了时差辅助导航的实验。

3.1.2.1　系统时间偏差产生的原因

以全球卫星定位系统（GPS）和伽利略卫星导航系统（Galileo）为例，分析系统时间偏差产生的原因。

GPS 的系统时间，称为 GPS 时（GPST）。与 GPS 一样，为支持系统运行，Galileo 也建立参考时间尺度——Galileo 系统时间（GST）。GPS 系统时间（GPST）与 GST 均独立产生，GST 驾驭到国际原子时（TAI），GPST 驾驭到美国海军天文台（USNO）保持的协调世界时（UTC（USNO））。协调世界时（UTC）和国际原子时（TAI）的主要区别是否闰秒，因此两者相差整数秒。后文为方便，就不区分这两种时间尺度。表 3.1.1 总结了 GPS 和 Galileo 的特性。

表 3.1.1　GPS 和 Galileo 的系统时间

	GPS 系统时间	Galileo 系统时间
时间尺度类型	组合钟：GPS 系统内原子钟经 kalman 滤波器平均	主钟：主动型氢脉泽驾驭
产生方式	主控站完成运算	Galileo 的精密时间设施完成
系统接入方式	广播星载钟修正量	通过直接时间传递或广播修正量
驾驭到 TAI/UTC	通过 USNO 溯源	通过 Galileo 时间服务
与 TAI/UTC 的偏差	14ns（RMS）	50ns（95%）
与 TAI/UTC 偏差的不确定性	9ns（RMS）	28ns（95%）

3.1.2.2 系统时差在用户端表现形式

从前节分析可知，不同卫星导航系统的系统时间不一致，当用户同时使用多个系统时，这种不一致性直接体现在用户端。

另外，对于多模导航用户，在进行伪距测量时，由于各卫星导航系统的信号频率和调制方式不同，由于接收机群时延，会有 3~5ns 的时延差，同时，对不同系统如果采用不同的测距方式，测量的时延也会有几纳秒偏差。

考虑以上两种因素，在用户端观测到的系统时差与两个系统时间的偏差并不相同，用户端观测到的系统时差要附加 3~5ns 的偏差，这是由于接收机群时延和测距方式不同而引起的。在精密导航定位时，必须考虑这个因素。

3.1.2.3 系统时差对定位和定时的影响

对 GPS 和 Galileo 来说，GPST 和 GST 的系统时差可能是几十纳秒量级，这个偏差简写为 GGTO。在双模导航接收机中，使用导航电文中广播的星钟模型参数改正，测量的 GPS 伪距改正到 GPST，测量的 Galileo 伪距改正到 GST，图 3.1.2 展示了这一过程，图中还可以清楚看到 GGTO 的影响。

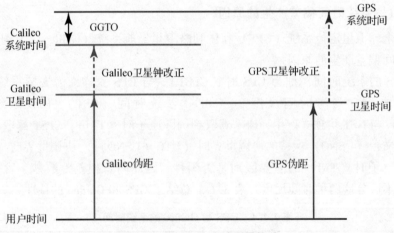

图 3.1.2　GGTO 导致测量偏差

即使把两个系统的伪距都改正到 UTC，也会出现类似的问题。这里，GGTO 可以被定义为两个系统对 UTC 的估计偏差，因为对 UTC 的估计不可能是完美的，GGTO 必定存在。

GGTO 引起测量偏差，测量偏差导致最终的定位误差和定时误差，如果两个系统组合的几何精度因子（DOP）是 3，假定 GGTO 的值是 33ns（10m），则引起的定位偏差为：$3 \times 10 = 30$m。在一般定位中必须考虑这个量。

在多模导航中，系统时差对定位和定时的影响在几十米的量级。

3.1.2.4　系统时差对测速和校频的影响

如果不考虑定位和定时方面的误差传递，系统时差的变化率是影响测速和校频的重要因素，即两个系统时间的不同频率将会影响测速和校频，需要对两个系统的频率差进行估计。

根据 Galileo 的系统时间参数，频率稳定度优于 5×10^{-15}/天，频率准确度优于 1×10^{-13}，假定其他卫星导航系统的系统时间的性能与此相差不大，可以知道，如果校频精度在 1×10^{-13} 以外，如果径向测速精度在 $1 \times 10^{-13} \times 3 \times 10^{8} = 3 \times 10^{-7}$ m/s 以外，可以不考虑系统时间频率偏差的影响。

3.1.3　系统时差的两种常规处理方法

在多模导航应用中，对系统时差的处理主要有两种方式，一种是系统级，一种是用户级。

系统级方法是由卫星导航系统或第三方，对包括自己在内的各卫星导航系统的系统时差进行持续监测，并在导航电文中广播（或通过其他通信手段广播），用户可以获得该系统时差，并将伪距统一到一个时间系统，然后使用和单模导航相同的技术进行定位和定时。这种情况下，用户仍然仅需解算 4 个未知数（用户的三维位置，用户时间与系统时间的时差）。

用户级方法是指将系统时间间的偏差作为未知数进行解算。如果是双模导航，需要观测至少 5 颗卫星，解算 5 个未知数（用户的三维位置，用户时间与两个系统时间的时差）。如果是三模导航，需要观测至少 6 颗卫星，解算 6 个未知数（用户的三维位置，用户时间与三个系统时间的时差）。

3.1.3.1　单站接收空间信号监测 GNSS 系统时差的基本原理

单站接收空间信号监测 GNSS 系统时差的原理如图 3.1.3 所示。GNSS 定时接收机接收空间信号，解算出伪距测量值、导航系统参数等数据，并传输至计算机进行数据处理；同时 GNSS 定时接收机还输出定时脉冲信号，使用高精度时间间隔计数器与监测站时间频率中心输出的脉冲参考信号进行比较，时间间隔计数器测得二者时差值送入计算机，用于计算监测站参考时间与导航系统时间的时差。为改善系统时差的监测精度，在处理伪距测量值和导航电文时，还会使用 IGS 或类似机构提供的精密星历、钟差产品对相关数据进行修正。

监测站参考时间与 GNSS 系统时间的时差由两部分组成，如下式所示。

$$T_{REF} - T_{GNSS} = (T_R - T_{GNSS})_1 + (T_{REF} - T_R)_2 \qquad (3-6)$$

式中：T_{REF} 为监测站参考时间；T_{GNSS} 为 GNSS 的系统时间；T_R 表示接收机时间。$(T_{REF} - T_R)$ 由时间间隔计数器测得，$(T_R - T_{GNSS})$ 用伪距计算公式反推得到。

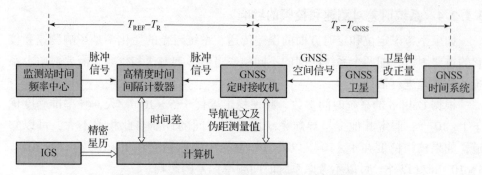

图 3.1.3 单站接收空间信号监测系统时差的原理图

$$\rho = r + \mathrm{pd} + c(\mathrm{d}T - \mathrm{d}t) + \mathrm{d(ion)} + \mathrm{d(trop)} + \mathrm{Ep} \tag{3-7}$$

$$T_R - T_{GNSS} = \mathrm{d}T - \mathrm{d}t = (\rho - r - \mathrm{pd} - \mathrm{d(ion)} - \mathrm{d(trop)} - \mathrm{Ep})/c \tag{3-8}$$

式中：ρ 表示接收机至观测卫星的伪距；r 表示星地几何距离；pd 表示轨道误差；c 表示光速；$\mathrm{d}T$ 表示接收机钟差；d(ion) 表示电离层延迟；$\mathrm{d}t$ 表示卫星钟偏；d(trop) 表示对流层延迟；Ep 表示其他误差。

综上，监测站参考时间与导航系统时间的时差可以表示为

$$T_R - T_{GNSS} = \mathrm{d}T - \mathrm{d}t = \frac{(\rho - r - \mathrm{pd} - \mathrm{d(ion)} - \mathrm{d(trop)} - \mathrm{Ep})}{c} + T_{TIC} \tag{3-9}$$

3.1.3.2 两种方法比较

系统级方法，优点是解算方法和普通单模导航的方法相同，只需要观测 4 颗卫星，可以使用单模导航多年发展形成的算法，有非常成熟的处理程序和软件，这一点对工程应用非常重要。

系统级方法主要限制因素是，系统时差对不同类型接收机的影响可能存在差异。即使广播的系统时间偏差非常准确，但由于接收机群时延和解调方式差异，不同系统在接收机处理过程中可能存在系统性偏差，常有 3～5ns 的不确定性。另外，在进行系统时间偏差监测时，无论使用 GNSS 接收机监测，还是用卫星双向时间传递设备测试，都存在包括设备时延校准、测量结果受测量误差影响存在不确定性等误差，广播的系统时差准确度一般不会优于 3ns。

用户级方法，优点是将系统时差作为未知数解算，解算的系统时差就是在用户端表现出的系统时差，不需要对接收机根据不同系统进行校准，但付出的代价是每增加一个导航系统，就需要多观测一颗卫星，使得 DOP 值增大。如果在多遮挡环境中，增加观测卫星可能存在较大挑战。

由上述分析可知，系统时差的两种处理方法主要区别在 DOP 和对定位精度的影响，下面从这两个方面进行详细分析。

3.1.3.3　两种处理方法对 DOP 值的影响

系统级处理方式和用户级处理方式对需要解算的未知数个数不同，将导致 DOP 值区别，下面以 GPS、Galileo 双模导航和 GPS、Galileo、格洛纳斯卫星导航系统（GLONASS）三模导航为例子，对中国西边的乌鲁木齐和东边的上海两个地方的 DOP 值进行分析。

为比较开阔环境和遮挡环境中 DOP 的差异，使用截止角 10° 和 30° 两种情况进行对比，分别计算了两地一天内 DOP 值的均值，结果见表 3.1.2 和表 3.1.3。

表 3.1.2　GPS 和 Galileo 双模导航时 DOP 值比较

导航模式	时差处理方法	10°截止角时 DOP 值		30°截止角时 DOP 值	
		乌鲁木齐	上海	乌鲁木齐	上海
GPS/Galileo	系统级	1.6	1.6	4.1	4.2
	用户级	1.9	1.9	5.8	9.0

表 3.1.3　GPS、Galileo 和 GLONASS 三模导航时 DOP 值比较

导航模式	时差处理方法	10°截止角时 DOP 值		30°截止角时 DOP 值	
		乌鲁木齐	上海	乌鲁木齐	上海
GPS/Galileo/GLONASS	系统级	1.3	1.3	3.2	3.2
	用户级	1.7	1.8	4.7	8.3

由表 3.1.2 和表 3.1.3 可以看出，对于双模导航和三模导航，系统级处理方法的 DOP 确实优于用户级处理方法。在开阔环境，两种处理方法的 DOP 值差别较小，但在遮挡环境中，用户级处理方式的 DOP 值恶化较快，在上海出现 DOP 值大于 6 的情况，GPS 系统认为此时星座不可用，但对应条件下系统级处理的 DOP 值处于 3～4 之间，这时宜采用系统级处理方式。

3.1.3.4　两种处理方法对定位精度的影响

根据 DOP 值分析，如果接收机能获得系统时差的真值，显然使用系统级处理方法更好，但由于系统时间偏差通常是含有误差的，因此还需要根据广播系统时差误差的大小，综合考虑对定位的影响，才能对两种方法的优劣进行判断。

在仿真中，对可见星的伪距测量误差，GPS 系统取方差为 1.3m 均值为 0 的正态分布的随机变量，Galileo 系统取方差为 1.05m 均值为 0 的正态分布的随机变量，GLONASS 系统取方差为 1.6m 均值为 0 的正态分布的随机变量；对广播的系统时差，误差值设为均值为 0 的正态分布的随机变量，方差分别为 0ns、5ns 和 10ns。

同一天内对中国境内的五个站点（乌鲁木齐、临潼、长春、上海、昆明），利用系统级处理方法和用户级处理方法分析了定位误差的分布情况，仿真结果见表 3.1.4 和表 3.1.5，定位误差用解算位置与真值距离的均方差表示。

表 3.1.4　截止角 10°时定位结果比较，单位：m

导航模式	处理方法		乌鲁木齐	临潼	长春	上海	昆明
GPS/GLONASS	系统级处理	0ns	2.3	2.4	2.3	2.5	2.5
		5ns	2.6	2.9	2.8	3.0	3.0
		10ns	3.5	4.0	3.9	4.1	4.2
	接收机端处理		2.5	2.7	2.5	2.8	2.7
GPS/GLONASS/Galileo	系统级处理	0ns	1.5	1.5	1.5	1.5	1.5
		5ns	1.8	1.9	1.8	1.9	1.9
		10ns	2.4	2.7	2.7	2.7	2.7
	用户级处理		1.6	1.6	1.6	1.6	1.6

表 3.1.5　截止角 30°时定位结果比较，单位：m

导航模式	处理方法		乌鲁木齐	临潼	长春	上海	昆明
GPS/GLONASS	系统级处理	0ns	9.2	9.2	6.7	10.2	12.0
		5ns	10.3	10.1	7.6	11.5	13.5
		10ns	12.9	12.5	9.8	12.3	15.5
	用户级处理		15.0	14.3	13.6	11.3	15.3
GPS/GLONASS/Galileo	系统级处理方式	0ns	3.2	3.5	3.3	3.5	3.9
		5ns	3.8	4.1	3.7	4.2	4.4
		10ns	5.1	5.6	4.9	5.8	6.0
	用户级处理		3.7	4.1	3.6	4.0	4.4

从上面分析可见，两种处理方法对用户定位结果的影响相对复杂，基本上可以得到下面结论。

在开阔环境，用户级处理方法性能较好，即使广播的系统时差是真值，也只稍好于用户级处理方法。如果考虑广播的系统时差是有误差的，用户级处理方法优于系统级处理方法。

随着遮挡的加剧，用户级处理方法性能下降，当截止角达到 30° 时三模导航时用户级处理方法和系统级处理方法的 5ns 系统时差误差性能相当，当双模导航时，用户级处理方法不如系统级处理方法。

3.2　导航卫星的本地时间

系统时间通过导航卫星的星载钟时间体现，星钟模型预测出导航卫星时间与系统时间的偏差，就可以把卫星时间修正到系统时间。星载钟的稳定性越好，预测的精度越高。为提高卫星时间的稳定性和可靠性，一般由锁定到原子钟的晶振产生本地时间和频率，与锁相装置、调整装置、时频信号产生装置共同组成星上时间保持系统。

星上时间保持系统作为导航卫星的重要载荷，一般配备主用、热备、冷备等多台原子钟，产生星上的参考时间和参考频率。本节将在对各导航卫星参考时间和频率生成方法进行分析的基础上，总结星上时间和频率控制系统结构。

3.2.1　星载原子钟与星上参考时间和频率

导航卫星时频生成与保持系统以星载原子钟的频率为参考，为载荷提供精确、可靠、稳定并且连续的 10.23MHz 频率参考信号。

精确的导航依赖于精确的时间，在卫星导航系统中，精确位置的测量实际上是精确时间的测量。图 3.2.1 是导航卫星载荷结构示意图，可以看出，时频生成与保持系统为载荷提供时间和频率参考，是系统的核心。精确的时间来自于精确的时频参考信号，高精度的卫星时频参考信号是卫星导航系统实现导航定位、授时和测速的基础。

为了保证卫星导航系统导航定位、授时和测速的精度，一般在导航卫星上搭载星载原子钟作为星上有效载荷的频率参考源。导航卫星时频参考信号的频率值为 10.23MHz，而通常情况下星载原子钟的输出信号频率却是 10MHz，不能直接将星载原子钟的输出频率信号作为卫星时频参考信号，必须通过频率合成等方式以星载原子钟为参考，产生 10.23MHz 的频率信号。

导航卫星所处的特殊空间环境及其应用场景决定了其时频生成和保持系统必须具有很高的可靠性。提高可靠性最主要的方法是冗余备份，采用主备两条链路同时产生频率信号，在主用链路输出信号性能下降或故障等特殊情况下，切换至

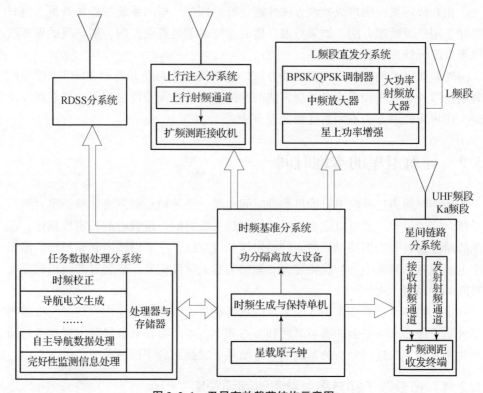

图 3. 2. 1　卫星有效载荷结构示意图

备份链路输出时频参考信号，保持导航卫星有效载荷工作的连续性。此外，当时频参考信号需要主备切换时，为不影响载荷功能，必须在较短的时间内完成切换，并保证切换前后频率一致、相位不发生跳变。

为了保证卫星时频参考信号主备切换前后的平稳性，需要对主备链路输出信号之间的频率和相位差进行精密测量，并根据测量结果对备用链路输出的频率信号进行控制，使之与主用链路输出信号尽可能保持一致。

3.2.2　导航卫星参考时间和频率生成方法

稳定可靠的时间是导航系统正常工作的基础，为了保障导航卫星时频参考信号的稳定可靠，一般导航卫星都配备 3 ~ 4 台原子钟，使用主备冗余的方法产生星上的参考时间和参考频率。本节分别说明 GPS、GLONASS、Galileo 三个系统星上参考时间和频率的产生方法。

3.2.2.1　GPS 的时频生成与保持系统

GPS 系统是目前世界上应用最广泛、功能最稳定的全球卫星导航定位系统，也是开展相关领域研究工作较早的系统。目前 GPS 系统在轨卫星主要包括 GPS BLOCK IIA、GPS BLOCK IIR 和 GPS BLOCK IIF 等，其中又以 GPS BLOCK IIR 最具有代表性。

BLOCK IIR 卫星的卫星时频生成与保持系统称为时间基准装置（Time Standard Assembly，TSA），其主要功能是以星载原子钟为参考，产生星上载荷所需高精度频率信号和时间信号。其中参考信号频率为 10.23MHz，频率调整精度为 $1\mu Hz$，频率调整范围为 10Hz，相位测量精度为 1.67ns，星载原子钟采用一热一冷的冗余备份方式。

1）基本工作原理

时间基准装置的基本工作原理是利用简单的数据环路连接两个频率源，其中一个作为系统参考，另一个作为系统输出，并保证系统输出锁定到系统参考频率源上。为保证系统输出信号的短期稳定度，使用压控晶振作为系统输出频率源；使用长期稳定度高的星载原子钟作为系统参考频率源，为时间基准装置提供参考频率信号。时间基准装置可以使用任何满足要求的原子钟作为参考频率源，包括铷原子钟、铯原子钟和氢原子钟等。

时间基准装置的基本工作原理如图 3.2.2 所示，星载铷原子钟作为系统参考频率源，压控晶体振荡器被用作系统输出的频率源，其输出频率标称值为10.23MHz，并可在 10Hz 范围内以 1MHz 的步进量进行调整，从而降低原子钟老化所带来的影响。

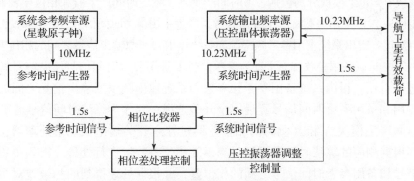

图 3.2.2　时间标准装置系统基本工作原理图

系统参考频率源和系统输出频率源输出的频率信号分别被参考时间产生器和系统时间产生器分频，产生周期为 1.5s 的信号，作为参考时间信号和系统时间信号。相位比较器测量参考时间信号和系统时间信号之间的相位差，该相位差由星载铷原子钟和压控晶体振荡器输出信号的频率偏差和初始相位偏差引起。

相位差处理控制以相位比较器测得的相位差为基础，计算对压控晶体振荡器的频率调整量，并通过数模转换器将该信号转换为压控晶体振荡器控制电压作用于压控晶体振荡器（在补偿过压控振荡器的非线性的情况下），实现对压控晶体振荡器输出信号的调整，从而保证系统输出频率锁定到系统参考频率源。

此时系统参考频率源输出的 10.23MHz 频率信号和系统时间产生器生成的周期 1.5s 的时间信号就作为时间基准装置系统的输出，送到卫星有效载荷的其他各个部分。

从 GPS 时间基准装置的基本工作原理可知，系统性能受数据影响较大，对系统输出频率源的控制量是由相位差处理控制根据测得的两频率源相位差计算的数字量，并需要将该数字量通过数模转换器转换为模拟量后对压控晶体振荡器的输出进行控制，因此相位差处理控制算法和数学模型的准确程度直接影响系统整体性能。

2）基本组成结构

GPS 时间基准装置的基本组成结构示意图如图 3.2.3 所示。为了保证系统的可靠性，使用了三台星载原子钟。在任何时间均有两台铷原子钟同时处于加电状态，分别作为主用和备用参考频率源。当主用的铷原子钟发生故障后，系统可以自动切换到备用的原子钟上。由于在切换过程中高稳压控振荡器依然可以保持输出信号不变，并且主用和备用信号在切换之前也已经与压控振荡器保持同步，因此切换过程不会对卫星的导航效果带来影响。

时间基准装置采用了双备份的冗余设计方法，系统包括时间产生模块 A 和时间产生模块 B，每个模块分别包括参考时间产生器、系统时间产生器和相位比较器。时间产生模块 A 以主用星载铷原子钟为参考，产生主用参考时间信号，并与系统时间信号进行对比，得出系统主用参考频率源和系统输出频率源输出信号之间的相位差。时间产生模块 B 以备用星载铷原子钟为参考，产生备用参考时间信号，并与系统时间信号进行对比，得出系统备用参考频率源和系统输出频率源输出信号之间的相位差。主用和备用系统时间信号经过冗余开关选择一路作为系统时间信号输出。

时间产生模块 A 和 B 测得的相位差通过冗余开关输出至冗余处理器，冗余处理器根据相应的算法和数学模型对测得的相位差数据进行处理，得到主用参考时间信号和备用参考时间信号之间的相位差，并根据处理得到的相位差对主备参考信号产生器进行调整，保证主用参考信号和备用参考信号的相位一致。同时根据主用参考时间信号与系统时间信号之间的相位差计算对压控晶体振荡器的调整量，并根据调整量对压控晶体振荡器进行调整，保证系统时间信号与主用参考信号的相位一致，从而将压控晶体振荡器锁定在主用铷原子钟上。压控晶体振荡器也采用双备份的冗余配置，主用压控晶体振荡器的输出即为时间基准装置系统的输出频率信号。

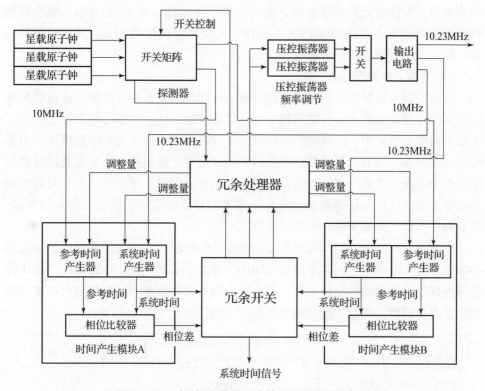

图 3.2.3 时间标准装置系统基本组成结构示意图

3）主要特点

GPS 系统 BLOCK IIR 卫星的时间基准装置是目前使用较为广泛的导航卫星时频生成与保持系统，其主要特点包括以下几点。

（1）以高精度星载原子钟作为频率参考。

（2）将参考和输出频率信号均转换为时间信号后进行比相，通过相位差对输出频率信号进行调整，使输出信号锁定于参考。

（3）通过冗余配置提高可靠性，采用三台星载原子钟以及主用和备用链路分别产生频率信号和时间信号，当主用信号出现故障时，切换至备用信号。

3.2.2.2 伽利略的时频生成与保持系统

Galileo 系统是欧盟为了打破美国 GPS 系统的垄断地位，自主研发的全球卫星导航定位系统，它是在现有技术基础上结合近年发展的先进技术建立的，采用了较多与 GPS 不同的新技术。

它在借鉴了现有 GPS 导航卫星时频生成与保持技术的基础上，设计了时钟监测与控制单元作为导航卫星时频产生与保持系统，以星载铷原子钟和星载氢原子钟为参考，生成时间和频率基准。输出信号频率标称值为 10.23MHz，频率调整精度为 0.056μHz，频率调整范围为 10Hz，相位测量精度为 24ps。星载原子钟采用一热二冷的方式进行冗余配置。

1）基本工作原理

时钟监测与控制单元的基本工作原理与时间基准装置系统类似，通过锁相环连接系统参考频率源和系统输出频率源，使系统输出锁定到参考频率源上。在时钟监测与控制单元中，同样使用短期稳定度较高且可控的压控晶体振荡器作为系统输出频率源，为卫星有效载荷提供时间频率信号；使用长期稳定度高的星载原子钟作为系统参考频率源，为时钟监测与控制单元提供参考频率信号。时钟监测与控制单元可以使用任何满足系统参考频率信号要求的原子钟作为参考频率源，包括铷原子钟、铯原子钟和氢原子钟等。

图 3.2.4 为时钟监测与控制单元的基本工作原理。系统采用星载原子钟作为参考频率源，输出信号的频率值为 10MHz，采用标称值为 10.23MHz 的高稳压控晶体振荡器作为系统输出频率源，它的输出信号频率值在一定范围内可以通过控制电压进行调整，从而实现对输出频率信号的控制。

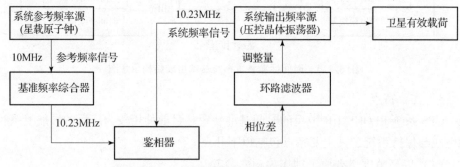

图 3.2.4　时钟监测与控制单元基本工作原理

基准频率综合器以星载原子钟为参考生成 10.23MHz 的频率信号，并通过鉴相器与系统参考频率源输出 10MHz 的系统频率信号进行鉴相，鉴相的结果同时包含基准频率综合器和压控晶体振荡器输出信号的相位差。相位差通过环路滤波器转换为压控晶振控制电压，对其输出信号的频率进行调整，从而实现将系统输出频率信号锁定于参考频率信号。此时系统输出频率源输出的 10.23MHz 频率信号即为时钟监测与控制单元的输出信号，再输出至卫星有效载荷的各个组成单元。

2）基本组成结构

图 3.2.5 为时钟监测与控制单元的基本组成结构。采用冗余备份的方式，配置四台星载原子钟，包括两台铷原子钟和两台氢原子钟，输出信号频率 10MHz。

四台原子钟经过开关矩阵选择两路输出至时钟监测与控制单元，作为系统参考频率信号。

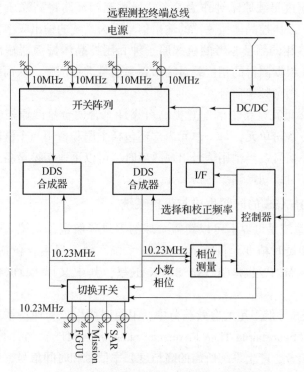

图 3.2.5　时钟监测与控制单元基本组成结构

工作单元内部包括主、备两个频率信号产生链路，两个链路结构上对称，功能类似。每个链路都包括基准频率综合器、鉴相器、环路滤波电路和压控晶体振荡器。基准频率综合器以星载原子钟的输出频率信号为参考，综合产生系统所需 10.23MHz 的导航频率信号，并将该信号与压控晶体振荡器输出的频率信号通过鉴相器进行鉴相，并将鉴相得到的相位差通过环路滤波电路转换为压控晶体振荡器控制量，对晶振的输出频率信号进行调整，此时晶振的输出信号为主用频率信号。同样备用链路以不同于主用链路的星载原子钟为参考，产生备用频率信号。

主用和备用频率信号同时输入到切换开关，默认选择主用频率信号输出。当主用频率信号出现异常或故障时，切换至备用频率信号作为时钟监测与控制单元的输出。为了保证切换前后系统输出频率信号不发生较大的变化，需要主用和备用频率信号尽可能保持一致。系统采用相位差测量电路对主用和备用频率信号的相位差进行监测，并通过控制备用链路的压控晶振使相位差尽可能小，即主用和备用频率信号尽可能保持一致。

3）主要特点

GALILEO 卫星时钟监测与控制单元的主要特点如下。

（1）以高精度星载原子钟作为参考，通过锁相环路将高稳压控晶体振荡器锁定于原子钟，以压控晶体振荡器的输出信号作为系统的输出频率信号。

（2）通过鉴相器测量参考的星载原子钟和压控晶体振荡器输出频率信号之间的相位差，并根据测得的相位差对输出频率信号进行调整，从而保证系统输出频率信号锁定于参考频率信号。

（3）采用多重冗余备份的配置提高可靠性，含四台星载原子钟，分为对称的工作单元和冷备份单元，每个单元内部还包括主用和备用两个链路来分别产生主用和备用频率信号。当主用信号出现故障时，可以迅速切换至备用信号；当工作单元故障时，可以切换到冷备份单元。

3.2.2.3 GLONASS 的时频生成与保持系统

GLONASS 系统是世界上可以覆盖全球的卫星导航定位系统之一，具有较高的导航、定位和授时精度。目前 GLONASS 系统在轨卫星主要包括 GLONASS 卫星、GLONASS - M 卫星和 GLONASS - K 卫星，其中又以 GLONASS 卫星最为常见。

在 GLONASS 导航卫星的有效载荷中，卫星时频生成与保持系统被称为星载时间频率基准（Spaceborne Time Frequency Standard, STFS），它的主要功能是以星载原子钟为参考，产生系统所需的高精度频率信号和时间信号，并保证时间和频率信号的稳定度和可靠性。

1）基本工作原理

GLONASS 系统星载时间频率基准采用锁相环路连接系统参考频率源和输出频率源，使系统输出频率信号锁定在参考频率源上。图 3.2.6 为星载时间频率基准的基本工作原理。系统采用星载铯原子钟作为参考频率源，其输出频率标称值为 5 MHz，不可调。系统采用的高稳压控晶体振荡器频率标称值为 5 MHz，并可在一定范围内调整输出频率。

星载铯原子钟输出的频率信号与压控晶体振荡器输出的信号通过鉴相器得到二者的相位差，相位差通过环路滤波电路转换为压控晶振控制量，对压控晶体振荡器进行调整，使晶振锁定于星载铯原子钟。压控晶体振荡器输出的频率信号经过系统时间产生器生成 1PPS 信号，并与地面系统时间基准的 1PPS 信号进行比对，得到两个脉冲信号之间的相位差，并通过相位差处理和控制部分按照相应的算法和数学模型转换为压控晶振调整量，调整压控晶体振荡器的输出信号，实现星上时间和地面系统时间的同步。

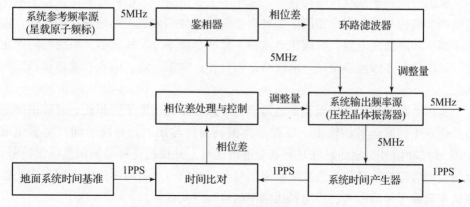

图 3.2.6 星载时间频率基准基本工作原理

2) 基本组成结构

星载时间频率基准的基本组成结构如图 3.2.7 所示。系统采用三台星载铯原子钟冗余配置，其输出信号频率标称值为 5MHz。原子钟经过开关矩阵选择两路输出至星载时间频率基准，作为系统的参考频率信号。

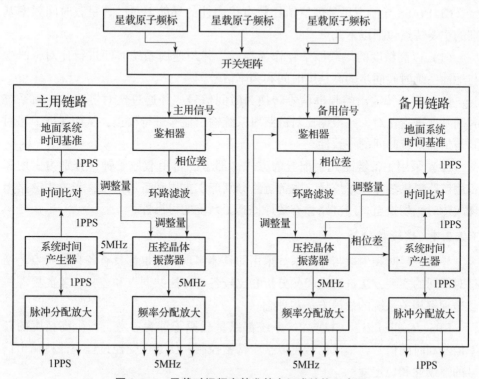

图 3.2.7 星载时间频率基准基本组成结构示意图

星载时间频率基准在结构设计上采用了主备链路的冗余设计方法，整个系统包括两个结构和功能完全相同的信号产生链路，分别为主用链路和备用链路，由鉴相器、环路滤波电路、时间比对电路、脉冲和频率分配放大器、系统时间产生器以及压控晶体振荡器组成。两链路结构对称，性能一致，输入和输出接口互相匹配。

主用链路的压控晶体振荡器通过锁相环路与星载铯原子钟相连，其输出频率信号锁定于铯原子钟的输出。压控晶体振荡器的输出通过系统时间产生器生成1PPS秒脉冲信号与地面系统时间基准进行比对，并根据比对结果调整输出信号，此时主用链路的输出信号为主用频率信号和时间信号。备用链路以不同于主用链路的星载原子钟为参考，产生备用频率信号和时间信号。

时间信号通过脉冲分配放大器分别输出两路，频率信号通过频率分配放大器分别输出五路。正常工作状态下主用时间信号输出作为卫星时间，主用频率信号输出作为卫星基准频率。在主用链路出现故障的情况下，切换备用信号输出，以提高星载时间频率基准的可靠性。

3）主要特点

GLONASS导航卫星是俄罗斯比较有代表性的导航卫星，其星载时间频率基准的主要特点包括以下几点。

（1）以高精度的星载原子钟作为参考，并与地面系统时间进行比对，产生与地面系统时间同步的高精度时间和频率信号。

（2）将系统输出的频率信号转换为时间信号，并通过比对链路与地面系统时间基准进行比对，并根据比对链路对系统输出信号进行校正，从而保证卫星时间与地面系统时间的一致性。

（3）采用主备链路冗余配置的方式，部署三台星载原子钟，分别为主用和备用链路提供参考频率信号。主备链路分别产生主用和备用信号，当主用链路出现故障时，切换至备用链路，有效地提高了系统的可靠性。

3.2.2.4　比较和分析

导航卫星时频生成与保持系统采用的具体实现方法也都具有各自的特点。通过对不同的实现方法进行比较，分析和比较各种方法共同点和差异，才能更深一步地理解相关系统的设计方法和理念。

GPS、Galileo以及GLONASS系统都以星载原子钟为参考，产生高精度的频率信号和时间信号，输出信号可以接受精密控制，使其在受控过程中保持输出信号的连续性和稳定度。

在结构上，都采用了主、备的冗余配置方案，两条链路分别使用相互独立的参考频率源，从而保证主用和备用信号之间的相对独立性。两路信号可通过切换开关选通输出，在系统故障或异常情况下切换备用链路输出作为系统输出信号，从而提高系统的可靠性。

在差异方面，各系统实现导航卫星时频生成与保持系统也各有特色。

在 GPS Block 2R 卫星中采用的测时法，星载原子钟和压控晶振之间相位差的测量，主备链路之间相位差的测量都转换为了时间的测量，并根据测量结果直接调整时间信号。系统可以直接提供频率信号和时间信号。

在 Galileo 试验卫星中，主要采用的是测频率法，星载原子钟和压控晶振之间相位差的测量，主备链路之间相位差的测量都采用测频的方法实现，并根据测量结果控制频率信号。系统先产生基准频率信号，再进一步产生时间信号。

总的来看，GPS 系统设计方案技术相对成熟但结构较为复杂，其输出信号的精度受控制算法和数学模型的影响较大，对有效载荷的处理能力具有较高的要求。Galileo 系统设计方案结构较为简单，对有效载荷处理能力要求不高，容易实现数字化，相位测量精度高，符合星载时频生成与保持技术的发展方向。

3.2.3　导航卫星参考时间和频率的控制方法

与所有地面时间系统一样，随着时间推移，导航卫星参考时间和频率会偏离标准，这种漂移会逐渐增大，需要在适当时候，对星上的参考时间和参考频率进行控制，以保持星上参考时间频率的准确性。本节在抽象出星上参考时间和频率控制系统的基础上，分析了星上参考时间和频率的控制方法。

3.2.3.1　导航卫星时频控制系统的一般结构

导航卫星时频控制系统的一般结构如图 3.2.8 所示。导航卫星需要的频率信号为 10.23MHz，但原子钟通常输出标称频率为 10MHz，需要星上参考时间频率产生部分将 10MHz 转化为 10.23MHz，为了保障星上参考时间频率的稳定可靠，通常采用主备两路信号，以星载原子钟输出的 10MHz 为参考，参考频率产生生成 10.23MHz，通过切换开关选择主用链路的频率输出。

为了保障切换前后信号的连续性，需要测量主备链路的频率差和相位差，根据偏差数据计算备用链路的控制量，同时根据地面控制数据对主用链路和备用链路进行调整。

对星上参考频率的控制在 10.23MHz 产生部分实现，要求不但能产生 10.23MHz 信号，而且还可以根据控制指令，对输出的 10.23MHz 的频率进行调整。

星上参考时间信号一般根据输出的 10.23MHz 进行分频产生。

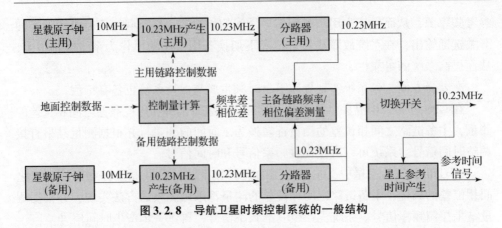

图 3.2.8　导航卫星时频控制系统的一般结构

3.2.3.2　导航卫星时频生成系统的控制类型

星载原子钟同任何其他原子钟相同，存在相位偏差和频率偏差，并且这个偏差随着时间会逐渐漂移，这对于导航的应用来说是不可容忍的，需要进行改正处理。导航卫星时频信号改正量计算的数据来源有两个，首先是地面根据对星上时间和频率的长期观测数据，对主用链路进行调整，使星上时间频率准确。其次是星上自主根据主备链路的相位差和频率差计算出备用链路的调整量，调整备用链路使主备链路一致。

由于主用链路的输出是系统使用的频率，对链路的任何调整都会降低系统的稳定度，因此，对于主用链路的控制原则是尽量不调整，即使调整，也采用最小控制策略，争取对系统的影响最小。一般情况下，对主用链路的时间和频率偏差有两种调整方法。

第一种是数据改正，在导航电文中广播卫星星钟模型，对星上参考时间与系统时间的偏差进行改正。以 GPS 为例，t 时刻的星钟改正数计算方法为

$$\tau(t) = a_{f0} + a_{f1} \cdot (t - t_{oc}) + a_{f2} \cdot (t - t_{oc})^2 \qquad (3-10)$$

式中：$\tau(t)$ 为 t 时刻的星钟改正数，是待求量；a_{f0} 为星钟改正模型的常数项；a_{f1} 为星钟改正模型的一次项；a_{f2} 为星钟改正模型的二次项；t_{oc} 是星钟模型起点时间。这四个参数在导航电文中广播。导航电文中的比特分配如表 3.2.1 所示。

表 3.2.1　导航电文中星钟改正参数

参数	比特数	尺度因子	单位
t_{oc}	16	2^4	s
a_{f2}	8	2^{-55}	s/s^2
a_{f1}	16	2^{-43}	s/s
a_{f0}	22	2^{-31}	s

从表 3.2.1 中可以看出，常数项系数占 22bit，其中一位符号位，则导航电文中能安排的最大钟差为

$$2^{21} \cdot 2^{-31}\mathrm{s} \approx 0.97\mathrm{ms}$$

如果时钟偏差超过 0.97ms，在导航电文中将不能广播星钟改正数。因此，需要用到物理改正，即对星上参考时间偏差进行物理调整，使时间偏差保持在 0.97ms 以内，这就是第二种调整。

在对时间偏差进行调整时，需要保持星上参考时间的连续性，一般通过一段时间内对星上频率的微调实现对时间的调整。

3.3   接收机的本地时间

接收机一般使用压控晶振产生本地时间，由于接收机可以根据接收到卫星的导航信号，解算本地时间与标准时间的偏差，据此调整本地时间，因此接收机本地时间是否准确并无太大影响。对接收机本地时间解算影响比较大的是接收机群时延，需要对接收机的群时延进行校准。接收通道绝对时延的测量是一个公认的难题，也是卫星导航系统实现的关键环节，本节重点分析接收通道时延的测量方法以及测量中经常出现的问题及对策。

3.3.1   绝对时延的定义及其与群时延的关系

群时延是指信号中不同频率分量通过传输系统时所产生的相对时间延迟。在通信系统中，不同频率分量通过系统的时延差异过大会引起信号畸变，时延差异是重点关注的对象。在导航系统中，不但要关注时延差异，因为伪距测量与信号传播时间测量有关，因此，还需要关注信号通过设备的绝对时延。

3.3.1.1   绝对时延的定义

绝对时延是指信号通过设备的渡越时间。信号通过电子设备都有时延，时延引起的原因是电磁波通过介质时速度不是无限大，介质的电长度和电磁波在介质中的速度决定信号通过介质的时延。

任何一个物理器件都可以看成一个传输系统，假定一个传输系统的传输函数是 $H(\omega)$，$H(\omega)$ 可以写成

$$H(\omega) = A(\omega) \cdot \mathrm{e}^{\mathrm{j} \cdot B(\omega)} \qquad (3-11)$$

式中：$A(\omega)$ 是幅频特性；$B(\omega)$ 是相频特性。定义传输系统的群时延为

$$\tau(\omega) = -\frac{\mathrm{d}(B(\omega))}{\mathrm{d}\omega} \qquad (3-12)$$

3.3.1.2 绝对时延和群时延的关系

在 $\omega = \omega_0$（中心频率）附近，将 $\tau(\omega)$ 按泰勒级数展开为

$$\tau(\omega) = \tau(\omega_0) + \frac{\tau'(\omega_0)}{1!}(\omega - \omega_0) + \frac{\tau''(\omega_0)}{2!}(\omega - \omega_0)^2 + \frac{\tau'''(\omega_0)}{3!}(\omega - \omega_0)^3 + \cdots$$

$$(3-13)$$

取：$\Omega = \omega - \omega_0, b_0 = \tau(\omega_0), b_1 = \tau'(\omega_0), b_2 = \tau''(\omega_0)/2, b_3 = \tau'''(\omega_0)/6$，
则上式可以写成

$$\tau(\omega) = b_0 + b_1\Omega + b_1\Omega^2 + b_1\Omega^3 + \cdots \qquad (3-14)$$

需要先研究 b_0 和绝对时延的关系。定义一个群时延为 b_0 的物理器件，其传输函数为

$$H(\omega) = \mathrm{e}^{-\mathrm{j}\omega b_0} \qquad (3-15)$$

如果一个信号 $x(t)$ 通过这样一个传输系统，输出信号为

$$y(t) = F^{-1}\left[F(x(t)) \cdot H(\omega)\right] = F^{-1}\left[F(x(t)) \cdot \mathrm{e}^{-\mathrm{j}\omega b_0}\right] \qquad (3-16)$$

式中：F 表示傅里叶变换；F^{-1} 表示逆傅里叶变换。

根据傅里叶变换的时移不变性，如果 $F(x(t)) = F(\omega)$，则

$$F^{-1}\left[\mathrm{e}^{-\mathrm{j}\omega C}F(x(t))\right] = x(t+C)$$

可以得到输出信号的表达式

$$y(t) = x(t+b_0) \qquad (3-17)$$

即输出信号比输入信号在时间上超前 b_0。如果 b_0 大于零，输出信号超前，否则输出信号滞后。

可以得到结论，群时延展开式中 b_0 造成输出信号 b_0 的绝对时延。

在通信系统中，b_0 只引入一个固定的时延，不会引起信号失真，b_1、b_2 和 b_3 不但引入时延，也引起信号失真。

群时延不但能反映出信号通过物理器件的绝对时延，也能反映出信号通过物理器件的失真。在卫星导航系统或者授时系统中，定时接收机的绝对时延一般为百纳秒量级，甚至能达到微秒量级，在高精度定时应用中，需要对接收机的群时延进行校准。

3.3.2 基于信号模拟器的定时接收机时延校准

定时接收机时延校准分为绝对校准和相对校准。相对测量主要应用于时间比对实验中，两个接收机用同一个参考源进行零基线共视比对，就可以得到两个接收机的时延差。相对校准简单高效，校准精度高，但只能知道两个接收机的相对时延。如果作为参考的接收机完成绝对校准，就可以知道每个接收机的

绝对时延。

　　以卫星导航系统的定时接收机时延校准为例，绝对时延校准的原理如图 3.3.1 所示，图中需要校准的是接收天线和定时接收机的整体时延，就是从 D 点到 E 点的时延。

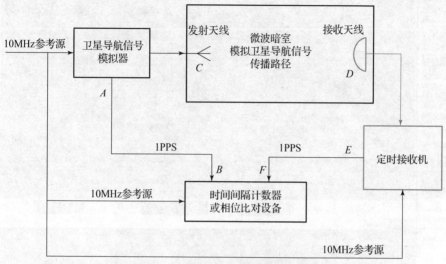

图 3.3.1　定时接收机时延校准原理框图

　　卫星导航信号模拟器产生导航信号，从 C 点向微波暗室内发射，模拟器同步产生代表时间的 1PPS 信号，需要校准使两者同步，即调整 A 点和 C 点的信号使其同步。同步后的时间信号与导航信号如图 3.3.2 所示。

　　导航信号在微波暗室中传播，到达 D 点后由接收机天线接收，定时接收机从导航信号中解算并输出代表时间的 1PPS 信号。

　　模拟器的秒信号（B 点）和接收机的秒信号（F 点）在计数器中进行时间间隔测量。最终接收机的绝对时延是时间间隔计数器测量值的修正值，修正项有

　　（1）模拟器校准结果（A 点到 C 点）。

　　（2）信号传播时延修正（C 点到 D 点）。

　　（3）电缆延迟修正（A 点到 B 点，E 点到 F 点）。

　　（4）时间间隔计数器测量不确定度。

　　有些定时接收机的定时结果是输出的秒信号再加上对秒信号的修正，因此，这类接收机还需要对接收机测量结果进行修正，这种修正的误差一般认为是随机分布的白噪声。

　　这种校准方法的不确定分解如表 3.3.1 所示。

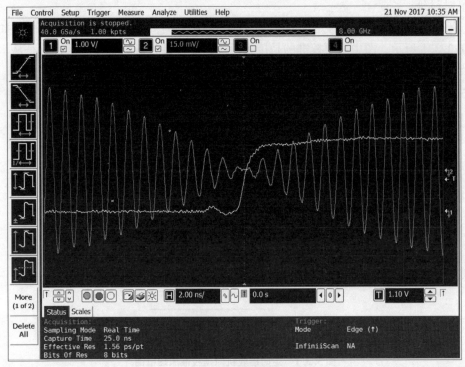

图 3.3.2　模拟器校准

表 3.3.1　定时接收机时延校准不确定分析

序号	类别	评定类型	结果	备注
1	模拟器校准	B 类	1.5ns	注 1
2	信号传播时延修正	B 类	1ns	
3	电缆延迟修正	B 类	0.1ns	
4	时间间隔计数器校准	合成	0.05ns	
5	定时接收机测量	A 类	3ns	图 3.3.2
合成不确定度	$\sqrt{1.5^2 + 1.0^2 + 0.1^2 + 0.05^2 + 3^2} \approx 3.3\mathrm{ns}$			$k=2$

注1：模拟器校准不确定度体现在信号精度上，包括通道一致性、1PPS 信号抖动、相位稳定性等，不确定度为 1.0ns；校准用示波器受信号功率和采样率的影响，不确定度为 0.5ns；放大器和电缆的不确定度均为 0.1ns；计数器受通道一致性的影响，不确定度为 0.1ns。静态场景下接收机伪距误差主要受环路跟踪精度的影响，不确定度为 1ns，随机噪声的不确定度为 0.1ns。综上，模拟器校准的合成不确定度为 1.5ns。

3.3.3　依托参考时间的定时接收机时延校准

　　与模拟器的校准不同，还可以将定时接收机的测量值与第三方机构的测量结果进行比对，借助参考值实现对定时接收机的校准，这里以 GPS 定时接收机时延校准为例，给出了一种基于中国科学院国家授时中心保持的国家标准时间 UTC（NTSC）对定时接收机时延进行校准的方法。

校准方法的基本原理框图如图 3.3.3 所示。GPS 的系统时间（GPST）通过 GPS 星座广播，定时接收机接收卫星信号，输出代表 GPS 系统时间的 1PPS 信号，这里面包含接收机时延（τ_{rec}）。

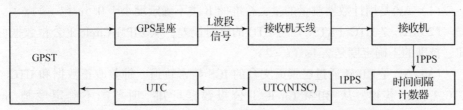

图 3.3.3 基于 UTC（NTSC）的定时接收机时延测量方法（接收机输出 GPST）

用时间间隔计数器测量接收机输出的 1PPS 与 UTC（NTSC）的 1PPS 之间的时差（$\Delta\tau_1$），这个时差可以写为

$$\Delta\tau_1 = UTC(NTSC) - (GPST + \tau_{rec}) \qquad (3-18)$$

根据国家授时中心的国际比对资料可以获得国家授时中心 UTC（NTSC）与 UTC 的时间比对结果（$\Delta\tau_2$）和 UTC 与 GPST 的时间比对结果（$\Delta\tau_3$）如下。

$$\Delta\tau_2 = UTC - UTC(NTSC) \qquad (3-19)$$

$$\Delta\tau_3 = UTC - GPST \qquad (3-20)$$

综上所述，可以得到定时接收机时延为

$$\tau_{rec} = \Delta\tau_3 - \Delta\tau_2 - \Delta\tau_1$$

需要说明的是，一般接收机默认的输出为 UTC，按照这种方法要将接收机的输出设置为 GPST，这在一般接收机中都能实现。如果接收机不能修改为 GPST，需要将图 3.3.3 中的 UTC 到 GPST 的链路换为 UTC 到 UTC（USNO）链路，如图 3.3.4 所示。

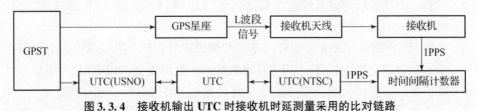

图 3.3.4 接收机输出 UTC 时接收机时延测量采用的比对链路

衡量校准性能的一个重要指标是校准的不确定度，基于 UTC（NTSC）的校准方法的不确定度主要来源为两类，一类是接收机复现 GPST 或者 UTC 不确定度，一类是测量与时间传递误差。

接收机复现 GPST 或者 UTC 的误差与不同接收机有关，一般包括星历误差、星钟误差、电离层附加时延改正误差、对流层折射改正误差、接收机定时信号输出误差等，这些误差的总和为接收机复现 GPST 或者 UTC 的不确定度，一般通过对接收机的测量数据进行 A 类评定的方法获得，不确定约为 $2\text{ns}(k=2)$。

测量与时间传递校准包含三个量：$\Delta\tau_1$、$\Delta\tau_2$ 和 $\Delta\tau_3$，需要用 B 类评定的方法分析这三个量的不确定度。

(1) $\Delta\tau_1$ 是用计数器测量的量，校准的 B 类不确定度小于 $0.5\text{ns}(k=2)$。

(2) $\Delta\tau_2$ 是 UTC（NTSC）与 UTC 的比对误差，从 BIPM Circle T 公报数据可知，校准的不确定度是 $2.1\text{ns}(k=2)$。

(3) $\Delta\tau_3$ 是 BIPM 通过巴黎天文台的 IGS 精密轨道、钟差改正数据和 UTC - UTC（OP）获得，从 BIPM Circle T 公报数据可知，时差的不确定度是 3ns $(k=2)$。

综上所述，测量与时间传递不确定度为

$$\sqrt{2.0^2 + 0.5^2 + 2.1^2 + 3.0^2} \approx 4.2\text{ns} \quad (k=2)$$

通过 UTC（NTSC）与 GPS 定时接收机之间秒信号直接测量，根据 UTC（NTSC）的国际比对数据，可以测量定时接收机时延，该方法简单易行，是一种性价比很高的方法。

3.4　参考文献

［1］吴海涛,李孝辉,卢晓春,等. 卫星导航系统时间基础［M］. 北京:科学出版社,2011.

［2］张首刚. 新型原子频标发展现状［J］. 时间频率学报,2009,32(2):81 - 91.

［3］周渭,偶小娟,周晖,等. 时频测控技术［M］. 西安:西安电子科技大学出版社,2006.

［4］王莉. 卫星导航定位系统定位精度估计［J］. 飞行器测控学报,2008,27(2):80 - 84.

［5］董绍武,吴海涛. GNSS 系统时间基准和溯源研究［C］//第一届中国卫星导航学术年会论文集. 北京:中国卫星导航学术年会组委会. 2010:832 - 835.

［6］董伊雯. 时间与全球卫星导航［J］. 现代导航,2015,6(2):150 - 152.

［7］王庆华,DROZ F,ROCHAT P. 用于 GNSS 的 SpT 星载原子钟及时间系统介绍［J］. 武汉大学学报(信息科学版),2010,36(10):1177 - 1181.

［8］WEISS M,SHOME P,BEARD R. On - board GPS clock monitoring for signal integrity［C］. Reston:Proceeds of 42th Annual Precise Time and Time Interval（PTTI）

Meeting. 2010:465 – 479.

[9] WEISS M,SHOME P,BEARD R. GPS Signal Integrity Dependencies on Atomic Clocks[C]. Long Beach:Proceedings of 38th Annual Precise Time and Time Interval(PTTI) Meeting,2006:439 – 448.

[10] 张慧君. GNSS 系统时差监测方法研究[D]. 中国科学院研究生院博士论文,2011.

[11] 王欢,张慧君,李孝辉. 系统时间偏差数据对四系统定位性能的改善评估[J]. 时间频率学报,2017,40(4):231 – 239.

[12] 许龙霞,李孝辉. 基于接收机钟差的 GPS 完好性自主检测算法[J]. 宇航学报,2011,32(3):537 – 542.

[13] 王天,贾小林,张清华. 北斗系统时间性能评估[C]//第五届中国卫星导航学术年会论文集. 北京:中国卫星导航学术年会组委会. 2014:499 – 507.

[14] SESIA I,TAVELLA P. Application of the Dynamic Allan Variance for the Characterization of Space Clock Behavior[J]. IEEE Transactions on Aerospace and Electronic System,2011,47(2):884 – 895.

[15] 朱峰,张慧君,李孝辉,等. 多模卫星导航接收机的时延绝对校准方法:201810256745.2[P]. 2021 – 05 – 04.

[16] 李孝辉,刘阳,张慧君,等. 基于 UTC(NTSC)的 GPS 定时接收机时延测量[J]. 时间频率学报,2009,32(1):18 – 21.

[17] 于碧云,张慧君,李孝辉. GPS/Galileo 组合定位和 Galileo 卫星钟评估[J]. 时间频率学报,2016(2):11 – 120.

[18] 魏亚静,袁海波,董绍武,等. BDS 星钟预报误差分析及对授时性能的影响[J]. 时间频率学报,2016,39(4):301 – 307.

3.5　思考题

1. 卫星导航系统的星载钟与系统时间存在偏差,偏差在导航电文中进行广播,但需要在星载钟时间将要超过大约 1ms 的时候对星载钟进行调整,请分析 1ms 这个量产生的原因。

2. 卫星导航系统中,GPS 和 GALILEO 采用了不同的系统时间产生方法,一个是事后的纸面时间,一个是实时的物理信号,试分析这两种方法的特点。

3. 卫星导航的系统时间产生,是对系统内原子钟时间的加权平均后得到,GPS 采用星载钟和地面钟共同加权计算,而北斗只使用地面钟进行加权平均。请说明这两个系统计算出的系统时间的表现形式。

4. 由于时间对卫星导航的重要作用，导航卫星的星上本地时间产生通常采用主备共用的方式，需要测量主备链路的钟差（GPS）或者频率差（GALILEO），并控制备用链路与主用链路同步。请比较 GPS 和 GALILEO 星上时间产生系统的区别。

5. 对于设备的群时延，通信中主要强调群时延的一次项和二次项，但卫星导航系统还需要强调群时延中的常数项（绝对时延），请分析绝对时延对通信系统和导航系统的影响。

6. 定时接收机时延校准是高精度时间传递中必须考虑的环节，请分析模拟器校准群时延的不确定度。

第4章 虚拟星载原子钟的工程实现

传统的观点认为，卫星导航的实现需要星载原子钟，但实际不是这样，如果把时间测量技术用到极致，没有星载原子钟同样可以导航。虚拟星载原子钟技术，可以将地面原子钟虚拟到星上，实现与星上有钟一样效果。通过分析虚拟星载原子钟时间改正量和频率改正量的获取和预报，不但能了解内含伪距差分的卫星导航系统的实现原理，也可以加深对卫星导航系统的理解。

4.1 虚拟星载原子钟实现的条件

基于精密时间频率测量与校准技术，中国科学院国家授时中心提出了一种不同于现有的类 GPS 系统的导航系统，这是基于通信卫星转发器的卫星导航系统，命名为中国区域定位系统（China Aero Positioning System，CAPS）。CAPS 系统利用部署在地球同步轨道的通信卫星作导航星的主体，实现与现有卫星导航性能相当的区域定位系统，满足我国民用和陆、海、空用户的导航定位、测速和定时需求。

CAPS 系统的工作原理与 GPS 基本类似，核心都是基于时差测量实现，区别在于，GPS 的测距信号和导航电文是由包含星载原子钟的卫星时频生成与保持系统生成，星载钟的同步靠地面监控系统完成。CAPS 系统的测距信号和导航电文由地面生成，卫星仅完成向用户接收机转发，星上不需要配置星载原子钟。

4.1.1 中国区域定位系统的组成结构

CAPS 主要由三部分组成：星座段、地面控制段和用户段。各部分之间的关系如图 4.1.1 所示。

4.1.1.1 星座段结构及功能

星座段的主要功能是向用户发射导航信号，提供导航的参考点。星座段主要由两部分构成：GEO 卫星和 IGSO 卫星、地面伪卫星。

CAPS 使用的 GEO 卫星全部租自现有的通信卫星，卫星分布在赤道面。所选卫星的下行载波频率为 C 波段（3.7～4.2G），这是因为 C 波段上覆盖面积比较大，受天气影响小，同时可用的转发器数目比较多。所有的卫星都采用 $C1$、$C2$

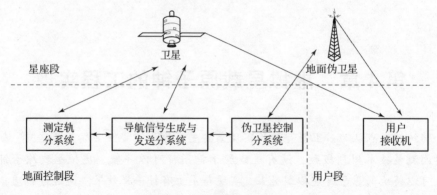

图 4.1.1 CAPS 系统构成

两个载波频率发射导航信号，可以对电离层产生的附加时延进行双频校正。CAPS 中，频率选用 $C1 = 3.8\text{GHz}$，$C2 = 4.1\text{GHz}$。

信号调制分为两部分进行，首先对导航电文进行伪码扩频，其次将扩频后的组合码分别调制在两个载波上。使用伪码扩频调制技术，可以使系统在用码分多址识别卫星、抗干扰、保密、精确测时和测距等方面获得更好的性能。

采用两种伪随机码，一种用于分址、捕捉卫星信号、粗测距，视为粗码；另外一种用于分址、精密测距，视为精码。粗码、精码的码率分别为 1.023MHz 和 8.184MHz。

为了改善 GEO 卫星的几何分布，系统中增加倾斜轨道同步卫星（IGSO）发射导航信号，信号体制与 GEO 卫星的信号体制相同。

独立于 IGSO 卫星，系统设计地面伪卫星给用户提供导航参考点。用户可以选择一个或者几个使用，主要有：C 波段伪卫星、Loran 伪卫星、气压高度差分改正系统等。

其中气压高度差分改正系统主要是利用气压与接收机所处高度的关系来辅助测高。但气压和高度之间的转换关系还与气压零值和温度有关，因此在 CAPS 中引入气压测高的能力，供只接收 GEO 卫星信号的用户进行三维定位。CAPS 气压高度差分改正系统测量覆盖区内选定点的气压零值和温度，在导航电文中广播，供用户测量高度使用。

因为气压高度差分改正系统给用户提供了一个确定某一维位置变量的能力，也把它称为伪卫星。

4.1.1.2 地面控制段

地面控制段分为测定轨分系统、导航信号生成与发送分系统和伪卫星控制系统。测定轨分系统测量六颗卫星的位置并把结果发送到导航信号生成与发送系统。导航信号生成与发送分系统（简称主控站）生成导航信号，向 GEO 卫星注入。伪卫星控制分系统控制地面的伪卫星发射导航信号。

1）测定轨分系统

测定轨系统在全国共布设 5 个测轨站，使用卫星双向法测量测轨站到卫星的距离，定轨主站根据距离测量值计算卫星的星历参数，每 6min 向主控站传送一次卫星的星历数据。

2）导航信号生成与发送分系统

导航信号生成与发送分系统是向 GEO 卫星发射信号的分系统，简称主控站。主要分监控子系统、时统子系统、数据处理子系统、综合基带、测量子系统和射频子系统。他们之间的关系在图 4.1.2 中画出。

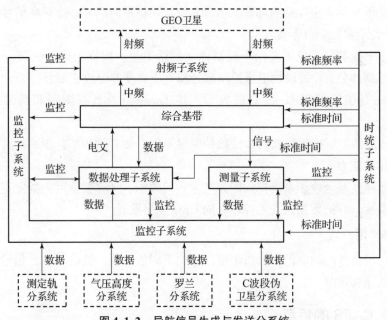

图 4.1.2　导航信号生成与发送分系统

监控子系统处于主控站的核心，对其他的子系统进行监控，是主控站和其他分系统相互数据交换的通道。监控子系统接收外部测定轨分系统、气压高度分系统、罗兰分系统、C 波段伪卫星分系统的数据，同时接收内部测量子系统的数据，把数据送交数据处理子系统。

数据处理子系统根据监控子系统转送的数据和综合基带的测量数据，在 30s 的周期内按照指定的格式编辑 6 颗卫星的导航电文，并把电文分别送到相应的综合基带。数据处理子系统同时计算 6 颗卫星的频率调整量，结果送监控子系统，由监控子系统控制综合基带调整载波频率。

综合基带分发射终端和接收终端，发射终端接收数据处理子系统产生的导航电文，并生成精码和粗码，把两者分别调制到两路中频载波上。根据监控子系统发送的频率调整参数，对频率进行调整以后，生成两路中频信号送到射频子系统。

射频子系统分发射通道和接收通道，发射通道对中频信号进行上变频，变为射频信号，放大后通过天线向卫星发射。接收通道通过同一面天线接收卫星信号，下变频到中频后送往综合基带。

综合基带接收终端解调出载波上的导航电文，并测量信号的时延，把恢复载波等需要测量的量送到测量子系统。

测量子系统测量基带信号，同时监测时统子系统的信号。

时统子系统为主控站内部和其他分系统提供标准时间和标准频率信号。

3）伪卫星控制分系统

伪卫星控制分系统主要用于控制地面的伪卫星，根据组成分三部分：Loran 伪卫星控制部分、C 波段伪卫星控制部分和气压高度差分改正部分。

Loran 伪卫星控制 Loran 台的发射，使 Loran 信号具有测距和携带信息的能力。

C 波段伪卫星控制地面的 C 波段伪卫星发射，使 C 波段的伪卫星具有同 GEO 卫星一样的能力。

气压高度差分改正系统接收国家气象台的数据，计算覆盖区内指定点的气压零值和温度，并把数据送交主控站，向 GEO 卫星发射。

4.1.1.3　用户段

用户段由各种功能的接收机组成，根据不同的需要，接收不同的信号，进行定位、测速和定时。

4.1.2　CAPS 的特点

与其他卫星导航系统相比，CAPS 主要有以下特点。

（1）工作方式新，摒弃了类 GPS 需要专门卫星和星载原子钟的配置，基于通信卫星转发器，不需要星载原子钟，用虚拟星载原子钟实现高精度的时间和频率同步。

（2）建设周期短，系统建设利用既有的通信卫星资源，不需要发射专用卫星，能大幅度缩短研制建设周期。

（3）更新快，主要系统在地面，新技术、新方法可在地面系统中实时应用。

4.2　虚拟星载原子钟时延改正技术

通过精确测量主控站时间与卫星出口时间的偏差，采用合适的手段让用户获得并在用户测量的伪距中扣除，实现与有星载钟一样的效果，这就是虚拟星载原子钟时延改正技术的实质。

4.2.1　上行时延测量与改正技术

与类 GPS 系统相比，中国区域定位系统用户测量的伪距增加了从地面主钟产生的时间信号上行到达卫星，并从卫星发射的过程，这一段统称上行时延，需要精确测量并进行改正，才能达到与类 GPS 系统一样的效果。

4.2.1.1　类 GPS 导航系统工作原理

在 GPS 卫星导航系统中，测量电磁波信号从卫星传递到用户的时间，从而得到距离的观测量为

$$\rho = c\tau \qquad\qquad (4-1)$$

式中：c 为光速；τ 为信号发射时卫星时间与信号接收时接收机时间的偏差，包含信号传播时间与时钟的偏差；ρ 为伪距测量值。上述定时关系如图 4.2.1 所示。

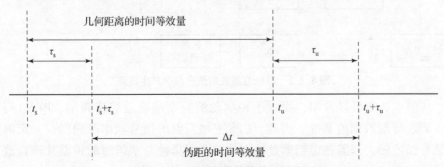

图 4.2.1　伪距测量的等效时间关系

式中：t_s 表示信号离开卫星时的系统时间；t_u 表示信号到达用户接收机时的系统时间；τ_s 表示卫星时钟与系统时间之间的偏移；τ_u 表示接收机时钟与系统时间之间的偏移；$t_s + \tau_s$ 表示信号离开卫星时卫星钟的时间；$t_u + \tau_u$ 表示信号到达用户接收机时用户接收机的时间。

根据图 4.2.1 中的关系，可以得到

几何距离：
$$r = c(t_u - t_s)$$

伪距：
$$\rho = c \cdot \Delta t = c\big[(t_u + \tau_u) - (t_s + \tau_s)\big]$$
$$= c\big[(t_u - t_s) + (\tau_u - \tau_s)\big] = r + c(\tau_u - \tau_s)$$

通常情况下，由于用导航电文中广播的星钟模型可以将星载钟时间修正到系统时间，τ_s 的误差可以忽略。因此，伪距变为

$$\rho = r + c\tau_u \qquad (4-2)$$

根据卫星测距码和接收机复现码之间的相关性可以确定 Δt，乘以光速得到伪距 ρ 的测量值。接收四颗卫星的信号，就可以解出用户的位置和钟差。

GPS 星上配备原子钟，卫星发射的信号由原子钟提供频率基准。信号产生的原理如图 4.2.2 所示。

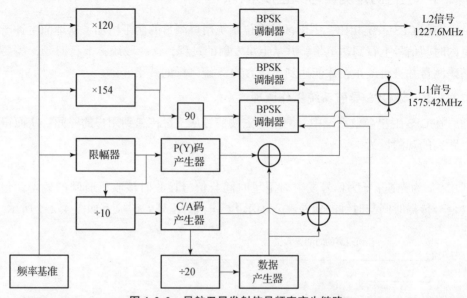

图 4.2.2　导航卫星发射信号频率产生链路

从图 4.2.2 可以看出，受原子钟驱动的频率基准是载波频率、P(Y)码和 C/A 码、导航数据的基准。因此，GPS 卫星发射的信号频率准确度在一定时长内是有保障的，只需在定期通过地面站监测卫星钟与系统时的钟差并进行改正即可。

类 GPS 的采用此种方式主要依靠星上原子钟，可以提供高精度的频率基准和控制信号的发射时间。然而，基于转发器的卫星导航系统却没有办法实现这一点，因为其使用的是通信卫星，星载本振一般使用的是晶振，频率准确度较原子钟有较大差距，需要特别处理，这就是虚拟星载原子钟的物理内涵。

4.2.1.2　基于转发器的卫星定位系统工作原理

CAPS 与类 GPS 系统的相同点是都采用伪码相关进行伪距测量，根据四球交会的原理进行定位、定时和测速。不同的是，CAPS 导航信号从地面发出，用户不能直接使用这个信号进行定位、定时和测速，需要先对地面发射信号的时间和

频率校准，使其满足导航用户的需求，称之为虚拟星载钟技术，简称虚拟钟。这是 CAPS 与 GPS 的最大不同之处，也是转发式卫星导航系统正常工作的基础。

虚拟钟包含两方面的内容：地面发射时间的修正，称为虚拟钟时间校准；地面发射频率的修正，称为虚拟钟频率校准。

现代卫星导航系统都是基于导航信号的卫星发射时间与到达用户时间之差的测量；导航信号卫星发射时间的精确控制是关键。

类 GPS 系统采用星载原子钟，直接控制导航信号的卫星发射时间，并维持与系统时间的精确同步。

CAPS 采用卫星转发的工作方式，导航信号的生成由地面完成。导航信号的卫星发射时间相对于地面发射时间有一个时延。而且这个时延随着卫星相对地面站的径向距离变化而改变。利用地面原子钟标定导航信号卫星发射时间，将地面原子钟的产生时间上行延迟到卫星天线相位中心的发射时间。这就是虚拟钟时间校准。

简言之，就是在没有星载原子钟的情况下，如何建立一套方法，精确标定卫星信号发射时间，就像星上有原子钟一样。这是虚拟钟的第一个功能——虚拟钟时间修正。

另外，类 GPS 系统发射信号的频率由星载原子钟进行精确控制，可以为用户提供多普勒测速的信源，而基于转发器的导航系统却无法做到这一点，因为 CAPS 租用的卫星是通信卫星，星载本振为通信设计，星载本振频率不但有固定的偏差，而且围绕偏差量有一个似周期的漂移。

在现有通信卫星转发器较差的本振频率下如何向用户提供准确的测速信源，这是虚拟钟的第二个功能——虚拟钟频率校准。

4.2.2 虚拟星载原子钟时间校准的要求

本章介绍虚拟钟时间校准的要求，分析了定时和定位用户对虚拟钟时间改正量的需求，说明了虚拟钟工程实现的两种方法，对虚拟钟的间接实现进行了分析。

4.2.2.1 虚拟钟时间改正量

CAPS 与 GPS 不同，没有专用卫星，而是租用现有的通信卫星，其导航信号从地面产生。信号到达用户经历的物理过程如图 4.2.3 所示，综合基带受 CAPS 主钟的控制，发送的信号与主钟保持很好的相关性，BPSK 调制的中频信号从综合基带产生，经射频发射通道将中频信号变成 5.7~6.6GHz 的高功率射频信号发射出去，经空间上行到达卫星转发器，卫星转发器把信号下变频到 3.7~4.2GHz

后发往用户，卫星转发器的主要作用是将上行信号变频至下行频段，从频谱看是移动了 2.225GHz。

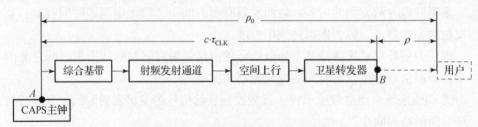

图 4.2.3　CAPS 信号物理过程示意图

用户需要的是导航信号在 B 点发射时的系统时间（CAPST）与用户接收信号时的用户时间的时差形成的伪距（ρ），然而，根据伪随机码得到的伪距是导航信号在 A 点产生时的 CAPST 减去用户接收到信号时的用户时间形成的伪距（ρ_0）。两者的差别 $c \cdot \tau_{CLK}$（c 为光速），定义 τ_{CLK} 为虚拟钟时间改正量，是信号从 CAPS 主钟到离开卫星发射天线相位中心的时延，包括

$\tau_{CLK}=$ 综合基带时延 + 射频发射通道时延 + 空间上行时延 + 卫星发射时延

虚拟钟时间校准就是测量出 τ_{CLK} 的值并将其广播给用户。

总结 CAPS 用户测量伪距的过程如下。

（1）根据伪随机码测量从 A 点到用户的伪距（ρ_0）。

（2）根据导航电文计算虚拟钟时间改正量（τ_{CLK}）。

（3）计算伪距修正量（ρ_{CLK}）

$$\rho_{CLK}=c \cdot \tau_{CLK} \tag{4-3}$$

（4）计算从 B 点到用户的伪距

$$\rho=\rho_0-\rho_{CLK} \tag{4-4}$$

4.2.2.2　定位和定时对虚拟钟时间改正量的要求

从上面分析可以知道，进行定位和定时要用虚拟钟时间改正量把测得的伪距修正到需要的伪距，但由于虚拟钟时间改正量存在误差，造成修正误差，现分析修正误差对定时和定位的影响。

假设 4 颗卫星的修正误差分别为：$\delta\tau_1$，$\delta\tau_2$，$\delta\tau_3$，$\delta\tau_4$，可以得到伪距方程组为

$$\rho_{01}-c \cdot \tau_{CLK1}+c \cdot \delta\tau_1=\sqrt{(x_{s1}-x_u)^2+(y_{s1}-y_u)^2+(z_{s1}-z_u)^2}+c\tau_u \tag{4-5}$$

$$\rho_{02}-c \cdot \tau_{CLK2}+c \cdot \delta\tau_2=\sqrt{(x_{s2}-x_u)^2+(y_{s2}-y_u)^2+(z_{s2}-z_u)^2}+c\tau_u \tag{4-6}$$

$$\rho_{03}-c \cdot \tau_{CLK3}+c \cdot \delta\tau_3=\sqrt{(x_{s3}-x_u)^2+(y_{s3}-y_u)^2+(z_{s3}-z_u)^2}+c\tau_u \tag{4-7}$$

$$\rho_{04}-c \cdot \tau_{CLK4}+c \cdot \delta\tau_4=\sqrt{(x_{s4}-x_u)^2+(y_{s4}-y_u)^2+(z_{s4}-z_u)^2}+c\tau_u \tag{4-8}$$

如果出现 $\delta\tau$ 相同的情况，即

$$\delta\tau_1 = \delta\tau_2 = \delta\tau_3 = \delta\tau_4 = \delta\tau \qquad (4-9)$$

上面方程组可以写为

$$\rho_{01} - c \cdot \tau_{\text{CLK1}} = \sqrt{(x_{s1} - x_u)^2 + (y_{s1} - y_u)^2 + (z_{s1} - z_u)^2} + c(\tau_u - \delta\tau) \qquad (4-10)$$

$$\rho_{02} - c \cdot \tau_{\text{CLK2}} = \sqrt{(x_{s2} - x_u)^2 + (y_{s2} - y_u)^2 + (z_{s2} - z_u)^2} + c(\tau_u - \delta\tau) \qquad (4-11)$$

$$\rho_{03} - c \cdot \tau_{\text{CLK3}} = \sqrt{(x_{s3} - x_u)^2 + (y_{s3} - y_u)^2 + (z_{s3} - z_u)^2} + c(\tau_u - \delta\tau) \qquad (4-12)$$

$$\rho_{04} - c \cdot \tau_{\text{CLK4}} = \sqrt{(x_{s4} - x_u)^2 + (y_{s4} - y_u)^2 + (z_{s4} - z_u)^2} + c(\tau_u - \delta\tau) \qquad (4-13)$$

可以看出，如果四颗卫星都存在相同的伪距测量误差，则它对定位的结果（解算的 x_u，y_u，z_u）没有影响，但影响定时的结果（解算的 τ_u），使得用户获得的时间比真值减少 $\delta\tau$。

四颗卫星的 $\delta\tau$ 有可能来自主控站某一套接收设备的时延（这种情况在虚拟钟间接实现的时候出现），假定接收设备时延为 $\tau_r(主)$，则方程组可以重新写为

$$\rho_{01} - c \cdot \tau_{\text{CLK1}} + c \cdot \tau_r(主) = \sqrt{(x_{s1} - x_u)^2 + (y_{s1} - y_u)^2 + (z_{s1} - z_u)^2} + c\tau_u \qquad (4-14)$$

$$\rho_{02} - c \cdot \tau_{\text{CLK2}} + c \cdot \tau_r(主) = \sqrt{(x_{s2} - x_u)^2 + (y_{s2} - y_u)^2 + (z_{s2} - z_u)^2} + c\tau_u \qquad (4-15)$$

$$\rho_{03} - c \cdot \tau_{\text{CLK3}} + c \cdot \tau_r(主) = \sqrt{(x_{s3} - x_u)^2 + (y_{s3} - y_u)^2 + (z_{s3} - z_u)^2} + c\tau_u \qquad (4-16)$$

$$\rho_{04} - c \cdot \tau_{\text{CLK4}} + c \cdot \tau_r(主) = \sqrt{(x_{s4} - x_u)^2 + (y_{s4} - y_u)^2 + (z_{s4} - z_u)^2} + c\tau_u \qquad (4-17)$$

因为 $\tau_r(主)$ 对四个方程来说是相同的，因此，对定位结果不造成影响。如果是精密定时接收机，接收机的时延也要从测量的伪距中去掉。假定接收机时延为 $\tau_r(用)$，则方程组变为

$$\rho_1 - c \cdot \tau_{\text{CLK1}} + c \cdot (\tau_r(主) - \tau_r(用)) = \sqrt{(x_{s,1} - x_u)^2 + (y_{s,1} - y_u)^2 + (z_{s,1} - z_u)^2} + c\tau_u$$
$$(4-18)$$

$$\rho_2 - c \cdot \tau_{\text{CLK2}} + c \cdot (\tau_r(主) - \tau_r(用)) = \sqrt{(x_{s,2} - x_u)^2 + (y_{s,2} - y_u)^2 + (z_{s,2} - z_u)^2} + c\tau_u$$
$$(4-19)$$

$$\rho_3 - c \cdot \tau_{\text{CLK3}} + c \cdot (\tau_r(主) - \tau_r(用)) = \sqrt{(x_{s,3} - x_u)^2 + (y_{s,3} - y_u)^2 + (z_{s,3} - z_u)^2} + c\tau_u$$
$$(4-20)$$

$$\rho_4 - c \cdot \tau_{\text{CLK4}} + c \cdot (\tau_r(主) - \tau_r(用)) = \sqrt{(x_{s,4} - x_u)^2 + (y_{s,4} - y_u)^2 + (z_{s,4} - z_u)^2} + c\tau_u$$
$$(4-21)$$

可以看出，伪距测量值中需要减去的是主控站接收设备和用户接收机之间的相对时延，也就是说，只要测出主控站的接收设备和用户的接收机时延相对值就能保证定时精度。这是一个很有价值的结论，因为不管是主控站的接收设备还是用户接收机，绝对时延的测量是一个公认的难题，而相对时延的测量更容易实施

并且测量精度很高。

从上面的分析可知，共同的误差不会对定位造成影响，因此，定位要求各套卫星的虚拟钟时间改正量统一。定时要求各套卫星的虚拟钟时间改正量误差小且一致，如果统一到某一套的接收设备时延上，可以简化定时接收机时延的测量。

4.2.2.3 时间校准的直接实现

按照信号的形成特点与传播规律，从 CAPS 主钟开始，从前往后分段测量信号传播时延，外推到转发器出口时间，即为时间校准的直接实现。直接实现原理简单，是最容易想到的方法。

1）直接实现的原理

直接实现是直接测量信号从 CAPS 主钟到卫星转发器出口的时间，然后计算虚拟钟时间改正。详细的信号流程如图 4.2.4 所示。

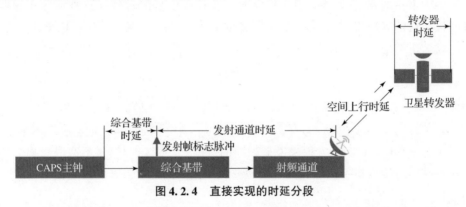

图 4.2.4　直接实现的时延分段

为了测量的方便，把时延分成以下几段。

（1）综合基带时延（τ_{mt}）：从 CAPS 主钟到综合基带把信号调制到中频的时间。

（2）发射通道时延（τ_t）：从中频信号生成到射频信号离开天线相位中心的时间，物理上为综合基带中频载波生成到天线相位中心这一段设备引起的时延。

（3）空间上行时延（τ_u）：信号从地面发射天线相位中心发出到达卫星接收天线相位中心的时间。

（4）转发器时延（τ_s）：信号从卫星的接收天线相位中心到卫星的发射天线相位中心的时间。

分别测量出以上各项时延，相加即为虚拟钟时间改正量 τ_{CLK}。

$$\tau_{CLK} = \tau_{mt} + \tau_t + \tau_u + \tau_s \qquad (4-22)$$

现在，分开说明每一个量的获取方法。

2）综合基带时延的测量方法

综合基带发射终端在发射帧同步头的时候向外输出发射帧标志脉冲，直接比较这个脉冲和 CAPST 的差就得到综合基带时延。

综合基带把信号调制到中频载波的时刻与发射帧同步头的输出时刻并不相同，而是有一个固定差。综合基带时延以帧同步头为终点，发射通道时延以帧同步头为起点，两者在虚拟钟时间改正量里表现为相加，误差正好抵消，这项误差不会对虚拟钟时间改正量造成影响，因此，后面把综合基带调制信号到中频载波的时刻与发射帧同步头的输出时刻等同对待。

3）发射通道时延的测量方法

由于发射通道时延测量的难度较大，因此采用与接收通道组合的相对测量实现，如图 4.2.5 所示，先测量出第一套设备的接收通道时延，然后测量第一套发射设备和第一套接收设备时延和。接下来第二套发射设备向卫星发射信号，卫星转发后由第一套设备进行接收，这样可以测量出第二套发射设备和第一套接收设备时延和。两个时延和相减，就得到第一套设备发射通道和第二套设备发射通道的时延差，由于第一套设备发射通道时延已经测出，第二套设备发射通道时延也就能计算出来。

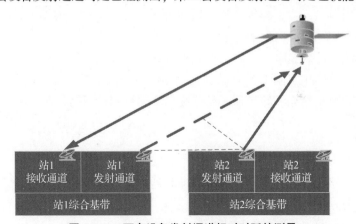

图 4.2.5　两套设备发射通道相对时延的测量

第一套发射设备的综合基带发射帧标志脉冲和第一套接收设备的接收帧标志脉冲之间的时延（τ_1）为

$$\tau_1 = \tau_{t1} + \tau_{u1} + \tau_s + \tau_{d1} + \tau_{r1} \qquad (4-23)$$

下标中：1 表示第一套设备；t 表示发射通道；r 表示接收通道；u 表示上行；d 表示下行；s 表示卫星。

同样，第二套发射设备的综合基带发射帧标志脉冲和第一套接收设备的接收帧标志脉冲之间的时延（τ_2）为

$$\tau_2 = \tau_{t2} + \tau_{u2} + \tau_s + \tau_{d1} + \tau_{r1} \qquad (4-24)$$

式中：τ_{t2}是第二套发射设备的发射时延。

τ_1和τ_2相减，就得到两套发射通道的相对时延（τ_{t12}）。

$$\tau_{t12} = \tau_{t1} - \tau_{t2} = \tau_1 - \tau_2 - (\tau_{u1} - \tau_{u2}) \tag{4-25}$$

式中：τ_1，τ_2由综合基带测出；（$\tau_{u1} - \tau_{u2}$）主要是路径不同而引起，可以根据卫星位置和接收天线位置计算得到。

这样，就得到了两套设备发射通道时延差。

4）空间上行时延的测量方法

上行时延是指信号从主控站发射天线开始到信号到达卫星接收天线的时间，包括上行路径时延（$\tau_R(u)$）、上行对流层折射时延（$\tau_{tro}(u)$）、上行电离层附加时延（$\tau_{ion}(u)$）。

综合基带可以测量出信号从综合基带发出，经射频发射通道变频后，上行到卫星，再下行到地面，经射频接收通道到达综合基带的时延，称之为大环时延（τ_{cc}）。综合基带同时测出信号从综合基带发出，经射频发射通道变频后，直接经电缆送入模拟转发器，转发器把C波段上行信号下变频到C波段下行信号，送入射频接收通道到达综合基带的时延，由于信号没有经过含卫星的大环路，因此称之为小环时延（τ_{ce}）。测量出模拟转发器的时延（τ_{es}），根据τ_{cc}和τ_{ce}计算空间上行时延和空间下行时延的和为

$$\tau_{cc} - \tau_{ce} + \tau_{es}$$

需要从中分离出空间上行时延（τ_u），在式中扣除电离层附加时延、对流层折射时延、相对论修正和转发器时延。除以2就得到几何路径时延为

$$\tau_R(u) = \frac{\tau_{cc} - \tau_{ce} + \tau_{es} - \tau_s - \tau_{ion}(u) - \tau_{tro}(u) - \tau_{ion}(d) - \tau_{tro}(d)}{2} \tag{4-26}$$

式中：$\tau_{tro}(u)$为下行对流层折射时延；$\tau_{tro}(u)$为下行电离层附加时延。

上行几何路径时延、上行电离层附加时延和上行对流层折射时延三者的和即为空间上行时延（τ_u）。

5）转发器时延的测量方法

转发器时延的测量是个难题。测定轨系统可以根据信号传播时延分析解算转发器时延，但由于解算过程中引入了其他误差，转发器时延解算误差较大。

4.2.2.4　时间校准的间接实现

时间校准的间接实现是指反向计算信号从卫星发射时间的方法，大环时延减去信号从卫星天线到综合基带接收终端的时延，得到虚拟钟时间改正量。该方法主要是测量后一段时延值，与直接实现的方法相对应，因此称为间接法。

1）间接法的测量原理

间接法测量的原理如图4.2.6所示，综合基带测量信号从综合基带发射终端

发出，经卫星再到综合基带接收终端的大环时延（τ_{cc}），加上综合基带时延（τ_{mt}），就得到信号从系统主钟经射频发射通道、上行空间、卫星转发器、下行空间、射频接收通道、综合基带接收终端的时延，用（$\tau_{cc} + \tau_{mt}$）表示。

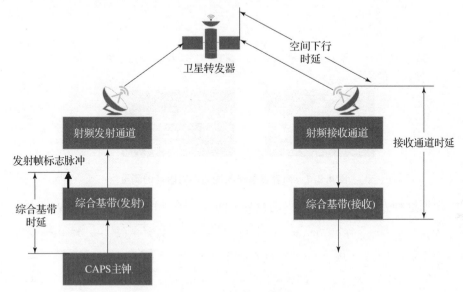

图 4.2.6　间接法的原理

在（$\tau_{cc} + \tau_{mt}$）中减去下行时延（τ_d）和接收通道时延（τ_r），就得到虚拟钟时间改正量（τ_{CLK}）

$$\tau_{CLK} = \tau_{cc} + \tau_{mt} - \tau_d - \tau_r \qquad (4-27)$$

2）空间下行时延计算

空间下行时延定义为信号从卫星发射天线相位中心到地面接收通道起点的时延，包含下行几何路径时延、对流层折射时延、电离层附加时延和相对论修正。

下行几何路径时延根据主控站位置(x_0, y_0, z_0)和卫星位置(x_s, y_s, z_s)计算，其中卫星位置来源于测定轨分系统的星历数据。

$$\tau_R = \frac{\sqrt{(x_s - x_0)^2 + (y_s - y_0)^2 + (z_s - z_0)^2}}{c} \qquad (4-28)$$

3）接收通道时延

接收通道时延定义为信号从接收通道起点到综合基带解调出信号的时延，接收通道时延的测量采用如图 4.2.7 所示的一发多收的方式，用第一套设备发射信号，其他设备接收信号，得到的时延和相减，就可以准确标定各接收设备的相对时延关系，确保各个接收通道时延相对值的准确，接收通道误差主要表现为第一套接收设备的时延标定误差。

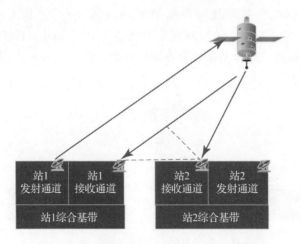

图 4.2.7　两套设备接收通道相对时延的测量

根据这种方法，用户将测得伪距减去间接实现得到的虚拟钟时间改正量，伪距方程 $\rho_{01} - c \cdot \tau_{\text{CLK1}} + c \cdot \delta\tau_1 = \sqrt{(x_{\text{s1}} - x_{\text{u}})^2 + (y_{\text{s1}} - y_{\text{u}})^2 + (z_{\text{s1}} - z_{\text{u}})^2} + c\tau_{\text{u}}$ 变为

$$\rho_{01} - c \cdot (\tau_{\text{cc}} + \tau_{\text{mt}} - \tau_{\text{d}} - \tau_{\text{r}}) + c \cdot \delta\tau_1 =$$
$$\sqrt{(x_{\text{s1}} - x_{\text{u}})^2 + (y_{\text{s1}} - y_{\text{u}})^2 + (z_{\text{s1}} - z_{\text{u}})^2} + c\tau_{\text{u}} \qquad (4-29)$$

对于定时用户，需要从伪距中再扣除用户接收机时延 τ_{r}（用），伪距方程可以写成

$$\rho_{01} - c \cdot (\tau_{\text{cc}} + \tau_{\text{mt}} - \tau_{\text{d}} - \tau_{\text{r}}) + c \cdot \delta\tau_1 - c \cdot \tau_{\text{r}}(\text{用}) =$$
$$\sqrt{(x_{\text{s1}} - x_{\text{u}})^2 + (y_{\text{s1}} - y_{\text{u}})^2 + (z_{\text{s1}} - z_{\text{u}})^2} + c\tau_{\text{u}} \qquad (4-30)$$

重新组合，得到

$$\rho_{01} - c \cdot (\tau_{\text{cc}} + \tau_{\text{mt}} - \tau_{\text{d}_{\text{r}}}) + c \cdot \delta\tau_1 + c \cdot (\tau_{\text{r}} - \tau_{\text{r}}(\text{用})) =$$
$$\sqrt{(x_{\text{s1}} - x_{\text{u}})^2 + (y_{\text{s1}} - y_{\text{u}})^2 + (z_{\text{s1}} - z_{\text{u}})^2} + c\tau_{\text{u}} \qquad (4-31)$$

可见，有意义的是用户接收机与主控站接收系统的相对时延，较绝对时延的测量来说，相对时延标定非常容易，这也是虚拟星载原子钟技术的一个重要优点，可以减少用户接收机时延校准的压力。

4.2.3　虚拟星载原子钟的效果

虚拟星载原子钟不但实现了无星载钟的导航方法，还在一定程度上摆脱了星历误差对定位的约束，实测结果证明，在主控站附近的定位接收机，公里级的轨道误差都不会影响定位结果。围绕虚拟星载原子钟主控站，还可以实现一种新的广域差分方法。

虚拟钟校准量的间接实现法能给出信号从主钟到卫星转发器出口的时延。此外，由于下行几何路径时延是根据星历计算，星历误差也会导致虚拟钟时延改正误差，但在用户端，星历误差和由星历误差导致的虚拟钟误差能相互抵消，相当于通过虚拟钟完成了对星历误差的伪距差分。

4. 2. 3. 1　伪距差分的原理

如图 4. 2. 8 所示，设定卫星的真实位置是 S，但星历中广播的位置是 E，差分站为 C，用户为 U。为了说明原理，假定只有星历误差，不考虑卫星钟与用户钟的同步和电离层误差等其他因素。

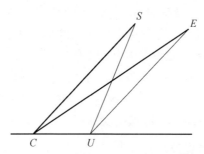

图 4. 2. 8　差分站、用户和卫星的关系

对差分站，根据卫星信号测量得到的伪距是 ρ_{SC}，但根据星历知道卫星位置在 E 点，可以计算出从卫星广播的星历位置到差分站的伪距应该是 ρ_{EC}，据此得出伪距差分量是 $(\rho_{EC} - \rho_{SC})$，也就是说，差分站在测量的伪距中加上 $(\rho_{EC} - \rho_{SC})$ 即可准确解算位置。

对于差分站附近的用户 (C)，不进行伪距修正时的定位方程为

$$\rho_{SC} = \sqrt{(x_E - x_C)^2 + (y_E - y_C)^2 + (z_E - z_C)^2} \tag{4-32}$$

式中：ρ_{SC} 是伪距测量值；(x_E, y_E, z_E) 是卫星星历位置；(x_C, y_C, z_C) 是差分站位置。不失一般性，不考虑时间同步的影响，可把伪距当成真距。式（4-32）左边可以看作 SC 的距离，右边是 EC 的距离，方程不成立，这就是定位误差的来源。可以这样理解，空间已知点是 E 点，但测量的距离是从 S 到 C 的距离，这两者之间是不一致的，导致定位误差。

如果差分站已经测量出伪距误差，在用户测量的伪距上加上伪距修正量 $(\rho_{EC} - \rho_{SC})$，差分站的定位方程变为

$$\rho_{SC} + (\rho_{EC} - \rho_{SC}) = \sqrt{(x_E - x_C)^2 + (y_E - y_C)^2 + (z_E - z_C)^2} \tag{4-33}$$

式（4-33）左边可以看作是 E 到 C 的距离，右边也是 E 到 C 的距离，显然，加上伪距修正量后定位方程是成立的。即虽然空间已知点还是非真实的点 E，但伪距已经修正到 E 到 C 的伪距，不会导致定位误差。

对于任意位置的用户，根据卫星信号测量得到的伪距是 ρ_{SU}，如果不进行差

分修正，用户的定位方程为

$$\rho_{SU} = \sqrt{(x_E - x_U)^2 + (y_E - y_U)^2 + (z_E - z_U)^2} \qquad (4-34)$$

式中：(x_U, y_U, z_U) 是用户位置。

式左边可以看作是 S 到 U 的距离，右边是 E 到 U 的距离，解这个方程是有误差的，星历误差导致定位误差，误差的量是 SU 与 EU 的距离差（$SU - EU$）。

加上伪距修正量，最后得到的定位方程是

$$\rho_{SU} + (\rho_{EC} - \rho_{SC}) = \sqrt{(x_E - x_U)^2 + (y_E - y_U)^2 + (z_E - z_U)^2} \qquad (4-35)$$

把方程的误差由（$SU - EU$）减小到（$SU + (EC - SC) - EU$），如果用户和差分站在一起（U 点 C 点重合），差分可以将误差减小到 0，随着用户与差分站的距离增大，差分的作用减弱。这就是差分的工作原理。

实际上，用户和主控站不可能在同一个位置，这就需要分析 $\rho_{SU} + \rho_{(EC-SC)}$ 同 ρ_{EU} 的关系，也就是研究图 4.2.8 中线段 EU、$SU + (EC - SC)$ 的关系。

4.2.3.2　虚拟钟间接实现的伪距差分效应

1）卫星位置误差对虚拟钟的影响

虚拟钟间接实现法需要根据实时卫星星历计算下行时延，卫星星历位置与卫星实际位置有一定的偏差。在图 4.2.8 中，S 是卫星的真实位置，E 是卫星的星历位置，两者之间有一定的误差。

为说明原理，只考虑大环时延（τ_{cc}）和下行时延（$\tau_{c,d}$），不考虑设备时延、电离层和对流层时延。

在图 4.2.9 中，根据虚拟钟的间接实现方式，真实的虚拟钟时间改正量应该是大环时延减去下行几何路径时延。

$$\tau_{CLK} = \tau_{cc} - \tau_{c,d}(S) = \tau_{cc} - \sqrt{(x_C - x_S)^2 + (y_C - y_S)^2 + (x_C - x_S)^2}/c = \tau_{CS+SC} - \tau_{SC} = \tau_{CS}$$
$$(4-36)$$

式中：$\tau_{c,d}(S)$ 是由卫星真实位置计算的下行几何路径时延。

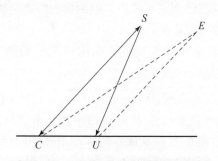

图 4.2.9　星历误差造成虚拟钟偏差

但对于主控站来说，卫星的真实位置未知，下行几何路径时延是根据预报的星历计算得到，对应计算的虚拟钟时间改正量为

$$\tau_{\text{CLK}} = \tau_{cc} - \tau_{c,d}(E) = \tau_{cc} - \sqrt{(x_C - x_E)^2 + (y_C - x_E)^2 + (x_C - x_E)^2} / c$$
$$= \tau_{CS+SC} - \tau_{EC} = \tau_{CS} + \tau_{SC} - \tau_{EC} \qquad (4-37)$$

式中：$\tau_{c,d}(E)$ 是由卫星星历位置计算的下行几何路径时延。

主控站把计算出的虚拟钟时间改正量（$\tau_{CS} + \tau_{SC} - \tau_{EC}$）通过电文广播给用户，用户利用这个量对伪距的测量值进行修正。显然，由于采用的星历有误差，用户使用的虚拟钟时间改正量（$\tau_{CS} + \tau_{SC} - \tau_{EC}$）同虚拟钟时间改正量真值（$\tau_{SC}$）有偏差，用（$\tau_{SC} - \tau_{EC}$）表示，需要分析偏差对用户的影响。

2）虚拟钟偏差对用户的影响

为评价虚拟钟偏差对用户的影响，需要考察用户端伪距的测量情况。对用户来说，根据伪随机码测量得到的伪距是

$$\rho_0 = \rho_{CS} + \rho_{SU} \qquad (4-38)$$

扣除虚拟钟时间改正量（式（4-37）），得到用户需要的伪距

$$\rho = \rho_0 - c \cdot \tau_{\text{CLK}} = \rho_{CS} + \rho_{SU} - c \cdot \tau_{\text{CLK}} = \rho_{CS} + \rho_{SU} - c \cdot (\tau_{CS} + \tau_{SC} - \tau_{EC}) = \rho_{SU} + \rho_{(EC-SC)}$$
$$(4-39)$$

式中：$\rho = c \cdot \tau$。

用户的定位方程为

$$\rho_{SU} + (\rho_{EC} - \rho_{SC}) = \sqrt{(x_E - x_U)^2 + (y_E - y_U)^2 + (z_E - z_U)^2} \qquad (4-40)$$

上式同伪距定位方程（式（4-35））相同，说明了虚拟钟的间接实现对星历误差有差分作用。

3）虚拟钟差分作用与用户与主控站之间距离变化关系

如果主控站与用户在卫星的同一侧，虚拟钟间接方式的差分作用可以减小星历误差，但如果用户与主控站在卫星的两侧，这种作用反而将误差放大。在CAPS 系统中，卫星与用户在同一侧的情况较多，现分析卫星与用户在同一侧的情况。

按照卫星真实位置、星历位置、主控站位置和用户位置的几何关系，根据余弦定理，有

$$EU^2 = EC^2 + CU^2 - 2 \cdot CU \cdot EC \cdot \cos(\angle SCU - \angle SCE') \qquad (4-41)$$
$$SU^2 = SC^2 + CU^2 - 2 \cdot CU \cdot SC \cdot \cos(\angle SCU) \qquad (4-42)$$

式中：$\angle SCO'$ 是主控站到卫星真实位置（S 点）和卫星星历位置（E 点）之间的仰角差，仰角差的绝对值在主控站（C 点）、用户（U 点）、卫星真实位置（S 点）和星历位置（E 点）在同一平面处最大。图4.2.9 中假定四者在一个平面，

则 $\angle SCE'$ 为 $\angle SCE$。

解式（4-41）求 $(EU-EC)$，解式（4-42）求 $(SC-SU)$，并忽略每个方程中的高阶项，我们得到

$$EC - EU \approx -\frac{1}{2}\left(\frac{CU}{EC}\right)CU + CU \cdot \cos(\angle SCU) + \angle SCE \cdot CU \cdot \sin(\angle SCU) +$$

$$\frac{1}{2} \cdot \angle MCE' \cdot CU \tag{4-43}$$

$$SU - SC \approx \frac{1}{2}\left(\frac{CU}{EC}\right)CU - CU \cdot \cos(\angle SCU) \tag{4-44}$$

式（4-42）加上式（4-43）得到

$$(EC - SC) - (EU - SU) = \angle SCE' \cdot CU \cdot \sin(\angle SCU) + \frac{1}{2}\angle SCE'^2 \cdot CU \tag{4-45}$$

或者

$$|EU - [SU - (EC - SC)]| \leqslant \angle SCE \cdot CU \cdot \sin(\angle SCU) + \frac{1}{2}\angle SCE^2 \cdot CU \tag{4-46}$$

如果卫星真实位置（S 点）、星历位置（E 点）、主控站（C 点）和用户（U 点）在一个平面内，上式成为等式。

对 CAPS 来说，$\angle SCU$ 大于 $10°$，假定 SE 平行于 CU，则

$$|(EU - SU) - (EC - SC)| \leqslant \angle SCE \cdot CU \cdot \sin(\angle SCU)$$

$$\approx \left(\frac{SE\sin(\angle SCU)}{SC}\right) \cdot CU \cdot \sin(\angle SCU)$$

$$= \left(\frac{SE}{SC}\right) \cdot CU \cdot \sin^2(\angle SCU) \tag{4-47}$$

把上式和卫星与用户的关系对照起来，SE 是卫星的实际位置（S 点）与星历位置（E 点）之间的距离，SC 是卫星到主控站距离，CU 是用户和主控站距离。

式（4-47）说明，误差随着主控站和用户之间距离的增加而增加。假定卫星真实位置和星历位置相距 10m（$SE=10\text{m}$），用户和主控站距离 1000km（$CU=1000\text{km}$），卫星轨道高度为 36000km（$SC=36000\text{km}$），则星历误差经差分后的剩余量为

$$\left(\frac{10\text{m}}{36000\text{km}}\right) \cdot 1000\text{km} = 0.28\text{m} \tag{4-48}$$

用户根据虚拟钟计算的伪距与由卫星星历位置到用户伪距相差 0.28m，也就是说，虚拟钟间接实现将星历误差由 10m 抵消到了 0.28m。这就是虚拟钟间接实

现的通过伪距差分抵消星历误差的影响，如果用户离主控站更近的话，效果
更好。

表4.2.1列出虚拟钟的伪距差分对星历误差的抵消量与用户到主控站的距离
之间的关系。

表 4.2.1　虚拟钟对 10m 星历误差的抵消的剩余量

用户与主控站距离	100km	500km	1000km	2000km	3000km
剩余星历误差	0.03m	0.14m	0.28m	0.56m	0.83m

4）虚拟钟对星历差分改正的特点

（1）虚拟钟差分作用局限于卫星与用户在同一侧。

CAPS 系统中使用的卫星，能确保在中国区域内所有用户与主控站都同在卫星的下面和北面，即均在同一侧，因此，星历的上下方向与南北方向的误差都被减小。对东西方向，特别是鑫诺卫星的用户，接近于主控站的正顶方向，则鑫诺卫星东面用户将星历东西方向的误差被放大。

在目前的测定轨站分布情况下，卫星东西方向的定轨误差要小于南北方向和上下方向，即使卫星与用户分居卫星的东西两侧，虚拟钟对星历东西方向误差放大作用小于虚拟钟对星历误差南北和上下方向的差分作用。

对倾斜卫星，用户与主控站分居卫星的南北方向概率增大，虚拟钟的差分作用将减弱。

（2）虚拟钟差分作用的局域性。

虚拟钟间接实现不但给用户提供了信号从主控站上行到卫星转发器出口的时延，还支持对星历的伪距差分，但一般来说，差分作用范围是区域性的。

对于星历，由于 CAPS 卫星轨道较高，差分作用对距离变化敏感度较低，在主控站 3000km 以内，仍然能把星历误差减小到原来的 8.3%，差分的贡献是非常明显的。

（3）提供了一种新的广域差分方法。

虚拟钟差分作用的一个特点是对于放置在主控站的接收机，由于主控站和用户的距离接近于零，星历误差基本不会影响定位，定位误差几乎全部是由虚拟钟引起的，这提供了一种新的广域差分方法，可以先计算虚拟钟误差，再计算星历误差，真正实现星历误差和星钟误差的分离解算，可以极大提高广域差分量计算精度。

4.3　基于通信振荡器实现多普勒测速信源

由于接收机与卫星的相对运动，接收机接收到的频率与卫星发射信号的频率

之间存在多普勒频率偏移，根据多普勒频率偏移可以计算接收机的速度。但为了通信而配置的晶振，准确度较差，达不到测速信源的要求。

4.3.1 虚拟星载原子钟频率校正的要求

4.3.1.1 频率校准要求

CAPS能提供确定用户三维速度的能力，有两种确定速度方法。

最简单的方法是根据位置对时间的导数来确定速度。假定用户在t_1时刻处于位置$u(t_1)$，在t_2时刻处于位置$u(t_2)$，则用户的速度为

$$\dot{u}(t) = \frac{\mathrm{d}u}{\mathrm{d}t} = \frac{u(t_2) - u(t_1)}{t_2 - t_1} \tag{4-49}$$

只要在选定的时间段内用户速度基本上恒定（即加速度很小），而且$u(t_1)$和$u(t_2)$的位置误差相对于$u(t_1) - u(t_2)$来说较小时，这种方法才可行。

高精度的测速一般不采用上述方法。采用的是根据用户接收到载波的多普勒频率来测量用户的速度。因为用户与卫星的相对运动产生了多普勒频率，多普勒频率与卫星发射频率（f_t）之间的关系为

$$f_d = f_t\left(-\frac{v_r}{c}\right) \tag{4-50}$$

式中：f_d是接收机测量的多普勒频率，是用户接收到的频率与卫星发射频率之间的差值；c是光速；v_r是用户与卫星的相对速度在用户到卫星连线方向的投影。卫星的位置和速度可以根据导航电文计算得出，在用户位置已知的情况下，可以计算出用户到卫星连线的单位矢量。根据上式得到用户的径向速度，三颗卫星的信号即可解出用户的三维速度，实际上，由于用户接收机振荡器的频率漂移未知，需要接收四颗卫星的信号才能解出三维速度和用户振荡器的频率偏移。

可以看出，如果让用户使用多普勒频率进行测速，需要为用户提供准确的卫星下行载波频率，即测速信源。

4.3.1.2 CAPS测速的指标要求

CAPS设计指标要求具有0.3m/s的径向测速能力，这对使用的卫星下行信号的频率准确度有一定的要求，两者之间的关系为

$$\frac{\Delta f}{f} = \frac{\Delta v}{c} = \frac{0.3\mathrm{m/s}}{3 \times 10^8 \mathrm{m/s}} = 1 \times 10^{-9} \tag{4-51}$$

即：要求测速使用的信号频率准确度要优于1×10^{-9}。

如果使用4GHz的信号，要求信号的精度优于4Hz，如果使用320MHz的信号，要求信号的精度优于0.32Hz。

4.3.1.3　租用卫星的星载本振的技术性能

GEO 卫星的星载本振是为通信设计的，不一定能满足导航的要求。需要测量了所用卫星的星载本振稳定度和准确度，研究其能否满足测速的要求。

图 4.3.1 中画出了某 GEO 通信卫星卫星星载本振的频率变化曲线，相对于 2225MHz 的标称值，星载本振的输出频率不但有 3kHz 的固定偏差，也有周期约为一天、变化范围约 50Hz、近似正弦波形的频率变化。

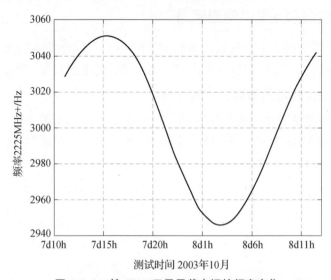

测试时间 2003 年 10 月

图 4.3.1　某 GEO 卫星星载本振的频率变化

表 4.3.1 给出了三颗卫星的星载本振的稳定度。在取样时间 1s 时，稳定度约为 4×10^{-11}，10s 和 100s 取样的稳定度也较好，但 1000s 和 10000s 取样的稳定度就比较差。

表 4.3.1　三颗卫星星载本振的稳定度

取样时间 卫星	1s	10s	100s	1000s	10000s
星 1	3.9688×10^{-11}	4.2416×10^{-11}	6.9194×10^{-11}	3.9327×10^{-10}	3.4649×10^{-9}
星 2	4.2234×10^{-11}	4.9188×10^{-11}	1.2383×10^{-10}	1.1204×10^{-9}	1.0928×10^{-8}
星 3	5.4606×10^{-11}	1.4250×10^{-10}	1.2819×10^{-9}	1.2552×10^{-8}	9.1977×10^{-8}

4.3.1.4　卫星提供测速信源的必要性和主要途径

通过上面的分析可以知道，虽然星载本振在 100s 以下的稳定度很高，但由于准确度和长期稳定度较低，不能直接作为测速信源。因此，为使用户能够进行高精度测速和校频，必须提供更准确的测速信源。

通过研究，给出了两种测速信源的提供方法。

（1）双载波频差方式，即通过两个下行频率做差，能消除星载本振的影响，实现测速信源。

（2）单载波方式，通过对上行频率预调整或者模型修正来消除星载本振不准确度的影响，利用下行 4GHz 单载波提供测速信源。

4.3.2 双载波频差提供测速信源

双载波频差是指卫星下行双载波频率之间的差。CAPS 租用通信卫星转发器都是透明转发器，可以应用这一点给用户提供准确的下行载波频率。

4.3.2.1 CAPS 租用的通信卫星转发器

CAPS 租用通信卫星的透明转发器，其工作方式如图 4.3.2 所示。输入滤波器把 C 波段 500MHz 频带内的信号传递给宽带接收机，而把诸如可能由镜像信号引起的带外噪声和干扰滤掉。

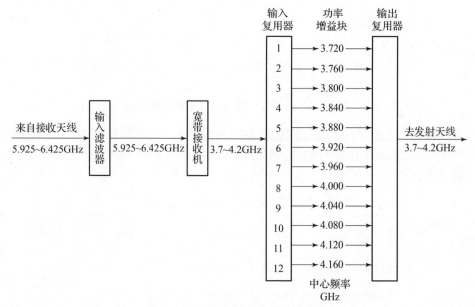

图 4.3.2 通信卫星透明转发器原理

这 500MHz 内的所有载波，在公共接收机中都被放大和变频。宽带接收机的原理见图 4.3.3。为了方便说明问题，假定接收频率为宽带内任意两个频率 f_{sr1} 和 f_{sr2}，这两个频率经滤波、放大，同时送入混频器进行混频，得到 f_{st1} 和 f_{st2}，两者同 f_{sr1} 和 f_{sr2} 的关系是

$$f_{st1} = f_{sr1} - f_s \qquad f_{st2} = f_{sr2} - f_s \qquad (4-52)$$

式中：f_s 为星载本振经过上变频的值，标称值为 $2225\,\mathrm{MHz}$。f_{st1} 和 f_{st2} 放大以后送到输出复用器。

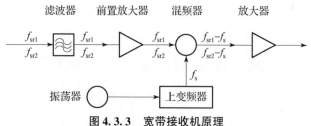

图 4.3.3　宽带接收机原理

范围在 $3.7 \sim 4.2\,\mathrm{GHz}$ 的 $500\,\mathrm{MHz}$ 带宽的下行信号在输出复用器中按信道分割成每一个转发器带宽的多个子频段。最后由发射天线发射向地面。

由此可知，一条给定信道中由转发器使用的某些部件对许多转发器而言是公共的。也就是说，$f_{st1} - f_{st2}$ 不但可以消除星载振荡器的影响，也能消除某些公共电路的噪声。

4.3.2.2　双载波频差测速的原理

解决星载本振不准确性一个途径是双载波频差的方法，双载波频差可以抵消星载本振的影响，提供高精度测速信源。

卫星发射的两下行频率分别为

$$f_{st1}(t) = f_{sr1}(t) - f_s(t) \qquad (4-53)$$

$$f_{st2}(t) = f_{sr2}(t) - f_s(t) \qquad (4-54)$$

式中：$f_{st1}(t)$ 表示卫星发射的下行载波频率 1；$f_{st2}(t)$ 表示卫星发射的下行载波频率 2；$f_s(t)$ 表示星载本振频率；$f_{sr1}(t)$ 表示卫星接收到的频率 1；$f_{sr2}(t)$ 表示卫星接收到的频率 2。系统指定 $f_{st1} > f_{st2}$。

考虑到卫星至地面站距离的变化率（径向速度），卫星接收到的上行载波频率与地面注入站发射的上行载波频率存在如下关系

$$f_{sr1}(t) = f_{t1}(t) - \frac{v_s}{c} f_{t1}(t) \qquad (4-55)$$

$$f_{sr2}(t) = f_{t2}(t) - \frac{v_s}{c} f_{t2}(t) \qquad (4-56)$$

式中：$f_{t1}(t)$ 表示导航主控站发射的上行载波频率 1；$f_{t2}(t)$ 表示导航主控站发射的上行载波频率 2；c 表示光速；v_s 表示是卫星接收信号时卫星相对于地面站的径向速度。

式（4-55）和式（4-56）中右边第二项为由于卫星相对于地面导航主控

站移动引起的上行载波的多普勒频移，把式（4-55）和式（4-56）分别代入式（4-53）和式（4-54），得到 CAPS 两个下行频率实际生成表达式。

$$f_{\text{st1}}(t) = f_{\text{t1}}(t) - \frac{v_{\text{s}}}{c}f_{\text{t1}}(t) - f_{\text{s}}(t) \tag{4-57}$$

$$f_{\text{st2}}(t) = f_{\text{t2}}(t) - \frac{v_{\text{s}}}{c}f_{\text{t2}}(t) - f_{\text{s}}(t) \tag{4-58}$$

地面接收机接收到的两个频率同样要加上多普勒频移。

$$f_{\text{r1}}(t) = \left(1 - \frac{v_{\text{r}}}{c}\right)f_{\text{st1}}(t) = \left(1 - \frac{v_{\text{r}}}{c}\right)\left[f_{\text{t1}}(t) - \frac{v_{\text{s}}}{c}f_{\text{t1}}(t) - f_{\text{s}}(t)\right] \tag{4-59}$$

$$f_{\text{r2}}(t) = \left(1 - \frac{v_{\text{r}}}{c}\right)f_{\text{st2}}(t) = \left(1 - \frac{v_{\text{r}}}{c}\right)\left[f_{\text{t2}}(t) - \frac{v_{\text{s}}}{c}f_{\text{t2}}(t) - f_{\text{s}}(t)\right] \tag{4-60}$$

式中：f_{r1} 和 f_{r2} 为接收机接收到的两个频率；v_{r} 为接收机接收信号时接收机相对于卫星的径向速度。

定义 f_{d1} 和 f_{d2} 分别为下行载频 1 和 2 的多普勒频移，可以表示为

$$f_{\text{d1}}(t) = -\frac{v_{\text{r}}}{c}\left[f_{\text{t1}}(t) - \frac{v_{\text{s}}}{c}f_{\text{t1}}(t) - f_{\text{s}}(t)\right] \tag{4-61}$$

$$f_{\text{d2}}(t) = -\frac{v_{\text{r}}}{c}\left[f_{\text{t2}}(t) - \frac{v_{\text{s}}}{c}f_{\text{t2}}(t) - f_{\text{s}}(t)\right] \tag{4-62}$$

原则上，在接收机端若能准确测定任何一个下行载波的多普勒频移，都可单独求出接收机相对于卫星的径向速度 v_{r}。根据式（4-61）和式（4-62），可以得出地面接收机相对于卫星的径向速度为

$$v_{\text{r}} = -c \cdot \frac{f_{\text{d1}}(t)}{f_{\text{t1}}(t) - \frac{v_{\text{s}}}{c}f_{\text{t1}}(t) - f_{\text{s}}(t)} \tag{4-63}$$

或

$$v_{\text{r}} = -c \cdot \frac{f_{\text{d2}}(t)}{f_{\text{t2}}(t) - \frac{v_{\text{s}}}{c}f_{\text{t2}}(t) - f_{\text{s}}(t)} \tag{4-64}$$

在接收机端实际得到两个下行载频的观测值 $f_{\text{r1}}(t)$ 和 $f_{\text{r2}}(t)$，它与 $f_{\text{d1}}(t)$ 与 $f_{\text{d2}}(t)$ 之间的关系分别为

$$f_{\text{d1}}(t) = f_{\text{r1}}(t) - f_{\text{st1}}(t) = f_{\text{r1}}(t) - f_{\text{t1}}(t) + \frac{v_{\text{s}}}{c}f_{\text{t1}}(t) + f_{\text{s}}(t) \tag{4-65}$$

$$f_{\text{d2}}(t) = f_{\text{r2}}(t) - f_{\text{st2}}(t) = f_{\text{r2}}(t) - f_{\text{t2}}(t) + \frac{v_{\text{s}}}{c}f_{\text{t2}}(t) + f_{\text{s}}(t) \tag{4-66}$$

把式（4-65）代入式（4-63），式（4-66）代入式（4-64），可以得到速度

的计算式

$$v_r = c \cdot \left[1 - \frac{f_{r1}(t)}{f_{t1}(t) - \dfrac{v_s}{c} f_{t1}(t) - f_s(t)} \right] \tag{4-67}$$

或

$$v_r = c \cdot \left[1 - \frac{f_{r2}(t)}{f_{t2}(t) - \dfrac{v_s}{c} f_{t2}(t) - f_s(t)} \right] \tag{4-68}$$

从上两式可以看出，接收机相对于卫星径向速度的确定依赖于系统中地面站上行频率、星载振荡器本振频率和卫星相对于地面站的径向移动速度三个参数。

CAPS 采用租用商用通信卫星来实现其服务的方案。如前所述，这些卫星下行频率的产生都与星载本振有关，因此，其下行频率的不确定性也都与星载本振有关。如果采用单频测速，星载本振的不确定性可能会成为测速中的最大误差源。在工程设计上，我们必须采取措施以尽量减少它的影响。

为了减少星载本振的影响，式（4-61）和式（4-62）相减，得

$$f_{d1}(t) - f_{d2}(t) = -\frac{v_r}{c} \left\{ f_{t1}(t) - f_{t2}(t) - \frac{v_s}{c} [f_{t1}(t) - f_{t2}(t)] \right\} \tag{4-69}$$

式（4-65）和式（4-66）相减，得

$$-[f_{d1}(t) - f_{d2}(t)] = (f_{st1}(t) - f_{r1}(t)) - (f_{st2}(t) - f_{r2}(t))$$

$$= (f_{t1}(t) - f_{t2}(t)) - \frac{v_s}{c}(f_{t1}(t) - f_{t2}(t)) - (f_{r1}(t) - f_{r2}(t))$$

$$\tag{4-70}$$

结合式（4-69）和式（4-70），可得出接收机相对卫星径向速度的计算公式为

$$v_r = c \cdot \left[1 - \frac{f_{r1}(t) - f_{r2}(t)}{f_{t1}(t) - f_{t2}(t) - \dfrac{v_s}{c}(f_{t1}(t) - f_{t2}(t))} \right] \tag{4-71}$$

令 $\Delta f_{12} = f_{t1} - f_{t2}$，$\Delta f_{r12} = f_{r1} - f_{r2}$，式（4-71）可以写作：

$$v_r = c \cdot \left[1 - \frac{\Delta f_{r12}(t)}{\Delta f_{12}(t) - \dfrac{v_s}{c} \Delta f_{12}(t)} \right] \tag{4-72}$$

显然，接收机相对于卫星径向速度的确定只依赖于地面注入站两上行频率之差、卫星相对于地面注入站的径向速度和接收机接收到的两个下行频率之差，与星载振荡器无关。

若测速采用本文的双频测速方案，就可以彻底消除星载本振的影响，即它与本振的频偏、漂移和稳定度无关。

该结论对于利用商业通信卫星转发信号实现测速特别有用，因为在这些卫星中，星载本振的准确度和稳定度都不如原子频标，且星载本振皆属固有配置，不能根据用户要求随意更替。

4.3.2.3 双频测速对系统中发射频率源的要求

从式（4-72）可知，双频测速虽与星载本振无关，但与地面注入站发射的两个上行频率有关，且只依赖于二者之间的频差。

根据式（4-72）不难推出该频差的不确定性对测速的影响

$$\delta v_r = c \cdot \left[\frac{\Delta f_{r12}(t)}{\left(1 - \frac{v_s}{c}\right) \cdot (\Delta f_{12}(t))^2} \right] \cdot \delta \Delta f_{12}(t) \qquad (4-73)$$

式（4-59）和式（4-60）相减，就可以得到

$$\Delta f_{r12}(t) = \left(1 - \frac{v_r}{c}\right)\left[\Delta f_{12}(t) - \frac{v_s}{c}\Delta f_{12}(t)\right] \qquad (4-74)$$

将上式代入式（4-73），就可以得到

$$\delta(v_r) = c \cdot \left(1 - \frac{v_r}{c}\right)\frac{\delta(\Delta f_{12}(t))}{\Delta f_{12}(t)} \qquad (4-75)$$

因为 $c \gg v_r$，式（4-75）可以写为

$$\delta(v_r) = c \frac{\delta(\Delta f_{12}(t))}{\Delta f_{12}(t)} \qquad (4-76)$$

令 $y_{12}(t) = \frac{\delta(\Delta f_{12}(t))}{\Delta f_{12}(t)}$，则可以得到

$$\delta(v_r) = c y_{12}(t) \qquad (4-77)$$

这里，$y_{12}(t)$ 为两上行频差不确定性的相对表示。若以 m/s 为单位，根据式（4-77）可以得出

$$\delta(v_r) = 3 \times 10^8 \text{m/s} \cdot y_{12}(t) \qquad (4-78)$$

根据式（4-78），可以得到表4.3.2中给出的上行频差的不确定性对径向测速影响的一组定量关系。

在 CAPS 中，地面注入站两上行频率均由 CAPS 主钟导出，其准确度可控制到优于 10^{-12} 或更好，秒级稳定度在 10^{-13} 量级。因此，其不确定性给测速带来的误差不会大于1mm/s。

表4.3.2　上行频差的不确定性与测速误差的关系

上行频差不确定性	3.3×10^{-9}	3.3×10^{-10}	3.3×10^{-11}	3.3×10^{-12}
径向测速误差（m/s）	1	0.1	0.01	0.001

对频率源实现如此高精度的控制，即使卫星上放置铯或铷原子钟也难以做到。从这里我们可以看出，CAPS 采用双频测速，无论从理论上还工程实践上都是可行的。

4.3.2.4　结论

双频测速可以消除卫星本振不稳定性的影响。由于相关信号频率由 CAPS 主钟导出，双载波频差的不确定性可以控制到比星载铯或铷原子钟更高的精度。分析表明：该频率源不确定性带来的径向测速误差不会大于 1mm/s。

4.3.3　单载波实时预偏提供测速信源

双频测试需要用户接收机能接收两个载波的频率信号，成本较高，降低成本需要研究单载波测速的可行方案。单载波测速的主要受限于载波频率的不准确性，分析卫星本振频率特性就可以发现，尽管其频率不准，但是短期稳定性很好，如果能对卫星下行载波频率进行实时或预调整，提高下行载波的频率准确度，单载波也能满足测速要求。

4.3.3.1　星载本振频率测量方法

单载波作为测速信源的关键是如何准确测量星载本振的频率，其核心在于上行和下行多普勒频率的测量。如果采用定轨系统的数据确定卫星的位置和速度，然后根据地面位置计算两者之间的径向速度，这未尝不是一种方法，但并不理想。这里给出一种不需要定轨数据，只需一个地面站就可以高精度测量星载本振频率的方案。

星载本振频率测量原理如图 4.3.4 所示。图中的 CAPS 主钟提供基准频率。

中频产生器产生 70MHz 中频信号，经上变频器 1 变为射频，以 f_1 表示。经上变频器 2 变为射频 f_2。

f_1 和 f_2 经合路器、高功放到双工器，由地面发射天线发射到卫星。卫星接收到的频率还需要加上多普勒频移的影响。因此卫星接收到的两个频率为

$$f_{\text{sr1}} = f_1\left(1 - \frac{v_{\text{r}}}{c}\right) \tag{4-79}$$

$$f_{\text{sr2}} = f_2\left(1 - \frac{v_{\text{r}}}{c}\right) \tag{4-80}$$

式中：v_{r} 为卫星相对于地面发射站的径向速度；c 为光速。

卫星接收到信号后，首先和星载本振上变频后的频率（f_{s}）进行混频，然后向地面发射出去。卫星发射的两个信号频率为

$$f_{\text{st1}} = f_{\text{sr1}} - f_{\text{s}} = f_1\left(1 - \frac{v_{\text{r}}}{c}\right) - f_{\text{s}} \tag{4-81}$$

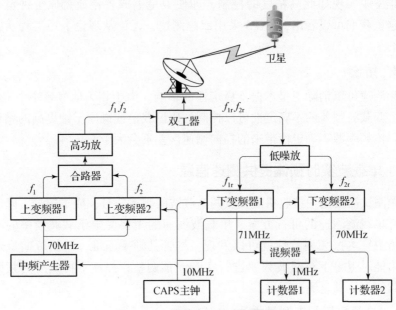

图 4.3.4   星载本振频率测量原理

$$f_{st2} = f_{sr2} - f_s = f_2\left(1 - \frac{v_r}{c}\right) - f_s \tag{4-82}$$

到达地面接收天线的信号频率（f_{r1} 和 f_{r2}）同样需加上多普勒频移

$$f_{r1} = f_{st1}\left(1 - \frac{v_r}{c}\right) = f_1\left(1 - \frac{v_r}{c}\right)^2 - f_s\left(1 - \frac{v_r}{c}\right) \tag{4-83}$$

$$f_{r2} = f_{st2}\left(1 - \frac{v_r}{c}\right) = f_2\left(1 - \frac{v_r}{c}\right)^2 - f_s\left(1 - \frac{v_r}{c}\right) \tag{4-84}$$

式中，并没有区分卫星接收信号时刻的 v_r 和地面天线接收信号时刻的 v_r，因为不管是同步卫星还是低轨卫星，相同地方的发射和接收速度的差别非常小。

f_{r1} 和 f_{r2} 经天线、双工器和低噪声放大器，分成两路。f_{r1} 进入下变频器 1，下变频器 1 的作用是把 f_{r1} 的频率值减去 A（A 为定值频率），变到中频 71MHz。f_{r2} 进入下变频器 2，下变频器 2 的作用是把 f_{r2} 的频率值减去 B（B 为定值频率），变到 70MHz。

下变频器 1 和 2 的输出设置相差 1MHz，主要是为了便于测量。输入计数器 1 的频率是两个下行频率的频差（f_d）

$$f_d = (f_{r1} - A) - (f_{r2} - B) = (f_{r1} - f_{r2}) + (B - A) \tag{4-85}$$

把式（4-83）和式（4-84）代入式（4-85），可以得到

$$f_d = (f_1 - f_2)\left(1 - \frac{v_r}{c}\right)^2 + (B - A) \tag{4-86}$$

式中：f_1 和 f_2 是地面发射的频率，可以控制到很高精度；B 和 A 是下变频器 1 和 2 的设计值，准确度也是非常高的；f_d 是计数器的测量值。由式（4-86）可以高精度的计算出径向速度

$$v_r = c\left[1 - \sqrt{\frac{f_d - (B - A)}{f_1 - f_2}}\right] \qquad (4-87)$$

从上式可以看出，v_r 的计算精度主要决定于 f_d 的测量精度。如果 $f_1 - f_2$ 设计为 300MHz，f_d 测量精度到毫赫兹，v_r 的计算精度可以达到 1mm/s。该精度还可以通过平滑数据进一步提高，足可以满足要求。

在图 4.3.4 中，进入计数器 2 的频率是 f_{r2}，根据式（4-88），可以计算出星载本振的频率值

$$f_s = \frac{f_2\left(1 - \dfrac{v_r}{c}\right)^2 - f_{r2}}{\left(1 - \dfrac{v_r}{c}\right)} \qquad (4-88)$$

通过测量两个下行信号频差和其中一个频率，可以计算出星载本振的频率值。

上面只是说明星载本振频率的测量原理，实际使用时频率测量不是由计数器完成，而是由综合基带完成。

4.3.3.2 星载本振频率实时调整原理

主控站实时调整星载本振的基本原理是根据对星载本振频率的测量值，对上行频率进行预偏置，使卫星实际下行频率接近于下行频率的标称值。

对频率进行实时调整要遵守以下原则。

（1）不影响接收机对信号的捕获。如果预偏量变化太大，容易造成接收机失锁，因此，预偏量的变化要尽量小。

（2）不影响对星载本振的频率测量。星载本振的测量要靠两个下行载波相减，从而消去星载本振对多普勒频移计算的影响。因此，对两个载波频率的预偏值要相等。

实际上，条件 1 容易满足，因为星载本振 1s 的变化在 50mHz 以下，如果频率 0.1s 实施一次调整，既能保证测速需要的准确度，也能保证接收机稳定地接收信号。

对条件 2，两个上行载波的多普勒频率不同，这要求对两个载波实行不同的频率预偏置，但星载本振频率的测量要求两个载波频率的预偏量相等。因此，我们对两个载波实行相同的实时调整量，以抵消星载本振频率与标称值的偏离，对上行载波的多普勒频率不实行预偏，由用户根据卫星星历计算得到。

实行实时调整的原理如图 4.3.5 所示，综合基带根据输入的频率预偏量 Δf 对输出的两个中频载波进行相同的预偏，输出两个频率分别为标准中频 f_m 加上 Δf，设为 $f_m + \Delta f$。这两个载波分别被送往两个上变频器。

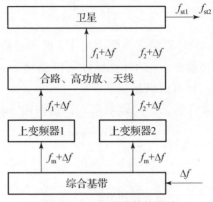

图 4.3.5　实时调整的方法

上变频器 1 把载波上变频到 $C1$ 载波，频率是 $f_1 + \Delta f$。上变频器 2 把载波上变频到 $C2$ 载波，频率是 $f_2 + \Delta f$，这两个载波经合路、高功放和天线发射到卫星。卫星接收到频率要加上多普勒频率。卫星接收到的频率是

$$f_{sr1} = (f_1 + \Delta f)\left(1 - \frac{v_r}{c}\right) \qquad (4-89)$$

$$f_{sr2} = (f_2 + \Delta f)\left(1 - \frac{v_r}{c}\right) \qquad (4-90)$$

如前所述，卫星发射的两个频率为

$$f_{st1} = f_{sr1} - f_s = (f_1 + \Delta f)\left(1 - \frac{v_r}{c}\right) - (f_s + \Delta f_s) \qquad (4-91)$$

$$f_{st2} = f_{sr2} - f_s = (f_2 + \Delta f)\left(1 - \frac{v_r}{c}\right) - (f_s + \Delta f) \qquad (4-92)$$

式中：f_s 是星载本振的频率标称值 2225 MHz；Δf_s 是星载本振与标称值的偏差，可以高精度地测量星载本振的偏差。

通过预测的方法，控制 $-\Delta f \dfrac{v_r}{c} - \Delta f_s$ 的误差在精度允许范围以内，这两项可以忽略不计，则卫星发射的两个频率为

$$f_{st1} = f_1\left(1 - \frac{v_r}{c}\right) - f_s \qquad (4-93)$$

$$f_{st2} = f_2\left(1 - \frac{v_r}{c}\right) - f_s \qquad (4-94)$$

对用户来说，卫星相对主控站的径向速度可以通过导航电文中相关参数算出，也就是说，卫星下行载波频率值对用户是已知量。因此，可以使用单频进行测速。

4.4　参考文献

［1］艾国祥,施浒立,吴海涛,等. 基于通信卫星的定位系统原理［J］. 中国科学:G辑,2008,38(12):1615 – 1633.

［2］李孝辉,吴海涛,边玉敬,等. 内含伪距差分功能的虚拟卫星原子钟［J］. 中国科学:G 辑,2008,38(12):1723 – 1730.

［3］施浒立,裴军. 转发式卫星导航定位系统量测方程解［J］. 中国科学:G 辑,2008,38(12):1687 – 1701.

［4］吴海涛,李孝辉,边玉敬. 转发式卫星导航中的虚拟原子钟方法:200610012055. X［P］. 2011 – 05 – 25.

［5］李博. 原子钟和气压测高仪辅助卫星导航系统定位方法的研究［D］. 中国科学院大学.

［6］RiPPL M,SPLETTER A,C GÜNTHER. Parametric Performance Study of Advanced Receiver Autonomous Integrity Monitoring(ARAIM) for Combined GNSS Constellations［C］. International Technical Meeting of The Institute of Navigation 2011, 2011:285 – 295

［7］BAUCH A,PIESTER D,MOUDRAK A,et al. Time comparisons between USNO and PTB:a model for the determination of the time offset between GPS time and the future Galileo system time［C］. Vancouver:IEEE International Frequency Control Symposium & Exposition,2004:334 – 340.

［8］杨旭海,李孝辉,华宇,等. 卫星授时与时间传递技术进展［J］. 导航定位与授时,2021,8(4):1 – 10.

［9］李丹丹,许龙霞,朱峰,等. 北斗卫星导航系统逆向接收溯源方法［J］. 宇航学报,2017,38(4):367 – 374.

［10］许龙霞,李孝辉. 多模卫星导航系统中的时差处理方法对定位的影响分析［C］//2009 年全国虚拟仪器学术交流大会. 桂林:全国虚拟仪器学术交流大会组委会:521 – 524.

4.5　思考题

1. CAPS 有四颗 GEO 卫星，每颗卫星都发射导航信号，接收机接收四颗卫星的信号，就可以测量四个伪距，但由于卫星的位置同在赤道面上，无法求解方程，需要另外的测量量进行辅助。试考虑用 DOP 值的方法，分析接收四颗 GEO 卫星得到的伪距方程组奇异的原因。

2. 类 GPS 用户测量的伪距是信号发射时星载钟的时间减去接收机接收信号时接收机的时间，CAPS 用户测量的伪距是地面发射信号时主控站的时间减去接收机接收信号时接收机的时间，请分析一下，两个测量量分别怎么修正，才能得到伪距方程。

3. 虚拟星载原子钟的时间校准间接实现中，需要对主控站接收机系统时延进行测量，对于用户定时接收机时延校准，只需要获取用户定时接收机与主控站接收系统的相对时延即可，试分析这个实现的原因。

4. 虚拟星载原子钟具有伪距差分效果，可以有效消除星历误差，特别是主控站附近的用户，星历误差不会影响定位效果。请说明虚拟星载原子钟消除星历误差的原因。

5. 单站测量星载本振频率偏差的关键是星地相对速度的计算，假定卫星接收信号时与地面接收信号时相对速度不变，对于 GEO 卫星相对地面的速度，一天内最大 1.5m/s，最小 −1.5m/s，请分析相邻两秒速度的变化导致的多普勒频率差异。

6. 双载波频差提供测速信源，用户如何计算卫星发射的双载波频差值？

第5章　原子钟的性能分析

时间测量工具伴随着人类社会的发展而不断进步，新的更高精度的测量方法极大地促进了科学技术的发展。原子钟的出现更好地满足了人类计时工作的需要，具有跨时代的意义。作为现代守时系统的核心设备，原子钟的性能很大程度决定了守时系统的性能，本章在说明原子钟噪声特点的基础上，重点分析原子钟的性能的表征方法。

5.1　从日晷到原子钟

人类的计时工作经过几千年的发展，从精度较低的滴漏、摆钟一直到精度优于纳秒的现代原子钟，在不同的阶段满足了社会、经济、科技的发展需要。

5.1.1　计时工具的发展

时间测量的发展，主要是计时工具的发展，从最早的日长测量到现在的原子钟，无不体现了人类科学技术的极大发展。

图5.1.1是天或者年的测量技术发展的时间线。最古老的时间测量工具可以追溯到3500年前古埃及人发明的日晷。日晷种类繁多，有巨大的朝天方尖碑状，有地面倾斜小棍式，还有可以随手携带的小型日晷。在农牧社会，人类对时间的需求主要体现在农事的时间安排，要求比较准确的日历。公元前2000年的玛雅人已经能够制定比较精确的日历。在公元前1800年英国人建造的巨石阵等，用来确定夏至等重要的节日，确保在正确的时间进行祭祀。

将一天进行更详细的划分是人类对时间测量的一大进步，在公元前700年，巴比伦人就已经开始把一天分成24h，每小时60min，每分钟60s。这种计时方式后来传遍全世界，并一直沿用到现在。与之相对应的，需要进行小时等更精细时间的测量，在公元前100年，雅典出现以一天24h为基础的机械漏刻，而公元100年，中国东汉张衡发明的二级水钟，实现了当时最为精密的时间测量，每天的误差只有40s。

当时对时间的测量集中体现在对日历的需求，在中国元朝郭守敬制定的授时历中，对一年长度的确定误差只有26s，是当时的最高水平，欧洲在280年后才达到相应的精度。

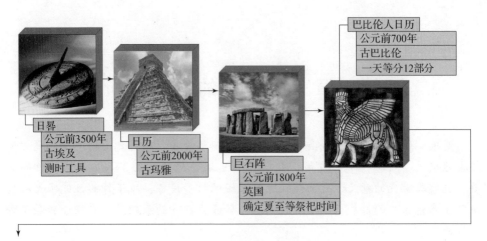

图 5.1.1　比较原始的计时方式

科技的发展需要更高精度的计时方式，如图 5.1.2 所示。在大航海时代，海上导航定位对计时提出了更高的要求，从而促进了机械钟的大发展。机械钟最关键的擒纵机构起源于我国，1094 年，宋代苏颂发明水运仪象台就设计了完善的擒纵机构。1762 年，英国哈里森研制出四代航海钟，精度逐步提高，直到 H4 出现后，才解决了当时海上定位问题，哈里森为此获得了当时英国设立的经度奖金，使机械钟的发展提高到一个新的高度。

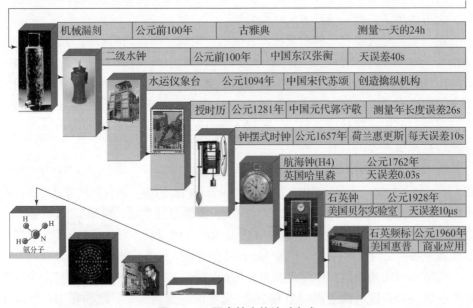

图 5.1.2　更高精度的计时方式

1928 年，美国贝尔实验室研制出了第四代石英钟，天误差只有 10μs，直到 1960 年，美国惠普公司研制出了 HP105B 石英频率标准后，石英钟才广泛应用于各个领域。

现在，计时工作已经从最早的靠天计时，转变到了依靠人类自己制作的单摆、晶体振荡器等具有周期现象的东西，但这些仍然不能满足人们探索宇宙、追求极限的需求，这就促成了原子钟的研究。

根据量子物理学的基本原理，原子包含原子核和核外电子两部分，核外电子围绕原子核做高速旋转运动，核外电子有不同的旋转轨道，在不同的旋转轨道拥有的能量不同，而且这些能量是不连续的，常称为能级。核外电子在不同的能级之间可能发生跃迁，跃迁的同时会伴随着能量的变化。当核外电子从一个较高的"能级"跃迁至较低的"能级"时，便会对外释放电磁波。这种电磁波具有频率不连续的特性，这种频率就是人们常说的共振频率。同一种元素的同一类原子的相同跃迁的共振频率是固定不变的。若这个频率足够稳定，就可以被用来计时。通过众多科学家分析，发现了铯原子（铯 133）的共振频率非常稳定，通过统计发现铯 133 的一个共振频率为每秒 9192631770Hz。反过来就可以通过记录铯 133 的共振次数就进行准确计时，因此铯原子被用作一种稳定的"节拍器"来产生并保持高精确的秒长和时间，随后逐渐出现了图 5.1.3 所示的各种原子钟。

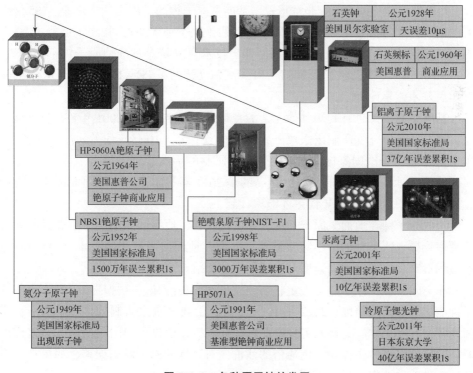

图 5.1.3　各种原子钟的发展

上世纪 30 年代，美国哥伦比亚大学的拉比和他的学生在研究原子与原子核的基本特性的过程中，发明了磁共振的技术。依靠这项技术，拉比测量出了原子的振荡频率。鉴于这项发明对原子物理发展的重要推动作用，拉比获得了 1944 年诺贝尔物理学奖，并被誉为"核磁共振之父"。同年，他提出利用原子的振荡频率来制作高精度的时钟，并强调要利用原子的"超精细跃迁"频率。超精细跃迁的定义是随原子核和核外电子之间不同的磁作用变化而引起的两种具有细微能级之间发生的跃迁。

1949 年，美国国家标准与技术研究院（NIST）率先研制出氨分子原子钟。1964 年惠普公司研制出商业化的铯原子钟 HP5060A，实现了铯原子钟的守时应用。1991 年 HP5071A 投入使用，提高了时间测量的精度，截至 2022 年，HP5071A 依然是世界使用数量最多的守时原子钟。

在守时原子钟广泛应用以后，人们修改了国际上对时间的统一定义。1967 年，将秒的定义由世界时和历书时的长周期分割改为原子时的短周期累计。目前使用的时间是协调世界时，参考遍布全球各守时实验室原子钟综合计算出的原子时，根据世界时的观测结果对原子时进行闰秒，形成协调世界时。

在原子时形成过程中，需要使用基准型原子钟对原子时的频率进行校准，国际上对基准型原子钟的研究非常重视，基准型原子钟的发展也非常迅速。1952 年，美国国家标准与技术研究院研制出基准型的铯原子钟 NBS1，相当于运行 1500 万年误差才累计 1s。后来，美国国家标准与技术研究院对基准型原子钟不断改进，1998 年研制的铯喷泉原子钟 NIST – F1，准确度达到了 1E – 15，相当于运行 3000 万年误差才能累计 1s。

基准型原子钟也有利用其他元素的，精度也越来越高。2001 年 8 月，美国国家标准与技术研究院研制出汞离子光钟，相当于运行 10 亿年误差才能累计到 1s。2010 年 2 月，美国国家标准与技术研究院研制的铝离子钟，相当于运行 37 亿年误差才能累计到 1s。目前，精度最高的是 2011 年日本东京大学研制的冷原子锶光钟，相当于运行 40 亿年误差才能累计到 1s。

这些原子钟在地面，原子运动的速度比较快，原子的运动会影响到辐射光子的频率，导致原子钟的微小频率偏差，人们在地面使用激光等技术来冷却原子，就是尽量减少原子钟运动速度对光子频率的影响。

在空间环境，原子处于失重状态，就更加容易冷却，这种环境下制作出的原子钟能达到更高的精度。2022 年 10 月 3 日，由我国自主研制的世界上第一台空间光钟（图 5.1.4）随梦天实验舱发射升空，将光钟放在中国空间站上，这样的原子钟精度将进一步提高。用通俗的话说，对这样的原子钟的误差，如果从宇宙开始一秒一秒地累计，一直到现在也累计不到 1s。

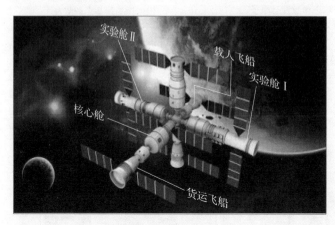

图 5.1.4　中国空间站（左）和空间原子钟（右）

5.1.2　原子钟的原理

原子钟的原理，简单地说，就是用量子跃迁的频率去控制晶振的频率。通过激发原子，使其处于高能级，然后等原子跃迁到低能级以后，自然会辐射一个微波或者光学频率信号，使用集成电路，把这个频率信号取出，用锁相环将晶体振荡器的频率锁定到光子跃迁频率上。因为跃迁频率很稳定，锁定后晶体振荡器的频率也就非常稳定。原子钟的输出实际上是晶振的输出，只不过，这个晶振的频率被原子跃迁频率约束住了。

根据上面的描述，可以把原子钟分成两个部分：产生量子跃迁频率的原子谐振器和产生原子钟最终输出频率的锁相电路，如图 5.1.5 所示。

原子谐振器的第一个部件是原子钟制备炉，正常情况下，原子处于基态（低能级）的多，处于激发态（高能级）的少，原子制备炉使原子发生跃迁，处于基态和处于激发态的原子个数大致相等，然后让原子从制备炉中喷发出来。

由于基态和激发态原子的自旋方向不同，表现的磁特性也不同，经过选态磁铁后，基态和激发态的原子就会与磁铁的磁相互作用，基态的原子运动方向偏转到其他方向，激发态的原子继续前进，到达微波谐振腔。

微波谐振腔按照一定的频率进行振动，当振动频率与激发态原子钟的跃迁频率相同时，绝大多数激发态的原子就会受到这个频率的诱导而发生跃迁，辐射出光子后变成基态。

跃迁过的原子和剩下没有跃迁的原子继续前进，又经过另外一个选态磁铁，这个选态磁铁将原子分成两束，基态的原子一束，激发态的原子一束。用两个探测器监测两束原子的个数，分析跃迁的原子和没有跃迁的原子之间的比例，据此

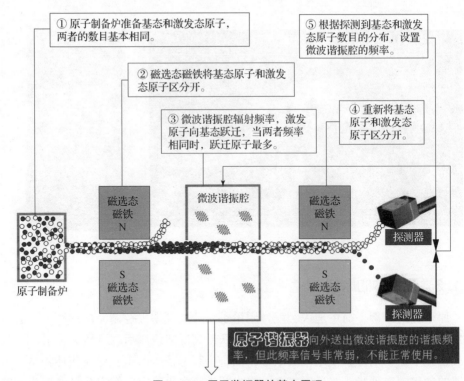

① 原子制备炉准备基态和激发态原子，两者的数目基本相同。

② 磁选态磁铁将基态原子和激发态原子区分开。

③ 微波谐振腔辐射频率，激发原子向基态跃迁，当两者频率相同时，跃迁原子最多。

④ 重新将基态原子和激发态原子区分开。

⑤ 根据探测到基态和激发态原子数目的分布，设置微波谐振腔的频率。

磁选态磁铁 N

微波谐振腔

磁选态磁铁 N

探测器

S 磁选态磁铁

S 磁选态磁铁

探测器

原子制备炉

原子谐振器 向外送出微波谐振腔的谐振频率，但此频率信号非常弱，不能正常使用。

图 5.1.5 原子谐振器的基本原理

推测微波谐振腔的频率大小，然后控制微波谐振腔的频率，使尽可能接近谐振频率，这样才能有尽可能多的原子发生跃迁。

微波谐振腔的振动频率就等于量子跃迁辐射光子的频率，但这个频率较弱，不能直接使用，这就需要锁相电路，如图 5.1.6 所示。

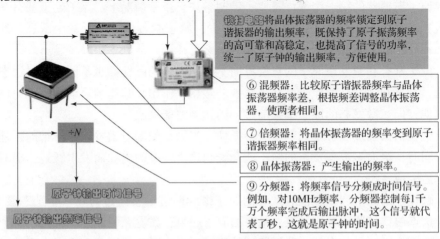

锁相电路 将晶体振荡器的频率锁定到原子谐振器的输出频率，既保持了原子振荡频率的高可靠和高稳定，也提高了信号的功率，统一了原子钟的输出频率，方便使用。

÷N

原子钟输出时间信号

原子钟输出频率信号

⑥ 混频器：比较原子谐振器频率与晶体振荡器频率差，根据频差调整晶体振荡器，使两者相同。

⑦ 倍频器：将晶体振荡器的频率变到原子谐振器频率相同。

⑧ 晶体振荡器：产生输出的频率。

⑨ 分频器：将频率信号分频成时间信号。例如，对10MHz频率，分频器控制每1千万个频率完成后输出脉冲，这个信号就代表了秒，这就是原子钟的时间。

图 5.1.6 锁相电路的基本原理

锁相电路的基础是晶体振荡器，这里的晶体振荡器输出频率是 10MHz，是用户能直接使用的频率，但它只是表现出晶体振荡器的特性，离原子钟的要求还差很多，需要锁相电路的处理。

由倍频器将晶体振荡器的频率进行上变频，变到与微波辐射频率 9192631770Hz 接近后就可以混频了，也有的原子钟是将微波频率向下变频和晶体振荡器频率向上变频结合使用，但处理结果都是相同，让晶体振荡器输出的频率可以与量子跃迁辐射频率相比较，这个功能由混频器完成。混频器输出两个频率的偏差信号，根据这个信号对晶体振荡器进行调整，使晶体振荡器输出频率的性能接近原子跃迁辐射频率。

使用这种方式，将晶体振荡频率约束到原子振荡频率，长期特性表现为原子振荡频率的特性，短期特性表现为晶体振荡器频率的特性，这就是原子钟的原理。

5.2　原子钟噪声特性

自从国际秒定义从天文时秒转换到原子时秒以后，原子钟便成为守时系统的核心设备，同时也是高精度频率信号产生的源头和原子时尺度产生的基本参考。守时系统中的原子钟输出频率信号性能直接影响着守时系统输出物理信号的性能。实际工作时原子钟的输出不仅包含高精度的特定的频率信号，还包含附加在物理信号上的随机噪声，这就导致原子钟产生的物理信号的相位、振幅和波形等均会随着时间的变化而不断变化，这对守时系统输出信号特性具有明显的影响。实际分析表明原子钟运行过程中伴随的噪声不仅仅是某一类噪声，而是多种噪声的综合，且不同类型的随机噪声对原子钟性能的影响不尽相同，因此了解每种噪声分量的产生机制、特性以及噪声模型，有助于采取合适的算法削弱或消除噪声的影响，提升原子钟输出信号性能。

5.2.1　原子钟噪声模型

原子钟各种噪声是影响原子钟信号性能的主要因素，因此在守时系统构建、时频信号性能监测与评估等工作中，都必须对系统中的原子钟噪声特性加以分析。本节将从原子钟运行模型入手，简单介绍原子钟不同噪声类型以及不同噪声类型在时域测量表象，尽量直观地给出不同类型噪声特性，促进大家对原子钟特性的学习和认识。

一台原子钟的核心部分是它的频率源。同其他任何振荡器一样，频率源的输出电压可写成

$$V(t) = [V_0 + \varepsilon(t)]\sin[2\pi\gamma_0 t + \phi(t)] \qquad (5-1)$$

式中：V_0 为标称振幅；γ_0 为标称频率；$\varepsilon(t)$ 为幅度随时间的微小波动；$\phi(t)$ 为信号相位中各种噪声的叠加项。一般情况下式（5-2）总成立。

$$|\varepsilon(t)| \ll V_0, \quad \left|\frac{d\phi(t)}{dt}\right| \ll \gamma_0 \qquad (5-2)$$

由式（5-1）可得到瞬时相对频率偏差 $y(t)$ 和瞬时相位偏差 $x(t)$。

$$y(t) = \frac{1}{2\pi\gamma_0} \cdot \frac{d\phi(t)}{dt}, \quad x(t) = \frac{\phi(t)}{2\pi\gamma_0} \qquad (5-3)$$

由式（5-3）有

$$y(t) = \frac{dx(t)}{dt} \qquad (5-4)$$

将 $x(t)$ 代入式（5-1），有

$$V(t) = [V_0 + \varepsilon(t)]\sin[2\pi\gamma_0(t + x(t))] \qquad (5-5)$$

式中：$x(t)$ 在物理上表现为时间偏差，所以也称相位时间，而 $y(t)$ 为时间偏差变化率，即瞬时频率。

　　原子钟运行过程中，会受到所处的环境以及原子钟的内部噪声等多种因素的影响，虽然组成和原理一致，但每台原子钟实际上都是一个独立的系统，实际的物理过程并不严格一致。原子钟的输出信号可以用式（5-6）来表示

$$T_i(t) = a_i + b_i t + \frac{1}{2}c_i t^2 + \sigma(t), \quad i = 1,2,\cdots,N \qquad (5-6)$$

式中：i 为 N 台原子钟中的第 i 台；a_i 和 b_i 为常数；$\sigma(t)$ 为各种随机因素的影响，也可看作是噪声。

　　经过多年的研究，虽然振荡器噪声的物理过程还没有完全研究清楚，但原子钟噪声的基本模型已于 1971 年由 J. A. Barnes 等人在总结前期众多科研人员工作的基础之上给出了详细说明。J. A. Barnes 系统地提出了原子钟输出频率 $y(t)$ 的幂率谱模型，指出原子钟的噪声主要由五种噪声分量的线性叠加而来，每种噪声分量对应傅氏频率或边带频率的不同幂次，幂次主要包括 -2，-1，0，1，2。

$$S_y(f) = h_{-2}f^{-2} + h_{-1}f^{-1} + h_0 f^0 + h_1 f + h_2 f^2 = \sum_{\alpha=-2}^{2} h_\alpha f^\alpha \qquad (5-7)$$

式中：f 为傅氏频率或边带频率（Hz）。按照幂次 α 的不同，通常把噪声分成五类，第一类是 $\alpha = -2$，噪声分量是频率随机游走噪声；第二类是 $\alpha = -1$，噪声分量是闪变调频噪声；第三类是 $\alpha = 0$，噪声分量是调频白噪声；第四类是 $\alpha = 1$，噪声分量是闪变调相噪声；第五类是 $\alpha = 2$，噪声分量是调相白噪声。$h_\alpha(\alpha = -2,-1,0,1,2)$ 是表征各种噪声强弱的系数，对不同的原子钟取不同的值。这就是原子钟噪声的幂率谱模型，也就是原子钟稳定度的频域表征。

在计算时间尺度时，往往关心的是相位时间项，因为相位是频率的积分，所以有

$$S_x(f) = \frac{1}{(2\pi f)^2} S_y(f) \qquad\qquad (5-8)$$

把式（5－7）代入式（5－8）就得到相位时间的功率谱

$$S_x(f) = \frac{1}{(2\pi)^2}(h_{-2}f^{-4} + h_{-1}f^{-3} + h_0 f^{-2} + h_1 f^{-1} + h_2) \qquad (5-9)$$

功率谱模型是分析噪声的强有力的工具，一个原因就是信号的任何周期性调制都可以在频域清晰地看到。然而，对于一个噪声过程，我们无法得到其真正的功率谱，只能由离散的数据去估计。由于离散化采样和有限的数据长度，使得这些估计会出现偏差。对于有限的数据来说，我们只能得到有限的频率范围，这个范围以外的信息就会丢失，同时这个范围之内的信息也不完整，这就是失真。

通过守时工作实践和原子物理等领域的研究，人们认为精密原子钟噪声中的每种噪声分量都存在与之相对应且各自独立的激励因素（源），如表 5.2.1 所示。但必须说明，原子钟的不同噪声之间并没有严格的界限，无法将其完全区分开来。在原子钟噪声分析时，可分析原子钟在某一特定采样间隔的主要噪声表象，从而给出相应的降低噪声或削弱噪声的方法。

表 5.2.1　精密时钟噪声中各种噪声分量的激励因素（源）

噪声类型	激励因素（源）
频率随机游走噪声	环境因素
闪变调频噪声	原子钟谐振性能
调频白噪声	原子钟内部热噪声
闪变调相噪声	电子器件量子噪声
调相白噪声	钟外层或外部后端设备

虽然对原子钟的噪声特性进行了划分，但事实上引起噪声的各种激励因素均具有白噪声特征，引起原子钟不同噪声特性则是这些激励因素以不同方式影响着原子钟频率变化，从而使得原子钟频率与标称频率出现不确定的变化。

在高精度时间产生中，时间尺度的计算主要关心的是原子钟的频率稳定度，即原子钟的频率偏移（速率）、频率漂移（频漂）等。由于功率谱模型主要分析原子钟在不同采样间隔表现的噪声特性，不能给某一指定的时间间隔内的原子钟频率稳定度提供方便的直接度量，而只提供了影响原子钟频率特性的噪声类型，

基于上述原因以及高精度时间产生时实际计算的需要，我们还需要寻找频率稳定度的时域表征方式，以给出原子钟频率特性的直接分析方法。但在此之前，为了更清楚地理解原子钟噪声的时域表征的含义，我们首先需要了解不同噪声在时域的直观表象，以加深我们对不同噪声在时域测量影响的认识。

5.2.2 原子钟五种常见噪声时域表象

通过 5.2.1 节的分析，我们知道对原子钟噪声特性的分析虽然并不能直接给出原子钟频率特性的具体数值，但可以帮我们了解在不同采样间隔下原子钟主要噪声特性，而了解噪声特性是噪声削弱或降低的前提，因此我们需要直观地了解原子钟不同噪声特性的具体表象，特别是在时域表象，这可以给我们提供一个直观的认识，有助于我们对不同噪声的理解和处理。

原子钟噪声数字化模拟是比较复杂的，但原子钟噪声的模拟对原子钟应用至关重要。原子钟本身的变化不仅包括噪声而且包括系统变化，系统变化包括时间偏移、频率偏移、频率漂移等。利用这些系统变化和噪声模型，就可以模拟原子钟的实际运行，进而可以提高原子钟应用效率。

原子钟噪声模拟建立需要服从正态分布的随机数，在计算机中很容易产生符合（0，1）区间的均匀分布的伪随机数（比如 WPS office 中的电子表格或微软 MS office Excel 中 rand（）函数），将所产生的随机数进行简单的变换，就可以获得符合正态分布的随机数。以随机数为基础增加原子钟噪声特性参数，便可模拟出原子钟不同类型噪声。

本课程通过讨论原子钟不同噪声特性的时域表象，进而让大家直观地了解不同噪声特性含义，以便理解原子时计算过程，因此只给出不同噪声的时域简单表象，而不对噪声模拟方法进行论述。

5.2.2.1 调相白噪声时域表象

按照原子钟噪声模型分析，频率源的随机相位和频率波动可以用功功率谱密度（Power Spectral Density，PSD）来模拟，即 $S_y(f) = \sum_{\alpha=-2}^{2} h_\alpha f^\alpha$。对于某一种噪声，有 $S_y(f) = h_\alpha f^\alpha$，其中，$h_\alpha$ 是噪声强弱系数，f 是测量数据的傅氏变换频率或边带频率，α 功率谱噪声过程指数，不同指数值对应不同的噪声。若一台自由运转的原子钟输出连续、稳定的标准 10MHz 信号，其输出信号中包含的调相白噪声时域表象如图 5.2.1 所示。图中横坐标为模拟的数据点数，纵坐标为时域噪声数据。从原子钟噪声模型可知，调相白噪声对应的功率谱密度为 $S(f) = h_2 f^2$，为验证模拟数据主要表现为调相白噪声，将数据转换到频域进行分析，如图 5.2.2 所示。调相白噪声实际上是原子钟输出信号在相位上的抖动。

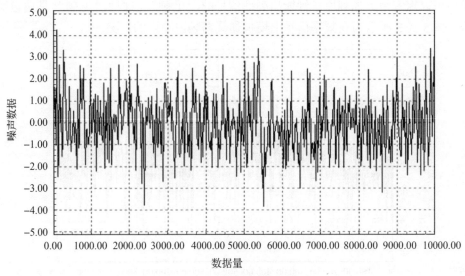

图 5.2.1　调相白噪声时域表象

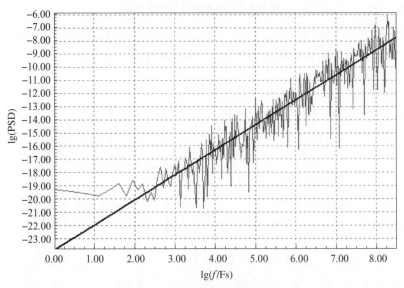

图 5.2.2　调相白噪声幂率谱分析

模拟的数据功率谱密度为 $S(f) = h_2 f^{1.7}$（注意，上图采用的对数坐标），因为我们无法将几种噪声完全区分开来，1.7 接近于 2，因此，模拟数据主要表现为白色调相噪声。

5.2.2.2　调频白噪声时域表象

与调相白噪声类似，调频白噪声模拟也是在理想参考条件下模拟的。调频白噪声可以理解为添加到原子钟输出频率信号的"毛刺",这种"毛刺"是白色噪声。图5.2.3所示为在频率信号上模拟加载调频白噪声的情况。

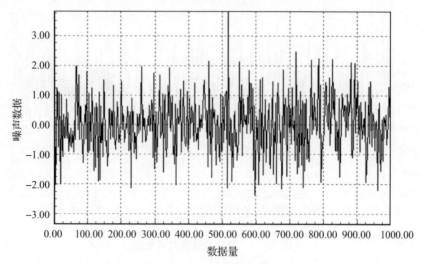

图 5.2.3　调频白噪声模拟数据

图中横坐标为模拟的数据点数。通过功率谱密度函数验证模拟数据的可信性,将模拟数据转换到频域进行分析,分析结果见图5.2.4。

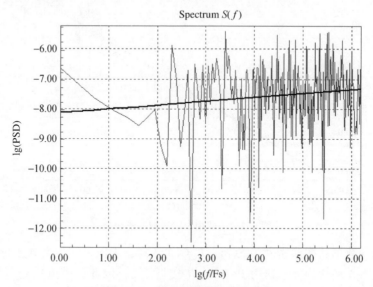

图 5.2.4　调频白噪声功率谱密度

调频白噪声对应的功率谱密度为 $S(f)=h_0 f^0$,模拟的数据功率谱密度为 $S(f)=h_0 f^{0.128}$,谱密度函数傅氏频率为指数 0.128 更接近 0,说明上述模拟数据确实主要表现为调频白噪声。

　　由于频率信号上的噪声是不容易观测的，且在实际工作中可以直接获得的是原子钟输出信号与参考信号的偏差，也就是相位时间差，因此在守时工作中，工作人员希望在频率上的任何变化都最终以时域相位偏差方式给出，以便在实际工作中进行处理。将调频噪声在相位上的变化定量地给出，图 5.2.5 给出了调频白噪声引起的相位变化。根据此变化，用户可以选择适当的消噪方法进行实际处理。

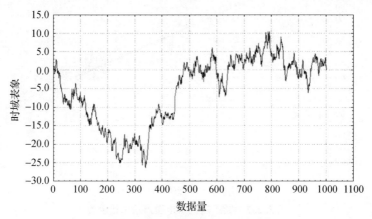

图 5.2.5　调频白噪声时域表象

5.2.2.3　频率随机游走噪声时域表象

　　频率随机游走噪声是原子钟频率不确定性变化引起的，频率随机游走噪声由于其随机变化，可预报性较差。在理想参考下，在频率信号上模拟频率随机游走噪声见图 5.2.6。

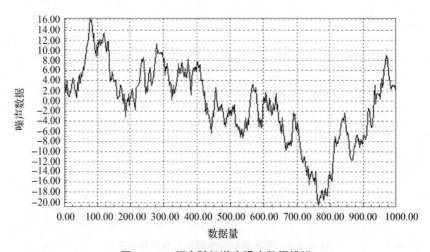

图 5.2.6　频率随机游走噪声数据模拟

　　频率随机游走噪声是原子钟长期运行表现出来的噪声特性，由于频率随机游走可预报性差，一般对其削弱采用多台原子钟加权平均的方式进行抑制，这部分内容将在 5.3 中进行说明。分析模拟数据的功率谱，见图 5.2.7。

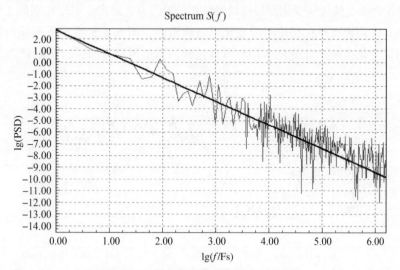

图 5.2.7　频率随机游走噪声功率谱密度

　　频率随机游走噪声对应的功率谱密度为 $S(f) = h_{-2}f^{-2}$，模拟的数据功率谱密度为 $S(f) = h_{-2}f^{-2.18}$，相对于其他噪声来说，-2.18 更接近 -2，说明上述数据主要表现为频率随机游走噪声。与调频白噪声一样，在频率上的变化实际在时域测量中是不容易被观测和测量的，因此需要将频率随机游走噪声引起的变化转换到时域测量结果，见图 5.2.8。

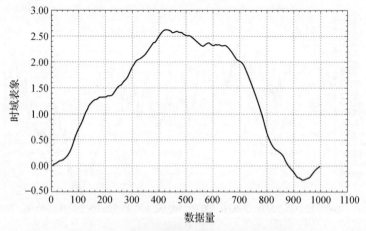

图 5.2.8　频率随机游走噪声引起的相位变化

　　图中可见频率随机游走噪声在时域相位测量（或钟差测量）中主要表现为测量数据随机波动，其可预报性相对较差。这也是高精度时间保持中需要进行抑制的主要噪声类型之一。

5.2.2.4　闪变调相噪声和闪变调频噪声时域表象

　　闪变调相噪声和闪变调频噪声是另外两种分别附加在时域相位和频率上的两种噪声，其时域表象分别见图 5.2.9 和图 5.2.10。

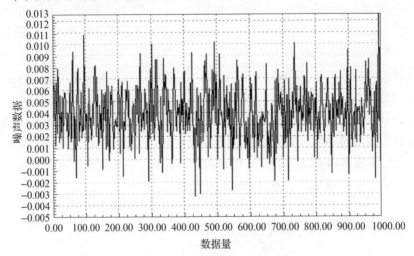

图 5.2.9　闪变调相噪声数据模拟

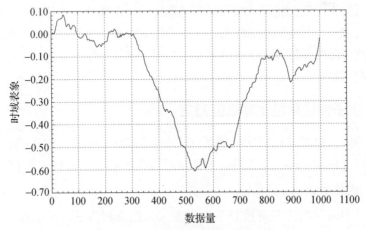

图 5.2.10　闪变调频引起的相位变化

　　相对于调相白噪声，闪变调相噪声是影响原子钟信号较小的噪声，在理解时可以认为是附加在相位上的微小的波动，这种噪声很大概率和组成原子钟的电子元器件的状态突变有关。

闪变调频噪声是附加在频率上的微小波动，这可能和原子钟谐振腔设计有关。从时域表象来看，闪变调频噪声具有频率随机游走的随机特性，但其影响相对较小，实际测量中也证明了闪变调频噪声在五种常见噪声中对原子钟输出频率信号影响最小。

通过上述分析，对不同的噪声有了深入的认识：闪变噪声处于随机游走和白噪声之间。闪变噪声离开初始值的速度要比随机游走噪声快，而白噪声信号是围绕着一个固定的平均值波动；闪变噪声信号没有一个固定的均值，像随机游走信号那样，将无限制地离开任何一点。在实际数据分析中可以发现，大多数噪声谱都具有发散的特性，这就进一步说明了这些噪声在较长时间的测量周期上会表现出不收敛的特性。对于原子钟的噪声过程，只能通过有限的离散数据去模拟，无法得到其绝对真实的功率率谱。由于离散化采样的数据长度有限，只能尽量使用功率谱估计。因为功率谱模型不能给出特定时间间隔内原子钟输出频率信号特性的完整且直接度量结果，而只能通过统计的方法给出定性的评定。但在实际工作中，我们需要更加准确地了解原子钟输出频率特性，且可度量，那么就需要开发出能够具体计算和表征原子钟频率输出特性的算法。

5.3 原子钟性能时域表征

在时频领域，人们关心的重点是频率源输出信号是否准确稳定，除了实验室大铯钟和近年来发展的铯原子喷泉钟等基准钟的频率准确与否是通过严格的误差评定而获得之外，其他频率源输出频率准确性则需要依赖与基准钟的频率比对获得。它们能否随时保持这个准确的频率不变呢？这就由频率源的频率稳定度来决定，因此频率稳定度是评价一台标准频率信号源质量优劣的重要指标。

5.3.1 原子钟频率稳定度表征方法

常见的原子钟频率稳定度的表征方法包含阿伦（Allan）方差、修正阿伦方差和哈达玛（Hadamard）方差等，下面将对这些常用的方法逐一进行介绍。

5.3.1.1 阿伦方差

阿伦（Allan）方差是时域频率稳定度表征的常用方法之一。D. W. Allan 和 J. A. Barnes 发现，虽然振荡器的噪声的标准方差不收敛，但标准方差的平均值则有可能通过多次测量得到，因此定义了标准方差的平均值即阿伦方差。通过阿伦方差计算，可以直接以数值方式给出时域测量的频率信号的稳定度。阿伦方差的基本公式如式（5-10）。

$$\langle \sigma_y{}^2(N,T,\tau) \rangle = \lim_{M \to \infty} \frac{1}{M} \sum_{i=1}^{M} \sigma_{yi}{}^2(N,T,\tau) \tag{5-10}$$

其中

$$\sigma_{yi}{}^2(N,T,\tau) = \frac{1}{N-1} \sum_{k=1}^{N} (y_k - \langle y_k \rangle_N)^2 \tag{5-11}$$

$$\langle y_k \rangle_N = \frac{1}{N} \sum_{k=1}^{N} y_k \tag{5-12}$$

$$y_k = \frac{1}{\tau}(x(t_k + \tau) - x(t_k)) \tag{5-13}$$

式中：M 为样本总数；T 为采样周期；τ 为基本采样间隔；N 为在一个 T 内以 τ 为采样间隔的样本数；$x(t_k)$ 为时域的测量值。阿伦方差成功地在时域表述了频率稳定度，具有算法简单、计算方面、物理含义明确等优越性。阿伦方差也可以用 $S_y(f)$ 的密度表示为

$$\sigma_y^2(\tau) = \int_0^{\infty} |H_A(f)|^2 S_y(f) f \tag{5-14}$$

式中：$|H_A(f)|^2$ 为传递函数模的平方。它代表频域中与阿伦方差计算相联系的数学滤波，传递函数模的平方为

$$|H_A(f)|^2 = \frac{2 \sin^4(\pi f \tau)}{(\pi f \tau)^2} \tag{5-15}$$

在阿伦方差实际计算时不可能有无限次的测量，因此具体计算某一采样间隔的阿伦方差通常采用近似计算。在实际计算时通常可采用两种方式计算阿伦方差，一种是非重叠阿伦方差（又称标准阿伦方差），另外一种是重叠（overlapping）的阿伦方差。重叠和非重叠指的是在阿伦方差计算过程中二次差分方法的不同。虽然两种计算方法略有区别，但计算结果基本一致，只是重叠阿伦方差计算结果相对标准阿伦方差略小。通常采用 $\sigma_y^2(\tau)$ 表示阿伦方差，下面分别给出标准阿伦方差和重叠阿伦方差具体计算过程。

1）标准阿伦方差

阿伦方差又被称为双采样方差（AVAR），阿伦方差计算过程中采用频率测量数据的一阶差分或时差（相差）测量数据列的二阶差分。标准阿伦方差计算过程采用如下公式进行估计。

$$\sigma_y^2(\tau) = \frac{1}{2(M-1)} \sum_{i=1}^{M-1} [y_{i+1} - y_i] \tag{5-16}$$

式中：M 为连续测量次数；τ 为采样时间；y_i 为采样时间 τ 内相对频率测量结果。对于相位数据，阿伦方差定义如下。

$$\sigma_y^2(\tau) = \frac{1}{2(N-2)\tau^2} \sum_{i=1}^{N-2} [x_{i+2} - 2x_{i+1} + x_i]^2 \tag{5-17}$$

式中：$N = M + 1$，直观的理解就是在频率测量数据上 M 个间隔，在相位差测量数据上就是 $M + 1$。需要注意的是阿伦方差的最终呈现的数值以计算的阿伦方差开二次根的结果给出，这结果称为阿伦标准差或阿伦偏差（ADEV）。若频率源输出频率只带有调相白噪声，阿伦方差与常见的标准方差计算结果基本一致。对于信号中包含不收敛的噪声如闪变调频噪声、频率随机游走噪声等，采用阿伦方差对频率信号的分析由于其计算结果的收敛性而具有明显的优势。还需要说明，阿伦方差是统计值，需要较多的测量样本进行估计，通常情况下计算某一时间的频率稳定度，需要采样数目包含至少 10 倍于给定的时间间隔。例如要计算原子钟频率日稳定度，则需要采样时间不少于 10 天，通常为了确保计算结果更加准确（数值收敛更加接近真值），要求采样时间不少于 15 天。总的来说作为统计值，在采样允许情况下可尽量采用较长时间进行估计计算。另外，需注意的是，式（5 – 17）中 τ 的单位必须和 x_i 的单位一致。

　　2）重叠阿伦方差

　　重叠阿伦方差和标准阿伦方差一样，同样是进行频率数据的一阶差分，相位（钟差）测量数据的二次差分，但在计算中略有不同，主要在于两个方面，第一个方面是重叠阿伦方差采用滑动平均方式进行差分；第二个方面是计算结果系数不同。两种差分过程的选取类似于图 5.3.1。使用重叠阿伦方差，在采样数据较少时，可以增加数据使用量，从而提高估计的置信度。另外需要说明的是这样的计算会增加计算量，但在计算机发展越来越快的条件下，增加的计算量一般是感觉不到的。通过图 5.3.1 可见，重叠阿伦方差计算过程中前面的数据和后面的数据在使用中是具有相关性的，即采样并不完全是独立的，其实际计算结果与标准阿伦方差有微小差别。这种重叠方式计算同样可应用于后面要讲到的修正阿伦方差、哈达玛方差等。

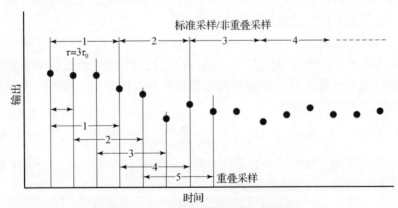

图 5.3.1　重叠式阿伦方差的采样过程

重叠式阿伦方差是常规阿伦方差的另一种形式，M 为样本总数减去 1；τ 为采样周期，τ_0 为基本采样间隔，N 为在一个 τ 内以 τ_0 为采样间隔的样本数。上图中 $N = 3$，则重叠阿伦方差计算方法见式（5 – 18）至式（5 – 20）。

$$\sigma_y^2(\tau) \approx \frac{1}{2}\langle (\Delta y^\tau)^2 \rangle \tag{5-18}$$

$$\sigma_y^2(\tau) \approx \frac{1}{2(M-2N+1)} \sum_{K=1}^{M-2N+1} (y_{K+N}^\tau - y^\tau)^2 \tag{5-19}$$

$$\sigma_y^2(\tau) \approx \frac{1}{2\tau^2(M-2N+1)} \sum_{i=1}^{M-2N+1} (x_{i+2N} - 2x_{i+N} + x_i)^2$$

$$= \frac{1}{2\tau^2(M-2N+1)} \sum_{i=1}^{M-2N+1} (\Delta^2 x_i^\tau)^2 \tag{5-20}$$

式中：Δy^τ 表示在时间间隔为 τ 时频率的一阶差分；$\Delta^2 x_i^\tau$ 表示相位测量的二阶差分。重叠阿伦方差，计算结果同样采用平方根的形式给出。

5.3.1.2　修正阿伦方差

通过阿伦方差的计算，除了以量值形式给出不同采样间隔的原子钟输出频率信号稳定度，还可以依据其噪声曲线的斜率（对数坐标）区分不同类型噪声与采样间隔的关系，见图 5.3.2。但是当影响振荡器频率的噪声是调相白噪声（$\alpha = 2$）和闪变调相噪声（$\alpha = 1$）时，阿伦方差表现出了比较严重的缺陷，即无法严格区分这两种噪声。为了克服这一缺陷，人们对阿伦方差进行了改进。改进后的阿伦方差称为修正阿伦方差，通常记为 $\mathrm{mod}\,\sigma_y^2(\tau)$，其具体的计算公式如式（5 – 21）。

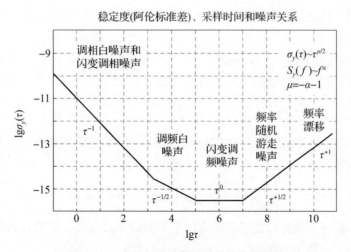

图 5.3.2　阿伦标准差斜率对应的噪声类型

$$\mathrm{mod}\sigma_y^2(\tau) = \frac{1}{2\tau^2 N^2(M-3N+1)}\sum_{j=1}^{M-3N+1}\left\{\sum_{i=j}^{N+j-1}(x_{i+2N}-2x_{i+N}+x_i)\right\}^2$$

$$(5-21)$$

式中变量意义与式（5-17）中相同。修正阿伦方差和对应的噪声类型关系见图 5.3.3。

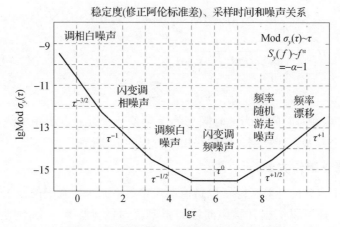

图 5.3.3　修正阿伦标准差对应的噪声类型

如图 5.3.3 所示，调相白噪声和闪变调相噪声已经可以区分开来了。从物理意义上来说，短期采样原子钟噪声主要是调相白噪声，随采样周期加大，逐渐表现为其他噪声。

5.3.1.3　哈达玛方差

哈达玛（Hadamard）方差又被称为 3 次采样方差（三阶差分），与双采样的阿伦方差类似，但它可以消除频率的二次线性漂移的影响。哈达玛方差计算中采用频率测量数据的二阶差分或相位（时差）测量数据的三阶差分。若采样数据是频率测量数据，则哈达玛方差计算方法为

$$H\sigma_y^2(\tau) = \frac{1}{6(M-2)}\sum_{i=1}^{M-2}(y_{i+2}-2y_{i+1}+y_i)^2 \qquad (5-22)$$

式中：τ 为需要计算的间隔，是基本采样间隔 τ_0 的整数倍；M 为以 τ 为间隔的频率数据样本数。对于相位（时差）测量数据，可以利用式（5-23）进行计算。

$$H\sigma_y^2(\tau) = \frac{1}{6\tau^2(N-3)}\sum_{i=1}^{N-3}(x_{i+3}-3x_{i+2}+3x_{i+1}-x_i)^2 \qquad (5-23)$$

式中：$N = M+1$。同样计算结果经常以平方根的形式给出，即哈达玛标准差或哈达玛均方差，记为 HDEV。

哈达玛方差与原子钟输出信号噪声也是有一定关系的，图 5.3.4 给出了哈达

玛标准差对应的噪声类别。哈达玛标准差计算结果（对数坐标）分段拟合后可以清楚地查看一台原子钟在某一采样间隔下主要表现的噪声类型。

图中在标注了斜率为 −1 的地方，包含调相白噪声和闪变调相噪声。也就是说哈达玛方差无法区分调相白噪声和闪变调相噪声。

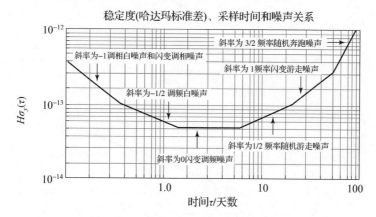

图 5.3.4　哈达玛标准差对应的噪声类型

5.3.1.4　阿伦方差与哈达玛方差的区别

通常人们在分析原子钟或振荡器的稳定度时主要利用的是阿伦方差和修正阿伦方差。但是无论是阿伦方差还是修正阿伦方差，在计算时是不会考虑到频率的线性漂移问题的（除非人为地考虑振荡器频率的线性漂移问题，并在计算前予以扣除）。但是对于某些氢原子钟和大部分铷原子钟来说，频率线性漂移相当普遍。哈达玛方差源于阿伦方差，但与阿伦方差不同，它不仅可以表示振荡器的频率稳定度，而且在计算时计及并消除了振荡器的频率线性漂移的影响。下面以某实验室一台氢原子钟 H226 和铯原子钟为例进行说明。

通常一台氢原子钟在启用后的 1 至 3 年，其频率都会有线性和二次漂移，有的漂移一段时间后会稳定下来，有的还会有长期的线性漂移。图 5.3.5 给出了原子钟 H226 从 2006 年 12 月 1 日至 2007 年 2 月 28 日（MJD：54070 ~ 54160）的相对于地方原子时（将在第 6 章讲解）的偏差图，即 TA（NTSC）− H226 的偏差。

从图 5.3.5 可以看出 TA（NTSC）− H226 存在着明显的二次变化，也就是频率存在线性漂移，为了更明显地看出 H226 的频率线性漂移，对 TA（NTSC）− H226 做了 20 日差的滑动处理，即利用 20 天的固定窗口，窗口内最后一个数据减去第一个数据，然后窗口平移一个数据，先进先出，持续操作直到数据末尾，得到 TA（NTSC）− H226 的 20 日差，如图 5.3.6 所示。

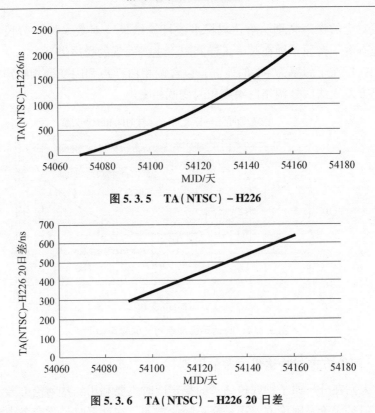

图 5.3.5　TA（NTSC）– H226

图 5.3.6　TA（NTSC）– H226 20 日差

　　20 日差分，就相当于对一个二次函数以 20 日为单位进行求导，那么其相位（钟差）测量数据拟合的二次函数求导后的一次项系数就是原子钟的频率漂移，若频率漂移是稳定的则会呈现出一条直线，由此可见 H226 存在着频率线性漂移。这样的漂移对计算哈达玛方差和阿伦方差有一定的影响。由于氢原子钟一般在一天到几天时间间隔上表现为频率的线性漂移，所以可以预测一般情况下，在选择时间间隔小于 1 天的时候，计算出来的两种方差区别并不大，当时间间隔大于一天或几天时，由于氢原子钟的频率线性漂移而使得计算结果有较大差异。图 5.3.7 给出了 TA（NTSC）– H226 的哈达玛方差和阿伦方差比较。图中纵坐标为计算的方差，横坐标为所选取的时间间隔 τ，两者都采用对数坐标。

　　从图 5.3.7 可以明显地看出当时间间隔 $\tau > 5$ 天时由于 H226 频率的线性漂移而导致计算结果明显不同：阿伦方差明显变大。但在实际工作中我们知道氢原子钟的线性漂移如果是稳定的，那么它在实际工作中是可以扣除的，而扣除了线性漂移以后的氢原子钟，才真正反映了其稳定性，所以哈达玛方差在 $\tau > 5$ 天后才反映了 H226 的真正频率稳定度。

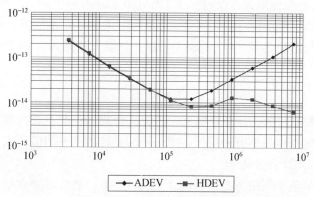

图 5.3.7 TA(NTSC)–H226 的哈达玛方差和阿伦方差

5.3.1.5 其他时域频率稳定度表示方法

在其他方差中，给出 3 个不常用但依然非常重要的时域原子钟频率稳定度的分析方法：第一个是最大时间间隔误差（MTIE），第二个是时间间隔的均方根误差（TIE rms），第三个是时间方差（TVAR），其平方根记为 TDEV。

1）最大时间间隔误差计算方法

最大时间间隔误差（Maximum Time Interval Error，MTIE）是指定时间内原子钟相差（时差）测量数据的最大值与最小值之差的度量。这一数值通常在电信行业使用，但在频率稳定度分析时也可以借鉴使用。MTIE 是通过移动一个包含 n 个点的窗口（$n = \tau/\tau_0$），表示这个窗口的大小 n 主要取决于需要查看的变化区间，比如原子钟时差比对采样周期 τ_0 为 1h，需要了解 5h MTIE，则 $n = 5$。在指定窗口中找到最大值和最小值，并作差，这样就得到一个在指定区间的误差值，依次循环到数据末尾，可以获得一组这样的最大值与最小值的偏差，在此情况下 MTIE 可按照式（5–24）得到。

$$\text{MTIE}(\tau) = \text{Max}_{1 \leq k \leq N-n}\left\{\text{Max}_{k \leq i \leq k+n}(x_i) - \text{Min}_{k \leq i \leq k+n(x_i)}(x_i)\right\} \quad (5-24)$$

式中：$n = 1,2,3,\cdots,N-1$；N 为相位（时差）测量数据点总数。MTIE 是原子钟时间偏差峰值偏差的度量，因此对单个极值、瞬间值和异常值非常敏感。

2）TIE rms 计算方法

时间间隔误差（TIE rms）也是电信行业常用的一种统计方法，但在时间频率行业，也可以用其查验给定的 n 个时间间隔测量值的相对偏差。计算公式如式（5–25）：

$$\text{TIE}_{\text{rms}} = \sqrt{\frac{1}{N-n}\sum_{i=1}^{N-n}(x_{i+n} - x_i)^2} \quad (5-25)$$

式中：$n = 1,2,3,\cdots,N-1$；N 是相差测量数据点总数。若原子钟没有频率偏移，

TIE rms 在数值上与标准偏差接近。在工作中我们还有一个常用的测量 rms（均方根（Root – Mean – Square）），注意这个 rms 和 TIE rms 是不同的，rms 是均方根，表示测量数据与理想参考 "0" 的偏差程度，计算方法如式（5 – 26）所示。

$$rms = \sqrt{\frac{\sum_{i=1}^{N} x_i^2}{N}} \qquad (5 - 26)$$

式中：N 测量数据总数。仔细观察 rms 的计算公式，我们不难发现其和我们在概率统计中学过的样本总体方差很像，唯一不同是样本的平均值变成了 "0"。

3）时间方差计算方法

时间方差是基于阿伦方差计算的，记为 TVAR，通常以平方根形式给出，记作 TDEV。时间方差计算公式见式（5 – 27）。

$$\sigma_x^2(\tau) = \left(\frac{\tau^2}{3}\right) \cdot \text{Mod } \sigma_y^\tau \qquad (5 - 27)$$

式中：τ 为要计算的时间方差时间间隔。时间方差一般用于描述时间分布网络的稳定性能，也就是检验时间同步网络的相对同步性能。

本教材只简单地介绍了几种常用的方差及其计算方法，并没有穷尽时间频率测量中所有时域频率稳定度表示方法，如泰鄂1（Thêo1）方差、总体方差等。

5.3.2　原子钟相对频率偏差表征方法

原子钟频率相对于理想频率或标称频率的偏差就是其频率偏差，相对于某一参考的频率的偏差是其相对频率偏差，这也常常被称为原子钟相对频率准确度。若采用频率计估计其频率偏差，则采用式（5 – 28）。

$$f_{\text{offset}} = \frac{f_{\text{measure}} - f_{\text{normal}}}{f_{\text{normal}}} \qquad (5 - 28)$$

式中：f_{offset} 为频率偏差；f_{measure} 为测量的频率；f_{normal} 为标称频率（原子钟输出的标准频率）。若没有频率计进行直接频率测量，频率偏差则可以通过时域时差测量结果进行估计，计算方法见式（5 – 29）。

$$f_{\text{offset}} = -\frac{\Delta T}{T} \qquad (5 - 29)$$

式中：ΔT 是指定时间间隔 T 内相位时差（钟差）测量值。频率偏差或频率准确度是描述原子钟输出频率信号相对于标准频率的偏差程度，有正负之分，若计算结果为正数，则说明原子钟输出频率超过标称频率，反之则是小于标称频率。若一台原子钟标称频率为 5MHz，其输出信号的频率偏移为 $+1.19 \times 10^{-11}$，则有

$$(5 \times 10^6) \times (+1.19 \times 10^{-11}) = 5.95 \times 10^{-5} = +0.0000595\text{Hz} \qquad (5 - 30)$$

计算结果表明此台原子钟输出频率相对于标称频率略大，实际输出频率不是

5MHz，而是 5000000.0000595Hz。

在此需要说明的是频率准确度概念本身是清楚的，在实际使用过程中，更多的是采用式（5-29）的方法进行计算，但很明显，计算结果与 T 的长短有关系，所以一般情况下采用式（5-29）计算原子钟频率准确度时，默认 T 取1天。另外，由于对于频率准确度的理解不同，造成计算结果模糊不清，有些文献给出的是计算结果的绝对值，这就造成了大家对频率准确度理解的不一致。鉴于以上各种因素，国际上对频率准确度的使用越来越少，但出于习惯，有些场合仍然使用频率准确度的概念。

5.3.3　原子钟频率漂移

通常原子钟所处的环境、原子钟的内部噪声等的影响，使得每台原子钟都是一个独立的时间源，但代表的物理过程并不严格相同。如前文所述，原子钟的输出信号可以用式（5-31）来表示。

$$x(t) = a + bt + ct^2 + \varepsilon(t) \tag{5-31}$$

式中：a 和 b 为常数；c 是频率漂移项系数，实际频率漂移 $dr = 2c$；$\varepsilon(t)$ 为各种随机因素的影响，也可看作随机噪声。由于本身性能或环境变化等因素，原子钟或振荡器输出频率可能随着时间连续变化，这个变化对于一般振荡器称为老化，对于原子钟来说就是频率漂移。频率漂移可以是任一方向（导致频率较高或较低），且不一定是线性的。通俗地讲，原子钟频率漂移就是原子钟输出频率在单位时间内的变化量，简称频漂。式（5-31）输出结果是时间，若测量 t 的单位是秒（s），则频率漂移 dr 的单位是 s/s^2。

原子钟输出频率受到各种因素的影响，可能会出现频率漂移，同时自身噪声特性也会对其输出频率产生较大影响，特别是频率随机游走噪声较大时，会使得原子钟频漂预报性较差，因此在原子钟频率漂移分析时还需要同时分析其频率稳定度特性。

5.4　参考文献

[1] 陈江,王骥,马沛,等. LIP Cs3000C 磁选态铯原子钟的测试[J]. 时间频率学报,2018,41(3):190-193.

[2] 胡永辉,漆贯荣. 时间测量原理[M]. 香港:香港亚太科学出版社,2000.

[3] 李孝辉,杨旭海,刘娅,等. 时间频率信号的精密测量[M]. 北京:科学出版社,2010.

[4] 漆贯荣. 时间科学基础[M]. 北京:高等教育出版社,2006.

[5] 卫国. 原子钟噪声模型分析与原子时算法的数学原理[D]. 西安:中国科学院陕西天文台博士论文,1991.

[6] 袁海波,董绍武. 利用 ADEV 与 HDEV 判别原子钟噪声[J]. 电子测量与仪器学报,2008 增刊:29 - 32.

[7] 袁海波. 闰秒的由来[J]. 现代物理知识,2015,27(2):25 - 30.

[8] 袁海波. UTC(NTSC)监控方法研究与软件实现[D]. 北京:中国科学院研究生院硕士论文[D],2005.

[9] 赵书红,王正明,尹东山. 主钟的频率驾驭算法研究[J]. 天文学报,2014,55(4):313 - 321.

[10] 赵杏文,韦强,李东旭,等. 激光抽运小型铯原子钟研制进展[J],时间频率学报,2022,45(1):1 - 8.

[11] ALLAN D W,WEISS M A,JESPERSEN J L. A frequency - domain view of time - domain characterization of clocks and time and frequency distribution systems[C]. Los Angeles,California:Institute of Electrical and Electronic Engineers,2002.

[12] SYDNOR R L. Handbook Selection and Use of Precise Frequency and Time Systems[M]. Radio communication Bureau,1997.

[13] BARNES J A, The Measurement of Linear Frquency Drift in Oscillators[C]. Proceeding of the 15th Annual Precise Time and Time Interval(PTTI) Meeting, 1985:551 - 582.

[14] YUAN H B,GUANG W. Frequency Steering and the Control of UTC(K)[C]. Baltimore:Institute of Electrical and Electronic Engineers,2012:888 - 892.

5.5　思考题

1. 中国自古以来就对时间测量工作非常重视,我国现存的非常著名的计时遗迹之一登封观象台在当时就是比较精密的定时工具,请描述登封观象台计时的工作原理。

2. 在人类计时技术和计时工具发展的过程中,有很多具有里程碑意义的计时工具,除了课本中介绍的这些计时工具,试列举出其他可以用于计时的工具或方法,并说明原理。

3. 原子钟的噪声可以看成五种噪声分量的线性叠加,请具体说明原子钟的五种噪声类型及对其减弱的方法。

4. 常见的原子钟频率稳定度的表征方法包含阿伦(Allan)方差和哈达玛(Hadamard)方差等,请比较阿伦方差和哈达玛方差的异同及优缺点。

5. 原子钟特性分析的重要内容是根据测量数据计算 Allan 方差或 Hadamard 方差，从而确定原子钟的频率稳定性能。请列出时差测量数据在规定取样间隔 Allan 方差和 Hadamard 方差计算流程。

6. 下列数据表示站 A 站（参考）和站 B 站间的时间比对结果，采样间隔是 1h，请采用适当的方差计算 B 站时间相对于 A 站时间的 1h 和 2h 频率稳定度，计算 1h、2h B 站相对于 A 站的时间同步精度。

采样时间（h）	时差数据（ns）
1	50.58
2	50.51
3	49.83
4	50.30
5	49.69
6	50.78
7	51.90
8	50.83
9	49.84
10	52.18
11	50.78
12	48.98
13	51.38
14	47.37
15	49.90
16	50.07
17	49.35
18	49.70
19	48.35
20	49.08
21	50.33
22	49.30
23	50.76
24	51.90

第6章 原子时与协调世界时

原子钟的发明和发展，使人们对时间测量和保持的能力大幅提高，时间工作进入新时代，但由原子钟产生的原子时并不能替代通过天文观测获得的世界时，而是以原子时为基础，形成了一个秒长更加稳定、时刻接近世界时的标准时间——协调世界时。本章详细介绍原子时的形成过程，分析不同的原子时计算方法的特点，给出原子时和世界时协调产生标准时间的方法。

6.1 从国际原子时到协调世界时

时间的概念源于生活、服务于生活，在原子时发明之前以地球自转为基础的时间系统就已经深入人心。原子钟的出现，可以实现更加稳定、更加连续的时间标准。随着原子钟性能的提高，原子时性能也不断提升，国际通用时间秒的定义从以地球自转为基础的世界时转换到以原子钟为基础的原子时，但原子时并不能替代以地球自转为基础的世界时，这主要是因为世界时的时刻与人们的生活相关，并且在深空探测、地球测绘、卫星测控等等诸多行业有着重要的应用。本节给出国际标准时间变迁过程，描述不同时间系统秒长定义，并说明当前国际原子时和协调世界时的产生过程。

不同时间系统的出现，满足了当时应用需求。无论是哪种时间系统，首先需要选择的就是一个稳定的、周期性运动的、可测的物理现象，这些现象包括地球自转、太阳公转、原子能级跃迁辐射频率等。下面将介绍几个重要的时间概念，这些概念包括以地球自转为基础的真太阳时、平太阳时和世界时，以及以地球公转为基础的历书时。

6.1.1 真太阳时和平太阳时

在古代，通过观测太阳得到的时间叫做真太阳时，例如古人发明的观测太阳常用的圭表、日晷古天文仪器观测的时间。在天文学上，把真太阳连续两次通过观测地点子午线的时间间隔称为一个真太阳日。然后向上累加获得月和年，再向下细分获得时、分、秒，形成真太阳时。

最初人们认为地球自转运动是均匀的，而事实上地球绕太阳运动的轨迹并不是一个圆，而是一个椭圆，太阳位于其中的一个焦点上，这样导致的地球公转速度并不是均匀的，见图 6.1.1。另外，地球自转轴与地球公转轨道面也不垂直，这使得地球在公转轨道的不同地点反映到太阳的位置变化速度不同。因此，在这一年当中，真太阳日就不会一样长，秒长也就没有固定值。

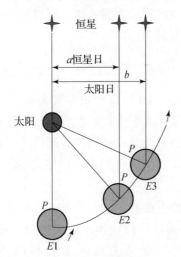

图 6.1.1　地球自转示意图

　　人类认识到这个问题大约是在 17～18 世纪。当时的时间测量精度已经达到秒级，人类发现地球自转运动并非均匀，也就是真太阳时是不均匀的。不过这一问题直到 19 世纪才由法国科学家合理解决。1789 年，法国针对当时度量衡存在的混乱状况，建议法国科学院成立特设科学委员会，确定新的计量标准。这一倡议得到了许多著名科学家的支持与响应。该委员会经过 30 多年的研究，于 1820 年正式提出了秒长的定义：全年中所有真太阳日平均长度的 1/86400 为 1s。也就是说，把全年中所有的真太阳日加起来，然后除以 365，得到一个平均的日长，就是所谓的"平太阳日"。当时人们认为这样得到的平太阳日是固定不变的，就把它称作"平太阳时"。

　　法国科学家提出的上述定义似乎解决了一秒有多长的问题，但是在实际的操作中，这种秒并不能够实时得到，必须利用一年的观测，最后取平均才能够得到秒长。为了解决这一问题，人们引进了一个假想的参考点——平太阳。它在天赤道上做匀速运动，其速度与真太阳的平均速度相一致，并且尽可能地靠近真太阳。平太阳参考点是由美国天文学家纽康（S. Newcomb，1835—1909 年）在十九世纪末引入的一个假想参考点，在此之前，人类已经通过在地球上观测天球上的某些参考点，得到以地球自转为基础的时间系统。以春分点作为基本参考点，由春分点周日视（连续两次上中天）运动确定的时间，称为恒星时（Sidereal

Time，ST）。某一地点的地方恒星时，在数值上等于春分点相对于这一地方子午圈的时角，即

$$ST = t_r \qquad (6-1)$$

式中：t_r为春分点相对于地方子午圈时角。在纽康提出平太阳的定义以后，平太阳时和平恒星时不再是独立的时间测量系统，可以利用严格的分析表达式把它们联系起来，进行精确的相互转换。

6.1.2 世界时

世界时（Universal Time，UT）曾经被定义为真太阳时的简单平均，自从有了平太阳时概念后，其定义就有了变化：世界时是一种以格林尼治子夜起算的平太阳时。世界时是以地球自转为基础得到的时间尺度，其精度受到地球自转不均匀变化和极移的影响，为了解决这种影响，1955 年国际天文联合会定义了 UT0、UT1 和 UT2 三个时间系统。

UT0 系统是由天文观测直接测定的世界时，该系统曾长期被认为是稳定均匀的时间计量系统，并且得到过广泛应用。后来发现地球极移的影响后，出现的 UT1。UT1 系统是在 UT0 的基础上加入了极移改正数（地球自转极移见图 6.1.2）；UT2 系统是在 UT1 基础上加入了地球自转速率的季节性改正数。

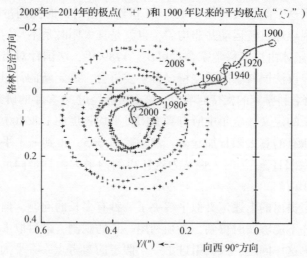

图 6.1.2　IERS C04 测站 2008 年—2014 年极移轨迹（来自于 IERS 网站）

人们更多的应用是 UT1 而不是 UT0 和 UT2。UT0 由天文观测直接获得，具有可测性和较高的实时性，其物理意义为地球自转相对于太阳的周日长度，但由于 UT0 受到地球极移的影响明显，必须经过相应改正，改正后获得的 UT1 相对于 UT0 虽有一定滞后，但其稳定度和准确度相较 UT0 更好。UT2 是在 UT1 的基础

上再扣除季节变化的影响后获得的，其需要一年以上的数据进行计算，虽然精度更高，但其实时性太差，且不利于天文观测、深空探测等应用。

6.1.3　历书时

描述天体运动的方程式中采用的时间，或天体历表中应用的时间就是历书时（Ephemeris Time，ET）。它是由天体力学的定律确定的均匀时间，又称牛顿时。由于地球自转的不均匀性，1958 年国际天文学联合会 ITU 决议，自 1960 年开始用历书时代替世界时作为基本的时间计量系统，并规定世界各国天文年历的太阳、月球、行星历表，都以历书时为准进行计算。

原则上，对于太阳系中任何一个天体，只要精确地掌握了它的运动规律，都可以用来规定历书时。十九世纪末，纽康根据地球绕太阳的公转运动，编制了太阳历表，至今仍是最基本的太阳历表。因此，人们把纽康太阳历表作为历书时定义的基础。历书时秒的定义为 1900 年 1 月 0 日 12 时正，回归年长度的 1/31 556925.9747；历书时起点与纽康计算太阳几何平黄经的起始历元相同，即取 1900 年初太阳几何平黄经为 279°41′48″.04 的瞬间，作为历书时 1900 年 1 月 0 日 12 时正。历书时秒长实际上等于理想化了的平太阳时的秒长。

6.1.4　原子时与国际原子时

原子时秒长是通过原子钟实现的，原子钟是基于原子能级跃迁对外辐射频率计数方式实现标准秒长，那么这个计数应该是多少，用什么标准来确定这个计数便是问题的关键。

英国皇家物理实验室的科学家艾森（L. Essen）和帕利（J. V. L. Parry）成功研制了第一台铯原子钟（或叫铯束原子频率标准），并开创了基于原子钟进行时间保持的新纪元。在艾森、帕利等人成功研制第一台铯原子钟频率标准后，电子物理学家就希望用它进行时间保持，位于美国华盛顿的海军天文台科学家马克维奇（W. Markowitz）等人通过 1955—1958 年三年多的测试，将原子钟谐振频率值与历书时（ET）秒长进行比对，最终给出了一个对应历书时秒的铯束谐振器的谐振频率为（9192631770 ± 20）Hz，并指出 ±20Hz 的不确定度来源于历书时秒长的不确定性。

国际原子时产生于 1967 年，但其起点却在 1958 年 1 月 1 日 0 时 0 分 0 秒，这是为什么呢？实际上 1955 年就研发出了铯原子钟，但由于当时时间产生和保持主要通过天文观测获得，且天文观测与研究更多地依赖于以地球自转为基础的世界时。另外，就原子时本身而言，由于原子钟产生的秒长稳定度还不够高，不足以完全替代世界时。为了检验原子时的性能，国际上几个重要实验室将其运行的原子钟进行联合解算，形成一个跨越国界的"原子时系统"，这个系统从 1958 年

1月1日0时0分0秒起和当时的世界时对齐，并同步运行。直到1967年，原子钟的性能有了较大的提高，基于原子钟的原子时性能也有了很大提高，同时众多领域的研究与技术对高稳定、高实时性的时间频率信号需求越来越多，综合各方面因素，终于在1967年10月于印度新德里召开第十三届国际计量大会上对秒长的定义进行了更改，规定由铯原子钟确定的原子时为国际时间标准，从而取代了天文学的秒长的定义。重新定义的秒长为：位于海平面上的铯原子基态的两个超精细能级间，在零磁场环境中跃迁振荡9192631770个周期（跃迁辐射9192631770次）所持续的时间为原子时秒长。在这个定义中实际还含有来自历书时秒长的±20Hz的不确定度。新的秒长定义产生后，就把先前的"原子时系统"改称"国际原子时"（International Atomic Time，TAI）。TAI的起点自然就是1958年1月1日0时0分0秒。

6.1.5 闰秒与协调世界时

新的秒定义确定后，原来的世界时并没有被抛弃，主要原因是基于世界时的应用还无法完全由原子时替代。这主要包括两个方面，首先是时间源自生活，服务于生活，虽然原子时秒长相对更加稳定，但其本身不具有时刻，且没有与世界时相对应的内涵，因此其物理意义不明确；其次，对世界时来说，它定义的秒长虽然相对不稳定，但它的时刻与太阳在天空中的位置相对应，直接反映了地球在空间旋转过程中地轴方位的实际变化，这一点就与人们的日常生活密切关联起来，同时在诸多科学研究领域具有重要应用价值。具体来说，世界时在大地测量、天文导航和空间飞行器跟踪和定位等方面都有重要的应用，可支撑确定不同时间地球自转轴在空间中的位置。然而如精密校频、信息传输等应用领域，却要求均匀的时间间隔，即需要秒长更加稳定的原子时。通过上述分析可见，人们不仅需要一个既稳定又具有物理意义的、同时可以满足各类应用需求的时间系统，这个时间系统就是协调世界时（UTC）。协调世界时我们可以简单地理解为是以原子时秒长为基础、以世界时（UT1）时刻为参考的时间系统。所谓"协调"就是两种时间尺度的协调和两种守时技术的协调。协调世界时和国际原子时之间是通过"闰秒"方式进行调整的，下面将对此进行具体说明。

"闰"本义为余数，在《新华字典》中解释：每四年加一日，称"闰日"。有闰日的这一年称"闰年"。这是公历的"闰"。中国的农历，每两年或三年，需要加一个月，所加的这个月称"闰月"，平均十九年有七个闰月。实际上"闰"在中文中具有多余的含义。英语中leap即为闰，解释为飞跃、跳跃或快速移动，闰秒实际上就是多余一秒，即跳秒，也就是增加一秒，但在应用中，可能出现增加或减少一秒的现象，那么就把增加一秒称为正闰秒或闰秒，减少一秒称为负闰秒。

为什么会出现闰秒，需要按照怎样的规则插入这一秒呢？我们知道当前国际通用的官方时间 UTC 是以原子时的秒长为基准，以世界时 UT1 的时刻为参考，通过闰秒调整后得到的。当秒长确定了以后，影响 UTC 时刻值就只有 UT1 了，而 UT1 是基于地球自转加上极移改正后得到时间尺度，地球自转周期直接决定了 UT1 的秒长和时刻。若地球自转周期和原子时累积一天的长度完全一致，则原子时和世界时秒长就完全一致，那么就不存在闰秒的问题，但实际上地球自转的变化是不规则的，具体表现为每过几年或几十年，地球自转速度就会变快或变慢，但长期趋势是变慢，图 6.1.3 是将近 400 年内地球自转周期的变化情况，横坐标是年，纵坐标是一天的长度相对于原子时 86400s（标准日长）的相对偏差。可以看出，地球自转速度有明显变慢的趋势。

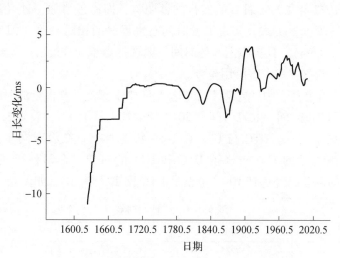

图 6.1.3　地球自转的长期变化（1600—2023）

地球自转变慢的原因，有些学者认为是由潮汐摩擦力引起的，也有学者认为与地球两极的自然条件变化有关，后者认为地球平均温度有上升的趋势导致两极地区巨大的冰川慢慢融化，两极的冰块在减少，地球赤道附近的海平面上升，地球要保持原来的转速，就要增加转动力矩，地球的转动力矩是由太阳、月亮、地球按照它们自身的规律形成的，相对来说是不变的，只有使地球转动速度变慢才能达到力的平衡。由于上述种种原因，按照地球自转制定的世界时秒长存在一定的误差，有时可达 1×10^{-7} 量级偏差，相当于 1s 产生 $0.1\mu s$ 的误差。20 世纪 60 年代之前，世界各国共同采用世界时为时间标准，但是在现代科技飞速发展的情况下，1×10^{-7} 量级的误差已不能满足人们对时间高精度的应用要求了，无论采用什么办法修正，总是不够理想，这也使得利用原子时进行时间基准秒定义的趋势成为必然。

从上面的描述可见，地球自转实际上是长期变慢的，若按照原子时提供时间服务，则势必会造成原子时和世界时之间的偏差越来越大，为应对这一问题，1959 年 8 月开始，美国和英国的授时部门以原子时为标准发播时号，不定期地通过载频发射时刻阶跃为 50ms 的信号实施的调偏改正，以确保发播时间与 UT1 之间的偏差在一定范围内。这样做的最大好处是实现了时间信号实时发播。这个办法很快被其他一些国家的授时部门所采用。1960 年，国际电信联盟（ITU）向国际权度局（BIPM）提出建议固定实施频率调偏改正的日期，最好在一年当中保持不变，这一建议得到了采纳。自 1963 年起，频率调偏引起的阶跃由 50ms 变为 100ms，以保证发播的时间（即后来的 TAI）TAI – UT1 的差值不超过 0.1s，调偏日期一般规定为每月的月初。

原子时与 UT1 偏差协调方法几经改变，最终国际电信联盟大会表决通过闰秒方案，并于 1972 年 1 月 1 日开始实行闰秒调整，即通过增加一秒（正闰秒）或减少一秒（负闰秒）方式，实现播发时间与世界时的相对一致（即 UTC 与 UT1 的偏差不超过 0.9s)，且实施闰秒的时间一般选择当年 6 月最后一天或 12 月的最后一天，这一调整方式一直沿用至今。

截至 2022 年年底，闰秒数累计已经达到了 37s，最近一次闰秒的时间是 2016 年 12 月 31 日（UTC 时间，北京时间是 2017 年 1 月 1 日上午）。表 6.1.1 给出了近 60 年来闰秒调整情况。UTC 与 UT1 在 1958 年 1 月 1 日被设定同步，但是直到 1972 年才采用闰秒的方式来修正 UTC 和 UT1 的时差，在闰秒正式启用之前，UTC 与 TAI 的偏差已经达到 10s，也就是 UTC 比 TAI 慢 10s，如图 6.1.4 所示。

表 6.1.1 闰秒时间表

日期	约化儒略日	日期	约化儒略日
2016 – 12 – 31	57753	1985 – 06 – 30	46246
2015 – 06 – 30	57203	1983 – 06 – 30	45515
2012 – 06 – 30	56108	1982 – 06 – 30	45150
2008 – 12 – 31	54831	1981 – 06 – 30	44785
2005 – 12 – 31	53735	1979 – 12 – 31	44238
1998 – 12 – 31	51178	1978 – 12 – 31	43873
1997 – 06 – 30	50629	1977 – 12 – 31	43508
1995 – 12 – 31	50082	1976 – 12 – 31	43143
1994 – 06 – 30	49533	1975 – 12 – 31	42777
1993 – 06 – 30	49168	1974 – 12 – 31	42412
1992 – 06 – 30	48803	1973 – 12 – 31	42047
1990 – 12 – 31	48256	1972 – 12 – 31	41682
1989 – 12 – 31	47891	1972 – 06 – 30	41498
1987 – 12 – 31	47160		

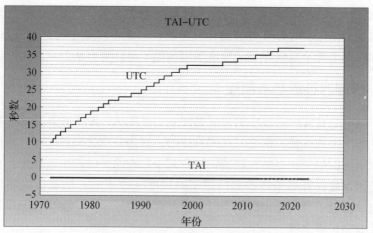

图 6.1.4　TAI 与 UTC 偏差变化趋势

最近一次闰秒是在 UTC 时间 2016 年 12 月 31 日 23:59:59 后插入 1s，即出现 23:59:60 后进入 2017 年 1 月 1 日 00:00:00。图 6.1.5 给出了截至 2022 年最近一次闰秒调整的软件界面图。由于北京时间和 UTC 之间的时差为 8h，即北京时间提前于 UTC 时间 8h。那么这次闰秒对应的北京时间为 2017 年 1 月 1 日 07:59:59 后插入 1s，变成 07:59:60，之后进入 08:00:00。

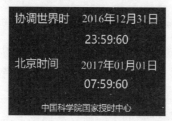

图 6.1.5　截至 2022 年最近一次闰秒调整

通过上述描述，我们了解了闰秒的调整方法，但是闰秒调整的决定是由什么机构测量并发布的？通过什么方式发布的？这都是大家关心的问题。当前闰秒增加与否是由国际地球自转服务中心（IERS，巴黎）组织测量并对外发布的。IERS 通过测量地球自转变化，预报 UTC 和 UT1 的相对偏差，在下一个年中或年末若两者之差预报超过 0.9s 时，则在当前所在年份的 6 月 30 日或 12 月 31 日进行闰秒的调整，闰秒信息以公报的形式向全球发布（IERS D 公报）。

6.2　典型的原子时算法分析

精密时间产生中核心硬件是原子钟、频率驾驭设备，核心软件就是原子时计算与控制软件，软件中最核心的是原子时计算方法。本节介绍原子时计算的数学原理，列举不同原子时计算方法的计算过程，对比不同原子时计算方法的优劣，进而介绍国际上几个重要守时实验室采用的原子时计算方法。

6.2.1　原子时计算基本原理

原子时算法在守时系统中的位置如图6.2.1所示。原子时算法比较抽象，似乎纯粹是数学上的事情，但它又是很具体的，因为一个合理的原子时算法需要与计算时所采用的原子钟组的性能密切结合起来。在原子时产生过程中，设计原子时算法是确保经计算后最终得到的原子时尺度（原子时）的稳定度明显高于原子钟组内单台原子钟所给出的原子时。由此可见原子时算法应该在原子钟组与最终获得的时间尺度之间。

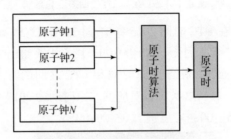

图 6.2.1　时间算法在守时系统中的位置

从图中可以看出，原子钟数据经过某一算法后就得到了原子时。就时间尺度来说，尽管时间基本单位是人为规定的，带有某种任意性，但是在国际上对时间基本单位做出了统一规定之后，就要求原子时必须在一定准确度意义下复现出来，这时的基本单位就不是任意的了，所以从原则上来看，原子时算法需要考虑如何减少计算过程中的不确定因素，同时也需要确保计算的原子时尺度的基本间隔（秒长）符合定义，也就是注意原子时秒长的准确度问题。由此可见一个原子时尺度必须兼顾稳定度和准确度两个方面的因素。下面简单介绍一下原子时算法的基本原理。原子时计算基本过程见图6.2.2。

原子时计算过程其实可以简单地理解为两种方法，第一种是多台原子钟测量数据直接加权平均，如图6.2.2（a）所示，就是将原子钟测量结果（读数）$h_i(t)$直接进行平均；另一种是原子钟噪声（误差）加权累积，如图6.2.2（b）所示。第一种可以理解为测量数据的加权平均，这种平均计算非常简单，但没有将原子钟自身运行特性引入的固定变化进行扣除，从而增大了计算结果的偏差。第二种是将扣除了原子钟速率后的残差进行加权平均，从而提高计算原子时的稳定性。可以想象，在原子时计算中，利用原子钟实测数据与原子钟预报数据的残差进行平均计算可以大大提高原子时的稳定性。由于最终计算原子时是纸面时（虚拟的以数字形式展现的时间尺度），只要不损坏原子钟物理特性，可以采用的数据处理方法包含短期噪声滤波、长期频率漂移扣除、缺数建模补充、相位跳变检测、频率跳变修复等处理，这些方法的将在后面进行介绍。

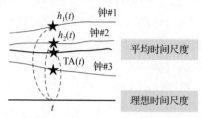

(a) 所有原子钟测量数据直接进行加权平均计算的时间尺度

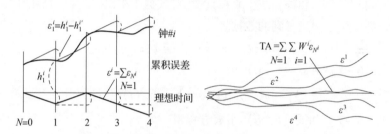

(b) 所有原子钟测量数据与预报数据的残差加权平均计算的时间尺度

图 6.2.2　原子时算法示意图

若有 N 台参与原子时计算的原子钟，其读数为 $h_i(t)$，$i = 1,2,\cdots,N$，利用加权平均算法，建立一个时间尺度 $TA(t)$。其一般形式可写为式（6－2）。

$$TA(t) = \sum_{i=1}^{N} w_i(t)h_i(t), \quad \sum_{i=1}^{N} w_i(t) = 1 \tag{6-2}$$

式中：$w_i(t)$ 表示原子钟 $clock_i$ 的所取权重。当每个钟相互独立时，采用正确的加权算法将给出比任何单钟更稳定的时间尺度。

$TA(t)$ 即为综合钟，$TA(t)$ 的噪声是各个钟噪声加权和。

$$\varepsilon_s(t) = \sum_{i=1}^{N} w_i(t)\varepsilon_i(t) \tag{6-3}$$

为了使综合钟的噪声 $\varepsilon_s(t)$ 最小，通常以式（6－4）决定权重。

$$w_i(t) = \frac{\dfrac{1}{\sigma_i^2}}{\sum_{j=1}^{N} \dfrac{1}{\sigma_j^2}}, \ j = 1,2,3,\cdots,N \tag{6-4}$$

式中：σ_i^2 既可以是阿伦方差也可以是标准方差，无论是哪种类型的方差，都能使综合钟的噪声方差最小。

若 $h_i'(t)$ 为钟 i 在 t 时刻的预测的修正值，式（6-1）可以写为式（6-5）。应用此值的目的是在计算时间尺度时，当钟 i 的权重发生改变或者参与计算的原子钟数目改变时，为了保证时间尺度的相位和频率连续性而加的改正量。

$$\text{TA}(t) = \sum_{i=1}^{N} w_i(t)\{h_i(t) + h_i'(t)\}, \quad \sum_{i=1}^{N} w_i(t) = 1 \tag{6-5}$$

式中：$w_i(t)$ 和修正值 $h_i'(t)$ 的计算在不同原子时算法中计算方法不同。

事实上由于理想的时间是没有的，所以不存在单个钟相对于理想时间的差，换句话说我们不能从式（6-2）计算出时间尺度 $\text{TA}(t)$ 的数值，我们所能得到的是钟 i 和平均时间尺度 $\text{TA}(t)$ 的差 $x_i(t)$，$\text{TA}(t)$ 也就是我们最后要得到的时间尺度。

$$x_i(t) = \text{TA}(t) - h_i(t) \tag{6-6}$$

$x_i(t)$ 可以从钟 i 和钟 j 的差 $X_{ij}(t)$ 的比对数据中求出。$X_{ij}(t)$ 是在计算 $\text{TA}(t)$ 时唯一的可以经过测量得到的数据。

$$X_{ij}(t) = x_j(t) - x_i(t), \quad i = 1,2,\cdots,N, i \neq j \tag{6-7}$$

由式（6-5）和式（6-6）可得：

$$\sum_{i=1}^{N} w_i(t)x_i(t) = \sum_{i=1}^{N} w_i(t)h_i'(t) \tag{6-8}$$

由式（6-7）和式（6-8）组成方程组：

$$\begin{cases} \sum_{i=1}^{N} w_i(t)x_i(t) = \sum_{i=1}^{N} w_i(t)h_i'(t) \\ X_{ij}(t) = x_j(t) - x_i(t), \quad i = 1,2,\cdots,N, i \neq j \end{cases} \tag{6-9}$$

方程（6-7）共给出（$N-1$）个相互独立的方程，再加上方程（6-8），共 N 个方程，N 个未知数，可以从中解出 N 个 $x_i(t)$。$x_i(t)$ 可表示为如式（6-10）所示。

$$x_j(t) = \sum_{i=1}^{N} w_i(t)\{h_i'(t) - X_{ij}(t)\} \tag{6-10}$$

通常情况下，$h_i'(t)$ 是经过线性预测得到的。预测公式如下。

$$h_i'(t) = x_i(t_0) + y_i'(t)(t - t_0) \tag{6-11}$$

这里 t_0 是上一次计算的最后时刻，$x_i(t_0)$ 为上一次计算的在 t_0 时刻的 TA 与钟 i 的差。$y_i'(t)$ 是钟 i 相对于所计算的平均时间尺度 $\text{TA}(t)$ 的频差，或者称为钟 i 相对于所计算的平均时间尺度 $\text{TA}(t)$ 的速率（以下均以"钟 i 的速率"表示）。预测 $y_i'(t)$ 所用的参考是 $\text{TA}(t)$。这样，就要求以最好的原子时尺度做参考，而且因为 $y_i'(t)$ 的参考是 $\text{TA}(t)$ 过去的值，所以如果计算 TA 的方法不恰当，则前期算出的 $\text{TA}(t)$ 直接影响 $y_i'(t)$ 的准确性。

上述计算 TA 的算法中始终认为 $w_i(t)$ 已知，所以只给出了原理公式（6-4），而对于 $w_i(t)$ 的具体求法将在各个不同的算法中予以详细说明。

实际上，计算 TA 就是由一个钟组内的原子钟之间的一组比对数值计算每个钟 i 和 TA 之差 $x_i(t)$、钟 i 的频率 $y'(t)$ 以及钟 i 在计算 TA 中所取的权值 $w_i(t)$。

上述的基本原理是基于经典的加权算法的。由上述算法可以看出，基于经典加权的不同原子时算法只是预测 $y'(t)$ 和 $w_i(t)$ 的方法不同而已。目前，国际原子时 TAI 及各种地方原子时 TA(K) 在计算原理上大多都属于经典加权平均算法，所以教材主要给出此类原子时计算方法，而对其他原子时计算方法只进行了简单介绍，读者若有兴趣可以查阅相关资料自行学习。

在原子时计算时，除了算法需要考虑之外，还需要考虑实际参与计算的原子钟类型与原子钟的噪声特性，因为不同原子钟在不同采样周期内表现的噪声特性不同，在原子时算法设计时需要充分考虑。另外，还需要注意两个问题，第一是在测量 $X_{ij}(t)$ 时所带进的误差应该远远小于各个钟的噪声，即测量系统带入噪声需远远小于原子钟本身噪声；第二是参与原子时计算的每一台原子钟必须自由、独立运行。

在原子时算法设计时，需要依据实际的应用需求进行设计，例如，要计算的是实时的（如 NIST 所采用的每 2h 计算一次）还是滞后的（如 BIPM 每个月计算一次，而且本月的结果总是在下个月才能计算出来）时间尺度？多长时间段的稳定度更重要？这些因素影响着计算 TA 的时间段以及频率预测算法。频率预测方法取决于原子钟的性能及预测时间段。下面是几种典型情况。

1）调频白噪声为主要噪声时

（1）一台商品铯原子钟通常在平均时间为 $\tau = 1 \sim 10$ 天表现的主要噪声。

（2）在这种情况下，可以用前 τ 时间内几个时间段的平均频率值来预测接下来间隔的频率值。

2）随机游走频率调制噪声为主要噪声时

（1）一台商品铯原子钟通常在平均时间为 $\tau = 20 \sim 70$ 天表现的主要噪声。

（2）在这种情况下，可以用前 τ 时间内最后一个时间段的频率值作为接下来间隔频率值的预测。

3）频率的线性漂移为主要情况

（1）某些氢脉泽频标（氢原子钟）的频率有长期漂移，这种情况的 τ 一般大于几天。

（2）在这种情况下，可以用前 τ 时间内最后一个时间段的频率值扣除线性漂移后作为接下来间隔频率值的预测。

每台原子钟的权重与该钟的频率方差成反比，如果没有约束条件，TA 的频率方差应该小于每个钟的频率方差。换句话说，通常情况下 TA 的稳定度优于每一个钟的稳定度。当所计算的原子时尺度自身作为参考时间尺度时，权重大的钟对时间尺度有较大的影响。在这种情况下，我们通常采用最大权的方法来限制由于个别钟的权重过大而导致时间尺度的不可靠性。所以在实际计算中根据不同需要采用不同的加权计算是需要认真研究的问题。

6.2.2　ALGOS 原子时计算方法

计算国际原子时（TAI）的第一步是计算自由原子时尺度 EAL（Échelle Atomique Libre），它是由世界各地几百台原子钟（截至 2022 年 450 台左右）加权平均得到的，用的是 ALGOS（BIPM 规定）算法，这种算法主要考虑了 EAL 的长期稳定度。EAL 经过频率校准获得 TAI，它的频率校准值是通过 EAL 频率与基准频标或基准钟相比较获得的。

6.2.2.1　EAL 计算基本公式

EAL 实际上就相当于上一节说的 TA，为了表述方便，我们仍然用 TA，而不用 EAL，计算 EAL 时所用的基本公式如下

$$\text{TA}(t) = \sum_{i=1}^{N} w_i(t)\{h_i(t) + h'_i(t)\}, \quad \sum_{i=1}^{N} w_i(t) = 1 \qquad (6-12)$$

$$x_i(t) = \text{TA}(t) - h_i(t) \qquad (6-13)$$

$$h'_i = x_i(t_0) + y'_i(t)(t - t_0) \qquad (6-14)$$

实际计算所用的方程为

$$X_{ij}(t) = x_j(t) - x_i(t), \quad i = 1, 2, \cdots, N, i \neq j \qquad (6-15)$$

$$x_j(t) = \sum_{i=1}^{N} w_i(t)\{h'_i(t) - X_{ij}(t)\} \qquad (6-16)$$

采用的数据是通过多种高精度远程时间比对技术（将在第 8 章介绍）得到的各实验室的钟与 UTC（PTB）的比对结果，每 5 天一个值，数据点对应的时刻是 BIPM 规定的标准历元（MJD 的尾数为 4 和 9）UTC 0^h。EAL 每个月计算一次，计算中采用的时间段是 30 天，故每台钟有 6 或 7 个数据点，5 或 6 个间隔。计算得到的 UTC(PTB) – EAL 也是每隔 30 天得到一列，6 或 7 个数据点，5 或 6 个间隔，实际计算点数与每月的天数，每月起始历元 MJD 尾数与 4 和 9 偏差，例如某月起始历元 MJD 尾数是 4，本月按照 30 天计算，则包含 7 个计算数据点。

$$t = t_0 + mT/6, \quad m = 0, 1, \cdots, 6, \quad T = 30\text{days} \qquad (6-17)$$

式中：t_0 即是上个时间段（30 天，见图 6.2.3 中 $I-1$ 时间段）的最后一个归算历元，又是本次计算 30 天时间段（图 6.2.3 中 I 时间段）的第一个归算历元；t 是计算 EAL 的时刻；T 是现在要计算的时间段，即 30 天。在同一个时间段内预测的钟的速率和权值不变。

当前时间段 $[t_0, t_0 + T]$ 预测的速率 $y'_i(t)$ 等于前一时间段 $[t_0 - T, t_0]$ 上的速率 $y_i(t_0)$，采用这种做法原因是当计算时间段是 30 天时，铯原子钟的噪声主要表现为频率随机游走噪声，如 5.2 节所述。

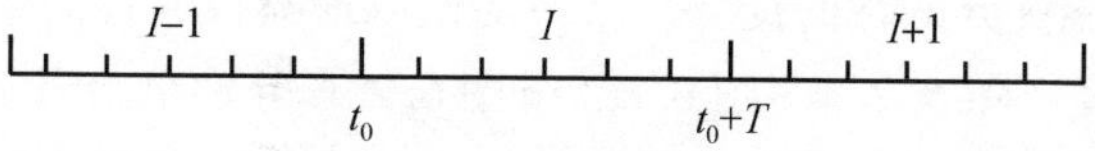

图 6.2.3　计算历元简图

$$y_i'(t) = y_i(t_0), \quad t = t_0 + mT/6, \quad m = 0, 1, \cdots, 6 \qquad (6-18)$$

$y_i(t_0)$ 是 $[t_0 - T, t_0]$ 上 7 个点的 $x_i(t)$ 的最小均方梯度。也可以由式（6-19）来计算。

$$y_i(t_0) = \frac{x_i(t_0) - x_i(t_0 - T)}{T} \qquad (6-19)$$

6.2.2.2　权系统

在当前时间段 $[t_0, t_0 + T]$ 上权值的确定是根据下列步骤实现的。

（1）利用 $I-1$ 时间段 $[t_0 - T, t_0]$ 上所采用的权重以及式（6-18）中的速率 $y_i'(t)$ 来求解当前时间段上的 7 个 $x_i(t)$ 值。

（2）根据①中获得的 7 个 $x_i(t)$ 值计算 $y_i(t_0 + T)$。

（3）计算频率方差（或 Allan 方差）$\sigma_i^2(12, T)$，$\sigma_i^2(12, T)$ 是用 I 时间段和从 $I-1$ 开始向前取 11 个时间段共 12 个月的速率值计算的方差。计算公式如式（6-20）。

$$\sigma_i^2(12, T) = \frac{1}{12} \sum_{k=1}^{12} \left\{ (y_i^k - \langle y_i^k \rangle)^2 \right\} \qquad (6-20)$$

式中：k 为时间段索引；y_i^k 是钟 i 在时间段 k 内的速率值。

（4）权值计算如式（6-21）。

$$w_i(t) = p_i / \sum_{i=1}^{N} p_i, \quad p_i = 1/\sigma_i^2(12, T), \quad \sum_{i=1}^{N} w_i(t) = 1 \qquad (6-21)$$

参与 TAI 计算的原子钟大体上分为三类：高性能铯原子钟、氢脉泽（氢原子钟）、铷原子喷泉钟和其他钟。在计算 TAI 时，为了尽可能地发挥性能优秀的钟的优势，采用了加权算法，以提高性能好的钟在原子时计算中所占的比例。但是如果给性能好的钟太大的权重，则会使计算得到的原子时尺度对性能好的一台或几台钟的依赖性增大，如果这些钟组中的一台或几台出现不可预料的问题时，将使得计算出的原子时表现出一定的不稳定。为了防止上述问题的发生，有必要对权作一定的限制，这就提出了最大权问题。最大权设置方法见式（6-22）和式（6-23）。

$$当 \; w_i(t) \geqslant w_{\max} \; 则 \; w_i(t) = w_{\max} \qquad (6-22)$$

$$w_{\max} = A/N \qquad (6-23)$$

$w_{\max}$ 表示最大权，N 为参与运算的钟数，A 为经验常数（目前 BIPM 使用的是 2.5）。A 值的选取应考虑到参与运算的原子钟的性能。在选取时，既要考虑到尽量发挥更多性能优异的钟的优势，又不能使取最大权的钟的数目过大，以确保TAI 的频率稳定度。图 6.2.4、图 6.2.5、图 6.2.6 分别给出当常数取 2.5 时，在计算 TAI 时不同取权区间内的钟数、不同类型的钟在不同取权区间的数目对比以及钟的稳定性比较及分布图。

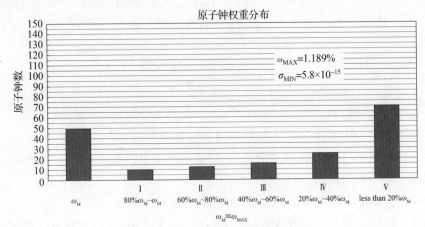

图 6.2.4　不同取权区间内的钟数

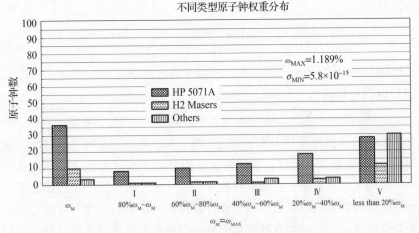

图 6.2.5　不同类型的钟在不同取权区间的数目

6.2.2.3　ALGOS 算法坏点剔除

在原子时计算之前，需要将原始数据中的坏点进行剔除。ALGOS 算法是 BI-PM 采用的用于国际原子时计算方法，各守时实验室按照规定的格式将原子钟比对数据传递至 BIPM，在传递之前各实验室均会对数据进行必要的检查，对出现问题较大的原子钟，其比对数据一般会中止上传，但为了确保计算结果的准确性，BIPM 还是会对数据进行必要的处理。

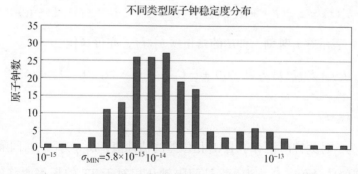

图 6.2.6 钟的稳定性比较及分布

ALGOS 算法坏点剔除方法如下。

若当前时间段的 $y_i(t_0 + T)$ 和前 11 个月平均的 $<y_i>_{11}$ 相差很大时，赋给该钟 0 权。即

$$w_i(t) = 0, \text{当} \quad y_i(t_0 + T) - <y_i>_{11} > 3\text{si}(12, T) \qquad (6-24)$$

由于考虑到 TAI 的长期稳定性，涉及原子钟的噪声主要为频率随机游走频率调制，$\text{si}(12, T)$ 可用下式估计出来。

$$\text{si}^2(12, T) = \frac{12}{11}\sigma_i^2(11, T) = \frac{1}{11}\sum_{k=1}^{11}\left\{(y_i^k - <y_i^k>)^2\right\} \qquad (6-25)$$

这就是判断异常钟的 3σ 准则。

ALGOS 算法基于以前的处理结果，很容易检测出不正常的数据（不正常的钟），从而避免了 EAL（或 TAI）因此而产生的波动。自从 GPS 共视（Common-view，CV，将在第 8 章讲解）技术应用到远程时间比对中以来，EAL 的计算周期由原来的 60 天减少到 30 天，但无论怎样 EAL 计算出来的总是滞后的结果（约滞后 10~40 天）。该算法注重了时间尺度的长期稳定性，在计算中采用了前 11 个月的相关数据，所以可以消除由于季节因素引起的原子时尺度的波动。

6.2.2.4 ALGOS 算法更新

从上一节原子时算法基本原理中可见，原子时经典加权算法只有在钟速预报和权重算法两个方面具有提升空间，这也是当前经典加权算法的研究热点，通过钟速预报算法和权重算法的更新，进而提高原子时的稳定度和准确度。

BIPM 于 1998 年开始使用经典加权算法计算 EAL，采用的钟速预报算法和权重算法如前文，由于钟速预报算法采用线性模型，只考虑原子钟相位（常数项）和频率（一次项）影响，没有考虑到频率漂移（二次项）的影响，因此在新的钟速预报算法上进行了改进，增加了一个二次项来描述钟的频率漂移。新的预报算法见式（6-26）。

$$h'_i(t) = a_{i,I_k}(t_k) + B_{ip,I_k}(t) \cdot (t-t_k) + \frac{1}{2} C_{ip,I_k}(t) \cdot (t-t_k)^2 \quad (6-26)$$

式（6-26）表示在 t_k 时刻，钟 H_i 的修正项 $h'_i(t)$，亦可写作

$$\hat{h}'_i(t) = \hat{a}_{i,I_k}(t_k) + \hat{B}_{ip,I_k}(t) \cdot (t-t_k) + \frac{1}{2} \hat{C}_{ip,I_{k-1}}(t) \cdot (t_k-t_{k-1}) \cdot (t-t_k) +$$
$$\frac{1}{2} \hat{C}_{ip,I_k}(t) \cdot (t-t_k)^2 \quad (6-27)$$

式中：$\hat{a}_{i,I_k}$ 为 t_k 时刻钟 H_i 相对于 EAL 相位差的估计值；$\hat{B}_{ip,I_k}$ 为 $[t_k,t]$ 间隔钟 H_i 相对于 TAI 频率的估计值；$\hat{C}_{ip,I_k}$ 为 $[t_k,t]$ 间隔钟 H_i 相对于 TT 的频率漂移的估计值；$\hat{C}_{ip,I_{k-1}}$ 为 $[t_{k-1},t_k]$ 间隔钟 H_i 相对于 TT 的频率漂移的估计。若 $\hat{C}_{ip,I_k}$ 等于 $\hat{C}_{ip,I_{k-1}}$，则式（6-25）可写作

$$\hat{h}'_i(t) = \hat{a}_{i,I_k}(t_k) + \hat{B}_{ip,I_k}(t) \cdot (t-t_k) + \frac{1}{2} \hat{C}_{ip,I_k}(t) \cdot (t_k-t_{k-1}) \cdot (t-t_k) +$$
$$\frac{1}{2} \hat{C}_{ip,I_k}(t) \cdot (t-t_k)^2 \quad (6-28)$$

上式说明了两种关系：计算的时间间隔内，漂移为恒定值；计算的时间间隔内，频率不再是恒定值。式（6-27）中包含了三种参数：相位，频率和频率漂移。前两个参数的求解与目前 ALGOS 算法相同，特别要注意的是频率漂移的求解。

$\hat{C}_{ip,I_k}$ 在一个月内采用固定值，因此在估计 $\hat{C}_{ip,I_k}$ 时，频率参考的选取就异常重要，通常情况下选取 TT 作为其参考。实际计算氢钟的漂移项需要两个步骤，第一步，钟 H_i 相对于 TT 的频率值 y_{TT-h_i} 进行 15 天的滑动平均，可削弱调频白噪声而更好地估计频率漂移，得到 $\bar{y}_{TT-h_i}$；第二步，利用四个月的 $\bar{y}_{TT-h_i}$，联合求解 $\hat{C}_{ip,I_k}$，计算方法见式（6-29）。

$$\hat{C}_{ip,I_k}(t) = \frac{\bar{y}_{TT-h_i}(t_{k+1}) - \bar{y}_{TT-h_i}(t_k)}{t_{k+1}-t_k} \quad (6-29)$$

由于铯原子钟和氢原子钟频率漂移特性不同，在计算频率漂移时需要采用不同的方法，实际计算中只需对 4 个月的 $\bar{y}_{TT-h_i}$ 进行最小二乘拟合，分析其频率漂移 $\hat{C}_{ip,I_k}$。

权重算法的更新是 ALGOS 算法更新的另一个方面。2014 年 1 月，BIPM 采用了新的权重算法，取权强调"原子钟的可预测性"，即原子钟速率的预报性，计算中采用的数据是钟组中每台原子钟的钟速（或频率）与它的预报值的相对偏差。利用预测方法来预报原子钟的趋势，减少甚至消除了频率漂移或老化的影

响，使频率漂移稳定的原子钟在原子时计算中权重增加。当前守时中主要型号的氢原子钟一般都有较明显的频率漂移，采用新的权重算法，大大提高了氢原子钟的权重，实际计算结果显示新的算法提高了自由原子时的长期稳定度。新权重算法的计算过程包含6个步骤。

第一步，利用 $[EAL-h_i]$ 的数据，采用上一次计算出的权重（第一次迭代采用上个月计算的最终取权值）。

第二步，计算实际频率值 $y(i,I_k)$ 与预报值 $\hat{y}(i,I_k)$ 的相对偏差，取绝对值 $\zeta_{i,I_k}=\left|y(i,I_k)-\hat{y}(i,I_k)\right|$（$i$ 为原子钟编号，I_k 为计算的间隔）。

第三步，采用式（6-29），计算每台钟频率值与预报值差值的平方。

第四步，采用12个月的 ζ_{i,I_k}，以确保 EAL 和 TAI 的长期稳定性。

第五步，采用滤波方法，更多地依赖于最近测量数据，让最近测量数据在权计算中发挥更大的作用，计算方法如式（6-30）所示。

$$\sigma_i^2=\frac{\sum_{j=1}^{M_i}\left(\frac{M_i+1-j}{M_i}\right)\xi_{i,j}^2}{\sum_{j=1}^{M_i}\left(\frac{M_i+1-j}{M_i}\right)} \tag{6-30}$$

式中：i 是原子钟编号；j 为计算间隔；M_i 为月份（4~12个月，4个月是一台钟参与 EAL、TAT 或 UTC 计算的最小时长），其大小依据原子钟参与 EAL 计算的时间长短不同而不同，最小值为4。

第六步，计算原子钟在原子时计算中的权重。

$$\omega_{i,\text{temp}}=\frac{1/\sigma_i^2}{\sum_{i=1}^{N}1/\sigma_i^2} \tag{6-31}$$

最大权设置不是固定的，依据参与原子时计算的原子钟数目而定，2022年大部分时间选用的最大权为 $\omega_{\max}=4/N$，其中"4"为经验值，N 表示参与计算的原子钟数。

6.2.3 AT1原子时计算方法

AT1（NIST）是一个实时原子时尺度算法，大约由10台商品铯原子钟和5台主动型氢原子钟组成。其计算的基本方程与 ALOGS 算法相同，即

$$TA(t)=\sum_{i=1}^{N}w_i(t)\{h_i(t)+h_i'(t)\},\quad\sum_{i=1}^{N}w_i(t)=1 \tag{6-32}$$

$$x_i(t)=TA(t)-h_i(t) \tag{6-33}$$

$$h_i'=x_i(t_0)+y_i'(t)(t-t_0) \tag{6-34}$$

实际计算所用的方程为

$$X_{ij}(t) = x_j(t) - x_i(t) , \quad i = 1,2,\cdots,N, i \neq j \qquad (6-35)$$

$$x_j(t) = \sum_{i=1}^{N} w_i(t) \{ h_i'(t) - X_{ij}(t) \} \qquad (6-36)$$

NIST 的时间实验室内部钟的比对测量的时间段为 2h，计算 TA 的时间段也是 2h。

$$t = t_0 + mT, \quad m = 1 \quad T = 2h \qquad (6-37)$$

式中：t_0 是 2h 前的计算时刻；t 为本次计算时刻，T 为计算时间段。权和预测的频率值每 2h 更新一次。预测的钟 i 的频率变化 $y_i'(t)$ 可通过式（6-38）得到。

$$y_i'(t) = \frac{1}{m_i + 1}(y_i(t) + m_i y_i'(t_0)) \qquad (6-38)$$

$$y_i(t) = \frac{x_i(t) - x_i(t_0)}{t - t_0} \qquad (6-39)$$

假设原子钟噪声主要表现为调频白噪声和频率随机游走噪声，频率 $y_i'(t)$ 可以通过一个时间常数 m_i 来确定其最优估计。

$$m_i = \frac{1}{2} \Big[-1 + \Big(\frac{1}{3} + \frac{4}{3} \frac{\tau_{\min,i}^2}{T^2} \Big)^{1/2} \Big] \qquad (6-40)$$

$\tau_{\min,i}$ 是钟 i 的表现最稳定的最小采样间隔，直观地说就是计算出的阿伦方差值达最小时所对应的采样间隔。

t 时刻权的确定是通过前一个时间段的数值计算的。

$$w_j(t) = p_i / \sum_{i=1}^{N} p_i, \quad p_i = \frac{1}{<\varepsilon_i^2>}, \quad \sum_{i=1}^{N} w_i(t) = 1 \qquad (6-41)$$

$$<\varepsilon_i^2>_t = \frac{1}{N_t + 1}(\varepsilon_i^2 + N_t <\varepsilon_i^2>_{t_0}) \qquad (6-42)$$

$$|\varepsilon_i| = |h_i'(t) - x_i(t)| + K_i \qquad (6-43)$$

$$K_i = 0.8 p_i <\varepsilon_i^2>^{1/2} \qquad (6-44)$$

式（6-42）中定义的指数滤波器的常数 N_t 一般取 20~30 天之间的值，这样做可以减少由于估计值引起的误差。ε_i 是钟 i 的预测值与估计值之间的差。K_i 是考虑到钟 i 和 TA 之间的相关性而取的改正值，当钟组的钟数较大时（大于 10 台）时，K_i 可以忽略，但当钟数小于 10 台时，由于这时任何一台钟和由所有钟综合出的原子时都有较大的相关性，所以 K_i 不可忽略。

AT1（NIST）不记录过去频率的真实值，而只是考虑到频率的变化，AT1（NIST）方法最大的优势在于计算的实时性，但很显然，这种方法忽略了各种长期波动的信息，比如季节性变化因素带入的长期波动。

6.3 其他原子时计算方法

原子时计算方法基于原子钟测量数据进行综合计算，给出一个稳定、准确的纸面时，在算法设计时按照实际需求可采用多种方法实现，实际工作中还有两种比较常见的原子时算法——卡尔曼（Kalman）加权原子时算法和 TAC 原子时算法等。

6.3.1 卡尔曼加权原子时算法

卡尔曼加权原子时算法是一种实时的原子时计算方法，是将卡尔曼滤波与基本时间尺度方程（BTSE）相结合的时间尺度算法，其通过最优估计理论计算时间尺度。简单地说卡尔曼加权算法就是对参考钟和理想钟之间的偏差作最优估计，并将此值作为修正量，计算时间尺度。该算法所采用的最优估值是通过一个卡尔曼滤波器来实现的，可以通过 Jone – Tryon 模型精确地描述原子钟的频率特性。卡尔曼加权时间尺度算法对每台参与计算的原子钟建立状态方程，状态方程由两部分组成，即线性变化部分和随机噪声部分。线性变化部分主要包括原子钟相对于参考的理想原子钟的相位偏差、频率偏差以及频率漂移量；随机噪声部分分别通过状态方程在相位、频率及频率漂移三个层次区别开来，原子钟的噪声通过噪声系数抑制，这样就可以将原子钟的噪声区分处理。综合计算的时间尺度体现了每台钟的优点，最终获得相对较好的稳定度。

6.3.1.1 原子钟的 Jones – Tryon 模型

Jones – Tryon 模型是对原子钟频率稳定性进行描述的一种模型。该模型将原子钟的频率偏差表示为多种噪声成分的组合，通常包括频率随机游走噪声、闪变调频噪声和调频白噪声等。设 t_k 表示测量时刻，原子钟 $i(i=1,\cdots,n)$ 在 t_k 时刻产生一个读数或脉冲 $h_i(t_k)$，注意 $h_i(t_k)$ 不能独立的测量，只能测量两台钟脉冲的相对偏差。假定测量过程不带入噪声，测量钟差可以表示为 $x_{ij}(t_k) = h_j(t_k) - h_i(t_k)$。钟 i 在 t_k 时刻的时差定义为 $x_i(t_k) = h_0(t_k) - h_i(t_k)$。其中 $h_0(t_k)$ 为 t_k 时刻钟 i 的理想值，n 台独立钟的综合状态向量表示为

$$X = [x_1, y_1, z_1, \cdots, x_n, y_n, z_n] \qquad (6-45)$$

式中：x_i，y_i，z_i 分别表示第 i 台钟的相位偏差、频率偏差和频率漂移。钟 i 的随机模型表示为

$$\frac{\mathrm{d}x_i(t)}{\mathrm{d}t} = y_i(t) + n_{xi}(t) \qquad (6-46)$$

$$\frac{\mathrm{d}y_i(t)}{\mathrm{d}t} = z_i(t) + n_{yi}(t) \qquad (6-47)$$

$$\frac{\mathrm{d}z_i(t)}{\mathrm{d}t} = n_{zi}(t) \tag{6-48}$$

式中：$n_{xi}(t)$、$n_{yi}(t)$ 和 $n_{zi}(t)$ 是白噪声，t_{k-1} 与 t_k 是测量时刻，结合式（6-46），式（6-47）和式（6-48），可以得到离散状态模型

$$x_i(t_k) = x_i(t_{k-1}) + y_i(t_{k-1})\tau_0 + \frac{1}{2}\tau_0^2 z_i(t_{k-1}) + w_{xi}(t_k) \tag{6-49}$$

$$y_i(t_k) = y_i(t_{k-1}) + z_i(t_{k-1})\tau_0 + w_{yi}(t_k) \tag{6-50}$$

$$z_i(t_k) = z_i(t_{k-1}) + w_{zi}(t_k) \tag{6-51}$$

式中：$\tau_0 = t_k - t_{k-1}$ 表示连续两次之间的测量间隔；$w_{xi}(t_k)$，$w_{yi}(t_k)$ 和 $w_{zi}(t_k)$ 分别表示 t_k 时刻钟 i 的相位噪声，频率噪声和频率漂移噪声，对于 n 台钟的离散时间模型可用矩阵表示为

$$X(t_k) = \Phi(\tau_0)X(t_{k-1}) + W(t_k) \tag{6-52}$$

式中：$X = [x_1, y_1, z_1, \cdots, x_n, y_n, z_n]^T$ 是系统状态。$\Phi(\tau_0)$ 是一个 $\begin{bmatrix} 1 & \tau_0 & \frac{1}{2}\tau_0^2 \\ 0 & 1 & \tau_0 \\ 0 & 0 & 1 \end{bmatrix}$ 的

$3n \times 3n$ 对角矩阵。过程噪声 $W = [w_{x1}, w_{y1}, w_{z1}, \cdots, w_{xn}, w_{yn}, w_{zn}]^T$ 是一个均值为 0 向量，协方差阵为 $Q(\tau_0)$ 的随机向量。$Q(\tau_0)$ 是由对角块

$$\begin{bmatrix} q_{xi}\tau_0 + \frac{q_{yi}\tau_0^3}{3} + \frac{q_{zi}\tau^5}{20} & \frac{q_{yi}\tau^2}{2} + \frac{q_{zi}\tau^4}{8} & \frac{q_{zi}\tau^3}{6} \\ \frac{q_{yi}\tau^2}{2} + \frac{q_{zi}\tau^4}{8} & q_{yi}\tau + \frac{q_{zi}\tau^3}{3} & \frac{q_{zi}\tau^2}{2} \\ \frac{q_{zi}\tau^3}{6} & \frac{q_{zi}\tau^2}{2} & q_{zi}\tau \end{bmatrix} \tag{6-53}$$

组成的 $3n \times 3n$ 的矩阵。$2q_{xi}$，$2q_{yi}$，$2q_{zi}$ 分别为白噪声 $n_{xi}(t)$，$n_{yi}(t)$ 和 $n_{zi}(t)$ 谱密度。式（6-53）中向量 $(q_{xi}, q_{yi}, q_{zi})^T$ 表示原子钟 i 噪声水平，分别为调频白噪声，调频随机游走噪声和调频随机快速变化（随机奔跑）噪声。噪声参数与哈达玛（Hadamard）方差的关系表示为

$$H\sigma_{yi}^2(\tau) = \frac{q_{xi}}{\tau} + \frac{q_{yi}\tau}{6} + \frac{11q_{zi}\tau^3}{120} \tag{6-54}$$

t_k 时刻测量钟差通过时差可以表示为

$$x_{ij}(t_k) = x_i(t_k) - x_j(t_k) + e_{ij}(t_k) \tag{6-55}$$

式中：$e_{ij}(t_k)$ 表示 t_k 时刻测量噪声。依据 Jones - Tryon 模型，原子钟比对数据测量方程的矩阵表示为

$$Z(t_k) = HX(t_k) + V(t_k) \tag{6-56}$$

式中：$Z(t_k) = [x_{21}(t_k), \cdots, x_{n1}(t_k)]^T$；$HX(t_k) = [x_2(t_k) - x_1(t_k), \cdots, x_n(t_k) - x_1(t_k)]^T$，表示 t_k 时刻测量的原子钟之间的相对时差，$V(t_k)$ 表示 t_k 时刻测量噪声向量，假定测量噪声向量均值为 0，协方差矩阵为 $R(t_k)$。假设第一台钟作为参考钟，对于三台钟的情况，$H = \begin{bmatrix} 1 & 0 & -1 & 0 & 0 & 0 \\ 1 & 0 & 0 & 0 & -1 & 0 \end{bmatrix}$。

6.3.1.2　标准卡尔曼加权时间尺度算法

卡尔曼滤波通过一组方程组表示，从一个测量时刻到下一个测量时刻，如果模型误差和测量误差满足高斯白噪声条件，那么滤波方程传递一个无偏的最小方差状态估计，结合 Jones – Tryon 模型，原子钟 $t - \tau_0$ 时刻状态参数的估计值向量 $\hat{X}(t - \tau_0)$ 和估计状态的协方差矩阵 $\sum_{\hat{X}(t-\tau_0)}$ 可得到 t 时刻的估计 $\hat{X}(t)$ 和误差协方差矩阵

$$\sum_{\hat{X}(t)} = E[X(t) - \hat{X}(t)][X(t) - \hat{X}(t)]^T \qquad (6-57)$$

卡尔曼滤波估计的状态预测模型及相应的预测协方差矩阵分别为

$$\bar{X}(t_k) = \Phi(\tau_0)\hat{X}(t_{k-1}) \qquad (6-58)$$

$$\sum_{\bar{X}(t_k)} = \Phi(\tau_0)\sum_{\hat{X}(t_{k-1})}\Phi^T(\tau_0) + Q(\tau_0) \qquad (6-59)$$

式中：$\bar{X}(t_k)$ 为 t_k 时刻状态参数预测向量；$\hat{X}(t_{k-1})$ 为 t_{k-1} 时刻状态参数向量的估值向量；$\sum_{\bar{X}(t_k)}$ 为 t_k 时刻预测状态的方差 – 协方差阵；$\sum_{\hat{X}(t_{k-1})}$ 为 t_{k-1} 时刻估计状态的方差 – 协方差矩阵。

t_k 时刻，原子钟的测量结果表示为 $Z(t_k) = HX(t_k) + V(t_k)$，其卡尔曼滤波的状态估计为

$$\hat{X}(t_k) = \bar{X}(t_k) + K_k(Z(t_k) - H\bar{X}(t_k)) \qquad (6-60)$$

式中：K_k 为增益矩阵。

$$K_k = \sum_{\bar{X}(t_k)}H^T(H\sum_{\bar{X}(t_k)}H^T + R(t_k)) \qquad (6-61)$$

$$\sum_{\hat{X}(t_k)} = (I - K_kH)\sum_{\bar{X}(t_k)} \qquad (6-62)$$

式中：$\sum_{\hat{X}(t_k)}$ 为 t_k 时刻状态估计向量协方差矩阵。根据卡尔曼加权时间尺度算法的定义，在同一实验室，原子钟钟差的测量噪声可以忽略，时间尺度表示为

$$TA(t_k) = x_i(t_k) - \hat{x}_i(t_k) \qquad (6-63)$$

式中：$TA(t_k)$ 表示 t_k 时刻计算的卡尔曼时间尺度；状态 $\hat{x}_i(t_k)$ 表示 t_k 时刻钟 i 的时差状态估计。

6.3.2　TAC 原子时算法

TAC 原子时算法是 IGS 采用的一种原子时计算方法，发展于 HP5071A 或者

同类型的钟产生时间尺度，是采用时间序列模型设计的一种时间尺度计算方法。

ARIMA 模型的一个主要用途是预报，一台钟和时间尺度的时差可以被看作是一个 ARIMA（0，2，1）过程，然后通过每一台钟和时间尺度之间的时间差建立时间尺度。

模型的估计方面，对于一台原子钟，以下的描述可以被理解为成一个模型估计的过程。观测值是钟和时间尺度之间的时间差。这个时间差序列可以被认为是 ARIMA（0，2，1）过程的 X，该过程的 Y 被定义为 $Y_n = X_n - 2X_{n-1} + X_{n-2}$，该过程的 $Z = Y - E[Y]$ 是一个 ARIMA（0，1），$Zn = Un + bUn - 1$ 是它的典型方程式，其中 U 是方差为 σ^2 的白噪声。

序列（y_1，…，y_N）可以看作是观测值的二次差分。量值 $\overline{Y_N} = 1/N \sum_{i=1}^{N} Y_i$ 是所有 Y_i 的统计平均值。ARIMA（0，1）的典型关系参数可以用序列 z 生成的序列 y 减去 $\hat{m}$（y 的均值的估计）来估计。模型的估计分以下两个步骤，第一步是参数 b 和 σ^2 估计，可以用初步的估计值来估计。第二步是权重估计，权重大小主要受到模型估计中使用的历史数据的长度以及基于历史数据的各原子钟的性能的影响。通过模型估计后，可以获得每一台钟的噪声水平，进而计算每一台原子钟的权重，再通过加权计算得到原子时尺度。由于 TAC 算法使用率较低，本教材将不对其进行详细介绍，有兴趣可参考有关资料。

6.4 参考文献

［1］董绍武,等. 关于闰秒及未来问题的讨论［J］. 仪器仪表学报,2008,8(29):22 – 25.

［2］李孝辉. 原子时的小波分解算法［D］. 西安:中国科学院陕西天文台硕士论文,2000.

［3］卫国. 原子钟噪声模型分析与原子时算法的数学原理［D］. 西安:中国科学院陕西天文台博士论文,1991.

［4］吴守贤,漆贯荣. 时间测量［M］. 北京:科学出版社,1983.

［5］袁海波. 闰秒的由来［J］. 现代物理知识,2015,27(2):25 – 30.

［6］袁海波. UTC(NTSC)监控方法研究与软件设计［D］. 北京:中国科学院研究生院硕士论文,2005.

［7］宋会杰,董绍武,王翔,等. 原子钟噪声变化时改进的 Kalman 滤波时间尺度算法［J］. 物理学报,2020,69(17):218 – 226.

［8］章宇,董绍武,宋会杰,等. 关于氢原子钟钟差预报研究［J］. 仪器仪表学报,2020,41(11):96 – 103.

［9］ Arias E F. The metrology of time［J］. Philosophical Transactions of the Royal Society A：Mathematical，Physical and Engineering Sciences，2005，363：2289 – 2305.

［10］ CHARLES A. G. Kalman Plus Weithts：A Time Scale Algorithm，November［C］. California：Proceedings of the 33th Annual Precise Time and Time Interval Systems and Applications Meeting，2001.

［11］ Azoubib J. A revised way of fixing an upper limit to clock weights in TAI computation ［C］. Virginia：Proceedings of the 32th Annual Precise Time and Time Interval Systems and Applications Meeting，2000.

［12］ PANFILO G，HARMEGNIES A. A new weighting procedure for UTC［C］. Prague：Joint European Frequency and Time Forum & International Frequency Control Symposium（EFTF/IFCS），2013：652 – 653.

［13］ PETIT G. Atomic time scales TAI and TT（BIPM）：present status and prospects ［C］. Asilomar：Frequency Standards And Metrology. Proceedings of the 7th Symposium，2009.

6.5 思考题

1. 太阳每天都会东升西落，在人们的日常生活中，太阳的日视运动是一种天然的周期运动，因而古人常通过圭表、日晷等古天文仪器观测太阳获得时间。请简述真太阳时是指什么？真太阳时存在哪些不足？平太阳时是指什么？平太阳时的出现解决了什么问题？

2. 世界时（UT）是以地球自转运动为标准的时间测量系统。根据世界时采用的不同修正，可分为 UT0、UT1 和 UT2。请简述这三种世界时修正的内容。

3. 目前协调世界时（UTC）是既稳定又具有物理意义，并且可以满足各类应用需求的时间系统。请简述协调世界时的定义，以及协调世界时与国际原子时和世界时的关系。

4. 截至 2022 年年底，闰秒数累计已经达到了 37s。为什么会出现闰秒？需要按照怎样的规则插入这一秒呢？

5. 精密时间产生的重要工作之一就是原子时计算。请简单描述原子时算法的目的及原子时计算过程，原子时计算过程都需要考虑到哪些核心问题。

6. ALGOS 原子时算法是国际权度局（BIPM）采用的原子时算法，也是国际上多个守时实验室采用的地方原子时计算方法。请简述 ALGOS 算法的计算过程。

第7章 标准时间产生方法

产生标准时间的守时系统，包含软硬件和环境支撑系统两个部分。软硬件系统是守时系统的核心，环境支撑系统是守时系统的基本保障。本章着重讲述守时系统的软硬件系统组成，从硬件组成到信号控制，逐步对守时过程的各环节进行分析。最后，说明了美国、欧盟、俄罗斯和中国的国家标准时间守时系统的特点，并给出了我国的国家标准时间的性能。

7.1 现代守时系统基本配置

原子钟的发明使得现代守时系统的出现成为可能，自秒定义从世界时转换到原子时以来，以原子钟为基础的现代守时系统就得到了快速发展。本节将从现代守时系统的组成入手，逐步说明现代守时系统各部分具体组成，给出各部分常用设备以及设备间的连接关系，说明了系统中常用的算法，进而给出国际标准时间 UTC 系统组成和产生过程，以及各国守时实验室保持的协调世界时 UTC（k）与 UTC 的关系。

7.1.1 现代守时系统的组成

现代守时系统核心部分是守时的软硬件系统，但对软硬件系统各部分组成的划分没有统一的意见，守时系统设计者可依据实际功能和性能需求进行划分。本教材从功能模块入手进行划分，将守时系统核心部分划分为原子钟组系统、内部测量比对系统、（远程）溯源比对系统和驾驭控制系统四个部分。各部分组成以及信号与信息关系见图 7.1.1。需要说明的是，守时系统划分还有很多种，对于大部分守时实验室，主要关注的对象是本地实现的物理信号相对于 UTC 的偏差和稳定度性能，而不关注本地保持的纸面原子时（通过本地原子钟比对数据计算的地方原子时）的特性，但对于国际上重要的守时实验室而言，地方原子时的特性不仅反映了本实验室时间保持的能力，而且可以在特殊情况下代替 TAI 修正本地物理信号，提高本地时间保持的独立性，鉴于此，部分重要守时实验室将原子时计算部分独立出来，作为守时系统核心组成部分之一。当前国际上有 16 个守时实验室保持有独立的地方原子时。但本教材依然按照大部分实验室配置，将守时系统核心组成划分成四个部分，下面就各部分组成进行详细说明。

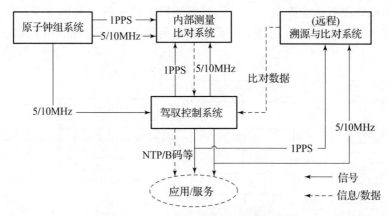

图 7.1.1　守时系统组成与信号信息关系

图中"应用/服务"是指标准时间频率信号与信息直接应用或通过授时系统播发，直接应用的如本地测量系统、守时系统内部基于 NTP 的终端时间同步，时间服务的如长短波授时、卫星导航系统的授时服务。

7.1.1.1　原子钟组系统

原子钟组系统主要包含构成守时系统的原子钟、主备信号无损切换器（主备无缝切换器）、信号净化器等设备。原子钟一般包含铯原子钟、氢原子钟、铷原子喷泉钟、基准钟等多类型原子钟。但在守时系统构建时一般会依据功能性能指标要求和实验室经济情况配置不同类型的原子钟，无损切换器或信号净化器不是系统中的必需设备，这两种设备是否配置也与实验室追求的信号连续性、短期指标等指标有关。

1）钟组配置

钟组配置是指守时系统配置的原子钟种类与数量，这与实验室追求的具体功能和指标以及经济能力有关，在这方面没有统一的标准。一个守时实验室在设计钟组时，可以从可靠性和稳定性方面进行考虑，给出一个比较合理的最小规模配置，再依据其性能要求和自身经济能力，适度扩大钟组规模，形成相对比较合理的钟组。

从构成原子钟组规模方面来讲，一台原子钟就可以形成钟组，但一台原子钟构成的守时系统本身可靠性显而易见是非常差的。两台原子钟进行守时可以提高钟组的可靠性，但还是存在明显的弊端，如两台原子钟互比数据出现问题时，无法通过数据分析定位故障来源。三台钟守时，可靠性和原子钟运行状态检测都可以满足，因此，为保障最低的可靠性和故障判定，钟组至少需要三台。在实际工作中，考虑冗余度和原子钟异常情况下的处理及快速恢复的需要，可以将钟组规模适度扩大至 5 台以上，这样就可以形成主钟系统的主备和钟组冗余备份，提高守时系统的稳定性和可靠性，5 台原子钟组成守时钟组如图 7.1.2 所示。

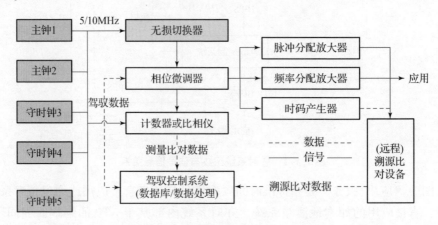

图 7.1.2　五台原子钟组成钟组守时原理

图中设计考虑多主钟无缝切换技术的应用，在设计中去掉了信号"转换开关"和"分频钟"等设备。此设计中将 5 台原子钟作为"无损切换器"的前端输入，无损切换器输出信号直接进入"相位微调器"，进而提高守时系统主钟输出信号的连续与稳定。必须说明，这样的 5 台原子钟的配置只是从系统构成的可靠性和稳定性等方面考虑，并没有考虑到一个实验室的实际经济能力和其追求的守时指标，也没有考虑到不同品牌和型号原子钟的实际运行情况。事实上，截至 2021 年 12 月，参与国际原子时 TAI 计算的实验室中有 39 个，也就是将近 45% 的实验室原子钟配置不足 5 台。其余实验室中有 19 个实验室的原子钟配置处于 5 台至 10 台之间，只有 28 个实验室原子钟配置大于 10 台，占比约 33%。美国海军天文台（USNO）配置的原子钟规模最大，总共 120 台左右（包括氢原子钟、铯原子钟和铷原子喷泉钟等）。我国的中国科学院国家授时中心 2022 年拥有约 30 台铯原子钟和 15 台氢原子钟，另外还拥有铯原子喷泉钟 2 台，铷原子喷泉钟 1 台（BIPM Annual Report on Time and Activities Volume 8 2020）。

从构成原子钟组原子钟类型方面来讲，不同实验室依据自身需求配置的原子钟类型不尽相同，有的只配置了铯原子钟，有的只配置了氢原子钟，有的配置了氢原子钟和铯原子钟联合钟组，有的还配置了铷原子喷泉钟以及作为基准钟的大铯钟或铯原子喷泉钟等。由于作为基准钟的大铯钟和铯原子喷泉钟本身造价高，且维护成本较大，因此一般较小的守时实验室只配置铯原子钟、氢原子钟或氢铯联合原子钟组，部分重要的实验室采用更复杂的钟组配置。

2）主钟选择

守时系统中的关键设备包含守时型原子钟组、频率和秒信号测量比对系统、（远程）溯源控制系统等，但无论组成系统钟组规模如何，守时系统最终输出信号必须依托系统某一台或几台原子钟，这就是主钟。主钟的选择对系统输出信号具有较大的影响。一般情况下，主钟是守时钟组中钟速相对较小、频率稳定度高、连续运行能力强的原子钟。目前用作主钟的守时型原子钟有高性能铯原子钟和主动型氢原子钟（氢脉泽，Hydrogen Maser）两种，不同实验室可依据自身原子钟配置进行确定。

对于一个守时实验室，依据其拥有的原子钟数目和种类不同，主钟选择方式也不同。对于只拥有一台原子钟的实验室，主钟"选择"也无从谈起，因此本节所讲的"主钟选择"主要是针对拥有多台原子钟的实验室而言的。

（1）拥有单一类型原子钟的实验室。

对于只有单一铯原子钟或氢原子钟的实验室，主钟选择只能是在单一类型中选择，在主钟选择时通过对钟组中所有原子钟各项指标比较后最终确定。

如果只拥有铯原子钟，当拥有的原子钟性能基本相当时，主钟选择应注重铯原子钟的钟速、短期稳定度。大家知道，相对于氢原子钟，铯原子钟的短期稳定度差而长期稳定度优，那么在铯原子钟组中选择主钟时就应该在拥有长期稳定度相当的（优秀）铯原子钟中选择速率小、短期稳定度高的原子钟，这样的原子钟作为主钟有利于主钟频率驾驭精度的控制。

如果只拥有氢原子钟，若氢原子钟的性能基本相当时，主钟选择应该注重其钟速、速率漂移以及长期稳定度。相对于铯原子钟，氢原子钟的短期稳定度很好，而长期稳定度由于频率漂移而较差，那么在氢原子钟组中选择主钟时就应该在拥有短期稳定的相当的（优秀）原子钟中选择速率小、速率漂移小且稳定的原子钟作为主钟，这样的主钟有利于主钟频率驾驭精度的控制。

上述两种情况是在拥有单一类型原子钟时，且采用唯一主钟设计时主钟选择的方法。这一类实验室在国际原子时 TAI 计算的实验室有 40 个，占所有实验的 47% 左右。当前还有部分参与 TAI 计算的实验室虽然只有单一类型原子钟，但主钟不是一台原子钟而是引入了"综合钟"的概念，采用多台原子钟综合主钟的模式，这种设计中需要增加一个多路输入一路输出的信号无缝切换设备，从而实现输出信号的连续和稳定。如俄罗斯国家时间与空间计量院（VNIIFTRI）的 UTC（SU）采用 14 台氢原子钟综合（BIPM Annual Report on Time and Activities Volume 8 2020）。

（2）拥有多台铯原子钟和氢原子钟的实验室。

如果一个守时实验室拥有多台守时型原子钟，且包含铯原子钟和氢原子钟，那么在主钟选择方面就会更加灵活。对于采用氢原子钟和铯原子钟联合守时的系统，一般会选择短期性能好、钟速小、速率漂移小且稳定的氢原子钟作为主钟，比如美国海军天文台（USNO）的守时系统产生并保持的协调世界时 UTC（US-NO），瑞典国家测试研究院（SP）产生并保持的协调世界时 UTC（SP），日本通信技术研究院（NICT）产生并保持的协调世界时 UTC（NICT）、德国应用物理研究院（PTB）产生并保持的协调世界时 UTC（PTB）、中国科学院国家授时中心 NTSC 产生并保持的协调世界时 UTC（NTSC）等。当然这样的配置不是唯一的，有些实验室则采用了氢原子钟和铯原子钟综合主钟模式，在参与 TAI 计算的实验室中，采用氢原子钟和铯原子钟综合主钟模式的实验室较少，当前主要包括瑞士联邦计量院（METAS）产生并保持的协调世界时 UTC（CH），美国国家标准与计量研究院（NIST）产生并保持的协调世界时 UTC（NIST）等。

当前，参加国际原子时 TAI 计算的守时实验室主钟配置情况基本符合上述主钟的选择规律。参加 TAI 计算的各实验室原子钟配置情况不同，主钟的选择也各异，但总体来说主要包括铯原子钟作主钟、氢原子钟作主钟、氢铯综合作主钟、氢或铯选择性主钟。

截至 2021 年年底，全球参加国际原子时计算的实验室超过 86 个，每个实验室拥有的原子钟数目和类型不一，守时系统中主钟有的是铯原子钟，有的是氢原子钟。以铯原子钟为主钟的实验室占比约 66%，以氢原子钟为主钟的占比约为 27%，采用组合钟模式占比约为 7%。其余实验室不确定采用的是氢原子钟还是铯原子钟作为主钟。从比例上看，虽然以铯原子钟为主钟的实验室多于以氢原子钟为主钟的实验室，但是由于主钟的选择不仅与钟的性能有关，还与该实验室所拥有的原子钟资源（种类和数目）有关，因此不能简单地认为铯原子钟作主钟优于氢原子钟，国际上守时准确度和稳定度高的实验室大部分都采用氢原子钟作主钟，比如 USNO、PTB，IT，NPL、NTSC、NIM、VNIIFTRI 等。

3）主钟系统组成

主钟系统是本地标准时间频率信号产生的核心部分，一般由主钟和相位微调器组成。依据当前时频设备的发展，当采用无损切换器或无缝切换器作为信号连续性控制设备时，也将其划归到主钟系统中，主钟系统组成见图 7.1.3。

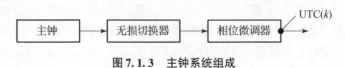

图 7.1.3　主钟系统组成

图中无损切换器是选择性设备。需要说明的是原子钟本身就可以是一个主钟系统，本身也带有频率控制系统，但在守时系统中，通常需要确保原子钟自由运转，而不人为对它们进行频率或相位的干预，因此一般情况下主钟系统构建必须采用外部相位微调器，通过外部的相位微调器对主钟输出信号进行驾驭或控制。相位微调器输出信号端口通常被定义为一个守时实验室保持的标准时间的起点，若此实验室是在 BIPM 注册过的参与国际原子时 TAI 计算的实验室，则此起点一般被定义为协调世界 UTC 在实验室的本地物理实现 UTC（k），k 表示不同的实验室，一般采用试验名称的缩写。例如前文提到的美国海军天文台保持的美国国家标准时间记为 UTC（USNO），我国的国家标准时间是由中国科学院国家授时中心产生并保持的，记为 UTC（NTSC）等。

7.1.1.2　内部测量比对系统

内部测量比对系统主要功能是采集守时系统内部原子钟比对数据，为原子时计算、主钟频率驾驭等提供原始测量数据。内部测量比对系统主要包括双通道计数器、切换开关、多通道计数器、多通道比相仪等硬件设备和比对控制软件、数据采集软件等。不同内部测量比对设备是和实验室软硬件配置相关。教材中所讨论的内部测量比对系统配置是在实验室配置不少于 2 台原子钟的情况展开的，当实验配置不同的内部测量比对设备时，系统设计也有所不同。

1）串行比对

当实验室配置的原子钟数目超过 2 台，只有 2 通道计数器的情况下，需要采用串行比对方式进行设计，此时需要增加切换开关，具体组成如图 7.1.4 所示。

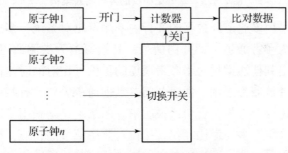

图 7.1.4　串行比对系统架构

图中计数器是 2 通道计数器，原子钟 1 或主钟系统输出信号作为计数器的开门信号，而将其他原子钟信号依次作为关门信号，逐个轮巡，可获得其他原子钟与原子钟 1 或主钟系统输出信号的时差，即比对数据。切换开关的作用是控制原子钟信号，作为关门信号在规定时间内轮巡每一台原子钟，实现关门信号的自动切换，控制软件需要依据切换开关的具体接口进行设计。

2）并行比对

当实验室配置的了多通道计数器或多通道比相仪，且通道数能够满足原子钟数目要求的情况下，可将内部测量比对系统设计成并行比对，即同时将所有参与守时的原子钟输入多通道计数器或多通道比相仪，实现所有原子钟同时比对。如图 7.1.5 和图 7.1.6 所示。

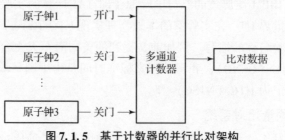

图 7.1.5　基于计数器的并行比对架构

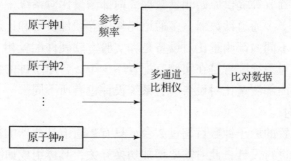

图 7.1.6　基于比相仪的并行比对架构

　　图 7.1.5 是采用多通道计数器的并行内部测量比对系统，多通道计数器一般采用第一通道作为参考通道，即开门信号，其他通道为被测通道，即关门信号，这样可以同时给出其他通道相对于参考通道的秒信号比对的时差信息。需要注意不是所有多通道计数器都采用一通道开门，其他通道关门，有些计数器设计刚好相反，具体情况还要参考相关资料或说明书。图 7.1.6 是采用多通道比相仪的并行内部测量比对系统，多通道比相仪直接比对频率信号的相位，给出每秒积分的相位差，一般也是采用第一通道为参考，同时给出其他通道相对于第一通道的偏差，这个偏差值可能是弧度，也可能已经转换成纳秒为单位的时差，需要使用者在使用之前仔细阅读相关说明。若输出数据为弧度，参与比对信号频率值为 f，则将弧度转换成时差可采用式（7-1）。

$$\nabla T = \frac{1}{f} \cdot \frac{\nabla r}{2\pi} \cdot 10^9 \qquad (7-1)$$

式中：∇r 为比相仪输出数值，单位为弧度。

　　3）多计数器联合比对

　　多计数器联合比对也是比较常见的一种内部测量比对方式。当前多通道计数器和多通道比相仪通道数一般为 4 通道、8 通道和 16 通道，若参与守时的原子钟数超过计数器通道数，则需要进行多通道计数器联合设计，以增加可用通道，这时候可以设计成多计数器并行方式。这种方式将参考通道信号一分为二，分别输入多台计数器的第一通道，进而实现所有原子钟的同时比对。这里注意由于在多台计时器联合使用时，输入计数器的信号会因采用的信号电缆的长度不同而带入比对系统时延不同，比对结果存在常数偏差，需要对参考信号电缆时延进行扣除，以实现比对参考点相同的目的。以多通道计数器为例进行说明，采用两台多通道计数器串联方式设计的内部测量比对系统如图 7.1.7 所示。

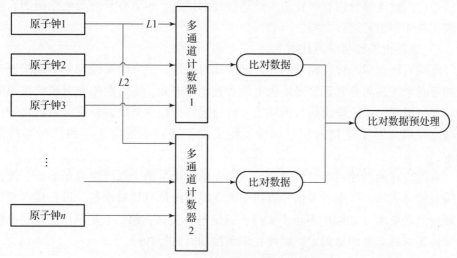

图 7.1.7　计数器联合测量比对架构

图中多通道计数器 1 和多通道计数器 2 输入参考信号线缆分别是 $L1$ 和 $L2$，两根电缆长度不同，导致计数器 1 和计数器 2 测量数据之间存在一个常数偏差，即使比对相同的信号，也会输出不同的测量结果，这就要求对测量比对数据进行预处理，精确扣除两根电缆的相对时延，使得两个计数器的参考点一致。

7.1.1.3　远程溯源比对系统

（远程）溯源比对系统是守时系统的重要组成部分，由于时间频率在各行各业的应用越来越广，不同行业对时间准确度和同步需求不同，较多行业均建有自己的小型守时系统，一般情况要求行业守时系统需要向上一级守时系统或国家标准时间溯源，国家标准时间系统需要通过多种途径向国际标准时间 UTC 溯源，满足国际电信联盟（ITU）关于地方守时实验室保持时间 UTC（k）相对于 UTC 偏差不大于 100ns 的要求。

溯源比对系统通常采用的方法是远程溯源比对技术，特殊情况下还包括近距离的电缆直连溯源比对、较短距离的搬运钟比对技术。常见的远程溯源比对技术包括基于全球卫星导航系统（Global Navigation Satellite System，GNSS）的共视（Common View，CV）、全视（All in View，AV）和精密单点定位（Precise Point Positioning，PPP）时间传递（比对）技术，基于通信卫星的卫星双向时间传递（比对）技术（Two-way Satellite Time and Frequency Transfer，TWSTFT）技术和光纤时间传递技术等。基于导航系统的 GNSS CV、GNSS AV、GNSS PPP 和 TW-STFT 时间传递（比对）技术是当前使用较多的高精度时间比对技术，这些技术一方面可用于守时系统时间的远程溯源比对，同时也可以用于开展国家标准时间的传递，因此这部分内容将在第 8 章进行详细讨论，本节将只对较短距离的直接电缆比对和搬运钟进行介绍。

1) 直接电缆连接溯源比对

电缆直连比对是比较简单的一种溯源比对手段。当守时系统和上一级溯源参考的守时系统距离非常近，可采用电缆直连比对方式，实时获得守时系统输出时间与上一级守时系统输出信号的偏差，再通过驾驭控制系统调整守时系统物理信号与上一级守时系统物理信号同步，便实现了守时系统向上一级守时系统的溯源。

电缆直连溯源比对需要注意两个问题，第一个是两个系统距离足够近，通过电缆直连方式将上一级参考信号直接引入守时系统信号比对设备，设备接入端信号强度满足要求（如幅度不小于1V），且信号不失真；第二个是溯源比对的电缆信号传递时延需要严格测定，以便在溯源控制时进行扣除。

2) 搬运钟比对

搬运钟比对法是以可移动原子钟（便携钟）为中间参考，将其在溯源参考钟所在的实验室与用户钟所在的实验室之间进行来回搬运，分别进行比对测量，进而计算出用户钟与溯源参考钟之间的偏差，最终实现用户钟的校准或同步。注意在使用搬运钟比对法前，需要对选择的搬运钟自身的频率特性（准确度，漂移率，稳定度）进行测试，搬运过程中保持钟连续运转。由于搬运过程环境条件变化差异较大，有诸多的不确定因素，同时还受到运输手段的影响，使得搬运钟性能变化比较复杂，通常难于给出精密定量的修正结果。

20 世纪 80 年代前后搬运钟法广泛用于各守时系统或时统终端之间的校准和同步，1980—1983 年，我国 3 个天文台（上海天文台、北京天文台、陕西天文台）与美国海军天文台之间进行多次搬钟实验，对当时我国标准时间 UTC（CSAO）（现为 UTC（NTSC））进行校准和同步，搬运钟为我国的天文、授时、航天、导航、人造卫星跟踪、计量等事业都做出了贡献。

搬运钟测量比对会受到搬运钟自身性能、搬运时间、测量误差，以及搬运钟过程中环境条件等因素的影响。

7.1.1.4 驾驭控制系统

驾驭控制系统即主钟频率驾驭系统，一般是由驾驭控制量计算软件和相位微调器实现的。通常来说，主钟驾驭是通过频率控制方式进行，但对于诸如相位突跳的情况则需要进行相位控制，无论是频率控制还是相位控制，其目的都是为了减少由于主钟频率和相位的变化造成的影响，使得主钟系统输出的时间与参考时间（对于守时实验室而言，这个参考只能是 UTC 或者与 UTC 有直接溯源关系的实验室保持的 UTC（k））的偏差尽可能小。在频率驾驭中控制量、控制频度的确定是主钟频率驾驭的关键问题，也是当前研究的重点之一。在频率驾驭中必须注意以下 4 条原则。

1）主钟频率驾驭设备即相位微调器具有足够的分辨率

现代守时系统中主钟一般由氢原子钟或铯原子钟来担任，而这两类原子钟本身都具有非常高的性能，因此在对其输出信号进行控制时，必须考虑到不破坏信号本身的优良特性，这就要求频率驾驭设备具有较高的分辨率和稳定的性能，现在常用相位微调器分辨率一般都可达到 10^{-19} 量级。当前国际上各守时实验室普遍使用的相位微调器包括美国 AOG 和 HROG、德国 TimeTech 的有关设备。近年来我国在相位微调器研制方面已经取得了长足进步，已经可以满足绝大部分守时应用需求，这些相位微调器分别来自航天科工 203 所、北京同相、西安宏泰、深圳儒科等公司。

2）频率驾驭量计算原则

为保证主钟系统输出的时间与参考时间的偏差尽可能的小，频率驾驭量计算的参考必须与参考时间保持高度一致。在实际工作中具有一定钟组规模的实验室可以计算地方原子时，并结合 BIPM 公报中相关数据，获得相对于 UTC 既准确又稳定的参考，称为参考原子时 RTA，将实验室输出信号与 RTA 进行比较，获得输出信号与 RTA 的偏差信息，进而生成频率驾驭量。对于只有少数几台原子钟的实验室，可以通过 GNSS CV、卫星双向等时间传递手段和其他实验室（特别是具有国际溯源链路的实验室）建立比对关系，进而通过比对数据分析实现其本地时间的偏差控制。

3）主钟频率驾驭强度确定原则

频率驾驭时不仅要考虑主钟输出的时间信号相对于参考时间的准确度，还应注意频率的驾驭量不能破坏主钟本身的性能。也就是通过频率驾驭，在不破坏主钟信号性能的情况下改善某些指标。比如当主钟是氢原子钟时，应该通过频率驾驭使得输出信号短期稳定度不被破坏的情况下改善其长期稳定度；当主钟是铯原子钟时，应该通过频率驾驭使得不破坏输出信号长期稳定度情况下改善其短期性能。

4）主钟驾驭频度确定原则

主钟频率驾驭的频度必须考虑到对外输出信号的性能，因为其直接影响着系统的时间信号的性能指标。在实际工作中如果驾驭太频繁就会影响主钟系统输出信号的短期性能，如果驾驭太少，则会造成主钟信号相对于参考时间出现较大偏差。驾驭频度到底应该是多少和作为主钟的原子钟本身的性能直接相关，因此对驾驭频度的确定必须根据主钟本身的性能确定。

在主钟频率驾驭中，从主钟频率驾驭设备、驾驭量计算、驾驭强度和驾驭频度四个方面给出了其中应当考虑的关键问题。驾驭设备的选取需要综合考虑；频率驾驭强度和驾驭频度都和主钟本身的性能有关，关键是不能由于频率驾驭而破坏了主钟本身的优良指标。

7.1.2 小型守时系统设计

依据 7.1.1 中所述的设计方法，设计一个小型守时系统，假设该守时系统中包含 1 台氢原子钟和 3 台铯原子钟，1 台无损切换器（主备无缝切换系统）、1 台多通道计数器、1 台多通道比相仪、1 台 GNSS CV 远程溯源比对系统、数据采集工控机 1 台，驾驭控制工控机 1 台，相位微调器 1 台、秒脉冲分配放大器 1 台、频率信号分配放大器 1 台、B 码服务器 1 台、信号电缆和网线及接头若干，我们可以设计一个小型守时系统。这样配置的小型守时系统架构如图 7.1.8 所示。

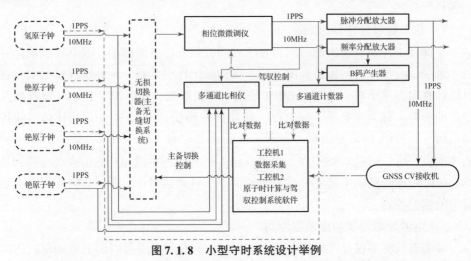

图 7.1.8　小型守时系统设计举例

图中将数据采集的工控机 1 和原子时计算、主钟频率驾驭量计算与控制工控机 2 合二为一，这样做可以使结构图相对简单。另外，输入多通道计数器的原子钟秒信号是分开的，只是由于画图空间有限，将其合在一起以作为多通道计数器的关门。四台原子钟均作为无损切换器的输入，无损切换器可按照单钟作主钟和多种综合主钟的模式运行，其主钟的选择和主钟模式均可通过工控机 2 进行控制。

　　原子钟组是守时系统的关键组成部分，为各应用系统提供时间频率信号。该系统原子钟组包含 1 台氢原子钟、3 台铯原子钟和 1 台无损切换器。由于本系统中包含两种类型原子钟，在设计中以氢原子钟为第一主钟，其他原子钟作为备份主钟直接输入无损切换器，这样的设计实际上是氢铯联合守时模式，这样做的好处是既可发挥氢原子钟的短期波动小的优势，又可利用铯原子钟的长期性能优势，对氢原子钟频率漂移进行预报并扣除，从而提高守时系统输出信号短期和长期性能。

　　内部测量比对系统采用两种并行比对方式进行设计，一种是采用多通道计数器并行比对方式；另一种采用多通道比相仪进行频率比对形成钟差数据。两种比对数据均由工控机 1 负责数据采集。两种方式比对数据精度不同，用处可以相同也可以不同。在原子时计算方面，两种数据可以互为备份，此时两种数据作用相同；在原子钟实时物理信号监测方面，比相仪输出数据测量精度更高，可用于开展原子钟运行状态的实时监测，可发现原子钟微小变化。

　　溯源比对系统通过 GNSS CV 远程时间传递设备构建，GNSS CV 接收机输出信号为外部 10MHz 频率信号和外部 1PPS 信号，通过 GNSS 接收机观测，采集其输出的 CGGTTS 格式标准共视文件，将共视数据文件与溯源参考本地接收机观测数据进行交换，进而通过共视解算，获得本地时间与溯源参考时间的偏差信息，并将此信息作为本地主钟驾驭参考数据之一发送给工控机 2。

　　驾驭控制系统利用本地多通道计数器或多通道比相仪测量的原子钟钟差数据进行本地原子时计算，以本地原子时为参考，并结合溯源比对给出本地时间与溯源参考时间的偏差，综合计算本地主钟的频率驾驭量，并通过本地网络或串口连接方式将驾驭量输入相位微调器，实现对本地物理信号的控制。

　　标准时间频率信号分配放大器的作用是将本系统产生的标准时间频率信号分成多路，服务于下一级应用。B 码服务器通过将本地时间频率信号积分的时间转换成 B 码，以数字方式提供服务。

7.2　UTC 产生

　　全球统一的标准时间是协调世界时（Coordinated Universal Time，UTC），各种授时系统最终都间接溯源到 UTC，以确保全球授时的统一性。UTC 也是各守时实验室保持的协调世界时 UTC（k）的溯源参考，UTC（k）是 UTC 的本地物理实现。本节着重介绍 UTC 的产生过程，了解自由原子时 EAL、国际原子时 TAI

和地球时 TT 在 UTC 产生过程中的作用。同时给出时间向下传递和向上溯源的国际约定。

7.2.1　UTC 产生过程

UTC 是以联合守时方式建立并保持的。国际权度局（BIPM）负责 UTC 的归算工作。1998 年起 UTC 归算周期为每月一次。截至 2022 年 12 月，参与 UTC 归算的遍布于全球的守时实验室有 80 多个，各类原子钟约 450 台。UTC 系统实际上是全球最大的联合守时系统。

UTC 的产生过程简单来说主要包括以下几个步骤。

第一步，全球归算，获得自由原子时 EAL。基于全球参加 TAI 合作的约 500 台（截至 2022 年 12 月）左右原子钟比对数据，采用 ALGOS 原子时计算方法进行综合计算。每台原子钟在原子时计算中的取权主要考虑其长期稳定度，从而确保 EAL 的长期稳定度较好。

第二步，频率校准（参考基准钟），实现国际原子时 TAI。BIPM 通过时间传递手段得到几个时间实验室的基准频标频率的加权平均，用于与 EAL 的频率进行比对，对 EAL 的频率进行驾驭，同时对 EAL 和地球时（TT）长期频偏修正后得到 TAI。

第三步，闰秒调整，获得协调世界时 UTC。BIPM 在计算得到 TAI 时，根据 IERS 提供的 UT1 与 UTC 之差确定闰秒时刻，并通过闰秒调整后得到 UTC。UTC 的产生过程见图 7.2.1 上半部分。

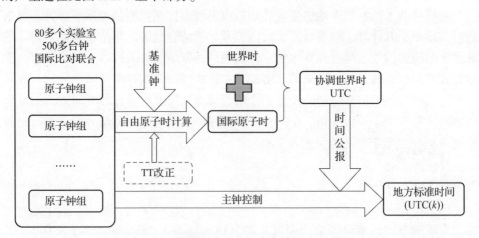

图 7.2.1　UTC 产生过程

上图给出了 UTC 的产生过程，在图中有"主钟控制"和"地方标准时间 UTC（k）"两个过程。"主钟控制"中的主钟是指守时实验室本地守时系统中的主钟，这个主钟同时也是国际原子时计算中的某一台原子钟，通过主钟相对本地原子时或 UTC 的频率偏差，从而生成本地主钟频率驾驭量，通过控制后的标准时间信号即为不同实验室产生并保持的协调世界时 UTC（k）。

7.2.2　时间的国际溯源

我们已经知道，国际通用的标准时间是 UTC，是通过遍布于全球的原子钟比对数据通过综合计算并校正后得到。UTC 是各国守时系统、授时系统、时频测量系统的最高参考标准。

国际电信联盟 ITU 建议一个时间保持机构特别是国家时间服务机构，其保持的时间必须与国际 UTC 一致，且相对于 UTC 的偏差不超过 100ns。各守时实验室需要通过高精度溯源比对链路，获得实验室保持的协调世界时 UTC（k）（或称为实验室本地时间）与 UTC 之间的相对偏差，依据偏差的大小和变化趋势，采用主钟频率驾驭（频率控制）的方式实现本地保持的 UTC（k）与 UTC 的一致，即实现 UTC（k）向 UTC 的溯源。

溯源性是每种测量的所需特性。溯源性的定义是：一种测量的结果属性或者是一种标准，通过一条完整的、具有一定不确定性的比较链，可关联到一定的参考，这个参考通常为国家或国际标准。可以简单地理解为任何一种测量所采用的参考（或者叫"尺子"）都应该有其最高参考，也就是保证测量所用的"尺子"是准确的。

时间度量的基本单位是秒（s），秒长单位最高标准由 BIPM 负责保持，各守时系统与授时系统保持和播发的时间均需直接或间接溯源到该秒长，即溯源到 UTC。

7.2.3　我国国家标准时间溯源关系

我国的国家标准时间是由中国科学院国家授时中心（NTSC）保持的协调世界时 UTC（NTSC），其通过基于全球卫星导航系统的精密单点定位技术（GNSS PPP，将在第 8 章中进行介绍）和卫星双向时间频率传递技术（TWSTFT，将在第 8 章中进行介绍）向上溯源到 UTC，确保本地实现的秒长和国际原子时秒长一致、本地时刻和 UTC 时刻一致。UTC（NTSC）通过不同手段与 UTC 偏差测量与控制完整过程，就是本地保持的协调世界时向 UTC 溯源链的第 1 环路。第 2 环路是它对各种授时发播服务的控制，长波（BPL）、短波（BPM）、低频时码（BPC）、网络、卫星等各种时间服务系统，均向上溯源到 UTC（NTSC）。第 3 环路是国家授时中心与用户的联系，即各种授时系统发播的信号经一定的传播路径到达用户。溯源链的最后一个环路是用户的接收和测量系统。接收机的分辨率和测量系统带入的延迟，要靠用户去研究和消除，以尽可能保持授时信号的最高精度。UTC（NTSC）溯源和向下服务关系见图 7.2.2。

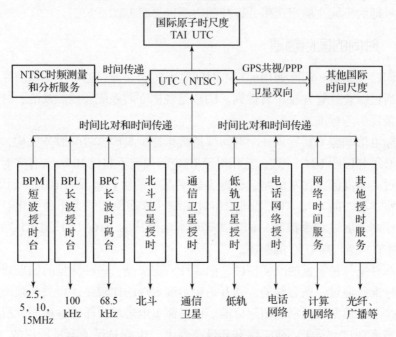

图 7.2.2　UTC（NTSC）时间频率溯源链路与服务

图中给出了不同时间服务方式向上溯源和向下服务关系，包含天基卫星授时、地基长波、短波、低频时码、电话网络、计算机网络等各种授时方式。不同的授时方式均有本地的物理参考时间，这些时间均溯源到 UTC（NTSC），UTC（NTSC）继续向上溯源到 UTC。

7.3　国外的国家标准时间产生系统

由于时间频率在各行各业都有越来越重要的应用，特别是在关乎国家经济、社会安全和国防安全领域的作用越来越凸显，各国特别是大国均在积极发展其国家守时系统。有些国家已经形成了多地布局的分布式守时体系，提高了守时系统可靠性、时间基准稳定性。本节将着重介绍国际上几个大国守时系统情况，了解国际守时系统设计国际发展趋势。

7.3.1　美国的标准时间产生系统

美国国家标准时间由两个单位独立保持，这两个单位分别为美国国家标准与技术研究院（NIST）和美国海军天文台（USNO），两个单位的时间保持能力均处于世界前列。

截至 2022 年 12 月，NIST 守时钟组包含 15 台主动型氢原子钟、13 台高性能铯原子钟和 1 台冷原子铯喷泉钟和 1 台实验室镱离子光钟。NIST 是美国国家长短波授时服务标准时间提供者，通过其 WWV 短波授时系统和 WWVB 长波授时系统向美国提供标准时间服务。近年来 NIST 不断扩大自己的钟组规模，钟组类型。特别是在主动型氢原子钟配置方面从 2013 年度的 7 台扩大到 2022 年的 15 台，扩大明显。在铯原子喷泉钟和镱离子光钟研制与应用方面也一直处于国际前列。NIST 主钟系统不是一台原子钟，而是由 4 台铯原子钟和 7 台氢原子钟组成的综合钟再加 1 台相位微调器组成。NIST 本地物理信号驾驭通过以地方原子时 TA（NIST）（AT1 算法）和 UTC 为参考实现。

USNO 拥有全球最大的守时钟组，采用分布式布局，支持美国各类军事应用，并为美国全球卫星导航系统（GPS）提供时间基准保障。截至 2022 年 12 月，USNO 的钟组包括高性能铯原子钟 62 台、主动型氢原子钟 35 台、铷原子喷泉钟 6 台，其中科罗拉多斯普林斯基地包括高性能铯原子钟 12 台、主动型氢原子钟 4 台、铷原子喷泉钟 2 台，两部分共计原子钟 103 台。科罗拉多斯普林斯基地保持备份时间（AMC）直接溯源到华盛顿特区守时系统保持的时间 UTC（USNO）（MC），相对偏差为小于 2ns；溯源链路包括 GNSS 时间传递、卫星双向时间传递等。

USNO 的原子钟配置总体数量有所减少，从 2014 年 119 台减少到 2022 年的 103 台，但其主动性氢原子钟数量由 29 台增加到 35 台，有一个明显的趋势是参加国际原子时计算的氢原子钟权重 2022 年已经达到 80% 以上，铯原子钟权重逐年降低，因此 USNO 在保证铯原子钟规模稳定的同时，不断扩大氢原子钟组规模，继续强化其在国际原子时计算中的地位。

USNO 主钟系统由 1 台主动型氢原子钟和 1 台频率综合器综合产生，本地原子时采用加权算法实现，参与计算的原子钟包含位于华盛顿特区的原子钟和位于科罗拉多备份站的原子钟。图 7.3.1 为美国海军天文台的铯原子钟房间的一角。USNO 将其铯原子钟放置于专用恒温箱中，确保其运行环境稳定。

NIST 和 USNO 的时间保持能力一直处于国际前列，其保持的协调世界时 UTC（NIST）和 UTC（USNO）与 UTC 的偏差越来越小。图 7.3.2 为 2013 年 7 月至 2022 年 12 月 UTC（NIST）和 UTC（USNO）相对于 UTC 的偏差情况。

USNO 保持的协调世界时长期处于世界前列，截至 2022 年 12 月，UTC（USNO）以连续 4 年实现与 UTC 的偏差小于 2ns。

图 7.3.1　美国海军天文台铯原子钟

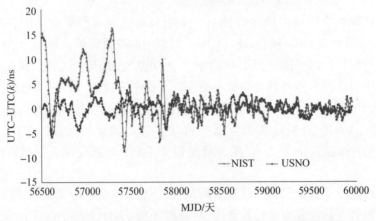

图 7.3.2　UTC – UTC（NIST）和 UTC – UTC（USNO）

7.3.2　欧盟的标准时间产生系统

　　截至 2022 年 12 月，欧盟共有 27 个成员国，参加国际原子时合作的实验室超过 30 个。其中守时能力较好的实验室有 5 个。欧盟防务采用统一的指挥，欧盟每个国家时间实验室如西班牙皇家海军天文台、德国技术物理研究院、法国巴黎天文台等机构保持的协调世界时，都可为欧盟社会活动和军事活动提供基本保障。例如欧盟的伽利略全球卫星导航系统时间基准就是以法国、德国、意大利等几个国家的守时系统为参考。当前欧盟已经基本形成了分布式互备的时间保障模式。

　　欧盟各守时实验室配置的原子钟依据其自身需要进行设计，配置的原子钟有主动型氢原子钟、铯原子钟、铯原子喷泉钟和大铯钟。欧盟各国守时能力排在国际前列的有德国技术物理研究院（PTB）、法国巴黎天文台（OP）、英国国家物理实验室（NPL）（已脱离欧盟，此处按照欧洲主要国家对待）、意大利计量研究院（INRIM）、西班牙皇家海军天文台（ROA）、比利时皇家天文台（ORB）等。其中 PTB 既是欧盟时间保持性能最好的实验室，也是国际原子时计算时间比对数据产生的中心节点，通过 PTB 与全球各守时实验室之间的高精度时间比对链路，将各实验室的原子钟比对数据进行统一归算，支撑下一步 EAL 的计算。图 7.3.3 为欧盟（州）6 个重要实验室保持的 UTC（PTB）、UTC（OP）、UTC（NPL）、UTC（ROA）、UTC（ORB）和 UTC（INRIM）相对于 UTC 从 2013 年 7 月到 2022 年 12 月的偏差情况。

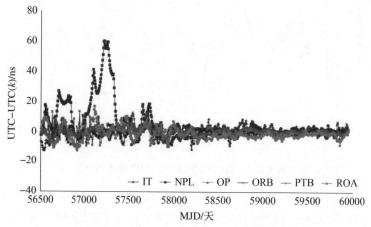

图 7.3.3　欧盟主要实验室时间保持情况

图中除 NPL 在 2016 年前后时间保持超过 50ns 以外，其他实验室保持的协调世界时与 UTC 的偏差均保持在 20ns 以内，2017 年 1 月以后所有 6 个实验室保持的协调世界时与 UTC 的偏差均进入 10ns 以内，PTB 等实验室已经进入 5ns 以内。同时，这 6 个守时实验室保持的协调世界时也是伽利略卫星导航系统（Galileo）的时间溯源参考，并通过这 6 个实验室间接溯源到 UTC。

7.3.3　俄罗斯的标准时间产生系统

俄罗斯构建了 4 级标准时间体系：国家标准时间、备份时间、二级时间和用户时间。俄罗斯国家标准时间系统位于莫斯科郊区的俄罗斯时间与空间计量研究院（VNIIFTRI），负责产生并保持俄罗斯国家标准时间 UTC（SU）（SU 是苏联时期使用的缩写，一直沿用至今）。俄罗斯国家标准时间守时系统在莫斯科本地形成了主备并行运行的守时模式，同时在伊尔库茨克等地保持有备份时间系统。二级时间系统分布在俄罗斯东南边境的新西伯利亚、伊尔库茨克、哈巴罗夫斯克、彼得洛夫斯克 4 个地方，形成了多层次时间保障体系。

VNIIFTRI 代表俄罗斯参与国际原子时的合作，通过 GNSS PPP 和 TWSTFT 等

远程时间比对技术将 UTC（SU）高精度溯源到 UTC。VNIIFTRI 守时系统中包含
1 台铯原子喷泉钟、4 台铷原子喷泉钟和 16 台主动型氢原子钟，主钟是一台主动
型氢原子钟。VNIIFTRI 本地原子时采用经典加权原子时计算方法。2013 年 7 月
至 2022 年 12 月，UTC（SU）与 UTC 的偏差情况如图 7.3.4 所示。

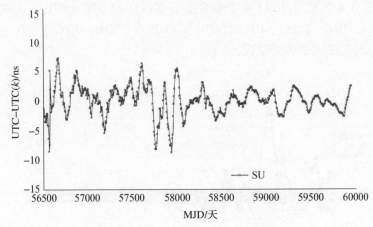

图 7.3.4　UTC（SU）与 UTC 偏差情况

图中可见 UTC（SU）相对于 UTC 的偏差在逐年减小，2017 年 10 月后，UTC
（SU）与 UTC 的偏差一直处于 5ns 以内。UTC（SU）同时是俄罗斯格洛纳斯卫星
导航系统（GLONASS）时间的溯源参考。

7.4　中国的国家标准时间产生系统

我国国家标准时间是由位于陕西省西安市的中国科学院国家授时中心产生、
保持和服务，国家标准时间产生系统包含原子钟组、内部测量比对系统、（远
程）溯源比对系统、驾驭控制系统等核心组成部分。国家标准时间性能长期处于
国际先进水平，为我国国民经济建设和国防安全做出了重要贡献。

7.4.1　国家授时中心和国家标准时间

国家授时中心的全称是中国科学院国家授时中心，见图 7.4.1，前身为
1966 年由中国科学院负责成立的中国科学院陕西天文台，2000 年更名为中国科
学院国家授时中心。现在，国家授时中心是我国唯一一所专门、全面从事时间频
率科学研究与应用的研究所，是党中央立足国家安全和国家发展的需要，战略性部
署成立的负责我国国家标准时间产生（即北京时间）、保持与服务的机构。国家授
时中心负责我国第一批建设的重大科技基础设施之一的长、短波授时系统的运行和

维护工作。国家授时中心（National Time Service Center, Chinese Academy of Sciences, NTSC）建立和保持的我国国家标准时间记为 UTC（NTSC）。国家授时中心是代表我国参加国际原子时合作机构之一，同时建立了我国的独立地方原子时 TA（NTSC）系统，是全球 16 个重要的地方独立原子时之一，TA（NTSC）相对于 TAI 的中长期稳定度已进入 10^{-16} 量级，处于国际前列。国家授时中心围绕国家重大任务需求，开展了量子频标、守时理论与方法、时间频率测量与传递、授时方法与技术、导航定位等相关技术的研究，通过体系化研究全面推进我国时间频率技术的发展。

图 7.4.1　国家授时中心

截至 2022 年 12 月，国家标准时间守时系统由 15 台主动型氢原子钟、30 台铯原子钟、1 台铷原子喷泉钟和 2 台铯原子喷泉钟组成。守时系统主钟是一台主动型氢原子钟。国家标准时间通过 GNSS PPP 和 TWSTFT 等手段溯源到 UTC。国家授时中心国家标准时间守时系统见图 7.4.2 国家标准时间守时系统。

图 7.4.2　国家标准时间守时系统

7.4.2 国家标准时间本地信号实时驾驭流程

从本书第 6 章可了解到，本地物理信号驾驭参考一般包括实时控制参考和后续修正参考。由于 BIPM 每月发布一次参与 TAI 计算的原子钟的速率（频率）、频率漂移和实验室保持的协调世界时 UTC（k）相对于 UTC 的偏差，实验室想直接采用 BIPM 公布的数据进行本地物理信号驾驭是不可能的，各实验室需要采用一种机制来解决此问题。通常一个守时实验室采用两种参考来确保 UTC（k）的性能，一个是独立地方原子时，另外一个是 BIPM 公报数据。实时控制参考采用本地独立原子时，但在每月 BIPM 发布相关数据后对独立原子时计算参数进行修正。不过这些都不是绝对的，随着铯原子喷泉钟部署地点越来越多，连续运行时长越来越长，其在本地物理信号保持中的作用也会越来越大。守时实验室可以利用铯原子喷泉钟优异的频率准确度来校准本地物理信号，参与本地物理信号的实时产生。需要说明，铯原子喷泉钟本身构造复杂、造价高、运行维护成本高，对于守时性能需求不高的实验室配置的必要性不是很大，因此更多的实验室还是利用传统的驾驭方法。

UTC（NTSC）信号驾驭实时参考是本地原子时，为区分长期自主保持的独立地方原子时和本地驾驭参考的原子时，就将用于本地物理信号驾驭参考的原子时称为参考原子时（RTA），计算中的原子钟频率（速率）、频率漂移等参数经过与 BIPM 发布的参数进行对比修正，确保驾驭本地物理信号的参考于 TAI 速率一致。UTC（NTSC）具体驾驭过程见图 7.4.3。

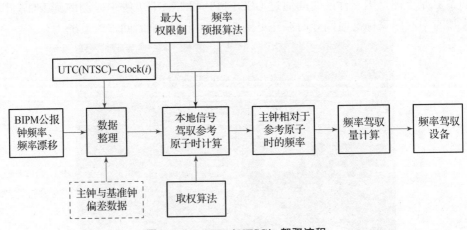

图 7.4.3 UTC（NTSC）驾驭流程

UTC（NTSC）实时驾驭参考是本地计算的参考原子时，参考原子时采用经典 AGLOS 算法，计算中设置了最大权，原子钟速率预报算法采用动态二次预报算法。计算结果为参考原子时与每一台原子钟的相对偏差，进一步拟合主钟相对于参考原子时的速率，并计算主钟频率驾驭量。国家授时中心铯原子喷泉钟作为高一级的时间基准装置，正常情况下参与主钟频率测量，可进一步提高 UTC（NTSC）的独立性，一旦出现无法获得 UTC 信息时，便可以依赖基准钟和本地独立地方原子时保证 UTC（NTSC）长期稳定运行。

7.4.3　国家标准时间性能

国家标准时间 UTC（NTSC）经过多年的发展，其性能也在不断提高。从 1998 年 BIPM 正式以电子版形式保存并发布各实验室保持的协调世界时与 UTC 的偏差以来，UTC（NTSC）相对于 UTC 的偏差从 100ns 到 50ns，再到 20ns、10ns，2017 年 1 月以来，已经小于 5ns，2021 年 8 月以来已经进入 2ns，处于国际先进之列。UTC（NTSC）与 UTC 的偏差逐年提高情况见图 7.4.4。

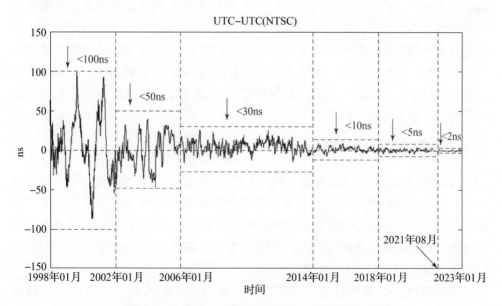

图 7.4.4　UTC（NTSC）相对于 UTC 变化趋势

图中有几个重要节点，分别在 2002 年 1 月、2005 年 9 月、2013 年 9 月、2017 年 1 月和 2021 年 8 月。对比分析一下 UTC（NTSC）的性能，可更明显地说明其性能如何。图 7.4.5 给出了 2013 年 7 月至 2022 年 12 月近 10 年的 UTC（NTSC）、UTC（NIST）、UTC（PTB）、UTC（SU）和 UTC（USNO）分别相对于 UTC 偏差。

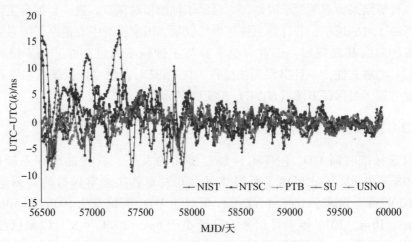

图 7.4.5　NTSC 与其他实验室时间保持对比

上图可见，各个实验室（各个国家）都在不断发展其守时技术，不断提高其保持的协调世界时性能。各实验室均通过设备性能提高、原子时算法优化、本地主钟信号驾驭技术策略改进等技术研究，不断提高其守时能力。从稳定度方面进一步分析，UTC（NTSC）中长期稳定度已经进入 10^{-16} 量级，这一指标和美国（USNO 和 NIST）、德国（PTB）和俄罗斯（VNIIFTRI）等国际重要守时实验室保持的协调世界时性能相当。

7.4.4　我国其他守时系统

时间频率不仅在时间服务领域有重要的作用，在计量和导航定位领域更是有着不可替代的基础性作用。计量领域需要稳定的秒长和准确的频率作为参考基准；导航定位领域核心就是基于时间和频率的测量，同时导航定位系统具有三大功能是导航、定位与授时（PNT），因此导航定位领域不仅要准确的秒长和频率，同时还需要依赖准确可靠的标准时间。

包括授时、计量和导航定位在内，我国当前守时实验室有四个，分别是中国科学院国家授时中心、中国计量科学研究院（中国计量院，NIM）、航天科工集团二院二〇三所（航天二〇三所，BIRM）和北京卫星导航中心。当前各单位原子钟配置情况依据实际需求略有不同，不同实验室实际产生和保持的时间作用也不同，有的是测试校准，这对时刻要求不高，重点关注的秒长和频率；有的除了测试校准还包含授时，这就要求不仅关注秒长和频率，同时要确保时刻值的连续准确。不同单位原子钟资源和时间频率应用领域统计见表 7.4.1。

表 7.4.1　不同单位原子钟资源及应用领域

单位	钟组规模	授时服务方式	计量测试与校准
国家授时中心	45 台	长波、短波、卫星、电话、网络、低频时码等	测试、校准
中国计量院	17 台		计量、测试、校准
航天二〇三所	7 台		国防计量、校准
北京卫星导航中心	13 台	北斗卫星导航系统	测试、校准

　　由于北京卫星导航中心没有参与国际原子时计算，在 BIPM 公报中没有相关数据，其他三个单位均是国际原子时的参与单位。近年来，三个单位时间保持性能虽然不同，但总的来说其保持的协调世界时相对于 UTC 的偏差越来越小，2021 年 1 月至 2022 年 12 月三个单位保持的协调世界时见图 7.4.6。图中 UTC（BIRM）出现了一个较大的变化，可能与系统中设备有关。UTC（NIM）和 UTC（NTSC）稳定，相对于 UTC 的偏差一直保持在 5ns 以内。

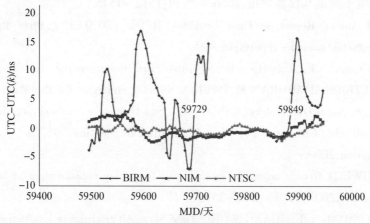

图 7.4.6　国内三个实验室 UTC（k）保持情况

　　在东亚地区，日本的时间保持能力也不断提升，日本国家标准时间相对于 UTC 的偏差也越来越小。日本参与国际原子时计算的单位是日本信息通信技术研究院（NICT），其保持的协调世界时是 UTC（NICT）。相对于 UTC（NTSC）和 UTC（NIM），UTC（NICT）性能略差，但守时能力依然处于国际前列，见图 7.4.7。

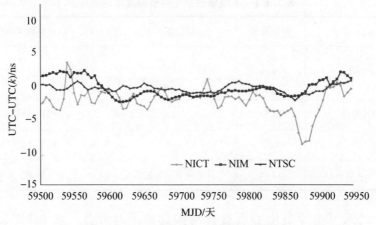

图 7.4.7　中日三个守时实验室守时情况

7.5　参考文献

［1］袁海波,王正明,董绍武. 监控 UTC(NTSC)的参考原子时 TA(NTSC)算法
［J］.电子测量与仪器学报,2006 年增刊:1512 – 1515.

［2］BIPM Annual Report on Time Activities［R/OL］,2020(15),ftp://ftp2. bipm.
org/pub/tai/annual – reports:16 ~ 25.

［3］BIPM Circular T,2022(419)［R/OL］,ftp://ftp2. bipm. org/pub/tai/Circular – T/.

［4］DEMETRIOS M,MIHRAN M,PAUL A. Steering strategies for the Master clock of
the U. S. Naval Observatory(USNO)［C］. San Diego,California:Proceedings of the
IAIN World Congress and the 56th Annual Meeting of The Institute of
Navigation,2000.

［5］SHAOWU D. Recent advances in time and frequency measurement at NTSC［J］.
Metrologia,2003,40(3):249 – 251.

［6］LI W,XIONG Y L,GUANG W. The Time Service Performance Evaluation of GNSS
［C］. Neuchatel:Institute of Electrical and Electronic Engineers,2015:23 – 26.

7.6　思考题

1. 国际统一的参考时间是协调世界时（UTC），各实验室保持的本地时间实
时物理信号是 UTC（k）（k 表示不同实验室）。为了缩小 UTC（k）与 UTC 的偏

差，各实验室通过不同种手段向 UTC 溯源。请简述 UTC 的产生过程、UTC 和 TAI 的关系。

2. 国家授时中心负责我国国家标准时间的产生、保持与服务任务，其保持的 UTC（NTSC）向上溯源到 UTC，向下通过不同授时系统服务于用户。请给出当前我国主要的授时手段都有哪些，这些授时手段时间服务精度如何？

3. 从各国时间基准性能发展趋势方面分析，说明时间基准与社会发展、国家安全的关系。

4. 主钟频率驾驭是守时过程中的重要环节，请简要说明主钟频率驾驭步骤，并说明驾驭强度和驾驭频度对本地物理信号的影响。

5. A 实验室有 2 台氢原子钟和 3 台铯原子钟，一台无损切换器，1 相位微调器、1 台 8 通道计数器，1 台 GNSS 时间传递型接收机和工控机多台（按需），接头和线缆足够，请帮 A 实验室设计一个合理的守时系统，画出组成框架，并简要说明设计理由。

第8章 国家标准时间传递方法

高精度时间传递系统，不仅是国际标准时间产生过程中世界各地各守时实验室之间原子钟比对的媒介，也是向广大用户提供国家标准时间服务的重要手段。常见的传递方法包括基于 GNSS 的时间传递、卫星双向时间传递、光纤时间传递等。本章从不同时间传递原理入手，详细介绍 GNSS 共视和 PPP 时间传递、卫星双向时间传递的实现方法，分析不同时间传递技术的原理和应用场景。

8.1 基于卫星导航系统的高精度时间传递

卫星导航系统具有高精度授时功能，可在全球范围内提供精度在 10ns 量级的高精度时间服务，但这并不能满足国家标准时间优于 10ns 或亚纳秒的高精度时间传递的需要。不过，借助卫星导航系统，通过 GNSS 共视、GNSS 全视、GNSS 载波相位等高精度的时间传递技术，可满足精度优于 10ns 的国家标准时间传递的需要。

8.1.1 GNSS 共视时间传递

常见的 GNSS 系统包括美国的 GPS、中国的北斗（BDS）、欧盟的伽利略（Galileo）和俄罗斯的格罗纳斯（GLONASS），由于 GPS 系统开发和投入使用时间较早，因此 GNSS 高精度时间传递技术的研究与应用也从 GPS 开始。近年来，基于我国北斗卫星导航系统的共视时间传递精度已经与 GPS 共视相当，在中国及周边区域共视时间传递性能甚至超过了 GPS。

1980 年，美国国家标准技术研究院（NIST）科学家 Allan 提出基于 GPS 共视时间传递方法。1985 年，BIPM 采用共视比对技术进行了国际原子时 TAI 计算。国际时间频率咨询委员会（Consultative Committee for Time and Frequency，CCTF）时间传递工作组在 1994 年为共视时间传递制定了统一的标准——"GPS 时间传递接收机软件技术标准"，规范了 GPS 共视时间传递技术。GPS 共视原理是以卫星导航系统时间作为公共参考源，两个观测站在同一时间观测相同的卫星，分别计算本地与卫星导航系统时间偏差，通过比较两站同一时刻相对于同一颗卫星的偏差，进而获取两站之间的偏差。在接收机天线位置坐标和参考时延、电缆时延、接收机内部时延等各项参数测量准确的条件下，GPS 共视比对结果的精度可以达到 3~5ns。图 8.1.1 为 GNSS 共视基本原理图。

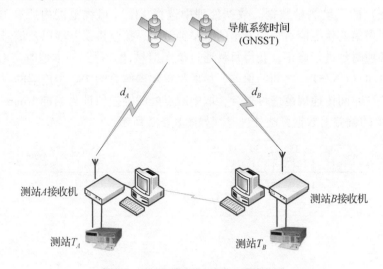

图 8.1.1　GNSS 共视基本原理图

设 A 站的本地时间为 T_A，B 站的本地时间为 T_B，卫星导航系统时间为 T_{GNSST}，则有

$$\Delta T_A = T_A - T_{GNSST} + \varepsilon_A \tag{8-1}$$

$$\Delta T_B = T_B - T_{GNSST} + \varepsilon_B \tag{8-2}$$

式中：ε_A、ε_B 为附加在测量结果中的卫星星历表误差、模型修正之后的电离层和对流层残留误差、接收机天线相位中心坐标误差、接收机本身的噪声带入误差的综合。

式（8-1）和式（8-2）做差即可得到两地的时间偏差为

$$\Delta T_A - \Delta T_B = T_A - T_{GNSST} + \varepsilon_A - (T_B - T_{GNSST} + \varepsilon_B) = T_A - T_B + \varepsilon_A - \varepsilon_B = \Delta T_{AB} \tag{8-3}$$

由上面描述可见，由于时间链路的对称性，共视法可以消除卫星钟误差、部分轨道误差等两站相同误差的影响，提高两站时间比对精度。随着格洛纳斯卫星导航系统、伽利略卫星导航系统、北斗卫星导航系统和其他区域卫星导航系统的建设与发展，利用在轨多导航系统卫星资源进行共视时间比对成为可能，同时也可以基于多 GNSS 提高共视时间比对链路的稳定性和可靠性，因此国际权度局提前部署，并于 2015 年发布了 CGGTTS - V2E 版本的 GNSS 共视时间传递扩展标准规范（"CGGTTS - Version 2E：an extended standard for GNSS Time Transfer"），将 Galileo、BDS 和 QZSS 导航系统纳入标准规范中。

基于 CGGTTS - V2E 规范，卫星导航系统共视时间传递从 GPS 共视转换为

GNSS 共视。GNSS 标准共视数据为接收机连续跟踪 16min（其中前 2min 为接收机捕获卫星阶段，中间 13min 为接收机连续跟踪卫星并采集观测值，后 1min 为数据处理）的卫星测量数据。数据处理中选择 13min 可视范围内所有 GNSS 卫星，利用采集的伪距值对每颗卫星的卫星钟差项、接收机误差项以及信号传播路径上的各项时延进行修正，获得每秒通过单颗卫星计算得到的本地时与 GNSS 导航系统时间（GNSST）之间的偏差，最后将单颗星解算的 780 个连续的时差值按照标准共视时间传递规范进行拟合，取中间点处的钟差值即为当前 16min 本地时与 GNSST 的偏差。数据算法处理过程如图 8.1.2 所示。

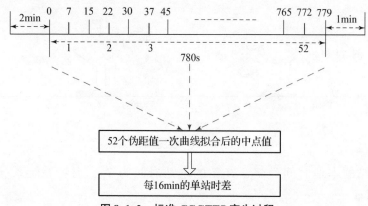

图 8.1.2 标准 CGGTTS 产生过程

按照最新标准规范，CGGTTS – V2E 格式共视文件命名规则及每一项参数说明如表 8.1.1。注意文件命名中不同首字母代表不同系统，G 表示 GPS，C 表示 BDS、R 表示 GLONASS、E 表示 Galileo、J 表示 QZSS。

表 8.1.1 标准共视文件说明

GNSS 卫星共视比对数据—文件命名规则	
GNSS 卫星共视比对数据文件命名为 GZAABBCC. DDD，其中 G – GPS（还包括 C – BDS、R – GLONASS、E – Galileo、J – QZSS），Z（双频无电离层组合）为 GNSS 卫星共视比对数据首字母缩写，AA 为实验室名称缩写，BB 接收机编号，CC. DDD 为儒略日，每天一个文件，数据采样周期 16min	
GNSS 卫星共视比对数据文件—数据描述	
描述	备注
SAT	ABB，A 为星座代码，BB 为卫星编号
CL	16 进制类型
MJD	儒略日

GNSS 卫星共视比对数据文件—数据描述	
描述	备注
STTIME	观测时刻
TRKL	跟踪时长（s）
ELV	卫星高度（0.1°）
AZTH	卫星方位角（0.1°）
REFSV	本地参考与卫星钟时差（0.1ns）
SRSV	REFSV 斜率（0.1ps/s）
REFSYS	本地参考时间与系统时差（0.1ns）
SRSYS	REFSYS 斜率（0.1ps/s）
DSG	REFSYS 均方根差（0.1ns）
IOE	星历编号
MDTR	对流层延迟改正（0.1ns）
SMDT	MDTR 斜率（0.1ps/s）
MDIO	模型电离层延迟改正（0.1ns）
SMDI	MDIO 斜率（0.1ps/s）
MSIO	实测电离层延迟改正（0.1ns）
SMSI	MSIO 斜率（0.1ps/s）
ISG	MSIO 均方根差（0.1ns）
FR	频道号
HC	接收机信道号
FRC	观测代码
CK	数据行校验

GNSS 共视时间传递数据处理中，一般选择跟踪时常为 780s、卫星仰角大于 15°的卫星。上表中 REFSYS 就是本地参考时间与系统时差，也就是 ΔT_A 或 ΔT_B，

只要按照式（8-3）进行计算，便可获得两地时差。注意一般情况下，接收机输出的 REFSYS 中电离层时延计算方法采用模型电离层，若采用双频接收机，可以得到实测电离层时延（MSIO），在计算共视比对时，需要将模型电离层时延（MDIO）加上，然后再扣除 MSIO，这样可以进一步提高两地共视比对精度。

8.1.2　GNSS 全视时间传递

GNSS 共视法时间传递是两个不同位置时间实验室接收机同时观测同一颗或同一组卫星，当两实验室的距离较远且无法同时观测到同一颗或一组卫星时，将无法采用共视比对实现两地的时间比对。随着 IGS（International GNSS Service）发布的精密卫星轨道和卫星钟差等产品精度的提高，2004 年，时间传递技术研究人员提出了利用 GNSS 全视法（All in view，AV）进行高精度时间传递。GNSS 全视的原理是两个观测站分别独立地观测多颗卫星，利用 IGS 提供的精密轨道（卫星的精确位置）和精密钟差产品计算本地时间与 IGST 之间的偏差，将 IGST 作为中间量扣除，即可获得两地之间的时间偏差。

全视法较共视法的优势在于不受地理位置的限制，但其受限于 IGS 的精密钟差和精密轨道，无法实现高精度实时时间传递，但是随着 IGS 提供服务不断改善，实时精密星历和钟差产品精度越来越高，这一问题就可得到很好的解决。图 8.1.3 为全视法基本原理图。

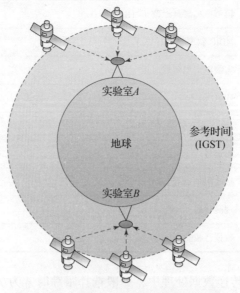

图 8.1.3　GNSS 全视法时间传递示意图

如图 8.1.3 所示，设 A 站的时间为 T_A，B 站的时间为 T_B，参考时间为 IGST。

$$\Delta T_A = T_A - \mathrm{IGST} + \varepsilon_A \qquad (8-4)$$

$$\Delta T_B = T_B - \mathrm{IGST} + \varepsilon_B \qquad (8-5)$$

式中：ε_A 和 ε_B 分别为两站电离层延迟误差、对流层延迟误差、接收机天线相位中心误差以及接收机的观测噪声等综合误差。

式（8-4）减去式（8-5）即可得到两地的时间偏差为

$$\Delta T_A - \Delta T_B = T_A - \mathrm{IGST} + \varepsilon_A - (T_B - \mathrm{IGST} + \varepsilon_B) = T_A - T_B + \varepsilon_A - \varepsilon_B = \Delta T_{AB} \quad (8-6)$$

由上可得，因采用精密星历与精密钟差，可以很大程度上降低星历误差（卫星轨道误差）和星钟误差的影响，使时间传递精度得到保障。尽管全视法无法消除对流层、电离层、多径等传播误差，但可以通过选择计算平均几何因子较好的卫星数据和剔除俯仰角较低时的观测数据以降低各种误差的影响。

8.1.3　GNSS 载波相位时间传递

GNSS 载波相位时间传递技术时基于 GNSS 载波相位伪距测量数据进行的高精度时间传递，GNSS 精密单点定位（Precise Point Positioning，PPP）技术是基于载波相位测量数据，并依托 IGS 精密产品的高精度时间传递技术。GNSS PPP 时间传递中的中间参考为 IGS 发布的参考时间 IGST。GNSS PPP 基本原理与 GNSS AV 时间传递技术原理相似，是 GNSS AV 技术的自然延伸。两种技术不同之处在于 GNSS AV 法使用双频观测值计算得到本地时间与导航卫星反应的系统时间之间的偏差（钟差），而 GNSS PPP 在 GNSS AV 的基础上增加了载波相位观测值，并使用更为精密的参数改正模型和误差修正方法，综合估计出接收机天线位置和接收机钟差等信息。

8.1.3.1　总体流程

GNSS PPP 时间传递是精密单点定位计算结果的进一步应用，通过 GNSS PPP 解算，可以获得本地精密坐标以及本地参考时间与 IGST 的偏差，进而以 IGST 为中间参考，可实现两地时间比对。

如图 8.1.4 所示，装备 GNSS 载波相位测量的定时接收机的时间实验室可以通过 GNSS PPP 方法计算出本地参考（如 UTC (k)）与 IGST 的偏差，即 [UTC (k) - IGST]，同时另外各站可获得 [UTC (j) - IGST]，通过简单的差分，即可得到两实验室时间比对结果（UTC (k) - UTC (j)）。

从上面的分析可见，GNSS PPP 时间传递的关键技术是 GNSS PPP 解算，下面就 GNSS PPP 原理进行说明。GNSS PPP 伪距和载波相位观测方程如下。

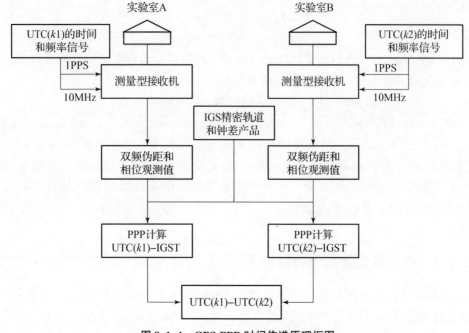

图 8.1.4　GPS PPP 时间传递原理框图

$$P_1^k = R^k + c\delta_1 - c\delta^k + \Delta\rho_{\text{trop}} + \Delta\rho_{\text{ion}} + M_1^k + \Delta P_1^k + E_1^k \qquad (8-7)$$

$$P_2^k = R^k + c\delta_2 - c\delta^k + \Delta\rho_{\text{trop}} + \frac{f_1^2}{f_2^2}\Delta\rho_{\text{ion}} + M_2^k + \Delta P_2^k + E_2^k \qquad (8-8)$$

$$L_1^k = R^k + c\delta_1 - c\delta^k + \Delta\rho_{\text{trop}} - \Delta\rho_{\text{ion}} + \lambda_1 N_1 + m_1^k + \Delta L_1^k + e_1^k \qquad (8-9)$$

$$L_2^k = R^k + c\delta_2 - c\delta^k + \Delta\rho_{\text{trop}} - \frac{f_1^2}{f_2^2}\Delta\rho_{\text{ion}} + \lambda_2 N_2 + m_2^k + \Delta L_2^k + e_2^k \qquad (8-10)$$

式中：P_i^k、L_i^k 的 k 为正整数，表示卫星序号；下标 $i=1,2$ 代表两个频点信号；L_i^k 和 P_i^k 分别是第 i 个频率上的载波相位观测值和 P 码伪距观测值；R^k 是信号发射时刻的卫星天线相位中心至信号到达时刻的接收机天线相位中心之间的几何距离；c 代表光速；δ_i 和 δ^k 分别为接收机钟差和卫星钟钟差；$\Delta\rho_{\text{trop}}$ 及 $\Delta\rho_{\text{ion}}$ 分别为对流层延迟误差和第一载波频率上的电离层延迟误差；f_i 为第 i 个频率；M_i^k 及 m_i^k 分别为伪距和相位的多路径效应误差；λ_i 及 N_i 分别为第 i 个频率的载波波长及该频率上的初始模糊度；ΔP_i^k 为 P 码伪距测量上的相对论效应、地球固体潮、天线相位偏心等改正项。ΔL_i^k 为相位测量上的相对论效应、地球固体潮、海潮、极移潮、负荷潮、天线相位偏心等改正项。表 8.1.2 列举了上述的部分主要误差项引入的误差和不确定度。

表 8.1.2　PPP 各项误差修正的误差及其不确定度

	修正模型	数值	不确定度
卫星	质心位置		2.5cm（GPS）
	天线相位中心偏移	0.5~3m	10cm
	相位中心变化	5~15mm	0.2~1mm
	钟差	<1ms	75ps, 2cm（GPS）
	差分码偏差（DCB）	≤15ns, 5m	0.1~1ns
大气层	对流层（干）	2.3m	5mm
	对流层（湿）	≤0.3m	
	电离层（1 阶）	≤30m	1m
	电离层（高阶）	0~2cm	1~2mm
测站位移	固体潮	≤0.4m	1mm
	海洋负荷（潮汐）	1~10cm	1~2mm
	海洋负荷（非潮汐）	≤15mm	1mm
	极潮	25mm	
	大气负荷（潮汐）	≤1.5mm	
	大气负荷（非潮汐）	≤20mm	
接收机	相位中心偏移	5~15cm	
	相位中心变化	≤3cm	1~2mm

　　表中详细给出了影响 GNSS PPP 处理结果精度的主要误差。在信号传播的过程中，对流层折射对信号产生的影响可以分为干分量与湿分量两部分，对流层干分量主要与大气的温度和压力有关，湿分量主要与信号传播路径上的大气湿度和高度有关。其他参数含义较为明确，不再进行逐一说明。

　　本教材采用传统的无电离层组合的观测方程，采用电离层残差组合，Melbourne – Wubbena 组合，消电离层组合周跳探测方式进行 GNSS PPP 的计算，具体数据处理流程如图 8.1.5 所示。

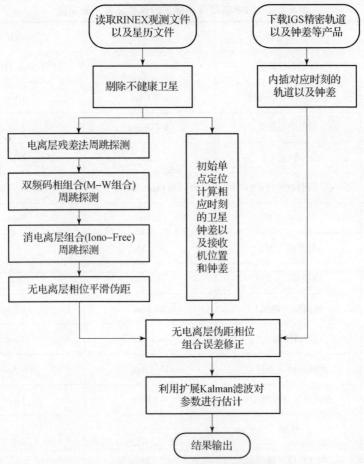

图 8.1.5 PPP 数据处理流程

参考图中，GNSS PPP 处理流程包含数据预处理、周跳探测与修复、误差修正与卡尔曼参数估计。下面对 GNSS PPP 数据处理流程中的主要模块作简要的介绍。

8.1.3.2 电离层修正

电离层时延修正方法一般包括单频模型电离层和双频实测电离层时延改正两种方法。在 GNSS PPP 中通常采用双频实测电离层时延改正方法。不过为使读者能够完整了解电离层时延处理与研究过程，本节同时给出两种处理方法。

1）单频单层电离层模型

假设大气层中的自由电子密集分布在距离地面某一高度处的无限薄层上，Z 为信号传播路径上任意一点的地心向径和传播路径的夹角，则沿传播路径方向的伪距电离层改正项为

$$\Delta D_{\mathrm{ion}}^{p} = -40.3 \frac{1}{f^2} \int_s N_e \mathrm{d}s \qquad (8-11)$$

根据电子电量假设，将式（8-11）转换为沿地心向径方向，则有

$$\Delta D_{\mathrm{ion}}^{p} = -40.3 \frac{N_c}{f^2 \cos Z'} \qquad (8-12)$$

式中：$\int_s N_e \mathrm{d}s$ 表示信号传播路径上的电子总量（TEC）；N_c 为信号传播路径与薄层交点处的电子总量；Z' 是从信号传播路径与薄层交点处观测卫星的天顶距。其中，N_c 可用式（8-13）计算得到。在单层模型中，将白天的电子总量近似表示为地方时 t 的余数，夜间则近似表示成一常数。

$$N_c = \begin{cases} N_0 + N\cos\left(\dfrac{t-14}{12}\pi\right), & 8{:}00 \leqslant t \leqslant 20{:}00 \\ N_0, & 其他时间 \end{cases} \qquad (8-13)$$

式中：N_0 为 10×10^{16}；N 为 30×10^{16}；$t = T_0 + \lambda_i$；T_0 采用世界时；λ_i 是传播路径与电离层交点正下方的地面点（亦称电离层下点）的经度单位为小时（h）。

2）单频电离层 Klobuchar 模型

该模型中的垂直延迟在白天与地方时 t 的余弦函数近似，夜间则近似为一常数。

$$\Delta T = \begin{cases} \mathrm{DC} + \bar{A}\cos X, & |X| < 1.57 \\ \mathrm{DC}, & |X| > 1.57 \end{cases} \qquad (8-14)$$

其中，

$$\begin{cases} \bar{A} = \displaystyle\sum_{n=0}^{3} \alpha_n \phi_m^n \\ X = 2\pi(t - 50400)/P \\ P = \displaystyle\sum_{n=0}^{3} \beta_n \phi_m^n \end{cases} \qquad (8-15)$$

式中：ΔT 为天顶垂直方向的电离层时延；DC 为 5×10^{-9}s，即 5ns，是夜间天顶方向的时延；$\bar{A}$ 为振幅；P 为周期；t 为地方时，变量均以秒为单位。α_n、$\beta_n (n = 0,1,2,3)$ 由卫星星历直接获得；ϕ_n 为电离层下点的地磁纬度，其计算方法见式（8-16）。

$$\begin{cases} \varPsi = \dfrac{0.0137}{E + 0.11} - 0.022 \\ \phi_{\mathrm{I}} = \begin{cases} \phi_{\mathrm{u}} + \varPsi\cos A, & |\phi_{\mathrm{u}}| < 0.416 \\ \phi_{\mathrm{u}}, & |\phi_{\mathrm{u}}| \geqslant 0.416 \end{cases} \\ \lambda_{\mathrm{I}} = \lambda_{\mathrm{u}} + \dfrac{\varPsi\sin A}{\cos\phi_{\mathrm{I}}} \\ \phi_{\mathrm{m}} = \phi_{\mathrm{I}} + 0.064\cos(\lambda_{\mathrm{I}} - 1.617) \end{cases} \qquad (8-16)$$

式中：Ψ 是观测站和电离层下点在地心的张角；ϕ_m、ϕ_1 和 ϕ_u 分别代表地磁、电离层下点和观测站的纬度；λ_1 和 λ_u 分别是电离层下点和测站的经度；E 和 A 分别为卫星高度角和方位角。

按照以上描述过程，便可计算出天顶垂直方向电离层延迟 ΔT，但此时延还不是信号传播路径上的时延，需要再乘以倾斜因子 F，这样就可测站到卫星方向上的电离层延迟。倾斜因子 F 由卫星高度角计算得到即 $F = 1.0 + 16.0 \times (0.53 - E)^3$。

3）双频电离层组合模型

电离层会对穿过其中的电磁波信号产生影响，这个影响与信号频率相关，即电离层对不同频率信号的传播影响不同，从而可以利用这一特性来计算信号传播时延。双频无电离层时延也称为实测电离层时延，通过双频组合可以很好地消除电离层带来的信号时延，双频电离层计算方法可描述为

$$\begin{cases} P_{r,IF} = \dfrac{f_1^2 P_1 - f_2^2 P_2}{f_1^2 - f_2^2} \\ \\ L_{r,IF} = \dfrac{f_1^2 L_1 - f_2^2 L_2}{f_1^2 - f_2^2} \end{cases} \qquad (8-17)$$

式中：$P_{r,IF}$ 为无电离层伪距组合；$L_{r,IF}$ 为无电离层相位组合；f_1 和 f_2 分别为不同的载波频率。

8.1.3.3　对流层修正

对流层时延主要是电磁波信号的传播速度在大气层中变慢造成传播路径延迟。GNSS 信号从卫星到接收机天线的传播路径上经过了对流层，因此会有信号延迟。由于对流层属于非弥散性介质，卫星信号的介电常数与频率无关，因此卫星信号在对流层传播途径中不同频率信号具有相同的传播速度。另外，由于信号在穿过对流层时，对流层会使得信号的路径发生变化，从而使得测量的距离发生偏差。GNSS 信号处理中对流层时延修正采用对流层天顶方向干分量（也称为静力学延迟分量）和湿分量综合计算获得，利用投影函数将其映射到测站与卫星的视线上，计算方法见式（8-18）。

$$\Delta T_{trop} = \Delta D_{dry} M_{dry} + \Delta D_{wet} M_{wet} \qquad (8-18)$$

式中：ΔT_{trop} 为天顶对流层时延；ΔD_{dry} 和 ΔD_{wet} 分别为天顶对流层引起的时延干分量和湿分量；M_{dry} 和 M_{wet} 分别为天顶对流层干分量和湿分量的投影映射函数。当前常用的对流层时延改正模型包括 Saastamoinen 模型、Hopfield 模型、Black 模型等，相关的投影函数有 NMF、COSZ、GMF 和 VMF1 等映射函数。本教材以最长使用的 Saastamoinen 模型和改进的 Hopfield 模型为例进行说明，其他对流层处理方法可参阅参考资料。

1）Saastamoinen 模型

Saastamoinen 模型的天顶方向对流层时延的干分量和湿分量分别用式（8-19）和式（8-20）计算。

$$\Delta D_{dry} = \frac{0.002277 P_0}{f(\varphi, H)} \tag{8-19}$$

$$\Delta D_{wet} = \frac{0.002277 \left(\dfrac{1255.0}{T_0} \right) e_0}{f(\varphi, H)} \tag{8-20}$$

$$f(\varphi, H) = 1 - 0.0026\cos(2\varphi) - 0.00028H \tag{8-21}$$

式中：P_0 为单位的总表面压力；e_0 为表面水偏压，其值为 $e_0 = e_w W_0$，e_w 为纯水平液面饱和水汽压，W_0 为相对湿度；T_0 为绝对温度；φ 和 H 分别为测站的纬度和高程（单位：km）。大气模型映射函数 NMF 模型包含干湿分量两部分，干分量映射函数可表示为

$$M_{dry}(E, H) = m(E, a_d, b_d, c_d) + \Delta m(E, H) \tag{8-22}$$

式中：E 为观测方向上的仰角；H 为测站的高程。

$$\Delta m(E, H) = \left[\frac{1}{\sin E} - m(E, a_{ht}, b_{ht}, c_{ht}) \right] H \tag{8-23}$$

式中：$a_{ht} = 2.53 \times 10^{-5}$；$b_{ht} = 5.49 \times 10^{-3}$；$c_{ht} = 1.14 \times 10^{-3}$。

湿分量映射函数可表示为

$$M_{wet}(E) = m(E, a_w, b_w, c_w) \tag{8-24}$$

以上公式中，$m(E, a, b, c)$ 为在天顶方向的统一映射函数。

$$m(E, a, b, c) = \frac{\left(1 + \dfrac{a}{\left(1 + \dfrac{b}{(1+c)} \right)} \right)}{\left(\sin E + \dfrac{a}{\left(\sin E + \dfrac{b}{(\sin E + c)} \right)} \right)} \tag{8-25}$$

a_d，b_d，c_d 为时间 t 和纬度 φ 的相关参数，由下式给出。

$$\xi(\varphi, t) = \xi_{avg}(\varphi) - \xi_{amp}(\varphi) \cos\left(2\pi \frac{t - T_0}{365.25} \right) \tag{8-26}$$

式中：t 是从一月第 0 天开始的天数；T_0 为 28，是计算参考起算时间；参数 $\xi_{avg}(\varphi)$ 和 $\xi_{amp}(\varphi)$ 分别为最接近 $\xi(\varphi)$ 之间的线性插值。a_{ht}，b_{ht}，c_{ht} 与纬度有关，从参考表中查到最近的 $\xi(\varphi)$ 之间的线性插值。干分量和湿分量的映射函数的系数分别见表 8.1.3 和表 8.1.4。湿分量的各参数与维度相关，可利用表 8.14 给出数值的线性插值获得。

表 8.1.3 干分量映射函数系数

系数	纬度（φ）				
ξ	15°	30°	45°	60°	75°
均值					
a	1.2769934×10^{-3}	1.2683230×10^{-3}	1.2465397×10^{-3}	1.2196049×10^{-3}	1.2045996×10^{-3}
b	2.9153695×10^{-3}	2.9152299×10^{-3}	2.9288445×10^{-3}	2.9022565×10^{-3}	2.9024912×10^{-3}
c	6.2610505×10^{-2}	6.2837393×10^{-2}	6.3721774×10^{-2}	6.3824265×10^{-2}	6.4258455×10^{-2}
幅度					
a	0.0	1.2709626×10^{-5}	2.6523662×10^{-5}	3.4000452×10^{-5}	4.1202191×10^{-5}
b	0.0	2.1414979×10^{-5}	3.0160779×10^{-5}	7.2562722×10^{-5}	1.1723375×10^{-4}
c	0.0	9.0128400×10^{-5}	4.3497037×10^{-5}	8.4795348×10^{-4}	1.7037206×10^{-3}
高程方向校正					
a_{ht}			2.53×10^{-5}		
b_{ht}			5.49×10^{-3}		
c_{ht}			1.14×10^{-3}		

表 8.1.4 湿分量映射函数系数

系数	经度（φ）				
ξ	15°	30°	45°	60°	75°
a	5.8021897×10^{-4}	5.6794847×10^{-4}	5.8118019×10^{-4}	5.9727542×10^{-4}	6.1641693×10^{-4}
b	1.4275268×10^{-3}	1.5138625×10^{-3}	1.4572752×10^{-3}	1.5007428×10^{-3}	1.7599082×10^{-3}
c	4.3472961×10^{-2}	4.6729510×10^{-2}	4.3908931×10^{-2}	4.4626982×10^{-2}	5.4736038×10^{-2}

2）改进的 Hopfield 模型

改进的 Hopfield 模型将传播路径上的对流层延迟直接表示为干分量延迟和湿分量延迟。

$$\begin{cases} \Delta D_{trop} = \Delta D_{dry} + \Delta D_{wet} \\ \Delta D_i = 10^{-12} N_i \left[\sum_{k=1}^{9} \frac{\alpha_{k,i}}{k} r_i^k \right], \quad i = wet, dry \end{cases} \tag{8-27}$$

其中，折射指数公式为

$$\begin{cases} N_{\text{dry}} = \dfrac{77.6241P}{T} \\ N_{\text{wet}} = \dfrac{371900e}{T^2} - \dfrac{12.96e}{T} \end{cases} \tag{8-28}$$

传播路径与折射指数为零的边界面的交点与测站之间的距离为

$$r_i = \sqrt{(r_0 + h_i)^2 - (r_0 \cos E)^2} - r_0 \sin E \tag{8-29}$$

其中，h_i 表示干湿折射指数为零的边界面的高度，计算公式为

$$\begin{cases} h_{\text{dry}} = 40136 + 148.72(T - 273.16) \\ h_{\text{wet}} = 11000 \end{cases} \tag{8-30}$$

另外，式（8-27）中的系数为

$$\begin{cases} \alpha_{1,i} = 1 \\ \alpha_{2,i} = 4a_i \\ \alpha_{3,i} = 6a_i^2 + 4b_i \\ \alpha_{4,i} = 4a_i(a_i^2 + 3b_i) \\ \alpha_{5,i} = a_i^4 + 12a_i^2 b_i + 6b_i^2 \\ \alpha_{6,i} = 4a_i b_i(a_i^2 + 3b_i) \\ \alpha_{7,i} = b_i^2(6a_i^2 + 4b_i) \\ \alpha_{8,i} = 4a_i b_i^3 \\ \alpha_{9,i} = b_i^4 \end{cases}, \quad \begin{cases} a_i = -\dfrac{\sin E}{h_i} \\ b_i = -\dfrac{\cos^2 E}{2h_i r_0} \end{cases} \tag{8-31}$$

式中：E 为卫星高度角；r_0 为测站的地心向径（地心与卫星质心连线，远离地心方向为正）；P、e、T 分别为测站的大气压、水汽压、K 氏温度。

8.1.3.4 周跳探测

接收机中载波相位测量锁相环路会受到外界干扰或出现内部异常的情况，使得锁相环稳定平衡状态受到破坏，从而导致相位测量的整周计数部分异常，发生相位值跳变现象，但随着干扰信号减弱，锁相环又达到新的平稳状态，锁相环失锁到再次锁定致使多普勒计数记录跳变，这种现象称为周跳。在 GNSS PPP 结算中常采用的周跳探测方法包括双频电离层残差法 GF 组合法、MW 组合法等，本教材给出双频电离层残差法和 MW 组合法两种，其他方法可查阅相关资料。

1）双频电离层残差法

双频电离层残差法（Geometery Free，GF）利用双频载波相位观测值的电离层残差来探测或修复周跳。根据前面给出的式（8-7）~式（8-10）可得无几何关系的载波相位组合观测值 L_1 为

$$L_1 = \lambda_1 L_1 - \lambda_2 L_2 = \lambda_1 N_1 - \lambda_2 N_2 + \delta P_{1,f_1} - \delta P_{1,f_2}$$

$$= \lambda_1 N_1 - \lambda_2 N_2 + \left(1 - \frac{f_{f_1}^2}{f_{f_2}^2}\right)\delta P_{1,f_1} \qquad (8-32)$$

式中：$\delta P_{1,f_1}$ 和 $\delta P_{1,f_2}$ 分别为导航卫星播发信号 f_1 和 f_2 频点所引入的电离层时延。如果不存在周跳，则相邻历元求差得

$$\phi_1(t_{i+1}) - \phi_1(t_i) = \left(1 - \frac{f_1^2}{f_2^2}\right)(\delta P_{1,f_1}(t_{i+1}) - \delta P_{1,f_1}(t_i)) \qquad (8-33)$$

上式即为电离层残差，其数值仅与历元间电离层的变化以及载波相位观测值的噪声有关。由于相邻历元间计算出的电离层变化非常小，若出现较大的变化，则可判断此处出现了周跳。判断变化大小通常采用阈值法，对于 30s 以内的观测值，阈值通常取 0.05~0.1m)，若实际计算值大于设定的阈值，则可判断一个或两个频率的相位观测值中发生了周跳。

2）双频码相组合（Melbourne - Wübbena，MW）法

利用任一历元的双频伪距观测值和载波相位观测值，可求得宽巷观测值的整周模糊度 N_Δ 为

$$N_\Delta = \frac{f_1 P_1 + f_2 P_2}{f_1 + f_2} - (L_1 - L_2)\lambda_\Delta \qquad (8-34)$$

式中：宽巷组合波长 $\lambda_\Delta = \dfrac{c}{f_1 - f_2}$。式（8-35）为从开始历元到第 i 个历元计算宽巷组合模糊度 N_Δ 和方差 σ^2。

$$\begin{cases} \bar{N}_\Delta^i = \bar{N}_\Delta^{i-1} + \dfrac{1}{i}(N_\Delta^i - \bar{N}_\Delta^{i-1}) \\[2mm] \sigma_i^2 = \sigma_{i-1}^2 + \dfrac{1}{i}\left[(N_\Delta^i - \bar{N}_\Delta^{i-1})^2 - \sigma_{i-1}^2\right] \end{cases} \qquad (8-35)$$

根据第 i 个历元的双频观测结果求得的 N_Δ^i 与 $\bar{N}_\Delta^{i-1}$ 之差的绝对值 $|N_\Delta^i - \bar{N}_\Delta^{i-1}|$，在未发生周跳时应满足下列方程。

$$|N_\Delta^i - \bar{N}_\Delta^{i-1}| \geqslant 4\sigma_i \qquad (8-36)$$

$$|N_\Delta^{i+1} - N_\Delta^i| \leqslant 1 \qquad (8-37)$$

如果式（8-36）满足，但式（8-37）不满足，则认为在第 i 个历元发生了周跳；如果式（8-36）和式（8-37）都满足，则认为在第 i 个历元出现了粗差。

8.1.3.5 相位平滑伪距

由于载波相位观测量噪声远小于伪距观测量的噪声，通常使用载波相位平滑

伪距法（简称相位平滑伪距）以削弱伪距观测值的噪声，获得高精度的伪距组合观测值。双频无电离层组合的伪距和载波相位观测值表达式如下。

$$P_{\mathrm{IF}} = \rho + \Delta\rho_{\mathrm{P}} + \varepsilon_1 \qquad (8-38)$$

$$\lambda(\varphi + N) = \rho + \Delta\rho_{\mathrm{L}} + \varepsilon_2 \qquad (8-39)$$

式中：P_{IF} 为差分改正后的用户站到卫星的伪距；ρ 为用户站到卫星的真实几何距离；ε_1、ε_2 分别为接收机的伪距和载波相位测量噪声；$\Delta\rho_{\mathrm{P}}$ 和 $\Delta\rho_{\mathrm{L}}$ 是接收机钟差引起的距离误差；φ 为相位观测值的小数部分；λ 为载波波长；N 为整周模糊度；两式相减可得组合的模糊度，再取计算时刻 i 个历元平均得到如下公式。

$$\lambda_i N = \frac{1}{i}\sum_{j=1}^{i} P_j - \lambda\varphi \qquad (8-40)$$

在实际计算中使用式（8-41）递推计算。

$$\begin{cases} \langle \lambda N \rangle_i = \dfrac{i-1}{i}\langle \lambda N \rangle_{i-1} + \dfrac{1}{i}(P_i - L_i) \\[2mm] P_i' = L_i + \langle \lambda N \rangle_i \end{cases} \qquad (8-41)$$

P_i' 为测量时刻载波相位平滑后的伪距值，通过上式进行正向平滑，起始位置参考利用较少，造成误差较大，因此需要进行反向平滑，并取两次平滑的均值，以达到较好的平滑效果。

8.1.3.6　参数估计方法

目前精密单点定位主要采用最小二乘方法和卡尔曼滤波等方法进行参数估计。本教材主要介绍更为常用的卡尔曼滤波法，计算步骤如下。

卡尔曼滤波的状态模型为

$$X(t+1) = \boldsymbol{\Phi}X(t) + \boldsymbol{\Gamma}W(t) \qquad (8-42)$$

卡尔曼滤波的观测模型为

$$Y(t) = \boldsymbol{H}X(t) + V(t) \qquad (8-43)$$

式中：$X(t)$ 为系统在时刻 t 的状态变量；$Y(t)$ 为观测值；$W(t)$ 为系统状态噪声向量，其方差为 Q；$V(t)$ 为观测噪声，其方差为 R；$\boldsymbol{\Phi}$ 为状态转移矩阵；$\boldsymbol{H}$ 为观测矩阵；$\boldsymbol{\Gamma}$ 为系统噪声增益矩阵。图 8.1.6 为卡尔曼滤波的系统模型图。

卡尔曼滤波的计算流程描述如下。

（1）初始状态估计值 $\boldsymbol{x}_{k-1}$ 及协方差矩阵 $\boldsymbol{P}_{k-1}$；

（2）预报协方差矩阵 $\boldsymbol{P}'_{k-1}$：

$$\boldsymbol{P}'_{t-1} = \boldsymbol{\Phi}_{t-1}\boldsymbol{P}_{t-1}\boldsymbol{\Phi}_{t-1}^{\mathrm{T}} + \boldsymbol{\Gamma}_{t-1}\boldsymbol{Q}_{t-1}\boldsymbol{\Gamma}_{t-1}^{\mathrm{T}} \qquad (8-44)$$

（3）增益矩阵：

$$\boldsymbol{K}_t = \boldsymbol{P}'_{t-1}\boldsymbol{H}_t^{\mathrm{T}}(\boldsymbol{H}_t\boldsymbol{P}'_{t-1}\boldsymbol{H}_t^{\mathrm{T}} + \boldsymbol{R}_t) \qquad (8-45)$$

（4）估计 t 时刻状态值和协方差阵：

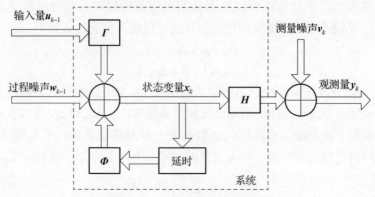

图 8.1.6　卡尔曼滤波的系统模型

$$\boldsymbol{x}_t = \boldsymbol{x}_{t-1} + \boldsymbol{K}_t(\boldsymbol{y}_t - \boldsymbol{H}_t\boldsymbol{\Phi}_t\boldsymbol{x}_{t-1}) \qquad (8-46)$$

$$\boldsymbol{P} = (\boldsymbol{I} - \boldsymbol{K}_t\boldsymbol{H}_t)\boldsymbol{P}'_{t-1} \qquad (8-47)$$

由于在 GNSS PPP 数据处理中，观测方程为非线性。在标准 Kalman 滤波估计中，其观测方程和状态方程均为线性的，因此需要对观测方程进行线性化。即扩展卡尔曼滤波，在 $\boldsymbol{x}_{t-1}$ 处得到线性化后的观测方程为

$$\boldsymbol{L}_t = \boldsymbol{B}_t\boldsymbol{X}_t + \boldsymbol{\varepsilon} \qquad (8-48)$$

式中：L_t 为线性化后的观测方程；B_t 为线性化后的状态矩阵系数。

$$\boldsymbol{L}_t = \begin{bmatrix} \hat{L}_{\mathrm{IF}}^j - L_{\mathrm{IF}}^j \\ \vdots \\ \hat{P}_{\mathrm{IF}}^j - P_{\mathrm{IF}}^j \\ \vdots \end{bmatrix} \qquad (8-49)$$

$$\boldsymbol{X} = \begin{bmatrix} \Delta x \\ \Delta y \\ \Delta z \\ \vdots \end{bmatrix} \qquad (8-50)$$

$$\boldsymbol{B} = \begin{bmatrix} l_j & m_j & n_j & 1 & 1 & \cdots & 0 \\ \vdots & \vdots & \vdots & 1 & 0 & \cdots & 1 \\ l_j & m_j & n_j & 1 & 0 & \cdots & 0 \\ \vdots & \vdots & \vdots & 1 & 0 & \cdots & 0 \end{bmatrix} \qquad (8-51)$$

式中：l，m，n 的值分别为

$$l_j = \frac{x_j - \hat{x}_u}{\hat{r}_j}; \, m_j = \frac{y_j - \hat{y}_u}{\hat{r}_j}; \, n_j = \frac{z_j - \hat{z}_u}{\hat{r}_j} \qquad (8-52)$$

在 GNSS PPP 滤波估计中，状态向量 $\boldsymbol{x}$ 包括接收机天线的坐标的增量 $(\Delta x, \Delta y, \Delta z)$、$\mathrm{cdt}_r$ 接收机钟差的修正量、ZWD 天顶对流层湿分量，以及 $N_1, \cdots,$ N_m 载波相位整周模糊度，可表述为

$$\boldsymbol{x} = \left[\Delta x, \Delta y, \Delta z, \mathrm{cdt}_r, \mathrm{ZWD}, N_1, \cdots N_m \right] \tag{8-53}$$

参数估计完成后，获得的参数除精密坐标外，还包括 cdtr 项，这项即为本地时间与 IGST 的偏差。若需要时间传递的两站均获得本地时间与 IGST 的偏差，则通过两者互差，便可获得两站本地时间之差。

8.2　卫星双向时间传递

卫星双向时间频率传递（Two – way Satellite Time and Frequency Transfer, TWSTFT）和 GNSS PPP 一样，也是一种高精度的实时远程无线时间比对技术。TWSTFT 有着对称的传递路径，可以通过双向解算，相互抵消传递链路上的多项传播时延。当前 TWSTFT 已经实现 A 类不确定度优于 0.3ns 的高精度时间比对。同时由于 TWSTFT 技术还有实时性强的特点，已经在国内外相关领域得到了越广的应用。

TWSTFT 时间频率比对过程主要包含两步，第一步是两个地面观测站分别通过通信卫星（一种的同步卫星）测量对方信号到达本地的时与本地时钟之间的时间偏差，第二步是数据互传，并将测试的时间偏差结果作差，即可获得两个地面观测站的相互钟差。具体原理见图 8.2.1。图中调制解调器（Modem）可将原子钟时间信号变换为适合卫星传输的伪随机码扩频信号，也能从接收到的卫星信号中解调出对方发射的时间信号。

TWSTFT 的计算方法为

$$\Delta T_{AB} = \frac{1}{2}(T_B - T_A) + \frac{1}{2}\left[(d_{AS} - d_{SA}) - (d_{BS} - d_{SB}) \right] + \frac{1}{2}(d_{SAB} - d_{SBA}) +$$

$$\frac{1}{2}\left[(d_{TA} + d_{RB}) - (d_{TB} + d_{RA}) \right] + \frac{1}{2}\left[(S_{AS} - S_{SA}) - (S_{BS} - S_{SB}) \right] \tag{8-54}$$

式中：T_A、T_B 分别为两地 Modem 的计数器读数；d_{AS}、d_{SA}、d_{BS}、d_{SB} 分别为两地对应的上、下行路径中的空间传播时延；d_{SAB}、d_{SBA} 分别为两地对应的上、下行路径中卫星的转发器时延；d_{TA}、d_{RB}、d_{TB}、d_{RA} 分别为两地的地面站设备时延；S_{AS}、S_{SA}、S_{BS}、S_{SB} 分别为两地对应的上、下行路径中的 Sagnac 效应时延。

信号在空间中传播产生的时延主要包括电离层时延，对流层时延和几何路径时延。在理想情况下，TWSTFT 的比对链路完全对称，此时电离层时延在 Ku 波段，基本可以相互抵消，对流层时延和卫星转发器时延可以完全相互抵消。计数

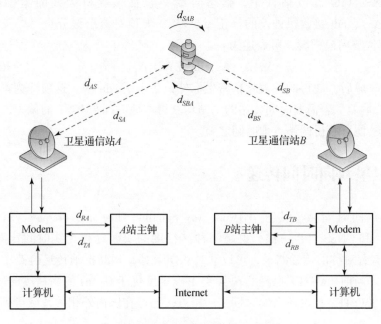

图 8.2.1 TWSTFT 比对系统

器读数和地面设备的时延可以事先进行测试标定。因此主要需要计算传播路径中的 Sagnac 效应时延，计算方式为

$$\text{Sagnac} = \frac{2\omega A_{\text{p}}}{c^2} \tag{8-55}$$

式中：ω 为地球自转角速度；A_{p} 为地面站、卫星和地心所构成的三角形在赤道面上的投影面积；c 为光速（$c = 299792458\text{m/s}$）。

实际在 TWSTFT 过程中，包含以下几项非对称因素影响比对结果的精度。主要包括卫星运动引起的误差和卫星转发器不稳定的误差等与卫星有关的误差；信号上下行链路频率不同，引起的对流层和电离层时延误差等信号传播路径上的误差；地面站设备的误差和地球自转的 Sagnac 效应。

TWSTFT 有着优秀的实时性和较高的时间比对精度，比对精度比 GNSS 伪距共视法高出一个量级。但 TWSTFT 方法需要租借地球同步卫星转发器（信道），有较高的系统建设和运行维护成本。

8.3 其他高精度时间传递方法

时间传递方法随着相关技术的发展不断发展，特别是近年来随着光纤通信、激光通信等技术的发展，给高精度时间传递提供了重要的支撑。仔细分析不难发现，高精度时间传递技术总是和通信技术密切相关。无论是卫星双向时间传递技术还是基于光纤、激光的时间传递技术，还是未来可能出现的量子时间传递技术，都是随着通信技术发展而发展，反过来高精度时间传递技术也促进了通信技术的发展。

8.3.1　光纤时间传递

光纤已成为现代有线通信的主要介质之一，被广泛应用于计算机网络和通信网络、信号配送等诸多领域。由于光纤信号/信息传递具有大带宽、低损耗、高稳定和强抗干扰等显著优点，所以将光纤作为时间和频率信号传递的媒介可以大大提高时间频率传递的精度。光纤时间传递的距离可从几十米到上百公里，若增加中继后可达数千公里，而时间同步的精度覆盖百纳秒量级、纳秒量级、亚纳秒量级和十皮秒量级。由于光纤时间传递需要实地铺设光缆，需要考虑到地形地貌因素和各种投入成本，因此远距离高精度时间传递技术选择还需要依赖各方面的需求进行综合考虑。

目前常用于传递高精度时间的是光纤密集波分复用（DWDM）双向比对法，其基本原理见图 8.3.1。图中 A、B 两站同时向对方站传递自身站配置的时间源或原子钟提供的 1PPS 信号，此 1PPS 信号经过光发送模块（OS）将电信号转换成光信号进行传输（A 站传输到 B 站的光信号波长为 λ_1，B 站传输到 A 站的光信号波长为 λ_2，光信号采用不同波长，基于 DWDM 技术合入同一根光纤传输），各站接收到对方传递来的 1PPS 光信号后进入光接收模块（OR），实现光信号向电转换，进而通过计数器获得分别测得 $(T_A - T_B)$ 和 $(T_B - T_A)$，交换时差数据并通过 $[(T_A - T_B) - (T_B - T_A)]/2$ 计算站 A 和站 B 之间的时差。

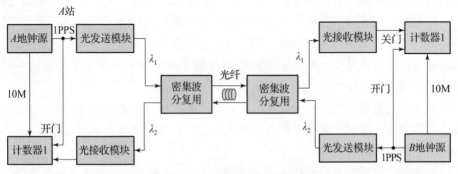

图 8.3.1　光纤双向时间比对原理

影响光纤时间传递精度主要有四个因素。一是光信号传输衰减，光信号随着传输距离变大而减弱，就会造成信号噪声变大；二是光信号反射，光信号传输过程中反射次数也会带入噪声，反射次数越多引入噪声就越大；三是光纤色散特性使得不同波长的群延迟不同，从而引入误差；四是光纤特性随温度变化而变化，这种变化会对时频信号传输时延带来影响。

当前常见的光纤时间传递系统从其依托的网络来分有两大类，一类基于数字同步网络（Synchronous Digital Hierarchy，SDH），另一类采用密集波分复用网络。利用 SDH 网络进行时间传递存在物理链路不对称和指针调整等因素的影响，使得基于 SDH 的时间传递无法跨越复用光纤段或者可跨越复用光纤段但时间传递精度大大降低的情况。通常情况跨越复用段时传递精度可达到几十纳秒至几百纳秒。相对而言，DWDM 技术在长距离高精度时间传递方面具有明显的优势。基于 DWDM 技术可以在长距离光纤时间传递中实现亚纳秒量级传递精度。采用 DWDM 技术，采用光放大器减少衰减增大时间传递距离，采用光波分复用器将往返光信号融合到同一根光纤抵消了环境温度的影响，有助于提高光纤时间传递精度。我国已经实现 100km 高精度光纤时间传递的频率稳定度优于 10^{-15}（1d），时间同步精度优于 100ps。

截至 2022 年，国际上有 14 个时间实验室进行光纤时间/频率传递的研究，距离 420km 的两个时间实验室 AOS 和 APL，时间传递精度已经达到 112.3ps。国家授时中心也在建设高精度的光纤时间传递骨干网，将在长度超过 2 万公里的全网实现优于 100ps 的时间传递。

8.3.2 激光时间传递

如前文所述，激光时间传递伴随着激光通信技术而产生并发展的。激光时间传递通过将 1PPS 信号调制在激光上，并以激光脉冲形式在空间的传播实现的。卫星激光时间传递可以用于星地钟之间的时间比对，也可以用于两个地面站之间的时间比对。激光时间传递具有高准确度和高稳定度的特点。当前一些国家已经成功进行了激光时间传递研究和试验，试验结果表明利用激光进行星地原子钟之间的比对精度可达几十皮秒。需要说明的是激光时间传递技术和激光通信一样，易受到天气因素的影响，且不能进行全天候连续工作。

激光时间传递易受到天气因素的影响而中断，但激光时间传递具有精度高的特点，一般可将其用于微波时间比对对比研究和链路校准等，同时也可在一些特殊场合实现远程时间比对。

星地钟之间的激光时间传递原理见图 8.3.2。从地面站向卫星发送激光脉冲，然后由卫星上的后向反射器把激光脉冲反射回地面站。设卫星钟和地面钟的秒脉

冲的时间差为 ΔT。如果暂不考虑星地相对运动以及设备时延等因素，星地时间系统的钟差为

$$\Delta T = \frac{(t_s + t_r)}{2} - t_b \qquad (8-56)$$

式中：t_s 为激光脉冲由地面站向卫星发射时的地面钟时刻，单位为秒（s）；t_b 为该激光脉冲到达卫星时的卫星钟时刻，单位为秒（s）；t_r 是该激光脉冲由卫星后向反射器反射回到地面站时的地面钟时刻，单位为秒（s）。

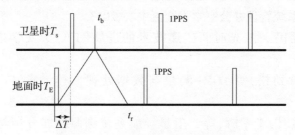

图 8.3.2　星地激光时间传递原理图

如果地面上另一个站也与该卫星进行激光时间传递，需要考虑星地相对运动以及设备时延等因素。

上面以星地激光时间传递技术为例简单说明了激光时间传递技术原理，但其原理同样适用于星间和地面高精度激光时间传递技术，不再赘述。

8.4　参考文献

［1］党亚民,秘金钟,成英燕. 全球导航卫星系统原理与应用［M］. 北京:测绘出版社,2007.

［2］张继海. 基于北斗三号的 PPP 时间比对方法研究［D］. 北京:中国科学院大学,2022.

［3］杨帆. 基于北斗 GEO 和 IGSO 卫星的高精度共视时间传递［D］. 北京:中国科学院研究生院,2013.

［4］李玮. 卫星导航系统时间测试评估方法研究［D］. 北京:中国科学院研究生院,2013.

［5］马煦,王茂磊,刘魁星,等. 基于 BDS 的卫星双向时间比对性能评估试验［J］. 数字通信世界,2020,(4):7-9.

［6］王苏北. 高精度光纤时间传递的码型设计与实现［D］. 上海:上海交通大学,2013.

［7］张继海,广伟,袁海波,等. 北斗测距信号评估与精密单点定位应用研究［J］.

仪器仪表学报,2017,38(11):2707 – 2714.

[8] 武文俊. 卫星双向时间频率传递的误差研究[D]. 北京:中国科学院研究生院,2012.

[9] 陈法喜,孔维成,赵侃,等. 高精度长距离光纤时间传递的研究进展及应用[J]. 时间频率学报,2021(10):266 – 278.

[10] 广伟,袁海波. 相位平滑伪距在北斗共视中的应用[C]//第四届中国卫星导航学术年会. 第四届中国卫星导航学术年会论文集:2013 年卷. 北京:中国卫星导航系统管理办公室学术交流中心,2013.

[11] 李鑫,杨福民. 激光时间传递技术的进展[J]. 天文学进展,2004(3):10 – 22.

[12] 李征航,黄劲松,等. GPS 测量与数据处理[M]. 武汉:武汉大学出版社,2005.

[13] 朱峰,张慧君,李孝辉,等. 卫星导航系统溯源性能分析与评估[C]//全国时间频率学术会议. 全国时间频率学术会议论文集. 北京:科学出版社,2013.

[14] PETIT G,JIANG Z. GPS All in View time transfer for TAI computation[J]. Metrologia,2008,45:35 – 45.

[15] HOPFIELD H S. Tropospheric effect on electrometrically measured range:prediction from surface weather data[J]. Radiology Science. 1971,6:357 – 367.

[16] SUN H W,YUAN H B,ZHANG H. The Impact of Navigation Satellite Ephemeris Error on Common – View Time Transfer[J]. Institute of Electrical and Electronic Engineers Transactions on Ultrasonics Ferroelectrics And Frequency Control,2010,57(1):151 – 153.

[17] ZHANG H,LI H X,LEWANDOWSKI W,et al. TWSTFT activities at NTSC[C]. Besancon:Institute of Electrical and Electronic Engineers,2009:20 – 24.

[18] SAASTAMOINEN J. Introduction to practical computation of astronomical refraction[J]. Journal of Geodesy,1972,106(1):383 – 397.

8.5 思考题

1. 我国北斗卫星导航系统（BDS）是我国完全自主建造的星基导航系统,请简要说明我国北斗全球系统组成,并说明北斗卫星类型。

2. GNSS CV 是当前常用纳秒级高精度时间传递技术之一,简要说明 GNSS CV 的基本原理,并给出 GNSS CV 时间比对技术的优缺点。

3. GNSS 载波相位定位和时间传递中，均会出现周跳现象，请说明 GNSS 载波相位测量中发生周跳的原因，并给出周跳探测的方法。

4. 查阅相关文献，简要罗列出目前 IGS 不同分析中心提供给用户卫星星历、地球自转参数、卫星钟差、跟踪站的站坐标以及接收机钟差等产品的不同。

5. 高精度时间传递技术应用越来越广，时间传递技术也在不断发展，思考高精度时间传递技术发展趋势。

第 9 章　时间间隔和频率测量基础

　　与确定标准时间的时间测量不同，时间间隔测量主要用来比较两个物理事件发生时刻之间的时间流逝，电子计数器的发明，极大提高了时间间隔的测量精度。现代时间的定义来源于频率，频率信号的准确度是决定秒长准确度的最主要因素，时间间隔测量也同频率测量联系起来，两者既能相互独立进行，也能在某些条件下相互转化。本章将通过时间、频率测量技术发展过程和主要技术原理介绍，阐述时间间隔测量和频率测量相关基础知识。

9.1　时间频率测量技术的发展

　　时间频率的测量同其他基本物理量的测量一样，是以当时科学、技术水平为基础，为满足科学技术进步的需求而发展起来。迄今为止，人们依据当时的条件，先后选择了多种周期运动作为标准来测量时间，比如地球的自转、地球的公转、脉冲星的自转、量子跃迁等，这些看似自然的选择背后，凝结了一代又一代科学家们的智慧与毕生精力。本章将从时间频率测量技术发展历程的角度，简要介绍曾经代表了当时最高水平的时间频率测量技术。

9.1.1　原始阶段的时间测量

　　原始测量阶段是时间概念形成和计时方法形成的阶段，时间概念的产生经历了漫长的过程。在渔猎为主的原始人时期，没有任何东西能像日升日落一样影响人们的生活。太阳东升西落，周而复始，循环出现，两次日出或两次日落之间天然的时间变化周期，使人们逐渐有了天的概念。天的积累形成年，人类最初是根据物候和天象形成了年的概念，还根据月亮的出没及其圆缺变化形成了月，从而创造了历法。

　　将日进一步细分为时、分、秒，是时间测量史上的一大进步。最先将 1 天分为 24 小时的是古埃及人，中国古代是按 12 时辰和百刻制划分一天。把 1 小时划分为 60 分，1 分划分为 60 秒是公元 1345 年左右出现的。大约在公元 1550 年前后，时钟的钟面上才出现分针，到了 1760 年出现了秒针。

　　随着周期性时间间隔的确定，时间的测量也被日常生活所需要，人们利用各

种各样的自然现象、人造运动来测量时间。用来测量时间的器具，有以下典型
特征。

（1）周期性运动具有稳定性：在不同的条件下，运动周期相同（自然界很
难获得绝对相同的两个周期，这里是指在一定的精度指标内近似相同）。

（2）周期性运动具有可重复性：在不同地方、不同时间、不同条件下，都
能够通过一定的操作，重复得到相同的周期运动。

当人类发现渗水的陶器滴水速度是均匀的时候，陶器被用来记录过去了多长
时间，燃烧的均匀特性让燃烧绳索拥有了计时功能，后来人们又制造了沙漏、铜
壶滴漏、定时蜡、盘香等各种具有稳定周期、可重复的计时器具，代表了当时时
间测量的最高水平，支撑了原始时期的计时需求。

9.1.2　以地球转动为基础的天文学时间测量

当人们认识并掌握了天体运动规律后，开始将天体运动现象作为时间测量的
标准，其中以地球自转和围绕太阳公转为基础的时间测量应用最为广泛。先后使
用真太阳日、平太阳日的 1/86400 作为 1s 的长度，获得了以天体运动规律为基
础的时间间隔，以此为标准测量其他时间长度。

从 19 世纪中叶到 20 世纪 60 年代，差不多一百年的时间内，以地球自转为
基础测得的平太阳时是世界主用的时间，代表了早期的世界时。随着石英钟的发
明，有科学家以石英钟为参考，测得地球自转速率每年变化约为 60ms，证明了
地球自转的不均匀性，即平太阳时的日长也是不均匀变化的，经过处理，并消除
季节性变化等波动因素后，平太阳时的秒长在一年内仍包含了 ±100ns 的不确定
性，因此，以地球自转为基础的时间测量系统（平太阳时）只能满足容许误差
在 100ns 量级以上的应用，随着技术的进步，更高精度的应用需要更稳定的时间
测量系统。

除了观测地球、太阳等星体来测量时间，1967 年，人们还观测到了一种拥
有稳定周期的射电脉冲信号，是由脉冲星辐射出来。经过与原子钟产生的时间进
行比对，发现脉冲星的频率稳定度约在 $10^{-14} \sim 10^{-10}$ 之间，是自然界可堪与原子
钟比较的理想时间源。

9.1.3　电子学测量阶段

多个世纪以来，人类测量时间的首选标准是天体的视运动。随着社会生产的
发展和科学技术的进步，人们对时间准确度的要求越来越高。例如，甚长基线射
电望远镜联合观测、航天发射场、导航定位、高铁调度、低延迟通信等领域，部
分场合不但要求时间标准具有很高的准确度，而且要求它具有优良的稳定度、随

时能获得等特征。世界时、历书时等都难以随时随地满足各类应用的需求，因此人们一直在研究新的时间源和时间测量方法。

1873 年，麦克斯韦提出发射光谱的谱线波长和辐射周期可以被用来确定长度的单位和时间的单位。20 世纪 30 年代，石英钟问世，其短期测量时间的精度领先于天文方法，尽管石英钟的长期稳定度较差，不具备成为时间标准的条件，但是它的出现，促进了分子钟和原子钟的诞生。

原子内部结构是一个复杂的系统，它由一个原子核和若干绕核运动的电子组成。原子核与电子，以及电子与电子之间的相互作用状态决定原子能量的大小。相互作用的状态不同，原子的能量也不相同。量子力学表明，原子的能量只能取某些特定的离散数值，对应着某些特定的相互作用或运动状态。将这些可能的能量特定值按高低次序排列起来，就构成了原子的能级图，其中运动能量最低的状态称为原子基态，其能级称为基态能级，其余能级称为激发态能级。当原子因某种原因改变了内部间相互作用时，它就从一个能级跳到另一个能级，同时释放或吸收一定的能量，这个过程称为原子跃迁。跃迁时原子辐射或吸收的能量以一定频率的电磁波形式表现出来，该频率与原子跃迁前后的能级差是常数关系，这个常数称为普朗克常数，对于所有原子都相同。由于原子的能量状态十分稳定，而且所有跃迁发生时辐射的频率固定不变，这就为研制原子频率标准提供了一个精确的周期现象。

原子频率标准的历史和发展最早可以追溯到 1920 年，当时达尔文（Darwin）第一个将磁场中晶体的旋转与谐振现象联系起来。1927 年，他又从理论上讨论了原子的非绝热跃迁。接着菲普斯（Phipps）和弗里希（Frish）等进行了原子的非绝热跃迁实验。1936 年，拉比（Rabi）提出了原子和分子束谐振技术理论，并进行了相应实验，得到了原子跃迁频率是其内部固有特征，与外界电磁场无关的重要结论，从而揭示了利用量子跃迁获得稳定频率的可能性。不过，这方面的实验和研究工作因第二次世界大战中断了。二战结束后，相关研究工作才得以重启和发展。1948 年，斯密斯（Smith）利用拉比的方法做成了由氨同位素吸收谱线控制的振荡器，但因谱线太宽，振荡器的应用受到了限制。为此，1949 年拉姆齐（Ramsey）提出了分离振荡场方法，大大降低了跃迁谱线的线宽，原子频率标准的研制迈进了一大步。1955 年，英国皇家物理实验室成功研制了世界上第一台铯束原子频率标准，开创了原子频率标准的新纪元。

铯束原子频率标准投入应用之后，无论是工作原理、设备结构，还是频率准确度、稳定度等技术指标，都在不断改善和提高。到 20 世纪 80 年代，各国相继研制出磁选态铯原子频率标准、光抽运铯原子频率标准，这类铯原子频率标准的准确度约为 10^{-12} 量级。20 世纪末，人们根据激光冷却和离子囚禁理论研制出铯原子喷泉钟，目前频率不确定度已经达到 10^{-16} 量级，极大地提高了时间测量的精度。目前，光钟的研究也有突破性进展，相比铯原子喷泉钟，近年已经有多个研究小组的光钟频率不确定度进入 10^{-18} 量级，有可能成为下一次秒长定义的基准钟。随着原子钟制造水平的提高，时间测量的精度也会大幅度提高。

随着原子钟技术的发展，使得定义一个更准确的时间测量标准变得可能。1967 年 10 月，在第十三届国际度量衡大会上，通过了新的秒长定义：

位于海平面上的铯 133 原子基态的两个超精细能级在零磁场中跃迁振荡 9192631770 周所持续的时间为一个原子时秒。

值得注意的是，在秒长定义中，被测量的物理量不再是从大的时间单位中等分出来的时间间隔，而是用更小的时间间隔积累（频率）得到。电子测量阶段的新特征是频率测量的重要性显著提高，该阶段不只是发展时间测量，而是时间测量与频率测量同时被需要。

9.2 时间频率测量的基本概念

国际单位制系统中的时间基本单位是原子秒，是根据原子跃迁辐射的频率定义。按照时间频率测量领域的一般规则，根据振荡器的准确度、稳定度、复制性和重现性等指标，将振荡器分为原子频标、光频标和石英晶体振荡器几类。其中原子频标通常由量子系统和伺服环路组成，量子系统获得原子在两个能级间跃迁时辐射的微波频率，通过伺服环路使石英晶体振荡器输出 10MHz 或 5MHz 等与原子跃迁的微波频率具有同样准确度的信号。石英晶体振荡器与原子频标相比，具有较好的短期稳定度和较大的频率漂移，因此使用量子系统伺服能提高其输出信号的频率准确度。光频标是指基于离子或原子跃迁辐射光信号进而获得频率信号，光频远高于微波频率，因此较之原子频标容易获得更准确的频率信号。

目前建立时间频率基准使用的最高准确度频率基准是铯原子喷泉钟，准确度进入 10^{-16}，可直接复现秒长定义。频率标准的频率准确度次于频率基准，需用频率基准或频率准确度高一级的频率标准进行校准。目前常见的有铯原子频率标准、铷原子频率标准、氢原子频率标准和石英晶体频率标准，相对于石英晶体频率标准，原子频率标准具有很高的频率准确度、长期稳定度、频率复制性和重现性，输出表示频率的信号一般为正弦波形。

与原子频率标准输出频率信号不同，原子钟是一台以原子谐振频率为主振荡频率的数字时钟，除能显示时、分、秒以外，还有秒脉冲输出，外同步信号输入以及秒脉冲时延调整功能。

由此可见，钟和频率标准主要的区别是输出信号，钟需要给出时间信息，例如"嘀嗒"的秒信号或数字显示的时间信号，频率标准是提供几种典型的频率信号，如 1MHz、5MHz 和 10MHz 等。

与其他类型的测量相似，时间频率测量的对象是频率标准或钟，统称待测设备，测量就是比较待测设备与标准（或参考）的过程。作为测量参考的设备性能应该比待测设备高出一定比例，这个比例称为测量不确定度比率，一般情况下为 10∶1，当待测设备性能特别高时，考虑参考的可获得性，也可以按 3∶1 提供，比例越高，达到有效测量所需的测量次数越少。

9.3 时间间隔测量技术

时间间隔测量通常是为了获得两类数值：一是测量两个事件之间流逝的时间，称为时间间隔；二是比对两台时钟在同一时刻的读数差异，通常是一个时钟相对一参考时钟的时刻差，称为时间偏差。时间偏差的测量也可以转化为时间间隔的测量。

高精度时间测量一般是指时间间隔或时间偏差远小于一秒的测量，如毫秒、微秒、纳秒、皮秒等。根据测量分辨率需求不同，可以使用直接时间间隔测量和高分辨率时间间隔测量技术进行测量，下面两节分别介绍测量原理。

9.3.1 直接时间间隔测量

时间间隔计数器是一种直接测量时间间隔的典型设备。通常由一台时基振荡器经时基倍频分频器生成更高频率信号后驱动，连续发出等间隔的脉冲信号，计数器的电子主闸门由受外部输入的开始信号或停止信号控制，开始信号到来，打开闸门，计数寄存器开始计数填充的脉冲信号个数，当外部输入的停止信号到来时，关闭闸门，计数寄存器停止计数，计数脉冲信号个数乘以脉冲周期即为两台时钟的钟差，送入显示模块显示钟差。其中时基倍频分频器通常是用来将时基振荡器或者外部输入的频率标准信号锁定到更高频率，目的是降低时基脉冲周期从而提升时间间隔计数器的测量分辨率。时间间隔计数器的组成框图和测量原理如图 9.3.1 和图 9.3.2 所示。

时间间隔的测量分辨率取决于用于计数的脉冲信号的工作频率，可能出现 ±1 个计数脉冲周期的计数误差。例如频率为 10MHz 的计数脉冲可以提供 100ns 的时间分辨率，500MHz 则能将分辨率提升至 2ns。提高计数脉冲频率可以改善时间测量分辨率，但受限于复杂度、可实现性、性价比等原因，时钟频率不可能无限制提高，还需要发展其他手段。

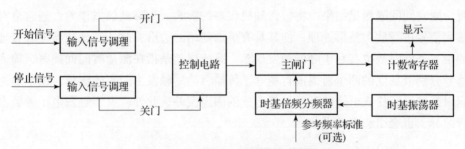

图 9.3.1 时间间隔测量计数器组成图

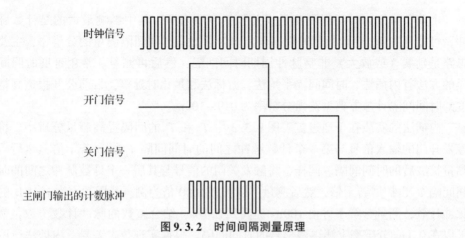

图 9.3.2 时间间隔测量原理

时间间隔测量的最大误差源就是开门、关门信号和计数脉冲信号到来之间的间隔 T_{i1} 和 T_{i2}，如图 9.3.3 所示。提高测量分辨率的核心任务是提高 T_{i1} 和 T_{i2} 的测量分辨率。已有的解决方案包括如内插法、游标法和模数转换变换法等。

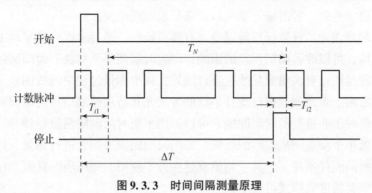

图 9.3.3 时间间隔测量原理

使用计数器测量时间间隔，还需要考虑触发器误差和系统误差的影响。触发器误差是指输入信号的噪声和输入通道附加噪声导致的随机误差，由时间间隔测量原理可知，计数器的主门是由输入信号控制，当随机噪声触发主门开启或关闭时，则时间间隔测量结果中将包含随机误差的影响。为降低触发误差，通常会对输入信号进行放大整形处理，使其具有更加陡峭的边沿，此外对计数器配置合理的触发条件参数也有利于降低触发误差。系统误差是指在测量时间间隔时，输入信号分别经独立的两个通道进行调理、传播，然后触发主门实施测量，由于通道间时延差异、接入电缆时延差异等造成的固定误差。此外，由于触发电平参数设置差异，也会引起系统误差。

9.3.2 高分辨率时间间隔测量

由前节可知，时间间隔测量误差包括多项来源，其中影响最大的是计数脉冲，可能存在 ±1 个计数脉冲周期误差。为了提高时间间隔测量的分辨率，主要思路是延展（或放大）非整脉冲周期时间间隔，然后再测量。常用延展时间间隔的方法有内插法、时间间隔平均法、游标法和量化时延等，目前公开报道高精度的时间间隔计数器典型测量分辨率为 0.9~100ps。

内插法的实质在于通过扩展图 9.3.3 中 T_{i1} 和 T_{i2} 的间隔提高测量分辨率。将触发开门的输入信号与第一个计数脉冲之间的时间间隔 T_{i1} 扩展若干倍，然后再测量扩展后的时间间隔。同样，将触发关门的信号与其后一个计数脉冲之间的时间间隔 T_{i2} 也扩展若干倍，然后测量。以扩展 1000 倍为例，若用频率为 10MHz 的脉冲计数，测量分辨率可由 100ns 提高到 0.1ns，结合整数的脉冲计数个数，就可以在 0.1ns 分辨率上测得两信号的时间间隔。根据实现技术差异，内插法还可以细分为模拟内插法和数字内插法，其本质均是扩展时间间隔，使其更容易高分辨率测量。模拟内插常见的实现方案是控制电容充放电电流大小，产生时间差。用大电流充电，再用充电电流 1/1000 的电流放电，相当于放电时间被放大 1000 倍。此外可编程延迟线、延时链等都可以用来延展时间间隔。

因为触发误差和计数误差等误差都有随机特性，通过多次测量平均或并行多次测量平均，可以改善随机误差的影响，即为时间间隔平均法。时间间隔平均法的基本原理是通过对大量测量数据进行统计，减少测量过程中随机因素导致的测量误差的影响。多次测量进行统计平均的方法尤其适用被测信号时间间隔重复出现的情况。对于非重复的时间间隔，可以采用多组时间间隔测量器件并行测量的方式，降低单个测量随机误差的影响。采用时间间隔平均法进行测量，用于统计平均的时间间隔样本越多，其平均值就越接近于所测时间间隔的真值。在 N 次平均测量中，其精度表达式可表示为

$$测量精度 = \pm \frac{1}{\sqrt{N}}(计数脉冲误差 + 触发误差) \pm 时基误差 \pm 系统误差 \quad (9-1)$$

其中，计数脉冲误差是计数器时基振荡器产生的工作时钟周期，通过平均的方法

可以将其降低为原来的 $1/\sqrt{N}$。触发误差是由输入信号噪声和触发器电路噪声引起，会导致在时间间隔测量中计数器较实际信号更早或更晚地随机开始或停止，这种误差也可以通过多次测量取平均的方法得到降低。在时间间隔测量中，触发误差一般远小于计数脉冲误差，大多数情况下可以忽略。时基误差是计数器时基振荡器或外部参考频率标准的频率不准确度引起。由式（9-1）还可以知道，平均测量法并不能减小时基误差、系统误差。

　　游标法是通过两个频率有细微差别的锁相振荡器实施同步门，用于扩展开始和停止脉冲与时基脉冲到来和结束后间空隙，基本原理如图9.3.4所示。输入的开门信号和关门信号分别触发各自的锁相振荡器，产生周期相同的开门游标时钟和关门游标时钟，游标时钟与计数脉冲周期 T_0 的关系为 $T_0(1+1/N)$。图9.3.4中各时间间隔之间的关系式为

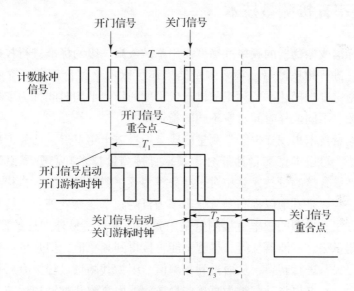

图9.3.4　游标法时间间隔测量原理

$$T = T_1 + T_3 - T_2 \qquad (9-2)$$
$$T_1 = 3T_0(1+1/N) \qquad (9-3)$$
$$T_2 = 2T_0(1+1/N) \qquad (9-4)$$
$$T_3 = 3T_0 \qquad (9-5)$$

其中，开门游标时钟和计数脉冲同步点称为开门信号重合点，此时开始游标计数，同理，关门游标时钟和计数脉冲的重合点称为关门信号重合点，此时停止游标计数，开门重合点与关门重合点同时控制计数脉冲主闸门计数。由于所有门都同步，所以就不存在计数误差。此时时间间隔由下式计算。

$$T = T_0 \left[N + (N+1)/N(N_1 - N_2) \right] \qquad (9-6)$$

式中：N_1 和 N_2 分别表示开门和关门游标时钟的计数值。

使用游标法测量时间间隔，基于频率为 200MHz 计数脉冲信号，可以实现 20ps 的测量分辨率。

内插法和游标法都能提高时间间隔测量分辨率，但是存在设备相对复杂、体积偏大等不足，限制了应用。随着数字信号处理技术和可编程器件的发展，量化延时法逐渐走向应用，量化延时法核心是利用器件的延时稳定性、高分辨率的延时单元，以及延时长度可编辑等特性，延展时间间隔，进而提高测量分辨率。常见的延迟器件类型包括延迟线、门电路或者其他具有稳定延迟的电路等。目前，使用可编程逻辑器件已实现了优于 100ps 的测量分辨率。

9.4 频率直接测量技术

频率标准或振荡器的频率准确度需用基准或高一级的标准进行校准，而校准之前需要先进行频率测量。频率测量结果还可以用来评价频率标准的频率稳定度，频率稳定度是描述平均频率随机起伏程度的量，平均时间称为取样时间，为一重要参数，不同取样时间对应不同的稳定度。

频率测量技术出现在电子学测量阶段，经过数十年发展，已经形成了一系列的测量方法，可以根据测量性能分为频率直接测量技术和高分辨率频率测量技术。所谓频率直接测量技术是相对于高分辨率频率测量而言的，指待测信号不经过倍频、混频或是其他以提高测量分辨率为目的频率变换处理，直接测量信号频率的一类方法，典型的频率直接测量是用频率计测量，另外如计数器测周期法、时间间隔测量法、示波器法等，尽管不能直接得到频率值，但是可以通过对测量结果按特定关系进行转换，从而得到频率值，因为其测量过程没有对待测信号进行频率变换，本书也将其归类为直接测量法。下面介绍几种利用示波器、计数器等通用设备直接测量频率的工作原理。

9.4.1 测频法

测频率法的基本工作原理是计数测量间隔内待测信号发生周期翻转的次数，然后统计多个测量间隔内翻转次数的均值，得到待测信号的频率值，计算公式为

$$\overline{\nu(\tau)} = (M + \Delta M)/\tau \approx M/\tau \qquad (9-7)$$

式中：$\overline{\nu(\tau)}$ 表示在测量间隔 τ 内的频率均值；M 和 ΔM 分别表示在测量时间间隔内待测频率源信号的整周期个数和小数周期数。式（9-7）中整周期数 M 的值

能被准确获得，而小数周期 ΔM 不能直接被测量，因此测频率法的最大测量误差可能为一个信号周期，即存在小于 $1/M$ 的量化误差。适当延长测量间隔，有助于提高直接测频率法的准确度。

采用测频率法测量频率信号的典型仪器是频率计，又称频率计数器，是一种专门对待测信号频率进行直接测量的电子测量仪器。目前常用的频率计是数字频率计，数字频率计是采用数字电路制作，能测量周期性变化信号频率的仪器，典型数字电路结构如图 9.4.1 所示，由时基电路、闸门电路、输入电路（衰减放大、整形电路）、计数电路、译码显示和控制电路六部分组成。

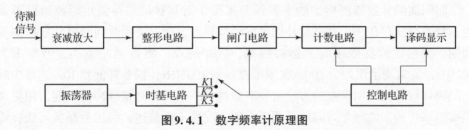

图 9.4.1　数字频率计原理图

待测信号进入数字频率计后，首先经过衰减放大和整形电路处理，使其匹配后端处理对信号的要求。其中衰减放大是当信号电压较小不能驱动后端整形电路或当信号幅值较大超过闸门电路检测门限时自动进行匹配处理，将待测信号的幅值调理到符合后端处理要求。因待测信号波形可能是正弦波或其他波形，而边沿陡峭的矩形波（又称方波）更易被后端电路检测，因此设计整形电路将正弦波或三角波转换为矩形波，或者将因传输变平缓的方波信号边沿通过整形处理使其更为陡峭，易于测量。

时基和闸门电路：闸门电路是控制计数器计数的标准时间信号，待测信号的矩形波通过闸门进入计数器的个数是由闸门信号决定，闸门信号的精度很大程度上决定了频率计的频率测量精度。当频率测量精度要求较高时，应使用更高性能的频率标准作为时基电路参考。

计数电路：在闸门电路导通时，计数待测信号中有多少个矩形波的上升沿或下降沿。

显示电路：数码管或显示屏显示闸门时间内测得的频率值，根据计数电路在闸门时间获得的上升沿或下降沿个数，将其转换为单位时间内的上升沿或下降沿个数，作为待测信号频率值。

控制电路：控制电路产生计数清零信号和锁存控制信号。

9.4.2　测周期法

测周期法的基本工作原理是测量频率信号单个周期值 T，然后根据周期与频率的倒数转换关系计算待测信号的频率值。

可以用时间间隔计数器测量频率信号的周期，也可以用示波器测量信号的周期。以使用时间间隔计数器测量正弦信号周期为例，说明周期测量的原理。待测信号为正弦波，由信号调理与整形电路将信号的周期整形为矩形波，在正弦波正向过零点（变化最快的点）开始输出高电压，到下一个正向过零点结束高电压，生成一个矩形波，然后由计数电路在矩形波的高电平期间填充时基脉冲，对时基脉冲进行计数，计数值乘以时基脉冲周期，得到待测信号的周期值。时基脉冲是根据时间间隔计数器内部或外部时钟参考信号生成的。

时间间隔计数器测周期的主要误差来源于时基脉冲与待测矩形波边沿不重合，最大可能存在一个时基脉冲周期的计数误差，所以使用时间间隔计数器测量周期，测量误差受限于时基脉冲频率，频率越高，测量误差越小，若频率为10MHz，最大测量误差为100ns，频率提高到100MHz，误差降低到10ns。减少时间间隔计数器测周期误差的方法主要有两种：一是减小时基脉冲的周期，用更高频率时基代替，原理与时间间隔测量类似，此处不再赘述；第二种是插入法，将待测信号上升沿到第一个时基脉冲到达的这一段时间间隔放大后再测量，对下一个周期上升沿与最后一个时基脉冲的间隔采用同样处理方法，插入法本质是将微小时间间隔按比例放大后再测量，提高时间间隔的鉴别能力，因为放大比例已知，所以可以通过比例换算得到被测信号的实际时间间隔。

9.4.3 李沙育图形法

李沙育图形法是一种使用示波器测量频率的方法。测量基本原理是利用示波器的两个输入通道，比较待测信号和参考信号的相对相位关系，调节参考信号的频率，使两个信号的频率呈整数倍关系，此时示波器屏幕上出现稳定的图形，称为李沙育图形。通过分析形状特征，判断待测信号与参考信号的相对频率关系，如图形为圆形或椭圆形，则待测信号频率等于参考信号频率，根据参考信号的频率便可求得待测信号的频率。

李沙育图形法原理简单，对测量设备要求不高，而且使用灵活，是频率标准之间粗略比对较为方便实施的一种方法。但存在测量精度不高，难以判别待测频率值与参考频率是大于还是小于关系等问题，一般适用于晶体振荡器等准确度相对较低的频率标准的测量。

9.4.4 时差法

当待测信号与参考信号的频率标称值接近时，还可以使用时间间隔计数器的时差测量功能测量两信号的时差（或称相位差），根据时差分析两个信号的频率差。信号间的时差来源包括两部分：一是与开始测量的时间起点有关；二是与两信号间的频差和测量持续时间有关。若两信号存在频差，则信号间的时差随时间增加变化，通过时间间隔计数器测量该变化量，除以测量持续时间，转换为待测信号与参考信号的频率差值，从而得到待测信号的频率，称为时差法。

待测信号和参考信号的标称频率分别用 v_1 和 v_2 表示，t_1 时刻待测信号的正向过零点触发时间间隔计数器启动测量，开始填充时基脉冲，参考信号的正向过零点触发时间间隔计数器停止测量，填充的脉冲总数乘以脉冲周期，得到时差测量结果 $x(t_1)$，在 t_2 时刻采用相同方法得到 $x(t_2)$，两时差的表达式为

$$[x_2(t_2) - x_1(t_1)]/(M\tau_c) = [(v_2 - v_1)/v_1] \tag{9-8}$$

式中：M 是 t_1 到 t_2 时刻期间计数器填充的脉冲个数；τ_c 是时间间隔计数器的时基脉冲周期；$x(t)$ 是单位为秒的瞬时相位。式（9-8）包含了时间和相位差两方面的重要信息，由于频率源输出正弦信号，过零点时斜率最大，因此通常选择过零点作为时差测量触发点，此时测量结果最准确。

时差法的最大问题是测量结果受相位周期翻转影响，当相位差超过一个周期时，测量结果会发生跳变。如图9.4.2所示，当两信号的时差超过一个周期时，测量结果中存在整周期模糊度。

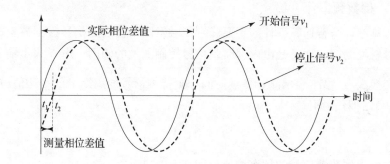

图9.4.2　时间间隔测量法测量相位差

若进行时差测量前对信号先进行分频处理，可以放大信号周期，有助于延缓周期翻转的频度。其测量系统组成如图9.4.3所示，分频器的作用是在时间间隔测量之前，将待测周期扩大 N 倍，N 表示分频数，可以提升测量分辨率。这种测量原理适合频率相对偏差比较小的原子钟间性能的长期监视。在新的方法出来之前，含分频的时差测量方法被许多守时实验室用于原子钟频率的长期测量，通常时间间隔测量的输入是分频为秒脉冲的信号。

时差法的测量分辨率取决于时间间隔计数器时基脉冲周期和计数器的处理速度；测量准确度受许多因素影响，包括输入信号波形上升沿受干扰情况、事件触发器件受噪声干扰等。减少测量误差的方法与测周期法类似，详细内容参见9.4.2节。

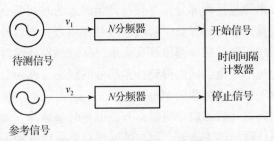

图 9.4.3　含分频的时差测量法

时差法的使用受其工作原理影响存在较多的局限性，特别是测量时间间隔较小的脉冲信号时，电缆接头缺陷可能导致信号上升沿变形、反射，长距离电缆传输可能引起回路干扰。上升沿失真变形等可能影响事件触发点的检测，反射可能影响频率源的输出频率，导致测量结果出错等，使用时需要注意。

9.4.5　分辨率改进型频率计

基于频率计的频率测量是一种应用广泛的频率测量方法。本节将介绍两种改进型频率计，即倒数频率计和内插频率计的工作原理。

9.4.5.1　倒数频率计

倒数频率计与普通频率计的主要区别是触发闸门开启的信号，倒数频率计由输入信号触发闸门，而不是由内部时基信号控制测量的闸门。用 N 表示输入信号的周期变换次数，MT 表示测量持续时间，则待测信号的周期 T 的平均值 $\bar{T}$ 可由式（9-9）计算，即

$$\bar{T} = \mathrm{MT}/N \tag{9-9}$$

根据周期可得到待测信号的频率均值，即 $\bar{\nu} = 1/\bar{T}$。

周期倒数频率计结构如图 9.4.4 所示，包含了两个计数寄存器，一个用来计数输入信号周期数，另一个用来计数时基脉冲数，根据时基脉冲个数和时基脉冲周期值计算测量持续时间 MT。两个同步的主门分别控制两个计数寄存器，同传统频率计不同，由微处理器控制的测量时间并不是一个精确定义的门时间，实际的测量门时间 MT 和输入信号触发同步，因此该种测量能精确测得输入待测信号的周期数，避免了对待测信号周期的计数误差。但由于时基脉冲与输入信号不完全同步，存在最大 ±1 个时基脉冲周期的截断误差。

为了获得平均频率值，还需做以下运算，即

$$\nu = \frac{\text{待测信号周期数}}{\text{时基脉冲数} \times t_c} = \frac{N}{\mathrm{MT}} \tag{9-10}$$

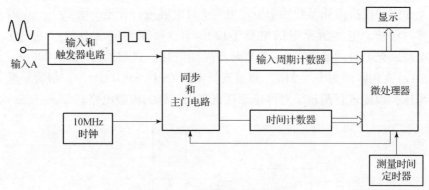

图 9.4.4　倒数频率计结构框图

式中：t_c 表示一个时基周期持续的时间，若 $t_c = 100 \text{ns}$，倒数频率计的测量分辨率可以用式 (9-11) 计算，即

$$\text{分辨率} = \frac{t_c}{MT} \qquad (9-11)$$

倒数频率计的主要特征是测量分辨率与待测信号频率无关，其相对分辨率独立于待测信号频率，因此为提高测量分辨率，可以提高时基信号频率。

9.4.5.2　内插频率计

相对于倒数频率计由时基脉冲周期决定测量分辨率，内插频率计可以更容易实现更高的测量分辨率。内插频率计是由时基脉冲边沿触发闸门的开始和结束，然后在待测信号上升沿或下降沿与时基脉冲到来之间的间隙进行内插，延展时间间隔后再测量，提高分辨率。图 9.4.5 为一个内插频率计的典型结构框图。

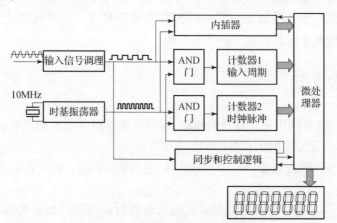

图 9.4.5　内插频率计典型结构框图

图 9.4.6 为图 9.4.5 中内插器的工作原理，在开始事件和下一个时基脉冲之间，以及在终止事件和下一个时基脉冲之间有很短的时间间隔，在这段时间中，

图 9.4.6 中的模拟内插器开始用恒定电流 I 对电容进行充电，直到下一个时基脉冲到来时停止。电容所充电的电量 $Q(t) = It$，所充的电压 $U(t) = Q(t)/C = (I/C) \times t$。充电时间通常在 $1 \sim 2$ 个时基周期变化，典型值为 $100 \sim 200\text{ns}$，相应电压 $U(t)$ 变化区间为 $U_0 \sim 2U_0$，通过选择 I 和 $C(U_0 = (I/C)t_0)$，很容易获得需要的电压，以便进行测量。对停止事件也采用同样的内插电路。

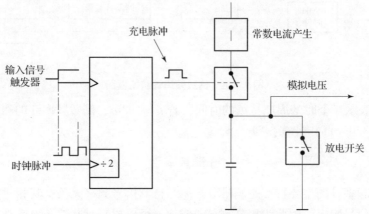

图 9.4.6　时间转换为电压模拟内插器基本原理

测量间隔内待测信号的整周期个数和小数周期数分别用 M 和 ΔM 表示，对整周期个数的测量与标准频率计相同，区别在于小数周期的测量。内插频率计能将非整数周期 ΔM 的测量分辨率提高到时基脉冲周期的 1% 以下。$\Delta M = T_N + T_1 - T_2$，其中 T_N 表示时基脉冲周期数，T_1 表示开始触发和其下一个时基脉冲之间的时间，T_2 表示终止触发和其下一个脉冲之间的时间。

内插倒数频率计明显提高了时间间隔测量分辨率，比如时基为 10MHz 的计数器，测量分辨率能提升至 1ns 甚至更高。

9.5　参考文献

[1] 中华人民共和国国家计量技术规范,时间频率计量名词术语及定义,JJF1180 – 2007[S]. 北京:中国计量出版社,2007.

[2] 李孝辉,杨旭海,刘娅,等. 时间频率信号的精密测量[M]. 北京:科学出版社, 2010.

[3] 赵志雄,等. 基于 PCI 总线的高精度大量程时间间隔计数器研制[J]. 电子测量与仪器学报,2014,28(12):1317 – 1324.

[4] 方苏. 窄线宽激光和窄线宽光梳的研究[D]. 上海:华东师范大学,2013.

[5] 胡炳元,许雪梅. 时间频率的精密计量及其意义[J]. 物理教学探讨,2006,24

（6）:1 – 3.

[6] SULLIVAN D B, ALLAN D W, HOWE D A, WALLS F L. Characterization of clocks and oscillators [M]. NIST Technical Note No. 1337. U. S. Government Printing Office, Washington, DC, 1990.

[7] ALLAN D W. The Statistics of atomic frequency standards [J]. Proc. IEEE, 1966, 54:221 – 230.

[8] LOMBARDI M A. Time measurement and frequency measurement, in The Measurement, Instrumentation, and Sensors Handbook [M]. CRC Press, Boca Raton, Florida, 1999.

[9] LEVINE, J. Introduction to time and frequency metrology [J]. Rev. Sci. Instrum. , 1999, 70:2567 – 2596.

[10] LOMBARDI Michael A. The Mechatronics Handbook, chapter17, Fundamentals of time and frequency [M]. CRC Press LLC, 2002.

[11] HACKMAN C, SULLIVAN D B. Time and frequency measurement, American Association of Physics Teachers [M]. College Park, Maryland, 1996.

[12] IEEE Standards Coordinating Committee 27, IEEE Standard Definitions of Physical Quantities for Fundamental Frequency and Time Metrology—Random Instabilities [S]. Institute of Electrical and Electronics Engineers, New York, 1999.

[13] JESPERSEN J, FITZ – RANDOLPH J. From Sundials to Atomic Clocks: understanding time and frequency [M]. 2nd ed. , New York: Dover, Mineola, 1999.

9.6　思考题

1. 列举不少于三个需要纳秒级分辨率时间测量结果的领域，并简单介绍其关注的技术指标和要求？

2. 列举不少于三个需要频率测量结果的领域，并简单介绍其关注的技术指标和要求？

3. 高精度时间间隔测量一般分为粗测量和细测量，粗测量通过短时间脉冲填充待测时间间隔的方法，试分析粗测量的误差源以及改进方法？

4. 直接频率测量法中，可以使用对一定间隔内待测信号发生周期翻转的次数计数的方法来测量频率，这种方法的测量分辨率受哪些因素影响？

5. 直接频率测量法中，可以测量待测频率信号的周期值来获得待测信号频率，这种方法的测量分辨率受哪些因素影响？

6. 提高频率测量分辨率，有哪些方法可选，基本原理是什么？

第 10 章　现代精密测频技术和设备分析

上一章的频率直接测量技术一般能分辨赫兹量级的频率变化，少部分仪器能分辨微赫兹量级的信号，这类仪器一般是为了满足通用性要求，具有结构相对简单、能适应较宽频率范围信号等优点，但因测量分辨率受限，一般难以满足原子频标等高性能频率信号的测量需求。本章将介绍几种可进一步提高频率测量分辨率的方法，以及目前较为典型的几款高分辨率频率测量仪器的工作原理。

10.1　分辨率提高的频率测量方法

随着原子钟技术的不断发展，频率源的频率稳定度不断提高，秒级频率稳定度 $\sigma_y(\tau)$ 优于 10^{-12} 甚至低 $1\sim2$ 个数量级的频率源出现，采用直接测量法很难实现对这类原子钟稳定度性能的准确评估，需要更高测量分辨率、更低测量本底噪声的测量方法，比如差拍法、零差拍法、倍频法、频差倍增法、比相法、双混频时差法等，通过频率变换提高分辨率。

10.1.1　差拍法

差拍法又称差频法，常用于待测信号频率较高的情况，是利用混频器和参考频率信号对待测信号进行频率变换，然后进行频率测量的方法，核心思想是基于混频处理保留待测信号的相位信息。

差拍法工作原理是将待测频率信号和频率已知的参考频率信号分别送入混频器的两个输入端口，完成两路信号的频率混频，得到的差拍信号经低通滤波器滤除带外其他频率成分，然后用时间间隔计数器测量差拍信号的频率，差拍信号的频率通常远低于待测信号，因此可以使用时间间隔计数器测周期等方法进行测量，其原理如图 10.1.1 所示。

高稳频率源信号的谐波间相位关系非常稳定，并且信号各个周期能重复出现，具有较好的复现性，但是射频信号易受谐波失真影响，导致混频器输出信号的波形可能不是正弦型，另外，信号波形对电平和环境影响较为敏感，容易受干扰，为降低由此导致的测量误差，通常可以将混频输出的差拍信号放大、整形，使边沿更加陡峭，然后由过零检测器检测正向或负向过零点。

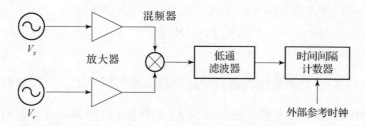

图 10.1.1　差拍法原理框图

差拍法测量待测信号的频率变换过程推导如下。

以原子钟输出稳定幅值的待测信号为例，可以忽略幅度噪声影响，则可用式（10-1）和式（10-2）分别表示待测信号与参考信号频率、相位关系。

$$V'_x(t) = V_x \sin\left[2\pi\nu_x t + \varphi_x(t)\right] \tag{10-1}$$

$$V'_r(t) = V_r \sin\left[2\pi\nu_r t + \varphi_r(t)\right] \tag{10-2}$$

式中：参考频率源输出信号频率为 ν_r；待测信号频率用 ν_x 表示；$\varphi_x(t)$ 和 $\varphi_r(t)$ 分别表示待测信号和参考信号在 t 时刻的瞬时相位。

假设参考和待测信号经混频器和低通滤波器后，高频分量能被完全滤除，仅保留低频成分作为差拍信号输入时间间隔计数器进行周期测量，差拍信号 $V(t)$ 表示为

$$V(t) \approx \frac{1}{2}V_x V_r \cos\left[2\pi(\nu_x - \nu_r)t + \varphi_x(t) - \varphi_r(t)\right] \tag{10-3}$$

差拍法需保证 ν_r 与 ν_x 的差值远小于 ν_r 或 ν_x 本身，两者的频差用 F 表示，即待测信号频率表示为 $\nu_x = \nu_0 + \Delta\nu_x$，则参考信号频率 $\nu_r = \nu_0 + F_0 + \Delta\nu_r$，$\nu_0$ 为待测信号的标称频率，F_0 为差拍信号标称频率，$\Delta\nu_x$ 和 $\Delta\nu_r$、ΔF 分别为待测信号、参考信号、差拍信号与各自标称频率的频率偏差值，差拍信号频率 F 与 ν_r、ν_x 的关系可用式（10-4）表示。

$$F = |\nu_r - \nu_x| = |F_0 + \Delta\nu_r - \Delta\nu_x| = F_0 + \Delta F \tag{10-4}$$

差拍信号与各自标称频率的频率偏差值可用式（10-5）表示。

$$\Delta F = |\Delta\nu_r - \Delta\nu_x| \tag{10-5}$$

假设参考信号的频率准确度远优于待测信号，则 $\Delta\nu_x \approx \Delta F$ 成立，即待测信号与其标称频率 ν_0 满足

$$\frac{\Delta\nu_x}{\nu_0} = \frac{\Delta F}{\nu_0} = \frac{F_0}{\nu_0}\frac{\Delta F}{F_0} \tag{10-6}$$

根据差拍信号频率与周期 T 的对应关系，$F_0 = \dfrac{1}{T}$，则

$$\frac{\Delta F}{F_0} = \frac{\Delta T}{T} \tag{10-7}$$

将式（10-7）代入式（10-6），式（10-6）可以变换为

$$\frac{\Delta \nu_x}{\nu_0} = \frac{F_0}{\nu_0} \frac{\Delta T}{T} \qquad (10-8)$$

根据式（10-8），差拍法能将测量分辨率提高差拍因子倍 $\frac{\nu_0}{F_0}$。若待测信号标称频率为 10MHz，差拍信号频率标称值为 $F_0 = 10Hz$，时间间隔计数器的时基频率为 10MHz，则由 ±1 个计数误差引起的时间间隔测量相对误差可根据式（10-9）计算，即

$$\frac{\Delta T}{T} = \frac{\pm 1 \times 10^{-7} s}{1s} = \pm 1 \times 10^{-7} \qquad (10-9)$$

可实现的测量分辨率可由式（10-10）计算。

$$\frac{\Delta \nu_x}{\nu_0} = \pm \frac{10}{10 \times 10^6} \times 10^{-7} = \pm 1 \times 10^{-13} \qquad (10-10)$$

即在上述条件下，差拍法测量分辨率可达到 10^{-13} 量级。差拍法具有结构简单、测量分辨率高等优点，是一种高分辨率的经典测量方法。

尽管差拍法有许多优点，但差拍法的应用受到以下因素限制：差拍法测量需要频率准确度优于待测源一个量级或三倍以上的参考，并且要求参考源频率与待测信号频率存在频差，频差的典型取值范围是 1Hz～1kHz，便于后期测量。当待测信号来自原子钟或者类似性能的振荡器时，满足上述条件的参考频率源并不易获得。因为频率准确度、稳定度较高的频率源，除非定制，典型输出频率为 5MHz、10MHz、100MHz 等标准值。而频率输出值可调的频率源通常准确度不及频标类的频率源高，因此难以满足作为测试参考的需求。

综上所述，差拍法虽然在高精度测量方面实用性稍弱，但是对于普通频率源的测量仍具有重要应用价值，差拍法的重要意义在于给出了一种提高频率测量分辨率的解决方案，目前许多实用性更强的高分辨率测量方法都是基于差拍思想发展的，如频差倍增、双混频时差测量等。

10.1.2 零差拍法

零差拍法是差拍法的一种特殊情况，是一种有条件限制的差拍，要求待测信号和参考信号的标称频率相等，即 $\nu_x = \nu_r$ 成立，因此式（10-3）的差拍信号可表示为

$$V(t) \approx \frac{1}{2} V_x V_r \cos[\varphi_x(t) - \varphi_r(t)] \qquad (10-11)$$

式中：瞬时相位 $\varphi_x(t)$ 可分解为常数值和随时间变化的量值两部分，$\varphi_x(t) =$

$\phi_{x0} + \phi_x(t)$，其中常数值 ϕ_{x0} 表示初始相位，与所选测量的时间起点有关；随时间变化的相位 $\phi_x(t)$ 是由待测信号与参考信号的频差引起的。参考信号的瞬时相位 $\varphi_r(t) = \phi_{r0} + \phi_r(t)$。

在待测信号或参考信号混频前加入一个移相器，配置移相器参数，使待测和参考信号的相位关系满足 $\phi_{x0} - \phi_{r0} = \pi/2$，则式（10 – 11）可以改写为式（10 – 12），即

$$V(t) \approx -\frac{1}{2}V_x V_r \sin[\phi_x(t) - \phi_r(t)] = \frac{1}{2}V_x V_r \sin[\phi_r(t) - \phi_x(t)] \qquad (10-12)$$

式（10 – 12）等号右边为混频后输出的差拍信号，其测量方法与 10.1.2 节所述差拍法相同。

零差拍法主要用于具有相同标称频率信号间的比对测试，根据差拍信号，分析待测信号相对参考信号的相位噪声、频率稳定度等。零差拍法与差拍法的主要差别是增加了对信号的移相处理，确保两个比对信号相位正交，可使用移相器、延迟线、锁相环等多种器件实现移相。

10.1.3　倍频法

倍频是另一种提高频率测量分辨率的典型方法，倍频器将输入信号的频率、相位转换为 n 倍后输出，n 表示倍频数。假设倍频器输入信号相位用 Φ_{in} 表示，Φ_{in} 满足式（10 – 13）。

$$\Phi_{in} = 2\pi\nu_{in}t + \varphi_{in}(t) \qquad (10-13)$$

式中：$\varphi_{in}(t)$ 表示相位偏差；ν_{in} 表示输入信号的频率。经倍频器变换后，输出信号的瞬时相位用 Φ_{out} 表示，即

$$\Phi_{out} = 2\pi\nu_{out}t + \varphi_{out}(t) = 2\pi(n\nu_{in})t + n\varphi_{in}(t) \qquad (10-14)$$

与输入信号相比，信号倍频后的频率和相位分别被放大了 n 倍，相应信号的谱密度也放大了 n^2 倍，$S_{\varphi out}(f) = n^2 S_{\varphi in}(f)$。

信号经倍频器放大频率和相位的同时，相位噪声也被放大，更容易被测量，测频法、测周期法等常用频率测量方法均适用测量倍频后的信号。以频率计测频为例，1s 间隔内待测信号的周期数为 M，则直接测待测信号的量化误差为 $1/M$，将待测信号 n 倍频后使用频率计测量，量化误差为 $1/nM$，即量化误差降低了 n 倍。以测量频率为 10MHz 的待测信号为例，若频率计能测量小数点后两位的频率值，则直接使用频率计测量待测信号的分辨率为 $\pm 1 \times 10^{-9}$，将待测信号倍频 $n = 1000$ 倍，则倍频后的信号标称频率为 10GHz，假定仍在频率计的测量范围内，则使用相同频率计测量的分辨率可以达到 $\pm 1 \times 10^{-12}$，较倍频前提高了 1000 倍。理论上，倍频数 n 越大，测量分辨率越高，但受器件可实现性及测频仪器测量范围限制，可选的倍频数有限。另外，还需注意：倍频器放大信号的同时也会放大

带宽内的噪声，可能影响测量结果，因此倍频法常用于对低频信号的测量。

10.1.4　频差倍增法

根据前几节，提高频率测量分辨率已经有差拍、倍频两种解决方法，差拍法分辨率的提高与差拍因子有关，差拍因子越大（待测信号与差拍信号频率比值），越有助于提高分辨率，因此可以通过提高待测信号与差拍信号频率比值的方式提高分辨率，比如倍频法提高了待测信号频率，倍频数越大，分辨率越高，但是倍频后信号频率过高会增加后端测量及处理难度。

鉴于上述情况，有学者提出了频差倍增法，对参与比对的两信号进行多级倍频、混频处理，然后测量最后一级差拍信号的频率并转换为待测信号频率，称为频差倍增法或误差倍增法。倍频、混频等频率变换是为了将待测信号和参考信号的频差、相位起伏扩大，解决倍频后信号频率过高难以测量的问题，同时有助于提升测量分辨率。倍频、混频处理后输出的信号用时间间隔计数器或频率计测量，根据测量方式不同，又可分为频差倍增测频法和频差倍增测周期法。其中用时间间隔计数器进行多周期测量，能在相对较少的倍增次数和相同测量时间条件下，得到比测频法更高的测量分辨率，因此频差倍增测周期法应用更广。

图 10.1.2 为频差倍增法测量原理，由倍频器、混频器、频率合成器和计数器等模块组成。待测信号频率用 $\nu_x = \nu_0 + \Delta\nu$ 表示，其中 ν_0 表示待测信号的标称频率，$\Delta\nu$ 表示待测信号实际频率与标称频率的偏差，参考信号频率为 ν_0，默认使用的参考频率源的稳定度、准确度指标优于待测源一个量级以上，因此可以忽略参考源频率偏差的影响。待测信号经倍频器 M 倍频后输出频率为 $M\nu_0 + M\Delta\nu$，然后与经（$M-1$）倍频的参考信号混频，第一级倍频、差拍后输出的差拍信号用 F_1 表示，F_1 取值满足式（10-15），即

$$F_1 = \nu_0 + M\Delta\nu \qquad (10-15)$$

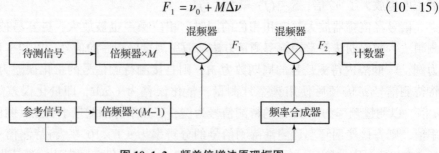

图 10.1.2　频差倍增法原理框图

由于差拍信号 F_1 中含待测信号的标称频率 ν_0，通常 ν_0 远大于 $M\Delta\nu$，即 F_1 的频率值与待测信号频率相当，仍然较大，此时若采用周期法测量 F_1 的频率，受时间间隔计数器分辨率的影响，测量误差依然相对较大。为降低信号频率，通常

还需要引入一个频率合成器，如图 10.1.2 所示，用于生成与 F_1 有频差的信号，且频差需满足典型取值 1Hz、10Hz、100Hz、1kHz 等，该频差取值考虑使用常见频率计、时间间隔计数器以较高分辨率测量差拍信号的可行性，以及兼顾分析不同取样间隔下频率的频率稳定度需求。第二级混频器输出差拍信号 F_2 可用式（10 – 16）表示。假设 F_2 的标称值为 1kHz，则时间间隔计数器最小可以获得间隔为 1ms 的测量结果，即可以用于分析取样时间为 1ms 的频率源频率稳定度。

频率合成器输出信号频率应使第二级差拍输出信号频率标称值符合 1Hz、10Hz、100Hz、1kHz 等典型频率，第二级差拍信号 F_2 为

$$F_2 = F_0 - M\Delta\nu \qquad (10-16)$$

式中：F_0 是频率合成器引入的低频分量，根据式（10 – 16）可知，频率合成器输出信号的频率应为 $\nu_c = \nu_0 + F_0$。

测量差拍信号 F_2 可以采用测频法、多周期法等，以多周期法为例，时间间隔计数器测量差拍信号周期，测量值与差拍信号频率关系如式（10 – 17）所示，即

$$t_i = \left(\frac{1}{F_2}\right) \times \rho = \left(\frac{1}{F_0 - M\Delta\nu_i}\right) \times \rho \qquad (10-17)$$

式中：t_i 表示第 i 次测得的时间；ρ 表示周期倍增倍数。根据式（10 – 17），可以推导得到待测信号的频率偏差 $\Delta\nu_i$，即

$$\Delta\nu_i = \frac{F_0 t_i - \rho}{M\Delta t_i} \qquad (10-18)$$

频差倍增法测量分辨率与倍频参数、差拍因子有关，分辨率 $R = \dfrac{1}{M\nu_0\tau}$，其中 τ 是以秒为单位的测量时间，M 表示倍频数。由此可见，倍频数越高测量分辨率越高，图 10.1.2 中，理论上还可以在两个混频器间增加无数级倍频、混频单元，将待测信号与参考信号的频差 $\Delta\nu$ 倍增至 $M^n\Delta\nu$，进一步提高分辨率。但实际应用时，在测量系统中增加倍频器、混频器等器件，一方面增加系统复杂度，同时还可能引入器件噪声，干扰测量结果，因此提高分辨率的同时还需要兼顾由此带来的器件噪声影响，否则器件噪声可能淹没分辨率改善的效果。

频差倍增法特别适用于待测频率与参考频率近似相等的情况，由于待测信号与参考信号频差很小，通过倍频器倍增频差，将两信号的频差放大 M^n 倍后测量，可以显著提高测量分辨率。

与差拍法相比，频差倍增法的优势在于提高测量分辨率的同时，还不需要与待测频率有确定频偏的参考信号，增强了实用性。

近年来频差倍增法与其他方法的结合运用是频率测量发展趋势之一，例如，

英国 Quartzlock 公司的信号稳定度分析仪 A7 系列设备，就是采用频差倍增和双混频时差结合的方法。

10.1.5 比相法

与差拍法、倍频法通过混频或倍频手段提升测量分辨率不同，比相法是利用与待测信号具有相同标称频率的频率源作为测量参考，通过鉴相器比对待测频率源与参考频率源相位关系，实现对待测信号频率的测量。当两个频率源的频差远小于其标称频率时，相互间的相位差能更灵敏、更细致地反映频率源间频率的差异和变化。比相法就是通过测量信号间相位差变化，进而推导出两信号间的相对频率偏差，特别适用于标称频率相同的频率源间长期比对。也是因为其主要关注周期内相位细微的变化，导致当两信号间存在整周期频率差时，难以被准确测量，即测量结果可能存在整周期的模糊度，因此对于与参考源存在较大频差（比如大于毫赫兹）的待测信号，尤其是存在整数频差时，比相法的测试结果可能存在较大误差，此时该方法不适用。

比相法的工作原理如图 10.1.3 所示。通过鉴相器将两个被比对信号间的相位关系转换成与之呈线性关系的电压信号，并通过记录存储设备显示、存储测量结果，最后根据记录的相位差随时间变化情况，转换为待测频率源相对参考源的频率准确度和稳定度。图 10.1.3 中的记录存储设备可以是专用的电压记录设备，也可以利用相位差与时间呈线性对应关系的属性，用通用时间间隔计数器代替。

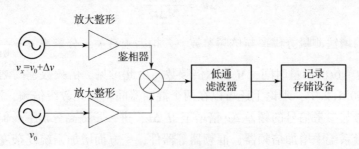

图 10.1.3 比相法原理框图

在各种鉴相方法中，脉冲平均法较其他鉴相方法有更好的线性度，它用于参与比对信号间频差较小时，将在 0°～360°范围内的相位变化转换为与相位关系呈线性关系的电压变化，通过高精度测量该电压值，就能够准确地获得待测信号频率值的变化情况。为了降低鉴相环节受噪声的影响，测量前通常需要对输入信号进行放大整形处理，比如把正弦信号变换成脉冲信号，用脉冲信号的下降沿或上升沿控制触发信号，进而控制鉴相器输出方波的占空比，该方波占空比的大小能线性地反映比对信号间的相位关系，所以方波滤波后的直流电平即代表输入信号间的相位差变化。

比相法的测频精度与测量时间长度直接相关，测量时间越长，测量精度越高。此外，采用脉冲鉴相法时，由于鉴相器输出电压幅度变化与输入信号的频率值无关，仅与相位差有关，因此相同电压变化对应的相位变化灵敏度不相同，高频信号鉴相比低频鉴相的分辨率更高。

比相法主要用于测量频率源的频率准确度和长期稳定度，部分情况下也可以用于短期频率稳定度的测量。下面介绍比相法在频率源指标测试中的应用。

如果比对的两频率信号存在频率差，那么两信号的相位关系将随时间累积发生变化，比相法测量某一特定时间间隔内两信号相位差的变化量，根据相位差变化量计算信号间的频率差，或分析频率稳定度。假设有标称频率值相同的两频率源，相位 φ 与时间间隔 T 存在线性关系，用式（10-19）表示，即

$$T = \frac{\varphi}{2\pi\nu_0} \tag{10-19}$$

式中：相位差 φ 的单位是弧度；ν_0 表示两比对频率源的标称频率值。鉴于时间与相位的线性转换关系和使用习惯，常用时间单位来表示两比对频率源间相位差的变化情况。使用比相仪测得一组相位差值，如果两次测量的时间间隔用 τ 表示，该时间间隔内两频率源相位差的变化量为

$$\Delta T = T_2 - T_1 \tag{10-20}$$

式中：T_2 表示 τ 结束时刻两频率源的相位差值；T_1 表示 τ 起始时刻两频率源的相位差值。根据频率与周期的对应关系，两频率源在时间 τ 内的频率偏差可以根据式（10-20）计算，即

$$\frac{\Delta\nu}{\nu_0} = \frac{\Delta T}{\tau} \tag{10-21}$$

式中：$\Delta\nu$ 是在时间 τ 内两频率源频率差的均值。由式（10-21）可知，用比相法测频，测量对象是两频率源相位差的变化量，该变化量可能是由待测信号与参考信号间的频率差引起的，也可能是由待测或参考信号的噪声引起的，通常，为了保证测量结果的准确性，使用性能优于待测信号三倍以上的频率源作为参考信号，此时，参考信号噪声的影响可以被忽略。另外，测量系统附加的测量噪声也会反映在测量结果中。其中测量系统附加噪声又可分为系统噪声和随机噪声两类，系统噪声不随时间变化，通常可以采取技术手段减小或者消除，但随机噪声的影响很难被消除。

根据式（10-21）计算待测信号的频率值 ν_x，如式（10-22）所示，即

$$\nu_x = \nu_0 \pm \Delta\nu = \nu_0\left(1 \pm \frac{\Delta T}{\tau}\right) \tag{10-22}$$

式中：$\dfrac{\Delta T}{\tau}$ 的符号是根据相位差曲线斜率的符号确定，若待测信号频率比参考频率低，斜率为负值，则 $\dfrac{\Delta T}{\tau}$ 的符号为负，反之为正。

比相法用信号间相位差的变化反映待测信号频率和噪声情况，较直接频率计测量有更高的测量分辨率，并且测量之间连续无间隙，没有测试时长的限制，所以比相法测量频率稳定度，可以方便得到各种取样间隔的频率稳定度，适合用于评估频率源的长期稳定度性能。但是比相法要求待测源与参考源能输出标称频率相同的信号，否则难以得到固定的相位关系，一定程度上限制了该方法的应用范围，另外，比相法对相位噪声敏感，测量系统的噪声会直接影响测量结果。

10.1.6　双混频时差法

双混频时差法结合了差拍法和测周期法的优点，利用双平衡混频器对参考信号和待测信号分别与公共参考源信号进行混频处理，使用时间间隔计数器对输出的两路差拍信号进行时差测量，时差测量能抵消系统的共有误差，包括公共参考源的噪声，这也是双混频时差法较其他经典频率测量方法噪声更低的主要原因。

典型双混频时差测量系统的组成如图 10.1.4 所示。标称频率相等的参考信号 ν_0 与待测信号 ν_x，通过双平衡混频器，分别与来自公共参考源输出频率为 ν_c 的信号混频，混频后输出信号经低通滤波及放大整形后，分别在两差拍信号的正向过零点处形成上升沿陡峭的触发信号，然后送入时间间隔计数器，由时间间隔计数器测量两差拍信号间的时差。公共参考源可以是独立的信号源，也可以是锁定到参考信号的频率合成器，公共参考源的误差大部分能在双平衡时差测量中被抵消，因此可以降低对公共参考源稳定度的要求，其输出信号频率 $\nu_c = \nu_0 - F$，F 为差拍信号频率，F 的取值与测量分辨率需求、测量系统的工作带宽等有关。为了满足不同的测量应用需求，通常采用频率合成器作为公共参考源，能生成指定频率范围内任意频点的信号。移相器的作用是调整待测信号的相位，使两混频器输出信号方便高精度的测试。

如图 10.1.4 所示，双混频时差测量系统具有对称的结构、公共的参考源，这一结构令两差拍信号所受测量系统噪声的影响相似，通过时间间隔计数器测量两差拍信号的时差，能抵消大部分系统共有噪声的影响。公共参考源的方案还解决了差拍测频法难以获得合适参考源的难题。因为具有较高精度的频率源，特别是作为频率标准的原子钟，通常只能输出标准频率信号，如 5MHz、10MHz、100MHz 等，而可以提供非标准频率信号的宽范围频率信号合成设备或者定制的振荡器，可能其频率稳定度性能难以满足评估频率标准的需求。

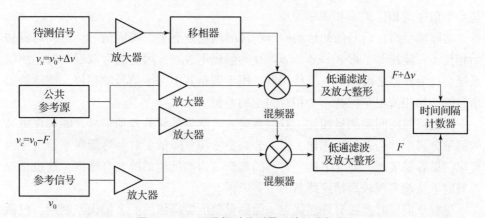

图 10.1.4　双混频时差测量系统组成框图

双混频时差测量中，公共参考源需输出与待测信号存在确定频差的信号，频差通常远小于待测信号频率，典型值范围为 $1\,\mathrm{Hz}\sim1\,\mathrm{kHz}$，公共参考源输出的频率 ν_c 用式（10-23）表示，即

$$\nu_c = \nu_0 - F \qquad\qquad (10-23)$$

式中：ν_0 为参考信号标称频率；F 为差拍信号频率。

公共参考源输出信号 $V'_c(t)$、待测信号 $V'_x(t)$ 和参考信号 $V'_0(t)$ 分别表示为

$$V'_c = V_c\sin\bigl[\,2\pi\nu_c t + \phi_c + \phi_c(t)\,\bigr] \qquad\qquad (10-24)$$

$$V'_x = V_x\sin\bigl[\,2\pi\nu_x t + \phi_x + \phi_x(t)\,\bigr] \qquad\qquad (10-25)$$

$$V'_0 = V_0\sin\bigl[\,2\pi\nu_0 t + \phi_0 + \phi_0(t)\,\bigr] \qquad\qquad (10-26)$$

式中：相位差 $\varphi(t) = \phi + \phi(t)$；$\phi$ 表示初始相位；$\phi\,(t)$ 表示与时间相关的相位量。

假设各信号的初始相位均为零，则 $\phi_0 = \phi_x = \phi_c = 0$ 成立，混频后输出的差拍信号分别用 $V_x(t)$ 和 $V_0(t)$ 表示，即

$$V_x(t) \approx \frac{1}{2}V_x V_c\cos\bigl[\,2\pi(\nu_x - \nu_c)t + \phi_x(t) - \phi_c(t)\,\bigr] \qquad\qquad (10-27)$$

$$V_0(t) \approx \frac{1}{2}V_0 V_c\cos\bigl[\,2\pi(\nu_0 - \nu_c)t + \phi_0(t) - \phi_c(t)\,\bigr] \qquad\qquad (10-28)$$

因为参考与待测信号具有相同的标称频率，差拍信号频率 $F = \nu_0 - \nu_c = \nu_x - \nu_c$，代入式（10-27）和式（10-28），得

$$V_0(t) \approx \frac{1}{2}V_0 V_c\cos\bigl[\,2\pi Ft + \phi_0(t) - \phi_c(t)\,\bigr] \qquad\qquad (10-29)$$

$$V_x(t) \approx \frac{1}{2}V_x V_c\cos\bigl[\,2\pi Ft + \phi_x(t) - \phi_c(t)\,\bigr] \qquad\qquad (10-30)$$

时间间隔计数器持续测量两差拍信号的相位差以及变化趋势，反映待测信号

与参考信号的相位关系和频率关系。

实际测量时，信号的初始相位与所选时间起点有关，不同信号、不同时刻初始相位不一定相等，即 $\phi_0 = \phi_x = \phi_c = 0$ 的假设不成立，因此通常双混频时差测量系统会在混频器之前增加一个移相器，用于调整其中一个信号的相位，使两差拍信号的初始相位尽量保持一个相对固定的差值。

与直接时间间隔测量相比，双混频时差法测量低频的差拍信号，能实现更高的测量分辨率；与差拍法相比，引入公共参考源，降低了对参考源频率稳定性的要求，更容易实现；此外平衡、对称的测量结构能抵消系统共有噪声，这也是双混频时差法能实现较高精度测量的主要原因。

尽管双混频时差法有许多优点，但测量精度提高依然受多项误差制约，包括但不限于时间间隔计数器的测量分辨率、公共参考源不能被完全抵消的相位噪声，以及混频器、移相器等器件噪声。

目前，双混频时差测量法能实现亚皮秒的测量分辨率，远优于本节其他几种测量方法，并且研究人员还在继续挖掘它的潜力，如优化器件噪声、与其他方法结合、提高时间间隔计数器的测量分辨率等。

10.1.7　经典测频方法总结

本章介绍了几种经典的测频方法，各有特点，适合不同的应用场合，表 10.1.1 汇总了各种方法的主要特点，为读者选择合适的频率测量方法提供参考。

表 10.1.1　频率测量方法比较

序号	测量方法	影响测量性能的关键因素	适用场合	特点	测试条件要求
1	时差法	时间间隔计数器分辨率	长期稳定度测量、输出低频信号的频率源	结构简单、频率测量范围宽、易扩展且成本相对较低、测量结果为相位、对小于时基脉冲的周期信号不敏感、事件触发受过零点噪声影响、不适合短期稳定度测量	无
2	测频法	与频率计分辨率有关，存在量化误差	输出低频信号的频率源、普通稳定度的晶振等	设备简单、体积小、易扩展且成本相对较低、测量结果为频率、存在一个周期的量化误差，精度受频率计测量性能限制	无

续表

序号	测量方法	影响测量性能的关键因素	适用场合	特点	测试条件要求
3	差拍法	时间间隔计数器分辨率	短期稳定度	差拍有助于提高测量分辨率、成本相对合理、需要可调偏的参考源	需要稳定度优于被测源的参考源，且频率为非标准频率
4	零差拍法	时间间隔计数器分辨率、移相器噪声	短期稳定度	差拍有助于提高测量分辨率、需要移相器	需要与待测信号同频且更稳定的参考信号
5	倍频法	频率计测量误差、倍频器噪声	低频信号的频率源短期稳定度	倍频有助于提高测量分辨率、不适合对高频信号测量、倍频器影响系统噪声	无
6	频差倍增法	时间间隔计数器分辨率、倍频器噪声	短期稳定度	倍频、混频有助于提高测量分辨率、倍频器和混频器引入器件噪声	需要与待测信号同频且更稳定的参考信号
7	比相法	鉴相器	原子频标间比对，测试长期稳定度	对相位及相位噪声均敏感，存在整周期测量模糊度问题，不能用于比对频差大于 1 Hz 的两信号	需要与待测信号同频且更稳定的参考信号
8	双混频时差法	时间间隔计数器分辨率、移相器噪声	原子频标间比对，可测试长、短期稳定度	测量分辨率高、测量噪声较其他经典方法小，系统组成相对较为复杂	需要与待测信号同频且更稳定的参考信号

　　20 世纪后半叶，时频测量技术取得了巨大进步，最大的贡献是在时域引入基于时间间隔计数器的差拍、倍频、双混频时差等实用的频率测量方法，并研发出商用设备，频率测量性能得到大幅度提升。过去十年，在数字技术的驱动下测量技术取得了巨大进步，例如，突破了频域与时域的界限，模拟和数字之间也可以互相高精度转换，模拟和数字结合的测量仪器等，甚至可以采用纯数字技术实现测量功能。在过去模拟仪器占主导的时代，测量性能的提升往往意味着巨大的成本增加，但是，数字技术以及虚拟仪器技术的快速发展改变了这一规律，将促进测量性能更高、体积更小巧、操作更友好的仪器出现。

10.2 现代测频系统及方法

鉴于时间频率设备对航空航天、导航定位、电力系统、通信系统等领域的重要作用，世界各国都在致力于精密频率测量设备及其相关产品的研发，目前已经有多种型号的商业产品或实验室设备可供选择。美国喷气推进实验室（JPL）、中国科学院国家授时中心（NTSC）、英国国家物理实验室（NPL），以及法国、捷克、波兰、俄罗斯等国的研究机构都在开展相关工作。另外以美国 Microsemi（前 Symmetricom）公司、俄罗斯 VREMYA – CH 公司、英国 Quartzlock 公司、德国 TimeTech 公司、日本 Anritsu 公司等为代表的多家企业推出了系列频率信号高精度测量、分析设备。本节将介绍当前比较有代表性的几种精密频率测量设备的工作原理及特征。

10.2.1 多通道频标稳定度分析仪

多通道频标稳定度分析仪，英文缩写为 FSSA，是美国喷气推进实验室为同时监测多个频标设备、满足深空探测需求而研发的一套实验室专用系统，公开资料表明其有 8 个输入通道，能同时监测 6 台输出频率为 100MHz 频率标准的频率稳定度，以及一台输出任意频率（典型频率值为 X 或 Ka 频段）的频率源。测试标称频率 100MHz 的信号，取样间隔为 1s 的阿伦偏差最低能优于 2×10^{-15}。

FSSA 的基本工作原理是双混频时差测量和数据内插平均，其系统原理如图 10.2.1 所示。

待测频率信号通过输入端口接入 FSSA，分别与参考频标信号通过混频器进行下变频转换，得到处于低频段的差拍信号，多通道事件计数器监测每路差拍信号的过零点，并打上时间标签，计算机获取带有各通道识别信息的数据进行后处理。其中 FSSA 的第七通道可以测量 X 或 Ka 频段任意频率的信号，该设计可以令 FSSA 满足对特殊频率信号的测试需求。

FSSA 系统基于双混频时差测量结构，但在针对混频后信号的测量上与双混频时差测量有明显区别。双混频时差测量原理是将标称频率为 ν_0 的待测信号和参考信号分别与公共参考源产生的信号混频，该公共参考源输出信号频率为 $\nu_0 - F$，混频得到频率为 F 的低频差拍信号，测量两路差拍信号在时刻 t 的时差 $x_b(t)$，即待测信号与参考信号的时差可以表示为 $(F/\nu_0)x_b(t)$。经典的双混频时差测量系统采用时间间隔计数器测量两路差拍信号过零时刻间的时差 $x_b(t)$。

FSSA 中频率偏差产生器与双混频时差测量法中公共参考源的功能相似，分别与各待测信号混频，得到多路差拍信号，该系统不直接测量差拍信号间时差，

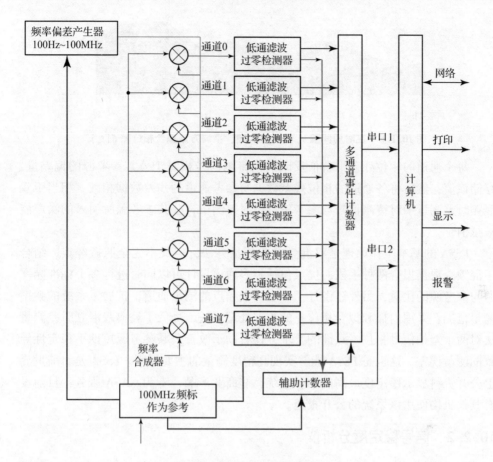

图 10.2.1　FSSA 原理框图

而是通过事件计时器给每个差拍信号的周期事件打上时间标签，在软件中通过数据处理对每个通道获得的数据采用内插、平均等算法，计算各通道差拍信号的相位差值，系统使用的差拍频率标称值是 123Hz。

下面介绍系统软件处理数据的主要过程。假设差拍信号第 n 次过零点发生的时间是 t_n，那么差拍信号在 t_n 时实际的相位周期相对于标称的差拍相位值 Ft_n 的相位差为

$$\xi(t_n) = n - Ft_n \qquad (10-31)$$

式中：n 代表在 t_n 时刻实测的相位值；$\xi(t_n)$ 是某通道输入信号与频率偏差产生器输出信号混频所得的相位差值；F 是差拍频率标称值；Ft_n 是理想频率信号 t_n 时刻的相位值。各通道 t_n 时刻的相位差 $\xi(t_n)$ 可以通过拟合时间间隔 τ_s 内多个过零点与差拍相位值 Ft_n 的差值得到，如图 10.1.6 所示，其中 $F\tau_s$ 远大于 1。图 10.1.6 显示了通过线性内插和 τ_s 时间间隔平均得到 $\xi(t_n)$，通常拟合时间间隔 $\tau_s = 0.5s$。

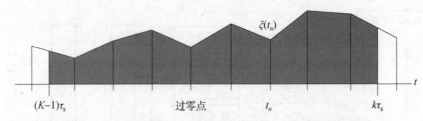

图 10.1.6　在时间间隔 τ_s 内通过内插、平均方法拟合相位差 $\xi(t_n)$

　　每个通道的相位残差拟合值反映的是待测信号相对于公共参考源的偏差量，存储该值，然后将各通道的相位残差数据与参考通道的残差数据相减，相当于双混频时差测量中对待测信号与参考信号做时差测量，公共参考源所引入的噪声能被抵消。

　　FSSA 的基本工作原理是双混频时差测量方法，但又不完全照搬经典，结合了混频、数据拟合两种手段，优点包括：多通道设计可以同时进行多个标准频率源与参考源的比对，另外还设计了一个可变频点的测量通道，扩展了系统的频率测量范围；采用内插和拟合相位差的数据处理方法，降低了经典双混频时差测量法对两个差拍信号相位一致性的要求，还有助于改善公共参考源短期不稳定性导致的测量误差，这也是 FSSA 能够实现高精度测量的主要原因。FSSA 是目前世界上公开资料显示稳定度最高的测量系统，非商业产品，专为 NASA 服务，目前没有其他机构使用该系统的公开报道。

10.2.2　信号稳定度分析仪

　　A7 系列的频率、相位比对设备是英国 Quartzlock 公司研制的专业高精度时频产品之一，A7 系列的最新产品 A7000 称为频率/相位分析仪（frequency/phase analyzer），由硬件和软件两部分组成，软件可安装在个人电脑或是笔记本电脑中，通过串口、网口或 USB 接口与硬件设备通信。设备主要特点是针对不同测量需求，有单通道粗测和高精度差分测量两种模式可供选择，频率测量范围较早期版本更宽，支持频率范围为 3～919MHz，单点测量分辨率 100fs，兼容稳定度分析软件 Stable 32。

　　A7 - MXU 是 A7000 的早期版，其测量性能与 A7000 相同，可以测试 1～65MHz 频率范围的信号，取样时间 1s 的阿伦偏差最低能优于 3×10^{-14}，10000s 取样时间的阿伦偏差为 1×10^{-16}。

　　本节以 A7 - MXU 为主要对象介绍该系列仪器的测量基本原理。

　　A7 - MXU 的基本原理是结合了频差倍增和双混频时差法，有两种测量模式可供选择，一是窄带高分辨率测量模式，测量输出频率为 5MHz 或 10MHz 的标准频率源，测量分辨率 50fs；另一种是宽频模式，可测量 1 ~ 65MHz 频率范围的频率信号，测量分辨率是 12.5ps。窄带高分辨率模式下设备的倍频数为 100000 倍，即待测信号的频偏量通过该系统先被放大 100000 倍后再测量。

　　混合使用双混频、多级倍频及时差测量等方法，A7 – MXU 系统测量原理如图 10.1.7 所示。

　　A7 – MXU 在窄带高分辨率模式下待测信号标称频率可以是 10MHz 或 5MHz，测量时要求参考信号与待测信号标称频率相同。以测试标称频率为 10MHz 的待测信号为例，图 10.1.7 中第一级信号变换对待测信号进行 10 倍频（5MHz 对应 20 倍频）处理，使第一级倍频器输出信号的频率标称值为 100MHz。参考信号倍频后经过两级 10 分频输出频率为 1MHz。系统的公共参考信号由带锁相环的恒温压控振荡器（VCXO）产生，锁相环控制 VCXO，使 VCXO 锁定到 10MHz 参考频率信号，输出频率 99MHz 信号，经过频率分配放大器分成相同的四路，其中两路分别与第一级倍频后的参考信号、待测信号混频并滤波，输出频率为 1MHz 的中频信号。待测信号与参考信号经过第一级的倍频、混频后，两者之间的频差按比例放大。

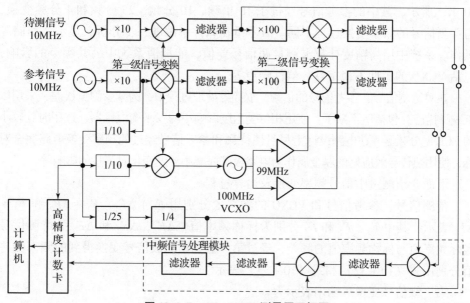

图 10.1.7　A7 – MXU 测量原理框图

　　在窄带高分辨率测量模式下，为了获得高的测量分辨率，A7 – MXU 设计了第二级信号变换链路，VCXO 输出的 99MHz 信号经频率分配放大器后取其中两路，分别用作第二级信号变换时的公共参考信号。第一级信号变换后输出的 1MHz 中频信号直接送入系统的第二级再次进行信号频率变换。系统第二级的频率变换结构与第一级相似，如图 10.1.7 所示，由 100 倍乘法器、鉴相器和滤波器组成，两级信号频率变换分别输出两组中频信号，各自对应的倍频因子是 1000 和 100000。

一种方案是直接使用时间间隔计数器测量参考与待测信号变频为 1MHz 后中频信号间的差值，优点是可以抵消测量中的漂移，适用于相位测量需求。若直接测中频信号间的频差则不太方便，因为参考和待测信号经频率变换后输出差拍信号的频率标称值相等，直接测量可能得到接近零值的频差，此外 1MHz 中频信号的带通滤波器可能引入一些难以解决的噪声。因此 A7 – MXU 不直接测量中频信号，而是将两中频差拍信号送入中频处理模块。中频处理模块将 10MHz 的参考信号先后经 10 倍频、10 分频、25 分频和 4 分频后得到的频率 100kHz 信号作为公共参考信号，将待测信号经两级频率变换后得到的 1MHz 中频信号与频率为 100kHz 的公共参考信号混频，输出频率为 900kHz 的两个差拍信号，然后再与参考信号经两级频率变换后输出的 1MHz 中频信号混频，最终得到标称频率 100kHz 的信号。中频信号处理模块还包括两级滤波电路，对混频信号进行滤波处理，滤波后用高精度计数卡测量标称值均为 100kHz 的参考和待测信号的时差，如图 10.1.7 所示，其中的参考信号经过了 10 倍频、10 分频、25 分频和 4 分频变换，与待测信号的频率变换过程不同。时差量在软件中做进一步分析、显示、存储等操作。系统中用高精度计数卡测量两信号差值，能抵消系统中公共噪声的影响，包括 VCXO 的短期不稳定性、器件噪声等。

在对待测信号、参考信号的倍频、混频等处理过程中，为减少测量误差，采用以下减噪措施，包括但不限于：使用相位受温度影响小的双平衡混频器、选用时延较小的 ECL 型分频器、在电路设计上尽量使待测和参考信号经过的频率变换电路完全对称，使用热传导效应好的厚金属作为电路板基底减小温度变化对测量的影响等。

下面介绍测量中信号频率变换及运算过程。

待测信号、参考信号和 VCXO 的频率值分别用 $F_1 + \Delta F_1$，$F_2 + \Delta F_2$ 和 $F_3 + \Delta F_3$ 表示，其中 F_1、F_2 和 F_3 分别为标称频率值，ΔF_1、ΔF_2 和 ΔF_3 为待测信号实际频率值与标称频率值的频差，经过第一级和第二级信号变换得到的频率偏差值分别用式（10-32）和式（10-33）表示。

第一级信号变换后输出表示为

$$
\begin{aligned}
&[(F_1 + \Delta F_1) \times 10 - (F_3 + \Delta F_3)] \\
&- \left\{ [(F_2 + \Delta F_2) \times 10 - (F_3 + \Delta F_3)] - \frac{(F_2 + \Delta F_2) \times 10}{10 \times 25 \times 4} \right\} \\
&= (F_1 - F_2) \times 10 + (\Delta F_1 - \Delta F_2) \times 10 + \frac{(F_2 + \Delta F_2)}{100}
\end{aligned} \tag{10-32}
$$

第二级信号变换后输出

$$\{[(F_1 + \Delta F_1) \times 10 - (F_3 + \Delta F_3)] \times 100 - (F_3 + \Delta F_3)\}$$

$$-\left\{[(F_2 + \Delta F_2) \times 10 - (F_3 + \Delta F_3)] \times 100 - (F_3 + \Delta F_3) - \frac{(F_2 + \Delta F_2) \times 10}{10 \times 25 \times 4}\right\}$$

$$= (F_1 - F_2) \times 1000 + (\Delta F_1 - \Delta F_2) \times 1000 + \frac{(F_2 + \Delta F_2)}{100} \qquad (10-33)$$

高分辨率测量模式下，待测信号和参考信号标称频率值相等 $(F_1 = F_2)$，因此式（10-32）中 $(F_1 - F_2) \times 10 = 0$，式（10-33）中 $(F_1 - F_2) \times 1000 = 0$，按测试要求，测试用参考信号的频率稳定度、准确度应该比待测信号优三倍甚至一个数量级以上，因此测量结果中参考信号频率偏差的影响可以忽略，即 $\Delta F_2 = 0$。

则式（10-32）中 $(\Delta F_1 - \Delta F_2) \times 10 \approx 10\Delta F_1 + \frac{F_2}{100}$，式（10-33）中 $(\Delta F_1 - \Delta F_2) \times 1000 \approx 1000\Delta F_1 + \frac{F_2}{100}$。

假设参考信号标称频率为 10MHz，待测信号频偏为 10mHz，即 $\Delta F_1 = 10$mHz，输入高精度计数卡信号的频率用式（10-34）表示，即

$$\Delta F_1 \times 1000 + \frac{F_2}{100} = 10\text{Hz} + 100\text{kHz} = 100.01\text{kHz} \qquad (10-34)$$

高精度计数卡测量待测信号和参考信号分别经频率变换后的频率差值，两信号的中心频率均为 100kHz。

相较于单纯的倍频、混频测量系统，A7-MXU 系统是一种混合型结构，集合多级倍频、混频提高测量分辨率，具有双混频时差测量结构能抵消共有噪声的优点，结构相对复杂。相较于 A7-MXU 系统，A7000 作为其升级版，与 A7-MXU 有相同的测量分辨率，组成更简洁、频率测量范围更宽，在与数字技术融合方面做得更深入。此外内部还配置了多个频率合成模块，用于支持 3~200MHz 和 10~919MHz 测量，以及两组事件计时器，用于测量各通道变频后的信号，支持 100ks/s 的采样率，支持分析取样时间最短 1ms 的频率稳定度。

10.2.3　比相仪

相位比对仪，简称比相仪，英文缩写 PCO，是德国 TimeTech 公司地面时频测试系统的代表产品，也是目前守时实验室常用的测试设备之一。该设备的测量通道数为 6 的倍数，可根据需求配置，本节以有六通道的设备为例进行介绍。该设备测量 10MHz 信号，取样时间 1s 的阿伦偏差最低能优于 2.5×10^{-14}。

比相仪由硬件、监控软件和显示软件三部分组成。其中监控软件和显示软件

均可运行在个人计算机上，监控软件功能与硬件前面板的设备控制功能相同。PCO 的基本工作原理是双混频时差测量，另外通过后端数据处理软件扩展仪器分析功能，其工作原理如图 10.1.8 所示。

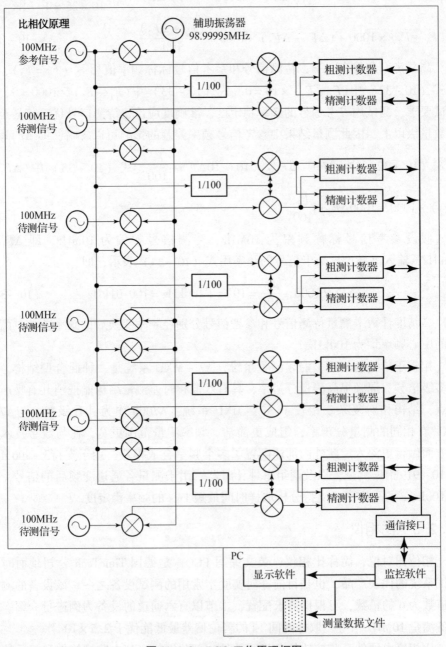

图 10.1.8　PCO 工作原理框图

比相仪内部测量对象的标称频率为 100MHz，为适配 10MHz 或 5MHz 信号，可以使用倍频选件。工作原理如图 10.1.8 所示，在典型双混频时差测量的基础上增加了一级混频和一组粗测计数器，两级混频可以提高测量分辨率，粗测计数器扩大了时差测量范围。

比相仪基本系统包含六个输入通道，其中五个输入待测信号，另一个输入参考信号，各通道结构完全相同。以某一测量通道和参考通道对信号的处理为例，介绍输入信号在系统内的频率变换过程。参考信号频率表示为 ν_0，待测信号频率 ν_x，首先通过双平衡混频器分别与频率为 ν_a 的辅助振荡器输出信号混频，$\nu_a = \nu_0 - F$，F 表示混频后差拍信号的频率值，$\nu_a = 98.99995\,\text{MHz}$。$F$ 的取值影响测量系统可获得的最小测量间隔。PCO 采用两级双混频结构，标称频率值为 100MHz 的参考信号与辅助振荡器输出信号经第一级混频，输出的差拍信号频率标称值为 $F_1 = 1\,\text{MHz} + 50\,\text{Hz}$，然后经滤波器后送入第二级混频器，如图 10.1.8 所示，第二级混频器为数字混频器，混频器的参考信号是参考信号经 100 分频后生成，输出的差拍频率标称值 $F_2 = 50\,\text{Hz}$，最后使用计数器测量两差拍信号的相位差，计数器又分粗测和精测两组，并行运行，测试结果送入计算机中，由软件做后期分析、显示、存储等处理。

为提高测量能力，比相仪的工作特点主要包括以下两方面，一是混合使用倍频、混频对信号进行频率变换，在器件实现上模拟和数字混频结合；二是粗测和精测计数器并行运行。

10.2.4　频率比对仪

俄罗斯 VREMYA–CH 公司的高精度频率信号测量系列设备包括 VCH–314、VCH–315M 和 VCH–325 等，其中高精度频率比对仪 VCH–314 是针对 5MHz、10MHz 和 100MHz 三种输入频率的专用测量仪器，测量 10MHz 信号在单通道模式下取样时间 1s 的阿伦偏差为 8×10^{-14}，双通道模式下为 2×10^{-14}，常用于原子频标的性能监测和检测；多通道频率比对仪 VCH–315M 工作原理与 VCH–314 相似，测量性能也与 VCH–314 相当，测量通道数方面扩展到 8 个，多用于守时系统的原子频标的性能监测；与前两种针对特殊频点的专用测量仪器相比，相位比对分析仪 VCH–325 的功能和工作原理有了较大的变化，支持测量 1~100MHz 频率范围信号的频差测量、频率稳定度和相位噪声测试，在最低噪声测量模式下取样时间 1s 的阿伦偏差优于 1×10^{-14}，典型值能达到 1×10^{-15}。

鉴于 VCH–314 和 VCH–325 的基本工作原理有相似之处，也有所区别，因此本节以 VCH–314 频率比对仪为主，结合介绍 VCH–325 的工作原理特点。

VCH–314 与目前大多数高精度频率测量设备类似，采用软硬结合的实现模式，设备主要功能通过操作软件实现。其基本工作原理是频差倍增法，有单通道和双通道两种工作模式，其中双通道模式测量噪声最低，如图 10.1.9 所示为双通道模式工作原理，两个频率比对模块通过同源自相关处理，降低比对器的本底噪声。本节主要介绍 VCH－314 的双通道模式工作原理。

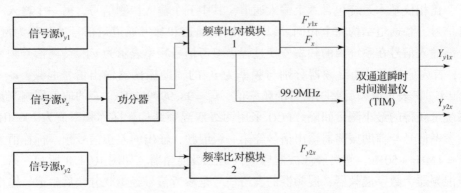

图 10.1.9　频率比对仪的工作原理框图

　　VCH－314 有三个输入端口，可同时比对三个频率信号，分别用 ν_x、ν_{y_1} 和 ν_{y_2} 表示，当仪器工作在双通道模式时，要求 ν_{y_1} 和 ν_{y_2} 的标称频率相同。系统由功分器、频标比对模块、双通道瞬时时间测量仪和软件组成，其中频率比对模块有完全相同的两个，分别用编号 1 和 2 表示，标称频率相同的两个待测信号分别输入两频率比对模块中，同时频率为 ν_x 的信号经功分器分成两个相同的信号，然后分别输入两频率比对模块的另一个输入端口，如图 10.1.9 所示。两频率比对模块输出频率标称值为 1Hz 的脉冲信号，用 F 表示，F 是由输入频率比对模块的两信号 ν_x 和 ν_{y_1}（或 ν_x 和 ν_{y_2}）频差确定。两频率比对模块对信号进行倍频、混频等处理，输出信号频率分别用 F_{y_1x} 和 F_{y_2x} 表示，取值满足式（10－35）和式（10－36）。

$$F_{y_1x} = 1 + K \cdot (\nu_{y_1} - \nu_x)/\nu_x \qquad (10-35)$$

$$F_{y_2x} = 1 + K \cdot (\nu_{y_2} - \nu_x)/\nu_x \qquad (10-36)$$

式中：K 表示倍频因子，该系统有 10^3 和 10^6 两种倍频因子，可根据需求设置，频率比对模块的带宽 B 由倍频因子确定，$K = 10^6$ 时对应带宽为 10Hz，$K = 10^3$ 对应带宽为 10kHz，该带宽主要影响测量噪声。

　　两频率比对模块输出的脉冲信号输入双通道瞬时时间测量仪（Time Instant Meter two－channel，TIM）。另外频率比对模块 1 还为 TIM 提供频率分别为 99.9MHz 和 1Hz 的脉冲信号，作为 TIM 的时钟参考信号，TIM 对脉冲信号 F_{y_1x} 和 F_{y_2x} 进行采样，图 10.1.10 描述了采样相位差信号 Y_{y_1x} 的产生过程。

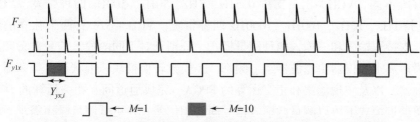

图中 $M=1$ 　 $M=10$

图 10.1.10　VCH－314 中 TIM 模块采样生成相位差信号 Y_{y_x} 过程图

首先对脉冲信号 F_{y_1x} 进行移相处理，使 F_{y_1x} 与 F_x 的相位差约半个周期，即时差接近 0.5s。图中 M 表示单次相位差测量时间间隔，可由用户设置确定。当脉冲周期为 1s 时，若设 $M=1$，则每秒测量一次脉冲信号 F_{y_1x} 与 F_x 之间的时差，当 $M=10$ 时，则每 10s 测量一次时差。

采样后信号分别用 Y_{y_1} 和 Y_{y_2} 表示，其中含有待测信号 ν_{y_1} 和 ν_x（或 ν_{y_2} 和 ν_x）的相位差信息，然后利用软件根据采样值测量待测信号间的相对频率、相位关系。

TIM 测量并输出相位差值 Y_{y_1x} 和 Y_{y_2x}，式（10－37）～式（10－39）为根据相位差值计算任意两信号间相位差的表达式，即

$$\Delta_{y_1x,i} = \frac{1}{K}Y_{y_1x,i} \tag{10－37}$$

$$\Delta_{y_2x,i} = \frac{1}{K}Y_{y_2x,i} \tag{10－38}$$

$$\Delta_{y_2y_1,i} = \Delta_{y_2,i} - \Delta_{y_1,i} \tag{10－39}$$

式中：i 表示 TIM 测量值读数。

根据信号间的相位差值可以计算两信号间的频差，如式（10－40）～式（10－42）所示。根据频差值可以进一步分析信号的频率稳定度。

$$y_{y_1x,i}^M = \frac{1}{\tau}\left(\Delta_{y_1x,M(i+1)} - \Delta_{y_1,Mi}\right) \tag{10－40}$$

$$y_{y_2x,i}^M = \frac{1}{\tau}\left(\Delta_{y_2x,M(i+1)} - \Delta_{y_2,Mi}\right) \tag{10－41}$$

$$y_{y_2y_1x,i}^M = \frac{1}{\tau}\left(\Delta_{y_2y_1,M(i+1)} - \Delta_{y_2y_1,Mi}\right) \tag{10－42}$$

式中：$M=\tau$，表示测量间隔。

频率比对仪 VCH－314 通过频差倍增法提高测量分辨率，结合互相关、可调测量带宽、移相、对称结构等处理方法降低测量噪声。

因目前尚无 VCH－325 测量原理的相关公开资料，作者在进行了调研后，发现两者测量性能、测量功能和频率测量范围均基本相同，仅在可选的噪声带宽参

数上有所不同，VCH – 325 支持 0.5Hz、5Hz、50Hz、500Hz 四种带宽，VCH – 323 支持 1Hz、10Hz、100Hz、1000Hz 四种带宽。VCH – 323 有两个独立的测量通道，支持双输入和三输入两种测量模式，分别针对不同的输入信号数量和测量系统噪声需求。仪器由滤波器组、频率计、模数转换模块、混频器、振荡器、数控振荡器，以及实现滤波和正交运算的 FPGA、完成通道间互相关运算的 DSP 组成。单通道模式下可以测量两输入信号间的相位差，在更低测量噪声需求下，还可以给两个输入通道输入同一信号，通过互相关运算降低测量仪器本底噪声的影响。互相关处理降噪的基本原理是两个通道的模数转换器分属不同芯片，可以认为其产生的噪声很大程度上不相关，互相关处理可以抑制其引入的测量噪声。

相较于频率比对仪 VCH – 314，相位比对分析仪 VCH – 325 的主要特点是从输入信号开始均使用数字技术实现，较 VCH – 314 能实现更低的测量系统噪声，实现途径包括使用梳状滤波器，在极窄的带宽（带宽最低为 0.5Hz）对信号进行滤波，以及通道间互相关抑制测量附加的非相干噪声。

10.2.5 相位噪声测试系统

多通道测量系统（MMS）、时间间隔分析仪（5110A），以及相位噪声测试系统（5115A、5120A、5125A、53100A）系列产品所属公司先后易名，分别是 Timing Solutions Corporation、Symmetricom、Microsemi 公司，各测量系统的设计各有特色，该公司的官网显示，5125A 于 2018 年停产，其后续替代产品是相位噪声分析仪 53100A。本节将分别介绍该公司几款具有代表性的频率测量设备。

10.2.5.1 多通道测量系统

多通道测量系统，英文缩写为 MMS，是一款可扩展测量通道，频率测量范围为 1～20MHz 的相位差测量系统，基本原理是双混频时差测量，测量对象是输入信号间的相位差，要求输入信号具有相同的标称频率。MMS 规格书显示，测量 10MHz 信号，取样间隔 1s 的阿伦偏差可优于 2.5×10^{-13}。

MMS 组成结构如图 10.1.11 所示，其中模块 TSC 2011 的主要功能是混频、过零检测和测量；模块 TSC 2049 是系统内部的高稳晶振，输出频率为 32MHz；TSC 2048B 模块是一个数字频率合成器，能以 TSC 2049 的输出信号为参考，生成与输入信号标称频率匹配的公共参考信号，使公共参考信号与输入信号的频差标称值为 10Hz。如图 10.1.11 所示，标称频率相等的待测信号 A 和 B 分别输入 MMS，混频器 A 和 B 输出标称值为 10Hz 的两个差拍信号，经过零检测器和计数器，测得各差拍信号的相位值，然后通过通信接口输出，用于进一步处理、分析。

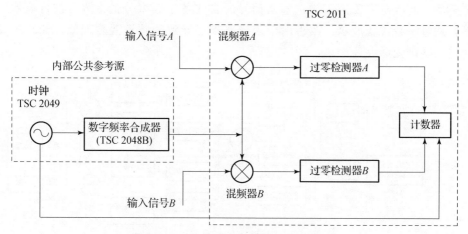

图 10.1.11　多通道测量系统结构框图

MMS 使用数字频率合成器产生公共参考信号，可生成约定带宽内任意频点信号，满足范围内频率信号测量需求，相对于其他针对标准频率的测量仪器有更宽的测量范围。其不足之处与双混频时差法相似，信号之间测量不完全同步，导致数字频率合成器的部分噪声不能被完全抵消，特别是短期频率稳定度的影响，可能是限制测量系统噪声降低的关键因素。

10.2.5.2　相位噪声测量系统

相位噪声测量系统 5125A 是一款纯数字化的测量系统，频率测量范围为 1 ~ 400MHz，测量时不要求待测信号与参考信号同频，可以同步进行稳定度分析和相位噪声测量，取样间隔 1s 的阿伦偏差为 3×10^{-15}。

相位噪声测量系统的组成包括滤波器组、模数转换器、数字频率合成器和处理器及软件，其中软件是系统的核心，实现数字混频、数字滤波、相位差测量、相位噪声分析以及频率稳定度分析等功能。

相位噪声测量系统的两个通道具有对称的物理结构，输入信号经过的处理过程相同，因此对信号数字化后可以采用数字混频、互相关运算等有助于降低测量噪声的处理方法，这一点与双混频时差测量原理类似。

系统结构如图 10.1.12 所示。其中模数转换器的分辨率为 16 位，最大采样率为 128.5MHz，频率测量范围是 1 ~ 400MHz，根据奈奎斯特采样定理，即使是仪器支持的最大采样率 128.5MHz 也远不能满足对处于频率范围上限信号的数字化要求。因此需要采取能降低采样率需求的方法，将输入信号在数字化之前先经过一组抗混叠滤波器，在多个带宽内选通输入信号。滤波器组中每个滤波器的工作频率范围是 $Nf_s/2 \sim (N+1)f_s/2$，其中 N 的取值为 0 或任意正整数，f_s 表示采样频率。滤波器主要用于挑选输入信号所含的各个频率分量，然后进行模数转换。通过组合式滤波器，改善由于采样率不足导致的频谱混叠现象，如频率变化、功率谱变形等。

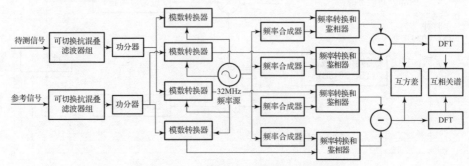

图 10.1.12　相位噪声测量系统结构框图

图 10.1.12 为相位噪声测量系统结构框图，该系统的特征之一是下变频器在模数转换器之后，滤波器输出信号由功分器分为两路，然后经模数转换器数字化，紧跟着下变频器完成与数字频率合成器输出信号的混频，混频输出信号再通过低通滤波器滤除高频分量，得到低频的差拍信号。其中数字频率合成器的输出信号频率与被测信号标称频率接近，差拍信号包括同相和正交两路，将根据反正切函数计算输入信号与数字频率合成器输出信号的相位差，并进一步换算为两输入信号间的相位差。

当待测信号与参考信号标称频率相等时，可以直接利用待测信号与数字频率合成器的相位差减去参考信号与数字频率合成器信号相位差，得到待测信号相对于参考信号的相位差。当待测信号与参考信号标称频率不相等时，需要对其中一个信号进行频率换算，使待测信号和参考信号的标称频率相同后才能计算相位差。例如，计算 5MHz 信号与 10MHz 信号的相位差，需要将 5MHz 信号与数字频率合成器的相位差乘以二倍，然后才能与测量 10MHz 信号所得相位差相减。与双混频时差测量法类似，两信号的做差有助于消除数字频率合成器等公共噪声的影响。

直接数字化测量不同于基于模拟技术的双混频时差测量的关键点在于不必要求下变频器输出差拍信号的频率为零。因为较小的差拍频率引起的相位累积近似线性，尽管可能导致相位翻转，但可以通过线性函数修正并恢复。模拟技术的双平衡混频器输出包含相位差信息的失真正弦函数，当输入信号接近同相时，混频器的输出对输入信号间的相位差不敏感，即使是使用正交混频器也很难准确计算失真信号的相位差。因此模拟法测试要求内部本振必须输出与输入接近正交的信号，即差拍信号的正弦波形接近线性。因此模拟法的本振常使用有较长时间常数的锁相环产生与输入正交的信号，但该控制环路会抑制载频附近的相位噪声，使模拟法不能用于测量载频附近的相位噪声。与此相反，数字化测量方法保留了载频附近的相位信息，可根据带宽需要计算载频附近的相位噪声。因此 5125A 可以根据同一组相位测量值既计算 ADEV，又计算单边带相位噪声。

除上述特性外，相位噪声测量系统所用的数字化方法与基于模拟技术的双混频时差法相比，具有以下优势：通道间非相关噪声可以通过互相关法抑制；通道间测量的同步性更容易保障；数字信号处理较模拟方法更容易抑制噪声影响。

小结：以 5125A 为代表的纯数字化频率测量仪器的特点包括：采用抗混叠滤波器组能有效抑制测量中的谐波、毛刺、混叠噪声；使用多个频率合成器适应输入信号不同频的测量需求；采用全数字化架构，抑制测量噪声的同时还有利于扩展系统的测量分析功能。

10.2.6　数字化测频方法

日本安立公司的研究人员提出了一种对正交信号数字鉴相的测量方法，包括低速采样和高速采样两种实现方式，其共同点是对采样后数字信号的处理都是先对正交信号数字鉴相，然后测量。不同之处在于对输入信号的处理，低速采样使用双混频器、公共参考源和低通滤波器，而高速采样则是直接数字化输入信号，然后使用数字信号处理技术测量输入信号的频率稳定度。根据低速采样设计的频率稳定度测量样机，测量 100MHz 信号，取样间隔 1000s 时系统测量噪声最低，阿伦偏差为 5×10^{-17}，高速采样的频率稳定度测量样机测量 5MHz 频率信号，取样时间 1000s 阿伦偏差为 6.8×10^{-17}。

图 10.1.13（a）和图 10.1.13（b）分别为基于低速采样和基于高速采样的频率稳定度测量系统结构框图，低速采样系统通过将输入信号分别与公共参考信号混频，降低频率，然后通过低速模数转换器采样各差拍信号，由数字信号处理器测量两输入信号的时差，并分析信号的频率稳定度。与低速采样系统相比，高速采样系统主要由高速模数转换器和 FPGA 组成，不需要公共参考源，不需要混频器，系统结构更为简单和紧凑。考虑到两种系统的主要差异在于对待测信号是直接高速采样还是间接低速采样，对数字化后的测频方法基本相同，本书重点关注其实现高精度测频的方法，因此以高速数字采样的系统为主进行介绍。

系统用一对高速模数转换器直接数字化待测和参考信号 $V_1(t)$ 和 $V_2(t)$，高速模数转换器的采样率 $f_s' = 64\text{MHz}$，分辨率为 12 位，输入信号最大频率为 350MHz，可用于测量频率为 5MHz、10MHz 和 100MHz 的信号。采样后信号数据序列用 $V_1(nT_s')$ 和 $V_2(nT_s')$（$n = 0, 1, 2, \cdots$）表示，其中 $T_s' = 1/f_s'$ 表示采样间隔，数据处理软件根据 $V_1(nT_s')$ 和 $V_2(nT_s')$ 数据序列，计算两信号时差 $x(nT_s')$。

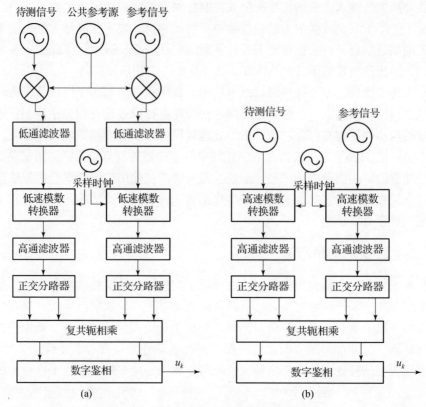

图 10.1.13　日本安立公司的数字化测频方法

时差测量基本原理是信号 $V_1(kT'_S)$ 和 $V_2(kT'_S)$ 分别经过正交分路器进行希尔伯特变换，式（10-43）和式（10-44）分别是 $V_1(kT'_S)$ 变换后输出的两个正交信号，分别用 a 和 b 表示，即

$$a = \frac{2}{N_0}\sum_{n=0}^{N_0-1} V_1(nT'_S)\cos\left(\frac{2\pi n}{N}\right) = \frac{2}{N_0}\sum_{n=0}^{N_0-1} V_1\sin\left(\frac{2\pi n}{N}-\phi_1\right)\cos\left(\frac{2\pi n}{N}\right)$$

$$= \frac{2V_1}{N_0}\left[\sum_{n=0}^{N_0-1}\sin\left(\frac{4\pi n}{N}-\phi_1\right)+\sum_{n=0}^{N_0-1}(-\sin\phi_1)\right] \tag{10-43}$$

$$b = \frac{2}{N_0}\sum_{n=0}^{N_0-1} V_1(nT'_S)\sin\left(\frac{2\pi n}{N}\right) = \frac{2}{N_0}\sum_{n=0}^{N_0-1} V_1\sin\left(\frac{2\pi n}{N}-\phi_1\right)\sin\left(\frac{2\pi n}{N}\right)$$

$$= \frac{2V_1}{N_0}\left\{\sum_{n=0}^{N_0-1}\left[-\cos\left(\frac{4\pi n}{N}-\phi_1\right)\right]+\sum_{n=0}^{N_0-1}(\cos\phi_1)\right\} \tag{10-44}$$

式（10-45）和式（10-46）分别表示 $V_2(kT'_S)$ 输出的两个正交信号，用符号 a' 和 b' 表示。

$$a' = \frac{2}{N_0} \sum_{n=0}^{N_0-1} V_2(nT'_s)\cos\left(\frac{2\pi n}{N}\right) = \frac{2}{N_0} \sum_{n=0}^{N_0-1} V_2\sin\left(\frac{2\pi n}{N} - \phi_2\right)\cos\left(\frac{2\pi n}{N}\right)$$

$$= \frac{2V_2}{N_0}\left[\sum_{n=0}^{N_0-1}\left(\sin\frac{4\pi n}{N} - \phi_2\right) + \sum_{n=0}^{N_0-1}(-\sin\phi_2) \right] \qquad (10-45)$$

$$b' = \frac{2}{N_0} \sum_{n=0}^{N_0-1} V_2(nT'_s)\sin\left(\frac{2\pi n}{N}\right) = \frac{2}{N_0} \sum_{n=0}^{N_0-1} V_2\sin\left(\frac{2\pi n}{N} - \phi_2\right)\sin\left(\frac{2\pi n}{N}\right)$$

$$= \frac{2V_2}{N_0}\left\{ \sum_{n=0}^{N_0-1}\left[-\cos\left(\frac{4\pi n}{N} - \phi_2\right)\right] + \sum_{n=0}^{N_0-1}(\cos\phi_2) \right\} \qquad (10-46)$$

式中：参考信号与待测信号同频，标称频率均为 ν_0；采样频率 $f'_s = \nu_0 \cdot N$；取样数 $N_0 = p \cdot N$；N 为待测信号一个周期内的采样点数；p 为待测信号取样的周期数；ϕ_1 表示 $V_1(nT'_s)$ 信号的初始相位。

$\dfrac{2V_1}{N_0}\left[\displaystyle\sum_{n=0}^{N_0-1}\sin\left(\dfrac{4\pi n}{N} - \phi_1\right) \right]$ 在 $N_0 = p \cdot N$ 情况下，满足有限项和为零的假设，因此有 $a = -V_1\sin\phi_1$，同样 $b = V_1\cos\phi_1$，$a' = -V_2\sin\phi_2$，$b' = V_2\cos\phi_2$，则式（10-47）和式（10-48）成立。

$$I_n = a \cdot a' + b \cdot b' = (-V_1\sin\phi_1) \cdot (-V_2\sin\phi_2) + (V_1\cos\phi_1) \cdot (V_2\cos\phi_2)$$

$$= V_1 V_2\cos(\phi_1 - \phi_2) \qquad (10-47)$$

$$Q_n = b \cdot a' - a \cdot b' = V_1\cos\phi_1 \cdot (-V_2\sin\phi_2) - (-V_1\sin\phi_1) \cdot V_2\cos\phi_2$$

$$= V_1 V_2\sin(\phi_1 - \phi_2) \qquad (10-48)$$

根据式（10-47）和式（10-48），代入计算相位差的正切值，$\tan(\phi_1 - \phi_2) = \dfrac{Q_n}{I_n}$，从而可得两信号的相位差 $\phi_1 - \phi_2 = \arctan\left(\dfrac{Q_n}{I_n}\right)$。

基于该数字化测频方法的频率测量系统主要测量误差源包括量化噪声、积分或差分非线性、热噪声、孔径抖动（不确定度）。其中前三项反映为测量结果相对于真实输入信号的幅度误差，最后一项是由采样时钟误差引起的孔径抖动，为模数转换器内采样保持电路的时延波动。系统的本底噪声与输入信号功率呈对应关系，信号在测量系统的功率范围内时，功率越小，系统本底噪声越大。

高速采样相对于低速采样方案的最大特点是结构简单、紧凑，其系统主要硬件组成仅包括两个高速模数转换器，一个时钟源和一块 FPGA，可以集成到一块面积为 $15\text{cm} \times 10\text{cm}$ 的电路板上。

10.2.7　异频相位重合检测测频方法

目前大多数高精度的频率测量方法或仪器，主要是针对标称频率相同信号之间的测量，因为相同标称频率信号间相位差变化具有很强的规律性，容易通过分析其规律实现高精度测量。而当两比对信号异频时,西安电子科技大学的研究人员通过研究任意频率信号之间的相位关系,发现异频信号间尽管相位差互不相同,且不具连续性,但在某时间间隔内相位差群之间具有严格的对应关系。据此提出了异频相位重合检测测频的方法,根据信号间相位关系特定属性,测量频率信号间相位差的变化,进而实现对待测频率源的测量。根据该方法实现了测量任意频率信号,测量附加本底噪声 10^{-12} 量级。

频率信号除各自周期性变化特性,测量、比对的主要对象是频率信号之间相位差变化规律,周期性信号相位差变化在空间上体现为时间间隔的变化,这种变化在时间上不连续,而是以一定的量化间隔连续传递。假设参与比对的两个频率信号分别是待测信号 ν_1 和参考信号 ν_2,两信号标称频率不等,对应的周期分别为 T_1 和 T_2。若 $\nu_1 = A\nu_{\max,c}$、$\nu_2 = B\nu_{\max,c}$,其中 A 和 B 是互素的正整数,且满足 $A > B$,则 $\nu_{\max,c}$ 为最大公因子频率,$\nu_{\max,c}$ 的倒数为最小公倍数周期 $T_{\min,c}$,则 $T_{\min,c}$ 可用式(10 – 49)和式(10 – 50)表示,即

$$T_{\min,c} = 1/\nu_{\max,c} = A/\nu_1 = AT_1 \tag{10 – 49}$$

$$T_{\min,c} = 1/\nu_{\max,c} = B/\nu_2 = BT_2 \tag{10 – 50}$$

根据式(10 – 49)和式(10 – 50),A 和 B 的取值满足 $\dfrac{\nu_1}{\nu_2} = \dfrac{A}{B}$。

两比对信号以及两信号相位差之间的关系如图 10.1.14 所示,其中 ν_{out} 为 ν_1 和 ν_2 鉴相输出的结果。

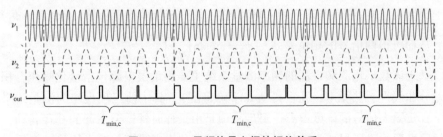

图 10.1.14 异频信号之间的相位关系

从图 10.1.14 可以看出,在一个 $T_{\min,c}$ 周期内,异频信号间各相位差互不相同,且不具连续性,所以从连续性角度看,异频信号之间并不具备相位的可比性,但若以 $T_{\min,c}$ 为单位,把 $T_{\min,c}$ 内所有相位差集合起来作为一个相位差群,则群与群之间存在对应关系,如图 10.1.14 所示。在一个群内,所有相位差的平均值称为群相位差,在实际异频信号相位比对中,由于外界的各种干扰,频率信号间往往出现相位扰动或频率漂移现象,所以 ν_1 和 ν_2 之间具有微小频差 $\Delta\nu$,将导致 $\dfrac{\nu_1}{\nu_2} \neq \dfrac{A}{B}$,使得群相位差发生平行移动,称为群相移,图 10.1.14 所示是群相移

为零值时的特殊情况。群相位差的变化范围虽然很窄，但具有良好的线性特性，任意异频信号间相位差变化的连续性并不发生在每个群内，而是发生在各群之间，随着时间的推移，表面上杂乱无章的相位差群可根据特定的连续性，反映出频率信号间相位差的变化，群相位差延迟的积累使得两个异频信号再次发生相位重合，两次重合所经历的时间间隔称为群周期，在一个群周期中，群相位差变化的最大值 ΔT 为两个异频信号相位比对发生满周期变化的相位差，即 $\Delta T = T_1 / B$，结合式（10-49）和式（10-50），有

$$\Delta T = \frac{\nu_{\max,c}}{\nu_1 \nu_2} = \frac{1}{AB\nu_{\max,c}} \qquad (10-51)$$

如图 10.1.14 所示，两信号间的量化相位差状态中有一些值，等于信号间初始相位差加上 ΔT 或是 ΔT 的整数倍，把这类点中相位差最小的点称为两个信号间的相位重合点，对于任意给定频率的两个信号，由于它们之间的频率值不同，会发生相位的相互移动，另外因为分辨率的限制，导致相位重合点不唯一，而是一簇脉冲信号，选择一簇脉冲中幅度最高的作为最佳相位重合点，测量两个最佳相位重合点之间的时差，反映两个信号之间的相位差。

当两个信号之间的相位差变化非常小时，为实现皮秒级的相位差测量，可采用对称结构和使用公共参考源，使两路相差信号受相同噪声的影响，消除通道中的噪声，降低系统误差，测量结构如图 10.1.15 所示。

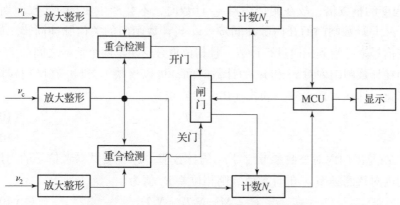

图 10.1.15　相位差重合点间相位差测量原理

图中 ν_1 和 ν_2 是两个标称值相同，或者与公共参考信号呈倍数关系的信号，公共参考信号 ν_c 与参考信号、待测信号之间均存有频差。公共参考信号 ν_c 频率可调，分别与 ν_1 和 ν_2 进行群相位重合点的检测，利用频率信号之间互呈倍数的关系，可以增加信号间量化相移分辨率，从而降低测量对电路的要求。

测量中，计数闸门是由 ν_1 和 ν_c、ν_2 和 ν_c 的相位重合脉冲及参考闸门共同决

定，参考闸门的时间可设置为 0.1s、1s 和 10s 等，控制实际闸门的形成，其中 ν_1 和 ν_c 的相位重合脉冲作为闸门的开门信号，ν_2 和 ν_c 的相位重合脉冲作为闸门的关门信号。待测、参考信号和公共参考信号分别经放大整形电路后输出脉冲信号，系统测量原理如图 10.1.16 所示。

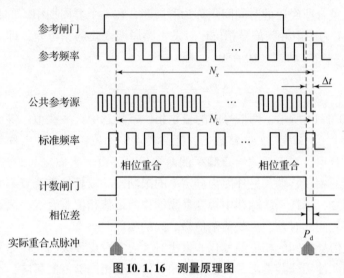

图 10.1.16　测量原理图

公共参考源 ν_c 与实际计数闸门的开门和关门信号多周期同步，即实际闸门是 ν_c 周期的整数倍，故在闸门中对 ν_c 计数时，不会产生 ±1 的计数周期误差。同时，ν_1 与计数闸门的开门脉冲同步，ν_2 与计数闸门的关门脉冲同步。假设计数器在信号上升沿到来时进行计数，且相位重合反映了两个信号之间的上升沿同步，则在计数闸门内对 ν_1 和 ν_c 的计数时间，可以反映 ν_2 和 ν_1 在闸门时段内相位的变化，即式（10-52）和式（10-53）成立。

$$t = N_c T_c \qquad (10-52)$$
$$t = N_1 T_1 - \Delta t \qquad (10-53)$$

式中：N_c 是闸门内对公共参考信号 ν_c 的计数值；T_c 是公共参考信号的周期；N_1 是闸门内对待测频率 ν_1 的计数值。则相位差 P_d 值为

$$P_d = \Delta t = N_1 T_1 - N_c T_c \qquad (10-54)$$

因此，比对信号在实际闸门中的计数值反映了信号之间的真正相位关系。

两个相位重合事件之间是一个相位差群，相位差群的周期远大于参与比对的信号周期。则获得的相位差值相当于在一段时间内 ν_1 和 ν_2 累积的相位差，因此测量分辨率要高于直接相位比对。

但是，由于相位重合点处可能存在一簇脉冲，选择最佳相位重合点具有一定的模糊区，在模糊区内高于闸门触发电平的窄脉冲很多，造成测量闸门开启与闭

合的随机性，使得每次测量闸门时间并不完全相等，限制测量精度提高。为了解决这一问题，研究人员提出了基于长度游标法的相位重合检测技术，利用光和电磁波信号在空间或特定介质中以稳定的速度传递这一属性，对待测信号与其在长度上传输延迟的重合检测来测量短时间间隔，减小相位重合信息中的模糊区，提高测量精度。尽管测量设备的干扰可能影响传输的性能，但如果屏蔽措施得当，这些干扰对传输性能的影响将非常小，1cm 延迟线可对应 60ps 的分辨率，若延迟线段长度设置约为 2mm，则能实现测量分辨率 10ps。

10.2.8　各系统特点小结

本节对前面所述现代的测频系统及方法进行小结，并列表比较各测量系统或方法的性能。各系统或方法测试本底噪声如表 10.2.1 所列。

表 10.2.1　测频系统噪声性能比较

序号	系统名称	型号	生产机构	频率测量范围	取样间隔/s	阿伦偏差
1	多通道频标稳定度分析仪	FSSA	美国 JPL	100MHz X 或 Ka 频段	1	100MHz: $<2.0 \times 10^{-15}$
2	信号稳定度分析仪	A7 - MXU	英国 Quratzlock	高分辨率模式: 10MHz 或 5MHz 宽频模式: $1 \sim 65$MHz	1	10MHz: $<3.0 \times 10^{-14}$
3	比相仪	PCO	德国 TimeTech	5MHz、10MHz 或 100MHz	1	10MHz: $<2.5 \times 10^{-14}$
4	频率比对仪	VCH - 325	俄罗斯 VREMYA - CH	$1 \sim 100$MHz	1	10MHz: $<1.0 \times 10^{-14}$
5	多通道测量系统	MMS	美国 Microsemi	$1 \sim 20$MHz	1	10MHz: $<2.5 \times 10^{-13}$
6	相位噪声测量系统	5125A	美国 Microsemi	$1 \sim 400$MHz	1	10MHz: $<3.0 \times 10^{-15}$
7	相位噪声分析仪	53100A	美国 Microsemi	$1 \sim 200$MHz	1	10MHz: $<7.0 \times 10^{-15}$
8	基于高速采样的数字测频系统	样机	日本 Anritsu	5MHz、10MHz 或 100MHz	1000	5MHz: $<6.8 \times 10^{-17}$

各系统的研发机构根据其目标群体需求不同，设计各有侧重点，如追求最低的系统本底噪声、尽可能多的并行测量能力、任意频点的比对或是最小的测量系

统体积等。下面简单总结各系统的主要特点。

相位噪声测量系统 5125A 最大的特色是采用全数字化处理，频率测量范围相对较宽，系统本底噪声小，还同时具有相位噪声和频率稳定度测量功能。

多通道频标稳定度分析仪（FSSA）结合模拟技术和数字处理方法，是目前公开资料测量噪声最小的系统，可以同时监测六个具有相同标称频率的频率信号，并且还有一个可以测量 X 或 Ka 频段任意频点的测量通道。

频率/相位分析仪 A7000，是一个综合使用多级倍频、混频提高测量分辨率的系统，相对其他系统组成较为复杂，具有宽频测量和高分辨率测量两种模式，适用频率范围宽。

比相仪（PCO）的主要特点是采用二级混频结构提高测量分辨率，另外采用双计数器平行进行粗测和精测，有利于提高时差测量分辨率。

频率比对仪 VCH－314 通过频差倍增法结合使用互相关技术提高测量分辨率，测量带宽可调、移相、对称结构等措施也是为了降低测量噪声。

多通道测量系统（MMS）采用了经典的双混频时差测量结构，可根据需求定制测量通道个数，输出原始相位测量数据，用户可以使用该数据自行分析。

日本安立公司的数字化测频方法对输入信号经高速模数转换器直接采样，然后经数字正交分路器处理后采用数字鉴相测量相位差。主要特点是系统结构简单，不需要公共振荡器、混频器，主要功能模块可以集成到面积为 $15cm \times 10cm$ 的电路板中。

异频相位重合检测测频方法利用频率信号间相位差群的周期特性，设计相位重合检测方法，实现对异频信号间的高精度相位比对，不限制参与比对信号的标称频率需相同，可满足任意频率信号间的直接比对需求。

根据待测信号的频率稳定度性能，以及测试指标需求，用户可以根据各仪器的特点选择所需的设备，服务频率源的高精度测量、校准、监测等需求。

10.3 参考文献

［1］李智奇. 时频信号的相位比对与处理技术［D］.西安:西安电子科技大学,2012

［2］周渭. 长度游标与群周期比对相结合的频率测量方法［J］.北京邮电大学学报,2011,34(3):1－7.

［3］GREENHALL C A. Common－source phase noise of a dual－mixer stability analyzer: progress report［R］.Jet Propulsion Laboratory,Pasadena,CA,2000:42－143.

[4] GREENHALL C A, KIRK A, STEVENS G L. A multi – channel dual – mixer stability analyzer: progress report [C]. Proceedings of the 33rd Annual Precise Time and Time Interval(PTTI) Systems and Applications Meeting, 27 – 29 November 2001, Long Beach, California, USA: 377 – 383.

[5] GREENHALL C A, KIRK A, TJOELKER R L. A multi – channel stability analyzer for frequency standards in the deep space network [C]. 38th Annual Precise Time and Time Interval(PTTI) Meeting, 2006, 105 – 115.

[6] MASAHARU Uchino, KEN Mochizuki. Frequency stability measuring technique using digital signal processing [J]. Electronics and Communications in Japan, 2004, 21 – 33.

[7] KEN Mochizuki, MASAHARU Uchino, TAKAO Morikawa. Frequency – stability measurement system using high – speed ADCs and digital signal processing [J]. IEEE Transactions on Instrumentation and Measurement, 2007, 1887 – 1893.

[8] Quartzlock. A7 frequency, phase & phase noise measurement system operation & service manual [EB]. 2006.

[9] Quartzlock. A7 – MXU signal stability analyser user's handbook [EB]. 2014.

[10] Symmetricom. Multi – channel measurement system user manual [EB]. 2007.

[11] Symmetricom. 5110A Time interval analyzer operations and maintenance manual [EB]. 2006.

[12] Symmetricom. 5125A phase noise test set operations and maintenance manual [EB]. 2010.

[13] TIMETECH. Multi channel phase comparator user manual [EB]. 2003.

[14] VREMYA – CH. VCH – 314 Routine for multi – channel measurement of frequency instability software operational manual [EB]. 2006.

[15] VREMYA – CH. VCH – 323 phase comparator analyzer operational manual [EB]. 2023.

10.4　思考题

1. 采用差拍法测量频率，差拍因子越大越好吗？为什么？

2. 混频器和鉴相器在频率测量中被广泛使用，试从工作原理，以及在频率测量中的作用等方面，分析两者的异同？

3. 采用倍频法或频差倍增法测量频率，倍频因子越大越好吗？为什么？

4. 结合频差倍增法的工作原理，分析其测量频率标准时的主要测量误差？

5. 与双通道的频率测量仪器相比，多通道频率测量仪器的设计难点与关键是什么？

6. 比相仪测量结果为两个信号的相位差数据，使用比相仪有哪些约束条件，试给出比相仪的典型适用场景？

7. 试分析促使俄罗斯 VCH－323 获得 $10^{-15}/s$ 频率稳定度测量噪声的关键因素，包括工作原理、仪器结构、结构设计等各方面均可？

8. 试分析异频相位重合检测测频方法的优点，以及典型的适用场景，包括被测信号频率范围，被测信号与参考信号之间的频率关系等？

第 11 章　频率测量仪器设计实例

差拍数字化的高精度频率测量方法是一种结合现代数字技术与传统差拍技术的新方法，本章从差拍数字化方法的工程实现角度，介绍频率测量仪器的工作原理、系统误差及校准方法，并给出了系统设计方案和性能测试方法。

11.1　差拍数字化测频方法

上一章介绍了各种经典频率测量方法的工作原理和适用环境，并比较了各自特点，本章将介绍一种结合经典双混频时差测频方法和数字信号处理技术优点的频率测量方法，用于评估待测频率信号的频率或相位随机起伏情况，称为差拍数字化测频方法。该方法对待测信号的处理流程涉及基于模拟电路的频率变换和数字电路的数据处理两个阶段，通过混频器输出差拍信号，然后经模数转换器转换为数字信号，最后通过数字信号处理实现频率测量、稳定度分析，整个过程涉及的两个关键词分别是差拍和数字化，因此称为差拍数字化测频方法。

对待测频率信号的测量对象既可以是信号的频率，也可以是相位，这两个量之间存在确定的关系，可以将相位测量值转换为频率值，并且大多数的频率稳定度分析方法均支持使用频率或相位测量数据，因此通常的频率测量方法是针对其中一种量进行描述。差拍数字测频方法对信号频率的测量结合了频率和相位两种结果，频率测量值反映的是待测信号与参考信号整数频率差值，称为频率粗测，另外通过相位测量值更精细地反映待测信号与参考信号的相位差变化量，将相位差值转换为频率量，实现对频率的精测，与频率粗测结果合并为待测信号的频率测量值。

11.1.1　差拍数字化测量解决的关键问题

模拟信号只有通过模数转换器转化为数字信号后，才能使用软件进行处理。模数转换器（ADC）是指将模拟信号转化为数字信号的器件或模块。模数转换是指将时间、幅值连续的模拟信号转换为时间、幅值均离散的数字信号，一般模数转换过程包括采样、保持、量化和编码四步，转换过程存在转换误差，其中影响模数转换性能最重要的指标是采样率和分辨率。

将在时间上连续的模拟信号，转换为时间上离散的系列数字信号，需要定义一个表示数字信号采样模拟信号速率的参数，该参数称为模数转换器的采样率或是采样频率。根据采样定理，采样频率大于被采样信号最高频率带宽的 2 倍及以上才能无混叠地完成信号采样，但若要无失真或者接近无失真的采样信号，一般选择 2.5 ~ 10 倍的采样率。

模数转换分辨率，是指在输入模拟信号幅值范围内，可以输出的离散数字信号数值的数量，通常用 0 和 1 的组合来表示这些数值。因此分辨率经常用比特作为单位，数值个数是 2 的幂指数。例如，3 位分辨率的模数转换器可以将模拟信号编码成 8 个不同的离散值，8 位分辨率则可以编码成 256 个。分辨率还可以用电气特性描述，单位为伏特。电气性质的模数转换分辨率用最低有效位（LSB）电压表示，LSB 电压是使得输出离散信号产生变化所需最小输入电压的差值，即模数转换器分辨率 Q 等于 LSB 电压。

因此对差拍信号的数字化重点需要选择合适采样率和分辨率的 ADC 器件。ADC 在两次采样之间存在一定时间间隔，因此，ADC 输出数字信号是对输入信号的不完全描述，仅根据输出信号无法得知输入信号的完整形式。如果输入信号的频率比采样率低，那么可以假定两次采样得到的信号为介于这两次采样之间的值，但当输入信号变化频率高于采样率，则上述假定不成立。如输入信号的变化率比采样率大得多，两次采样间可能存在若干周期的不确定性，ADC 输出的"假"信号称为"混叠"，混叠信号的频率为信号频率和采样率之差。为避免混叠，ADC 的输入信号须通过低通滤波器进行滤波处理，滤除频率高于采样率一半的信号。

常见频标信号的频率典型值为 1MHz、5MHz、10MHz 或 100MHz 等，若将频标信号直接数字化，则需要至少 2 倍于原频率的采样率，且该采样率仅能基本还原信号，而高精度的频率测量需要 ADC 通过高采样率和高分辨率去分辨信号细微的相位变化，如辨别皮秒甚至飞秒量级的相位变化，需对原始信号进行过采样，尽可能降低量化误差。根据经验，每倍频的过采样能改善信噪比约 3dB（等效于 0.3 位）。另外通过噪声整形处理改善，可以达到每倍频 $6L + 3$dB（L 是指用于噪声整形的环路滤波器的阶数，例如，一个 2 阶环路滤波器可以提供每倍频 15dB 的改善）。以原子频率标准常见输出的 10MHz 频率信号为例，对其进行数字化测量，按工程经验需要十倍及以上的采样率才能满足测量分辨率需求，即需要 ADC 采样率为 100MHz 以上，此外分辨率不能低于 12 位，尽管目前已有可以满足此类参数要求的 ADC，甚至已经有采样率几十吉赫兹的器件，但对应匹配该采样率的数据处理器、存储器资源需求也显著增加，大大提高了设备的复杂度和成本。上述原因使得对源信号直接高速采样的方案难以广泛应用。

相较于直接数字化测量，差拍后输出信号为低频、正弦波形，其频率值远小于待测信号，因此所需采样率远低于直接数字化，大大降低对 ADC 器件性能的要求，常见差拍信号频率取值范围 1Hz~1kHz。

将待测信号降低到低频段后再数字化，是差拍数字化的主要特点。对待测信号混频在降低待测信号中心频率的同时，保留待测信号相对参考信号的频率差、相位差信息，可用于进一步的精细测量。

为适应信号的数字化以及基于数字信号的高精度相位测量需求，差拍数字化要求差拍输出的信号波形为正弦型，这与传统差拍方法希望输出便于准确判断触发时刻的方波波形信号不同。传统差拍法输出方波波形的差拍信号，是为了便于时间间隔计数器测量差拍信号的相位变化量，基于方波有显而易见的好处，如陡峭的上升沿或是下降沿便于触发计数器测量，但对于数字测量方法，对方波信号进行数字化却不是一件容易的事，主要原因是方波信号陡峭的上升或下降沿是由丰富的高频分量组成，采样率不足将导致数字化后的信号上升沿变平缓，引起测量误差。因此为降低采样率需求，数字化对象的频谱越简单越好，差拍数字化方法基于上述原因提出的解决方案是使差拍信号为正弦波形，利用正弦信号具有简单频率分量特点，降低数字化测量对采样率的需求。如对频率为 100Hz 的正弦差拍信号数字化，最低采样率仅为 200Hz，即使以 10 倍频率采样，采样率也仅需 1kHz，是当前模数转换器件和数字信号处理器较容易实现的水平。

综上所述，差拍信号数字化方法解决了高稳定度频率源信号直接数字化测量，受模数转换器采样率、分辨率限制，难以实现高精度测量的问题。但差拍信号数字化过程会引入新的量化误差，并且信号数字化过程中可能出现的混叠、泄露等问题依然存在，需要遵循一般的采样规则，在器件、参数选择中加以考虑。

11. 1. 2　频率测量原理

差拍数字化频率测量方法是基于差拍法对信号变频的思想，将待测信号首先与公共参考源混频，经信号调理后输出正弦波形的差拍信号，然后使用模数转换器将差拍信号数字化，最后使用数字信号处理技术测量待测信号的频率，与此同时，参考信号经过与待测信号完全相同的处理过程，得到代表参考信号及对应通道附加误差的频率值，因参考信号频率远比待测信号准确，其测得频率值主要反映对应通道的偏差，包括公共参考源以及测量附加噪声的影响，因待测与参考信号测量通道结构对称，测量同步进行，因此测量噪声高度相关，可用参考通道测量值校准待测信号的频率测量结果，测量原理如图 11. 1. 1 所示。该方法要求参考信号与待测信号的标称频率相同，且与公共参考源输出信号的标称频率存在不超过 1kHz 的频差，保留一定量值的频差是为了便于对差拍信号的调理以及满足后期分析不同采样间隔对应频率稳定度的需求。

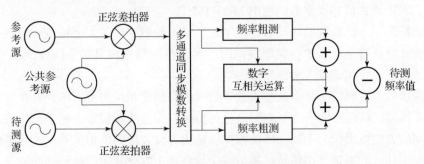

图 11.1.1　差拍数字频率测量原理框图

差拍数字化方法是基于数字信号的频率或相位测量，测量分粗测和精测两步，分别对应待测信号频率的整数和小数分量，两结果相加即为待测信号的实际频率值。对信号的整数频率分量的估计有许多可选方法，如频谱估计、三点法估计等，其中频谱估计测量准确，较三点法计算复杂度稍高，但现有器件运算资源足以支持实现，本节设计的仪器采用频谱估计测量整数分量，此处不再赘述，有关内容请查阅相关参考文献。本节重点将阐述频率小数分量的测量方法，因为小数分量的测量分辨率、测量精度最终反映了差拍数字化频率测量方法的测量性能。频率值小数分量的测量是利用参考和待测信号间存在相对频率差，将导致信号间相位差随着时间变化的特点，采用数字互相关原理测量确定时间间隔内信号间相位差的变化量，然后根据相位、频率的转换关系得到待测信号相对于参考信号的频率偏差量。因为是数字信号，测量时间间隔可以根据需要设置，通常是根据对频率源不同取样间隔的稳定度分析需求进行设置。

假设用参考信号和待测信号两信号以及公共参考源输出的信号表达式分别为

$$V_{10}(t) = V_1 \sin\left[2\pi\nu_0 t + \phi_1(t)\right] \tag{11-1}$$

$$V_{20}(t) = V_2 \sin\left[2\pi\nu_x t + \phi_2(t)\right] \tag{11-2}$$

$$V_C(t) = V_C \sin\left[2\pi\nu_c t + \phi_c(t)\right] \tag{11-3}$$

式中：$\phi_1(t)$、$\phi_2(t)$ 和 $\phi_c(t)$ 分别为参考信号、待测信号和公共参考信号的相位；ν_0、ν_x 和 ν_c 分别为参考信号、待测信号和公共参考信号的频率。参考信号和待测信号分别与公共参考源输出信号混频，输出的差拍信号为

$$V(t) = V\cos\left[2\pi Ft + \varphi(t)\right] \tag{11-4}$$

式中：$V = V_1 V_C$ 或 $V = V_2 V_C$ 为信号幅值；F 为差拍信号的标称频率，取值满足 $F = \nu_0 - \nu_c$；$\varphi(t)$ 为待测信号或参考信号与公共参考源信号的相位差。

考虑到信号受到的随机干扰和模数变换过程中引入的量化误差，差拍信号采

样后的离散信号表达式为

$$V'(n) = V\cos\left[2\pi\frac{F}{f_s}n + \varphi(n)\right] + g(n) + l(n), n = 1,2,3,\cdots \quad (11-5)$$

式中：f_s 为信号模数转换的采样率；$g(n)$ 为系统的随机噪声；$l(n)$ 为量化误差，根据量化误差特征，通常将其视为均匀分布的白噪声；n 为采样点数，取值范围为 $1\sim\infty$。将式（11-5）归一化处理，得

$$V(n) = \cos\left[2\pi\frac{F}{f_s}n + \varphi(n)\right] + g(n) + l(n) \quad (11-6)$$

令 $f_s = N$，$Q = \dfrac{f_s}{F}$，两差拍信号经模数转换后的表达式分别用 $V_1(n)$ 和 $V_2(n)$ 表示，即

$$V_1(n) = \cos\left[2\pi\frac{n}{Q} + \varphi_1(n)\right] + g_1(n) + l_1(n) = x_1(n) + g_1(n) + l_1(n) \quad (11-7)$$

$$V_2(n) = \cos\left[2\pi\frac{n}{Q} + \varphi_2(n)\right] + g_2(n) + l_2(n) = x_2(n) + g_2(n) + l_2(n) \quad (11-8)$$

式中：$x_1(n) = \cos\left[2\pi\dfrac{n}{Q} + \varphi_1(n)\right]$；$x_2(n) = \cos\left[2\pi\dfrac{n}{Q} + \varphi_2(n)\right]$；式（11-7）和式（11-8）中，取样数 n 的取值范围为 $1\sim N$。

两差拍信号的互相关函数表达式为

$$
\begin{aligned}
R_{12}(m) &= \frac{1}{N}\sum_{n=0}^{N-1} V_1(n)V_2(n+m) \\
&= \frac{1}{N}\sum_{n=0}^{N-1}\left[x_1(n) + g_1(n) + l_1(n)\right]\left[x_2(n+m) + g_2(n+m) + l_2(n+m)\right] \\
&= \frac{1}{2}\cos\left(2\pi\frac{m}{Q} + \Phi\right) + R_{x_1g_2} + R_{x_1l_2} + R_{g_1x_2} + R_{g_1g_2} + R_{g_1l_2} + R_{l_1x_2} + R_{l_1g_2} + R_{l_1l_2}
\end{aligned}
$$

$$(11-9)$$

式中：$\Phi = \varphi_2(n+m) - \varphi_1(n)$ 为两差拍信号的相位差，是未知量。

当 $m = 0$ 时，可得

$$R_{12}(0) = \frac{1}{2}\cos\Phi + R_{x_1g_2} + R_{x_1l_2} + R_{g_1x_2} + R_{g_1g_2} + R_{g_1l_2} + R_{l_1x_2} + R_{l_1g_2} + R_{l_1l_2} = A + B + C$$

$$(11-10)$$

式中：$A = \dfrac{1}{2}\cos\left(2\pi\dfrac{m}{Q} + \Phi\right)$ 为信号间的相关函数，$B = R_{x_1g_2} + R_{x_1l_2} + R_{g_1x_2} + R_{l_1x_2}$ 为噪声与信号的相关函数，$C = R_{g_1g_2} + R_{g_1l_2} + R_{l_1g_2} + R_{l_1l_2}$ 为噪声之间的相关函数。从统计意义角度分析，认为信号与噪声两者不相关，即 B 项值为零，而实际测量系统中该项值并不严格等于零，若假定其为零值将导致测量出现误差，但是由于其

值远小于信号的相位噪声，通常可以忽略 B 项值。C 为噪声之间的相关函数分量，与 m 的取值无关，因此 C 项值可以根据相关函数的性质计算。对式（11-10）求累加和，可得 C 项分量的值，即

$$C = \frac{1}{N}\sum_{m=0}^{N-1} R_{12}(m)$$ (11-11)

将 B 和 C 的值代入式（11-10），可得

$$\cos\Phi = 2\left[R_{12}(0) - \frac{1}{N}\sum_{m=0}^{N-1} R_{12}(m)\right]$$ (11-12)

根据 $\Phi = \varphi_2(n) - \varphi_1(n) = [\phi_2(n) - \phi_r(n)] - [\phi_1(n) - \phi_r(n)]$ 的定义，其中 $\phi_r(n)$ 为公共参考源的相位偏差，因为参考和待测信号与公共参考源同时混频，因此公共参考源自身相位噪声对两个信号的影响可以被抵消，即 $\Phi = \phi_2(n) - \phi_1(n)$，反映待测信号相对于参考信号的相位差值，$\Phi$ 中含有常数分量和随时间变化的量两部分。常数分量表示信号间的初始相位差，与所选测量时间起点有关。变化量与测量时间和信号间频差有关，反映待测信号与参考信号受信号间频差影响，导致相位随时间变化。需要注意，前面提到，混频能将原信号的相位信息保留在差拍信号中，该相位是指以度为单位的量值，表示某时刻信号在周期中的相对位置。本章中相位差测量值用时间单位表示，以度表示的相位转换为时间单位时，需引入信号周期量，由于原信号与差拍信号的周期存在差拍因子的倍数关系，因此用时间单位表示的原始信号与差拍后信号相位间存在差拍因子倍数关系。

差拍数字化频率测量方法具有差拍法、比相法的高分辨率特点，同时因为引入频率粗测，还可以识别整数频率差。在频率测量范围方面，如果图 11.1.1 中公共参考源使用具有频率合成功能的模块，以及在确保鉴相等模块的频率输入范围前提下，还可以适应较宽范围的频率测量需求。差拍数字化测量方法的典型应用场合是标称频率相同的频率信号间比对，或是频率差远小于其标称频率的情况，频率测量范围与设置的滤波器带宽有关。

11.2 系统误差分析

与传统的测频方法相比，差拍数字化测量既存在输入信号变频阶段模拟器件引起的噪声，又存在模数转换导致的量化误差、孔径误差、非线性误差等新的误差源。本节主要分析差拍数字化测量的主要误差来源及其影响，包括正弦差拍信号失真、公共参考源噪声、量化误差以及算法误差。在误差分析基础上，介绍一种系统误差的校准方法。

11.2.1　正弦差拍信号失真影响

根据差拍信号数字化测量原理，待测信号需要通过正弦差拍器与公共参考信号进行混频、滤波及放大处理，输出正弦波形的差拍信号进行模数转换并进一步分析处理。当正弦差拍器输出的信号频谱不纯时，会导致信号波形失真。按照科学严谨的理念设计和制作正弦差拍器，同时也需要分析研究信号部分失真对测量的影响，对于依据测量方法实现仪器有重要意义，也有利于优化、改进测量方法。

信号波形失真在数学上可以表示为叠加了多次谐波和相位噪声，而正弦差拍器的低通特性可能使一部分随机噪声和谐波通过，考虑到后期的数字频率测量处理能平滑绝大多数随机噪声，因此随机噪声对系统影响较小，此处主要分析谐波的影响，经低通滤波后高次谐波所占的频谱分量较小，所以以二次谐波为主进行分析。

用 $V_1(t)$ 和 $V_2(t)$ 分别表示参考和待测信号经混频后的差拍信号，两个信号均叠加了二次谐波。

$$V_1(t) = A_1\sin[\omega t + \varphi_1(t)] + A_1'\sin[2\omega t + \psi_1(t)] \tag{11-13}$$

$$V_2(t) = A_2\sin[\omega t + \varphi_2(t)] + A_2'\sin[2\omega t + \psi_2(t)] \tag{11-14}$$

式中：A_1 和 A_2 分别为信号的幅值；A_1' 和 A_2' 分别为信号二次谐波的幅值；ω 为两个差拍信号的标称角频率；$\varphi(t)$ 和 $\psi(t)$ 分别为基波和二次谐波信号的相位，是频率差、初始相位和瞬时相位噪声的综合值。

为了计算谐波对相位差测量值的影响，以过零点时刻的瞬时相位为对象进行分析，两信号过零点时刻分别为 t_1 和 t_2，则

$$V_1(t) = A_1\sin[\omega t + \varphi_1(t)] + A_1'\sin[2\omega t + \psi_1(t)] = 0 \tag{11-15}$$

$$V_2(t) = A_2\sin[\omega t + \varphi_2(t)] + A_2'\sin[2\omega t + \psi_2(t)] = 0 \tag{11-16}$$

过零点时刻信号的瞬时相位为零值，即 $\omega t_1 + \varphi_1(t_1)$ 和 $\omega t_2 + \varphi_2(t_2)$ 无限接近零值，因此 $\sin[\omega t_1 + \varphi_1(t_1)] \approx \omega t_1 + \varphi_1(t_1)$ 和 $\sin[\omega t_2 + \varphi_2(t_2)] \approx \omega t_2 + \varphi_2(t_2)$ 两式成立，代入式（11-15）和式（11-16），可得差拍信号的瞬时相位，即

$$\omega t_1 + \varphi_1(t_1) + \frac{A_1'}{A_1}\sin[2\omega t_1 + \psi_1(t_1)] = 0 \tag{11-17}$$

$$\omega t_2 + \varphi_2(t_2) + \frac{A_1'}{A_2}\sin[2\omega t_2 + \psi_2(t_2)] = 0 \tag{11-18}$$

相位差测量结果中由二次谐波引起的相位误差 ψ_e 为

$$\psi_e = \frac{A_1'}{A_1}\sin[2\omega t_2 + \psi_2(t_2)] - \frac{A_2'}{A_2}\sin[2\omega t_1 + \psi_1(t_1)] \tag{11-19}$$

多次谐波的影响可通过与二次谐波相同的方式进行推导，如式（11-19）所示，由谐波引起的相位误差与谐波、基波的幅值之比以及相位都有关系。多次谐波的影响可以通过设计正弦差拍器中的低通滤波电路实现优化。

11.2.2　量化及算法误差

差拍数字化测量是基于数字相关算法实现，在进行数据运算前，需要对信号进行模数转换，信号模拟转换过程中引入新的噪声分量，主要是量化误差，需要重点关注量化误差对测量的影响。另外在进行数字相关处理时，信号与噪声不完全独立，在数据处理过程中忽略该项值造成的影响需要进行评估。

量化误差是由模数转换器的非线性传输特性引起。在分析量化误差时，可把模数转换器看成从连续幅度输入到离散幅度输出的一种非线性映射，这种映射引起的误差可以利用随机统计方法或非线性确定方法进行研究。但为了分析方便，目前多数文献采用的是随机统计方法。随机统计方法就是将模数转换器的输出等效为被取样连续幅值的输入与附加噪声之和。

数字互相关处理对信号的干扰噪声有一定的抑制作用，但相关算法由于采用有限长的样本函数代替高斯白噪声和均匀分布的量化噪声，使得信号与噪声不完全独立，从而引起误差，即式（11-10）中 B 项分量不严格等于零，而测量过程中忽略了 B 项的值，由此导致测量结果存在误差。

下面从对 B 项值的分析入手，具体讨论数字相关数据处理过程中误差的影响。以下各参数定义与 11.1.2 节相同。

$$B = R_{x_{ij}g_{i(j+1)}} + R_{x_{ij}l_{i(j+1)}} + R_{g_{ij}x_{i(j+1)}} + R_{l_{ij}x_{i(j+1)}}$$

根据相关函数的性质，得到

$$R_{x_{ij}g_{i(j+1)}}(m) = R_{g_{i(j+1)}x_{ij}}(-m) = \frac{1}{N}\sum_{n=0}^{N-1} g_{i(j+1)}(n)x_{ij}(n-m)$$

$$= \frac{1}{N}\cos(\omega_{ij}m)\sum_{n=0}^{N-1} g_{i(j+1)}(n)\sin(\varphi_{ij}+\omega_{ij}n) -$$

$$\frac{1}{N}\sin(\omega_{ij}m)\sum_{n=0}^{N-1} g_{i(j+1)}(n)\cos(\varphi_{ij}+\omega_{ij}n) \qquad (11-20)$$

同理可得 $R_{x_{ij}l_{i(j+1)}}$、$R_{g_{ij}x_{i(j+1)}}$ 和 $R_{l_{ij}x_{i(j+1)}}$ 的表达式为

$$R_{x_{ij}l_{i(j+1)}}(m) = \frac{1}{N}\cos(\omega_{ij}m)\sum_{n=0}^{N-1} l_{i(j+1)}(n)\sin(\varphi_{ij}+\omega_{ij}n) -$$

$$\frac{1}{N}\sin(\omega_{ij}m)\sum_{n=0}^{N-1} l_{i(j+1)}(n)\cos(\varphi_{ij}+\omega_{ij}n) \qquad (11-21)$$

$$R_{g_{ij}x_{i(j+1)}}(m) = \frac{1}{N}\cos(\omega_{ij}m)\sum_{n=0}^{N-1} g_{ij}(n)\sin(\varphi_{i(j+1)}+\omega_{ij}n) +$$

$$\frac{1}{N}\sin(\omega_{ij}m)\sum_{n=0}^{N-1}g_{ij}(n)\cos(\varphi_{i(j+1)}+\omega_{ij}n) \qquad (11-22)$$

$$R_{l_{ij}x_{i(j+1)}}(m) = \frac{1}{N}\cos(\omega_{ij}m)\sum_{n=0}^{N-1}l_{ij}(n)\sin(\varphi_{i(j+1)}+\omega_{ij}n) +$$

$$\frac{1}{N}\sin(\omega_{ij}m)\sum_{n=0}^{N-1}l_{ij}(n)\cos(\varphi_{i(j+1)}+\omega_{ij}n) \qquad (11-23)$$

根据式（11-20）~式（11-23）可得 B 值的表达式为

$$B = \frac{1}{N}\cos(\omega_{ij}m)\Big[\sum_{n=0}^{N-1}g_{i(j+1)}(n)\sin(\varphi_{ij}+\omega_{ij}n)$$

$$+\sum_{n=0}^{N-1}l_{i(j+1)}(n)\sin(\varphi_{ij}+\omega_{ij}n)+\sum_{n=0}^{f_s-1}g_{ij}(n)\sin(\varphi_{i(j+1)}+\omega_{ij}n)$$

$$+\sum_{n=0}^{f_s-1}l_{ij}(n)\sin(\varphi_{i(j+1)}+\omega_{ij}n)\Big]+\frac{1}{N}\sin(\omega_{ij}m)\Big[\sum_{n=0}^{N-1}g_{ij}(n)\cos(\varphi_{i(j+1)}+\omega_{ij}n)$$

$$-\sum_{n=0}^{N-1}g_{i(j+1)}(n)\cos(\varphi_{ij}+\omega_{ij}n)+\sum_{n=0}^{N-1}l_{ij}(n)\cos(\varphi_{i(j+1)}+\omega_{ij}n)$$

$$-\sum_{n=0}^{N-1}l_{i(j+1)}(n)\cos(\varphi_{ij}+\omega_{ij}n)\Big] \qquad (11-24)$$

对式（11-24）求和，即

$$\sum_{m=0}^{N-1}B = 0 \qquad (11-25)$$

由式（11-25）可知，尽管 B 不严格意义上等于零，但对 B 项分量累加求和仍为零值，又因为式（11-10）的 C 值等于对整个周期的相关函数求和，在 B 的值需要进一步估计情况下，将式（11-25）代入式（11-10）中仍能保证式（11-11）严格成立。这也表明式（11-10）中 C 项分量的估计不会引起测量误差。所以，主要讨论 B 项值对测量结果的影响，式（11-10）重新表示为

$$R_{ij}(0) - \frac{1}{N}\sum_{m=0}^{N-1}R_{ij}(m) = \frac{1}{2}\cos(\varPhi_{ij}) + B \qquad (11-26)$$

令式（11-26）中由高斯白噪声引起的误差用 $B_1 = R_{x_{ij}g_{i(j+1)}} + R_{g_{ij}x_{i(j+1)}}$ 表示，量化噪声引起的误差用 $B_2 = R_{x_{ij}l_{i(j+1)}} + R_{l_{ij}x_{i(j+1)}}$ 表示，$B = B_1 + B_2$。

$g(t)$ 代表均值为 0、方差为 σ_g^2 的高斯随机变量，由式（11-20）和式（11-22）可得 B_1 的方差为

$$\sigma_{B_1}^2 = \frac{2\sigma_g^2}{N} \qquad (11-27)$$

设模数转换器为舍入式均匀量化器，量化间隔为 Δ，则 $l(t)$ 是以等概率落在 $(-\Delta/2, +\Delta/2)$ 内。因此，$l(t)$ 服从均匀分布，均值为 0，方差为 $(\Delta^2/12)$。由

式（11-21）和式（11-23）可得 B_2 的方差为

$$\sigma_{B_2}^2 = \frac{2\Delta^2}{12N} \qquad (11-28)$$

考虑到 B_1 与 B_2 相互独立，则有

$$\sigma_B^2 = \sigma_{B_1}^2 + \sigma_{B_2}^2 = \frac{2\sigma_g^2}{N} + \frac{2\Delta^2}{12N} \qquad (11-29)$$

对式（11-26）等号右侧平方后求均值，得到噪声对相位差测量值的影响为

$$\frac{1}{N}\sum_{m=0}^{N-1}\left[\frac{1}{4}\cos^2(\Phi_{ij}) + B\cos(\Phi_{ij}) + B^2\right]$$

$$= \frac{1}{4}\cos^2(\Phi_{ij}) + \left[\frac{2\sigma_g^2}{N} + \frac{2\Delta^2}{12N}\right] + \frac{1}{N}\sum_{m=0}^{N-1}B\cos(\Phi_{ij})$$

$$\leqslant \frac{1}{4}\cos^2(\Phi_{ij}) + \left[\frac{2\sigma_g^2}{N} + \frac{2\Delta^2}{12N}\right] + \frac{1}{N}\sum_{m=0}^{N-1}B = \frac{1}{4}\cos^2(\Phi_{ij}) + \left(\frac{2\sigma_g^2}{N} + \frac{2\Delta^2}{12N}\right)$$

$$(11-30)$$

σ_g^2 反映的是输入信号的信噪比 $\mathrm{SNR} = \dfrac{V^2}{\sigma_g^2}$，$V$ 为输入信号的幅度，模数转换器的位数为 a，有 $\dfrac{\Delta}{V} = \dfrac{2}{2^a - 1}$，代入式（11-30）得到量化噪声和白噪声的标准差 σ_{Error} 为

$$\sigma_{\mathrm{Error}} = \sqrt{\left(\frac{1}{4}\cos^2(\Phi_{ij}) + \frac{1}{N}\left(\frac{2V^2}{\mathrm{SNR}^2} + \frac{2\Delta^2}{12}\right)\right)} \qquad (11-31)$$

由此可见，数字相关法的误差项及量化误差的标准差与取样点数 N 的平方根成反比；同时，也与信噪比和模数转换器的位数有关，信噪比越大，模数转换器的位数越多，量化噪声的标准差越小，测量误差越小。

对测量系统中量化噪声导致的测量误差分析，需要得到模数转换器的位数与量化精度的关系。根据文献，如果输入信号的功率为 σ_x^2，那么模数转换器输出信号功率与量化噪声功率之比（用 dB 表示）为

$$\frac{S}{N} = 10\lg\frac{\sigma_x^2}{\sigma_e^2} = 10\lg\left[\frac{\sigma_x^2}{\frac{1}{12}2^{-2B}}\right] = (6.02B + 10.79 + 10\lg\sigma_x^2)\,\mathrm{dB} \qquad (11-32)$$

式中：σ_x^2 为输入信号的功率；σ_e^2 为量化噪声功率。可以看出模数转换器输出信噪比随量化位数的增加而提高，量化位数每增加一位，模数转换器输出信噪比提高约 6dB。此外增加输入信号的功率，也可以提高模数转换器输出信噪比，但受模数转换器动态范围限制，如果模数转换器输入信号超过器件本身的动态范围，会产生较严重的失真，式（11-32）的分析结果也不再适用。式（11-32）通

常作为确定所需模数转换器位数参数的主要依据，结合输入信号的特性及系统要求的信噪比，就可以确定频率测量所需模数转换器的位数。

采样数据的量化噪声还可以通过提高采样率加以改进，理论上采样率增加的限制在于持续采样时采集与数据处理器的吞吐能力。通常情况下，重建原信号达到 90% 甚至更高的精度，要求对信号每个周期进行约 10 次的采样，常用的采样范围是每周期 7~10 次采样，如对 1kHz 信号采样，采样率为 10kHz 可以高精度复原信号。

数字相关法测量频率的误差与取样点数 N（采样率）、信噪比 SNR 和模数转换器的位数 a 有关。由于目前常用的数模数器件位数较高，足以满足频率测量仪器所需，因此模数转换器的位数 a 对误差影响较小，16 位分辨率的模数转换器能满足优于 10^{-14} 量级测量本底噪声的需求。另外由式（11-31）可知，噪声对测量结果的影响与 N 成反比；信噪比 SNR 对测量误差影响较大。

11.2.3　误差校准方法

通过前几节的分析发现，数字化差拍测频方法的测量噪声来源包括模拟器件的电路噪声，信号数字化过程引入的量化误差、非线性误差，以及测量算法误差等。为降低测量系统附加噪声的影响，核心是减小测量误差。

减小测量误差的措施主要包括两方面，一是尽可能减小误差来源，如选择低噪声器件、选择满足要求的模数转换器、采取措施屏蔽电磁干扰、控制环境温度变化范围等；二是尽可能减小误差对测量结果的影响，比如对误差进行校准。在采取了必要的减噪措施后，误差校准方法的效果将影响系统的测量性能。

由于各误差项的来源及其影响各不相同，并且相互之间并不完全独立，难以与测量结果分离。在此背景下，提出了一种系统误差随动校准的方法，将所有非随机误差项统称为测量的系统误差，实时测量系统误差并同步校准测量结果。

系统误差随动校准原理是在对待测信号进行测试过程中，同步进行系统的本底噪声测试，用本底噪声测试结果作为系统误差项，校准待测信号的测量结果。具体做法是以某个频率稳定度性能显著优于待测信号的频率源，作为测试参考源，与待测信号同步被测量，由于参考信号与待测信号经过了完全相同的频率变换、模数转换等信号处理过程，所以主要误差源具有强相关特性。

基于上述前提，系统误差随动校准工作原理如图 11.2.1 所示，测量系统至少具有两个测量通道，一个用于测量待测信号，一个用于校准系统误差，为保障两通道噪声的相关性，两个通道结构相同，须严格对称，且模数转换器受同一时钟驱动，同步采样。参考源经测量系统测得的频率偏差结果包含参考源自身偏差、公共参考源噪声以及测量系统混频、数字化等引入误差的影响，假定参考源的频率稳定度、准确度性能远优于待测源，则参考源影响可以忽略，对参考源的测试结果主要反映测量系统的误差，可用该实时测量的结果校准待测信号测量结果。

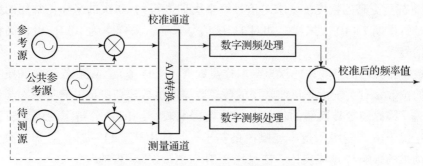

图 11.2.1　系统误差校准测量原理框图

利用该方法校准系统误差需满足三个前提条件，一是参考源频率稳定度指标优于待测源，通常是三倍以上；二是测量设备各个测量通道结构相同，通道间差异已被校准；三是参考与待测信号需要同步测量，确保噪声影响的一致性。当参考源和待测源频率稳定度性能相当时，需要考虑引入其他方法辅助估计系统误差。

系统误差随动校准是差拍数字化测频技术实现高精度测量的关键方法，其特点是只要满足通道间的一致性要求，就可以扩展为多个通道，能同时测量多个频率源，理论上通道数仅受限于数字信号处理器的数据吞吐及处理能力。

以双通道系统为例，系统误差校准通道输入的参考源频率为 ν_0，以参考源为基准，测量待测信号频率为 $\nu_x = \nu_0 + \Delta\nu_x$，公共频率参考源输出信号的频率值为 $\nu_c = \nu_0 - F + \Delta\nu_c$，其中 F 为差拍信号频率标称值，$\Delta\nu_c$ 为公共参考频率源的瞬时频率偏差。

则校准通道和测量通道经数字测频处理后输出的频率测量值分别用 ν_0' 和 ν_x' 表示，即

$$\nu_0' = \nu_0 - \nu_c + \Delta\nu_{m0} = F + \Delta\nu_c + \Delta\nu_{m0} \tag{11-33}$$

$$\nu_x' = \nu_x - \nu_c + \Delta\nu_{mx} = F + \Delta\nu_x + \Delta\nu_c + \Delta\nu_{mx} \tag{11-34}$$

式中：$\Delta\nu_{m0}$ 和 $\Delta\nu_{mx}$ 分别为校准通道和测量通道叠加的测量系统误差。根据式（11-33）和式（11-34）可知，单通道测得的频率值中含有测量系统叠加噪声、公共参考源等噪声的影响，为了能够抵消共有的测量误差，用校准通道的测量值校准各测量通道的测量值，得到待测信号测量值 ν_{x0} 如式（11-35）所示。

$$\nu_{x0} = \nu_x' - \nu_0' = \Delta\nu_x + (\Delta\nu_{mx} - \Delta\nu_{m0}) \tag{11-35}$$

即为待测信号实际值与其标称值的频偏量 Δf_u，其中还包含不能通过校准被抵消的残差。

通过以上校准处理，频率变换过程中引入的公共频率源噪声等通道共有噪声被抵消，残余的噪声包括通道不一致引起的 $\Delta\nu_{mx} - \Delta\nu_{m0}$ 和参考源噪声等。其中通道间不一致性通常是由元器件固有属性引起的，相对稳定，在一段时间内可以认为是常数值，通过定期标定、补偿，消除通道间差异的影响；参考源的噪声影响很难从测量结果中分离，通常的解决方法是选择性能远优于（3 倍以上）待测源的信号作为参考，此时可以忽略其对测试结果的影响。

11.2.4　公共参考源噪声影响

根据差拍数字化测频原理，差拍数字化测量方法引入了一个公共参考源，其作用与双混频时差法中的公共参考源类似，提供一个与参考信号标称频率存在不大于 1kHz 频差的信号，用该信号分别与参考和待测信号混频，输出低频的差拍信号，然后使用模数转换器将差拍信号数字化，并送入数字信号处理器，由软件测量频率或相位量。

参考信号、待测信号以及公共频率信号的频率分别为

$$\nu_1 = \nu_0 + \Delta\nu_1, \nu_2 = \nu_0 + \Delta\nu_2, \nu_c = \nu_0 - F + \Delta\nu_c \tag{11-36}$$

式中：ν_1 和 ν_2 分别为参考和待测信号频率；ν_0 为参考信号标称频率；$\Delta\nu_2$ 为待测信号实际频率值与标称值的频差量，是需要测量的量；F 为差拍信号频率标称值；$\Delta\nu_c$ 为公共频率信号的瞬时频率波动，是噪声引起的频率随机变化量；$\Delta\nu_c \ll F$。

参考信号和待测信号分别与公共参考信号混频输出的差拍信号频率如下

$$\nu_{b1} = F + \Delta\nu_1 - \Delta\nu_{c1} \tag{11-37}$$

$$\nu_{b2} = F + \Delta\nu_2 - \Delta\nu_{c2} \tag{11-38}$$

模数转换采集设备将差拍信号离散化后送到计算机中，计算两个差拍信号的频率差或相位差值，即

$$\nu_{b2} - \nu_{b1} = (\Delta\nu_2 - \Delta\nu_1) - (\Delta\nu_{c2} - \Delta\nu_{c1}) \tag{11-39}$$

测量待测信号相对于参考信号的频率差，通常测量所用参考源应优于待测源至少 3 倍以上，因此可以近似认为式（11-39）中右边第一项 $\Delta\nu_1 = 0$。式（11-39）等号右边第二项是由公共参考信号噪声引起，若两个差拍信号同步采样、测试，则公共参考源噪声对两信号的影响相同，即满足 $\Delta\nu_{c2} - \Delta\nu_{c1} = 0$，代入式（11-39）即可得到待测信号的频差量 $\Delta\nu_2$。

若两个差拍信号不能被同步测量，或者通道间采样不完全同步，则受公共参

考源短期不稳定性影响，公共参考源的随机相位噪声对两信号的影响不相同，即 $\Delta\nu_{c1}\neq\Delta\nu_{c2}$，不能通过系统误差随动校准被完全抵消，特别是当公共参考源受白频噪声和白相噪声等噪声类型影响时，测量结果中将不可避免地含有公共参考源噪声。此种条件下，测量系统的本底噪声受公共参考源短期稳定度影响，需要通过提升公共参考源频率稳定度，尤其是短期稳定度来改善测量系统本底噪声。但公共参考源还需要满足输出与标准频率存在频差的要求，因此通常用频率综合器或锁相环实现，提升其短期稳定度性能需要较高的代价。受公共参考源的短期稳定度性能影响，经典双混频时差法测量性能提升受到限制。而差拍数字化频率测量方法通过对各通道同步采样、测量，很好地解决了该问题，同步测量能抵消公共参考源的影响，因此整体测量性能有更大提升空间。

11.3 差拍数字化测量实现技术

差拍数字化测频方法结合了模拟和数字技术，目标是突破传统测频方法受到的限制，实现更高的测量性能。本节根据差拍数字化频率测量方法的原理，介绍了一种频率稳定度分析仪的设计方案，以及系统性能的测试方法。

11.3.1 系统组成

将差拍数字化测量方法转变为实用仪器，除了需要根据工作原理设计软硬件功能模块，还需要考虑电磁屏蔽、仪器供电、散热防潮等设备集成方面的需求，对系统进行整体设计，使仪器能实现最优本底噪声。

根据差拍数字化测量原理研制频率稳定度分析仪，对信号的处理可以分三个阶段，由四个功能模块组成，如图 11.3.1 所示。

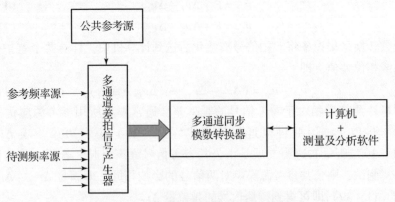

图 11.3.1 频率稳定度分析仪组成结构

第一阶段为信号变频，将待测信号与公共参考源输出的信号经多通道差拍信号产生器倍频、混频及信号调理，实现对待测信号频率的上、下变频。其中可测信号的个数由仪器的测量通道确定，频率稳定度分析仪设计了八个输入通道，可同时测量 7 路待测信号，通道数可以根据需求进一步扩展；公共参考源既可以采用能锁定到外参考的频率综合器，如数字频率合成器，满足一定频段范围信号测量需求，也可以采用输出固定频率的锁相环，满足标准频率或特殊频点信号测量需求。

参考和待测信号，经倍频和混频处理后，输出低频的差拍信号，其波形为正弦，将差拍信号输入多通道同步模数转换器，进入第二阶段——模数转换，使输出为数字形式的正弦差拍信号，为减少公共参考源的影响，要求各个通道信号必须被同步数字化、同步测量，受同一采样时钟驱动。

第三阶段的主要任务是测量，在计算机或是数字信号处理器中对数字化后的差拍信号进行分析、处理，计算待测信号的频率或是与参考通道信号的相位差，并进一步根据频率或相位差对待测信号的频率稳定度进行分析。

11.3.2　系统测试

衡量频率测量系统性能的主要指标是测试附加到测试结果中的噪声，其中测量系统自身固有的最低噪声称为仪器的本底噪声。一般指测量电路系统中除有用信号的总噪声。评估频率测量系统本底噪声常用的方法是使用同源或相同的两个信号作为被测试对象，因被测试对象相同，如果测量无附加噪声，测量结果应该无限接近零值，实际测量结果即为测量系统附加的噪声。

11.3.2.1　本底噪声测试

系统本底噪声是指信号经过测量系统后，由测量系统附加给信号的噪声，与信号源本身性能无关，在测量结果中表现为测量误差。而测量结果通常包含待测信号的噪声以及测量系统附加噪声的影响，为分离这两种噪声源获得系统的本底噪声，使用频率已知且无噪声干扰的信号进行测试是较为理想的方案，测量结果只受测量系统噪声影响。但频率源输出信号频率是动态变化的，即使最稳定的冷原子光钟，频率值也在 10^{-17} 或 10^{-18} 量级随机变化，难以保持恒定。为评估测量系统的本底噪声，还可以使用两个近似完全相同的信号，输入系统进行测量，信号源噪声在测量中作为共性误差被抵消，则测量结果主要反映测量系统噪声的影响。

频率稳定度测量设备本底噪声测试的典型场景如图 11.3.2 所示，使用一台短期稳定度性能较好的原子钟，或者使用一台信号净化装置净化原子钟的短期稳定度后，输出信号经低噪声频率分配放大器分成多个性能相同的信号，分别作为待测信号和参考信号输入测量系统，利用待测信号与参考信号的同源属性，评估测试仪器的本底噪声。无噪声的测量系统将得到无限趋近零值的测量结果，实际测试结果反映测量系统附加的噪声影响。频率测量系统本底噪声最常用的统计工具是阿伦偏差（ADEV）。

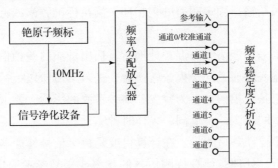

图 11.3.2　系统本底噪声测试平台结构框图

根据频率稳定度分析仪的工作原理，基础测量需要两个输入信号，分别输入参考和待测通道。测试用的信号源是铯原子频标，铯原子频标输出 10MHz 频率信号经频率分配放大器分配放大后，输出三个相同的 10MHz 信号，其中一个信号作为系统内部公共参考源的参考，另外两个分别作为待测和参考信号，用于评估系统的本底噪声。考虑到频率分配放大器附加的相位噪声低于铯原子频标经信号净化设备后的输出信号，可以认为经过频率分配放大器后不会附加噪声，因此输入系统的两个信号具有完全相同的频率、相位、噪声等属性。

设置频率稳定度分析仪测量间隔为 1s，即每秒测量一次待测信号与公共参考信号的频率差和相位差，同时使用参考信号持续测量仪器的系统误差量，则有

$$\Delta \nu_0 = \nu_0 - \nu_b \tag{11-40}$$

$$\Delta \nu_1 = \nu_1 - \nu_b \tag{11-41}$$

式中：$\Delta \nu_0$ 为参考信号的测量值；$\Delta \nu_1$ 为待测信号的测量值；ν_b 为差拍信号的实际频率值。

根据式（11-40）和式（11-41）计算待测信号与参考信号的频率差 $\Delta \nu_0 - \Delta \nu_1 = \nu_0 - \nu_1$，其中公共参考信号及系统共有噪声的影响被完全抵消。

同源的两个输入信号的频差应恒等于零，相位差为常数值，即 $\Delta \nu_0 - \Delta \nu_1 = \nu_0 - \nu_1 = 0$ 成立，而实际测量结果受测试环境、信号分配，以及测量系统各通道噪声不完全相同等影响，实测两信号的频差 $\Delta \nu_0 - \Delta \nu_1 \neq 0$，测量结果即为上述因素对测量的综合影响。因此，在进行本底噪声测试时，需要采取措施，减小两个

输入信号间的差异，包括使用低相噪、通道一致性及隔离度足够高的频率分配放大器，采用稳相且等长的测试电缆连接信号，校准通道间的差异等。

　　搭建图 11.1.4 所示的本底噪声测试平台，在实验室，室温变化小于 ±3℃ 条件下，对频率稳定度分析仪进行本底噪声测试，测试结果用重叠阿伦偏差工具统计，结果如图 11.1.5 所示。取样时间为 10000s 时，系统具有最小的重叠阿伦偏差为 9.88×10^{-17}，取样时间为 1s 时，重叠阿伦偏差为 8.97×10^{-15}。

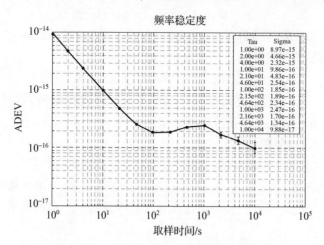

图 11.1.5　频率稳定度分析仪本底噪声测试结果

11.3.2.2　比较测试

　　为了对频率稳定度分析仪的功能和性能进行客观评价，选择了另外两台频率测量分析设备，与频率稳定度分析仪在相同实验环境及条件下，比较测试各系统的本底噪声性能。两台参与对比测试的设备分别是国产的双混频时差测量系统，英文缩写为 DMTD，以及美国 Symmetricom 公司的多通道比相仪，英文缩写为 MMS。

　　1）DMTD 和 MMS 测量原理

　　双混频时差测量系统是中国科学院国家授时中心研制的高精度频率测量系统，其工作原理是双混频时差测量法，测量原理详见 10.1.6 节。

　　DMTD 系统进行测量，需要一个与待测信号标称值相同的参考信号，和一个频率值可根据需要调整的公共参考源，要求公共参考源输出频率与参考信号标称频率值间存在确定频差，该频差量即为差拍信号的频率标称值，常用低噪声频率综合器作为公共参考源。DMTD 测频系统的本底噪声除受双平衡差拍器的影响，公共参考源的短期稳定度、时间间隔计数器的测量分辨率等也会影响。

多通道比相仪（MMS）的基本原理与双混频时差法类似，详细工作原理见第 10.2.3 节，每秒输出一组各输入信号与系统内部公共参考源信号的相位差数据，可通过数据转换为相对频率偏差。

MMS 相位数据的处理过程描述如下：若 MMS 的通道 A 和 B 分别输入频率为 ν_A 的参考信号和频率为 ν_B 的待测信号，则两信号的相位分别表示为

$$\Phi_A(t) = 2\pi\nu_A t \qquad (11-42)$$

$$\Phi_B(t) = 2\pi\nu_B t + \phi_B(t) \qquad (11-43)$$

两信号的相位差可根据式（11-42）与式（11-43）计算。Φ_S 表示系统内部公共参考信号的相位，即

$$\Phi_S(t) = 2\pi\nu_{S_0} t + \phi_S(t) \qquad (11-44)$$

式中：ν_{S_0} 为公共参考信号的频率值。MMS 系统实际每秒输出的相位差值为 A 和 B 通道信号分别与公共参考信号的相位差值，即

$$\Phi_{M_A} = \Phi_A - \Phi_S = 2\pi(\nu_A - \nu_{S_0})t - \phi_S(t) \qquad (11-45)$$

$$\Phi_{M_B} = \Phi_B - \Phi_S = 2\pi(\nu_B - \nu_{S_0})t + \phi_B(t) - \phi_S(t) \qquad (11-46)$$

为获得两信号的相位差，用户需要对上述相位差 Φ_{M_A}、Φ_{M_B} 做减法处理，其中公共参考信号的相位及相位噪声在作差过程中被抵消，得到通道 A 与 B 的差拍信号间的相位差为

$$\Phi_{M_A} - \Phi_{M_B} = \Phi_{M_A} + \Phi_S - (\Phi_{M_B} + \Phi_S) = \Phi_A - \Phi_B \qquad (11-47)$$

通过以上的处理，频率变换过程中引入的公共参考信号噪声影响已经在式（11-47）中被抵消，另外式（11-47）所得的相位差值对应的是差拍后的信号，需要通过乘以差拍因子将其转换到输入信号频率标称值，才能代表输入信号的相位差值。

根据测得的相位差，还可以进一步分析待测信号相对于参考信号的频率稳定度，MMS 系统的规格说明书说明该系统测量 10MHz 频率信号，取样间隔 1s 的阿伦偏差为 2.5×10^{-13}。

2）对低噪声频率合成器的比对测试

基于实验室已有条件，建立了比对测试平台，同时测试相同对象，比对测试结果的一致性，测试组成如图 11.1.6 所示。比对测试平台包括三台功能类似的测试系统，分别是频率稳定度分析仪、DMTD 系统和 MMS 系统，测试对象为低噪声频率合成器。用一台输出 10MHz 频率信号，取样时间 1s 的稳定度优于 5×10^{-13} 的恒温高稳晶体振荡器作为参考源，使低噪声频率综合器的输出锁定到参考源上，已知晶振的短期稳定度优于频率综合器，满足作为测试参考源的基本要求。

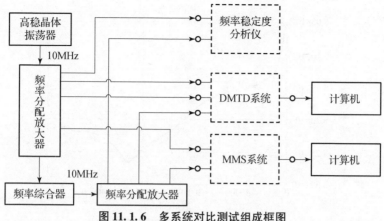

图 11.1.6　多系统对比测试组成框图

高稳晶体振荡器输出 10MHz 经频率分配放大器分配为 8 个相同的信号，其中一个作为频率综合器的外部参考。

设置频率综合器的输出信号频率为 10MHz，功率为 7dBm，经高性能频率分配放大器分为三个相同的信号，分别输入三个系统的待测信号输入端口，参考信号端口均来自高稳晶体振荡器经频率分配放大器的输出。其中 DMTD 另外还输入了一个来自高稳晶体振荡器的 10MHz 频率信号，作为 DMTD 内部公共参考源的参考。

比对测试平台中从频率分配放大器到各测量系统连接所使用的电缆是等长且相同型号产品，测量系统放置在相同实验室环境，尽可能保证各系统测量条件一致，测试持续时间约为 15h。

在图 11.1.6 所示实验系统平台上，分别得到 DMTD、MMS 和频率稳定度分析仪测量频率综合器输出 10MHz 信号相对于高稳晶体振荡器输出的 10MHz 信号的相位差变化趋势和频率稳定度分析结果，如图 11.1.7 ~ 图 11.1.12 所示。

测量间隔均为 1s，根据测试总时长应得到 54000 个测量数据，而比较图 11.1.7、图 11.1.9 和图 11.1.11 发现，其中 DMTD 系统测得的相位差数据量明显少于其他两个系统，分析原因发现是 DMTD 的时间间隔计数器输出测量数据缺失了一部分，可能与数据采集软件设置的取样时间有关，分析数据时对缺失数据进行了拟合内插，不影响频率稳定度分析结果。

比较图 11.1.7、图 11.1.9 和图 11.1.11 各测量系统的待测信号与参考信号相位差变化趋势发现，三个测量系统测得变化趋势几乎一致，典型值如 12000 点和 36000 点附近，图 11.1.9 和图 11.1.11 表现出了完全一致的变化趋势，图 11.1.7 由于数据总长度不一致，不能在对应点上找到相同的变化，但也能看出相似的变化趋势，说明各系统测得待测信号相对参考信号的频率变化一致。

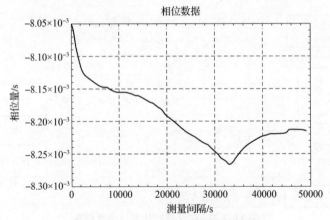

图 11.1.7　DMTD 系统测得的相位差

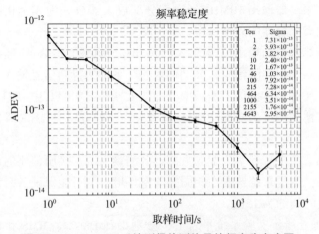

图 11.1.8　DMTD 系统测得待测信号的频率稳定度图

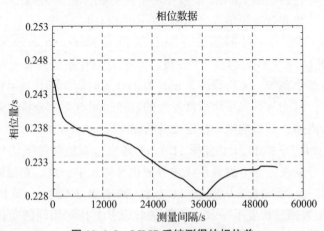

图 11.1.9　MMS 系统测得的相位差

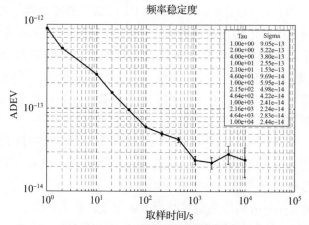

图 11.1.10　MMS 系统测得的待测信号的频率稳定度图

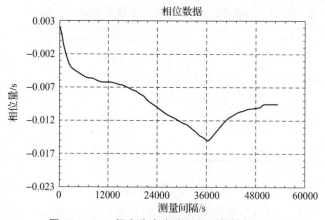

图 11.1.11　频率稳定度分析仪测得的相位差

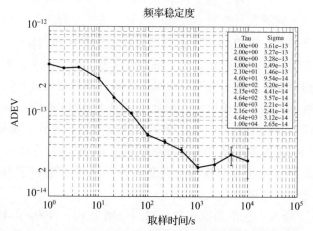

图 11.1.12　频率稳定度分析仪测得的待测信号的频率稳定度图

　　比较图11.1.7、图11.1.9和图11.1.11，可以看出各个系统测得的相位差值并不相同，分析原因，可能包括两方面，一是各测量系统开始测量时刻未完全同步，同一信号不同时刻测得的初始相位差异较大；二是根据MMS的工作原理，MMS测量系统输出的相位差还需要乘以参考信号的周期值，才能换算为与其他两个系统测量结果对应的量，由于该周期值为常数，所以不影响其变化趋势，因此根据图形判断相位差变化趋势一致的结论仍然成立。

　　综上所述，根据图11.1.7、图11.1.9和图11.1.11可以推论，三个测量系统分别测量相同频率源间的相位差，变化趋势高度相似，说明三个测量系统客观反映了待测信号相对参考信号的相位变化。

　　根据三组测量结果分析待测信号的频率稳定度，结果如图11.1.8、图11.1.10和图11.1.12所示。各取样时间对应的频率稳定度测量结果如表11.3.1所列。

表11.3.1　不同系统对同一信号频率稳定度测试结果的比较

测量系统	阿伦偏差（取样时间）			
	1s	10s	100s	1000s
DMTD	7.31×10^{-13}	2.40×10^{-13}	7.92×10^{-14}	3.51×10^{-14}
MMS	9.05×10^{-13}	2.55×10^{-13}	5.95×10^{-14}	2.41×10^{-14}
频率稳定度分析仪	3.6×10^{-13}	2.49×10^{-13}	5.20×10^{-14}	2.21×10^{-14}

　　如表11.3.1所列，三个系统测得的秒级频率稳定度均为10^{-13}量级，该结果与待测源设备说明书相当，说明测试结果均客观反映了待测信号的频率稳定度。但测量结果之间仍存在差异，鉴于各系统工作在相同的环境条件下，差异产生的主要原因应该是不同测量系统的本底噪声差异。进一步分析本底噪声差异的主要原因，可能与各测量系统公共参考源性能有关，DMTD和MMS均是使用时间间隔计数器测量差拍信号间的时差，由于两差拍信号不完全同步，则两信号受公共参考信号短期相位噪声影响不能被完全抵消。而频率稳定度分析仪同步测量的处理模式能完全抵消公共参考源影响，因此DMTD和MMS的测量噪声水平不及频率稳定度分析仪。另外由于DMTD内部的公共参考源锁定到了测量用参考源上，使其输出信号的噪声与参考信号有一定相关性，而MMS使用的是系统内部独立运行的频率合成器，因此DMTD受公共参考源的噪声影响小于MMS，DMTD能测得更低的本底噪声结果。

　　如表11.3.1所列，三个系统在取样时间分别为10s、100s和1000s时，频率稳定度结果比取样时间1s时更接近，进一步证明取样时间1s时，DMTD和MMS

测量系统中受公共参考信号短期不稳定性影响，噪声不能被完全抵消，导致该测量系统的噪声性能略差于通过同步测量完全抵消公共参考信号噪声影响的频率稳定度分析仪，而更长取样时间能平滑信号短期频率稳定度噪声，因此三个测量系统的频率稳定度测试结果更为接近。在取样时间 1000s 附近，三个系统都得到了最优的频率稳定度测量结果，即该取样时间下各测量系统附加测量噪声最小，同时待测信号的噪声也最小。

综合比较三套测量系统对于测量稳定度为 10^{-13} 量级的待测信号，三个系统均能得到相近的测试结果，相较其他两个系统，频率稳定度分析仪能得到更接近真值的频率稳定度分析结果。

3）以 UTC（NTSC）主钟 10MHz 为参考的测量系统比对测试

量化系统性能的主要指标是系统的本底噪声，因此，为了评价各系统的测试性能，构建了本底噪声测试平台，如图 11.1.13 所示，所有测试信号、参考信号均来自国家授时中心 UTC（NTSC）标准时间系统主钟输出的 10MHz 频率信号，该信号进入实验室后，用频率分配放大器分配为多个相同的信号输出，提供给各测量系统。各系统安装在一个实验室，由独立的电源模块为各系统供电，三个系统在相同环境、条件进行比较测试。

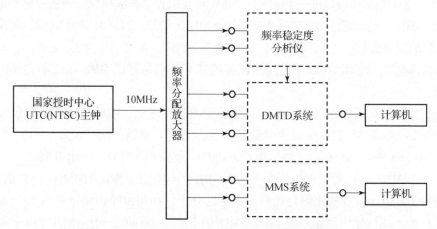

图 11.1.13　三系统本底噪声测试结构框图

图 11.1.13 中，频率分配放大器最多可以输出十五个与其输入相同的 10MHz 信号，给三个测量系统分别提供两路信号，一个作为测量参考，另一个作为待测信号，DMTD 还额外需要一个信号作为系统内部公共参考源的参考。为了使测量结果具有可比性，从频率分配放大器到不同测量系统连接所使用的电缆是等长且同一型号，各测量系统测试几乎同时开始，测试持续约为 24h。

采用同源测试的方法，检验系统的本底噪声在国际上是较为通用的方法，为尽可能排除测量以外噪声的干扰，要求频率分配放大器对各通道输出信号附加相位噪声低于被测系统的噪底指标，本测试系统采用的频率分配放大器能满足测试需求。

DMTD、MMS 和频率稳定度分析仪在相同测试环境下，同时测试相同的信号，得到频率稳定度测试结果如表 11.3.2 所列。

表 11.3.2 三个系统本底噪声测试结果比较

测量系统	阿伦偏差（取样时间）			
	1s	10s	100s	1000s
DMTD	4.64×10^{-13}	5.63×10^{-14}	8.02×10^{-15}	1.30×10^{-15}
MMS	3.10×10^{-13}	3.07×10^{-14}	3.01×10^{-15}	2.70×10^{-16}
频率稳定度分析仪	9.01×10^{-15}	9.90×10^{-16}	1.98×10^{-16}	2.77×10^{-16}

比较表 11.3.1 所列频率综合器信号的测试结果和表 11.3.2 所列的本底噪声结果，发现各系统测量本底噪声时各取样时间的频率稳定度结果均优于测量频率综合器，说明各系统的本底噪声均低于频率综合器输出信号的频率稳定度，根据表 11.3.2 的结果还可以进一步证明三个系统均足以评估该频率综合器的频率稳定度指标。MMS 产品规格说明书表明 MMS 测量 10MHz 信号，取样时间为 1s 时，阿伦偏差表征的频率稳定度为 2.5×10^{-13}，如表 11.3.2 所列，实测结果为 3.1×10^{-13}，与说明书指标相当，说明该测试平台及测试环境基本能满足测试 MMS 系统本底噪声的要求。

在相同测试环境条件下，三个系统的比测结果显示，频率稳定度分析仪测量 10MHz 信号，取样时间 1s 时频率稳定度能达到 10^{-15} 量级，DMTD 为 5×10^{-13}。

4）以 UTC（NTSC）主钟倍频到 100MHz 为参考的测量系统比对测试

由于 MMS 系统的最大工作频率是 20MHz，不能用于测试 100MHz 频率信号，所以对 100MHz 信号的比测是在频率稳定度分析仪和相位噪声测量系统 5125A 之间进行的。相位噪声测量系统 5125A 是美国 Symmetricom 公司生产的（以下简称 5125A），是一种全数字的测量系统，也是目前商业产品中具有最低本底噪声指标的频率测量设备，产品规格书表明该设备频率测量范围为 1~400MHz，取样时间 1s 的阿伦方差能达到 3×10^{-15}。

与测试 10MHz 频率信号相同的测试环境相同，将 10MHz 信号经 10 倍频后的 100MHz 信号分别输入 5125A 参考和待测通道，频率稳定度分析仪内部有倍频模块，因此直接输入频率为 10MHz 信号作为参考和待测信号。两系统的 10MHz 信号均来源于国家授时中心标准时间产生系统的主钟经频率分配放大器的输出，用于评估各系统的测量性能。频率稳定度分析仪和 5125A 测试频率为 100MHz 信号时，测量系统的本底噪声测试结果如表 11.3.3 所列，测试持续时间约为 15h。

表 11.3.3　两个系统测量噪声结果比较

测量系统	阿伦偏差（取样时间）				
	1s	10s	100s	1000s	10000s
频率稳定度分析仪	8.97×10^{-15}	9.86×10^{-16}	1.85×10^{-16}	2.47×10^{-16}	9.88×10^{-17}
5125A	9.72×10^{-15}	2.92×10^{-15}	3.11×10^{-16}	5.04×10^{-17}	7.3×10^{-17}

实测结果如表 11.3.3 所列，相位噪声测量系统 5125A 测量 100MHz 频率信号取样时间 1s 的阿伦偏差结果为 9.72×10^{-15}，与其设备规格说明书 3×10^{-15} 的指标有一定差距。频率稳定度分析仪在取样时间 1s 时阿伦偏差结果为 8.97×10^{-15}，同样难以确认是否为该系统所能达到的最优结果，其反映的是在该测试平台及环境条件下，两系统所能达到的测试性能。

但通过该项测试，同样能得到有意义的结论，例如参与测试的两个系统本底噪声均达到 10^{-15} 量级，如表 11.3.3 所列结果，取样时间 1000s 时，相位噪声测量系统的测量噪声最低，阿伦偏差为 5.04×10^{-17}，频率稳定度分析仪在取样时间 10000s 时，获得了最低测量噪声，阿伦偏差为 9.88×10^{-17}，这也反映了不同测量系统的最低噪声与测量间隔有密切关系，与所受噪声类型有关。

11.3.2.3　参试系统综合比较

根据上一节的测试，对各测量系统在本实验室环境内的性能有了初步的评估结果，汇总如表 11.3.4 所列。

表 11.3.4　各系统综合比较

系统名称　比较内容	频率稳定度分析仪	DMTD	MMS	5125A
测量 10MHz 的 ADEV（1s）	8.97×10^{-15}	4.64×10^{-13}	3.10×10^{-13}	3×10^{-15}
测频范围	10MHz、100MHz	与公共参考源频率范围有关	1~20MHz	1~400MHz
测量功能	频率、相位差、频率稳定度分析	相位差	相位差	频率计、相位差、频率稳定度分析、相位噪声测量

· 287 ·

续表

比较内容\系统名称	频率稳定度分析仪	DMTD	MMS	5125A
显示功能	图形显示、数值显示、稳定度图形显示	实测数值实时显示	无	图形、图表显示测试结果
测量通道数	8 个	2 个	可扩展至 28 个	2 个
质量	20kg	10kg	31.8kg	9.1kg
外形	$43cm \times 17cm \times 45cm$	$43cm \times 13cm \times 40cm$	$43cm \times 17cm \times 65cm$	$34cm \times 17cm \times 44cm$

  测试结果表明，基于传统双混频时差测量原理的 DMTD 和 MMS，实测本底噪声均不高于 3×10^{-13}，这也进一步验证了基于双混频时差法的测量系统精度提升受限的结论。相位噪声测量系统 5125A 作为当前较为广泛使用的频率稳定度测量设备之一，其测试性能和测量范围都表现优异，尽管实测未能达到其标称结果。

  频率稳定度分析仪作为一种新方法的试验仪器，在与同类仪器的比测中表现出了较好抑制测量系统自身噪声的能力，在对标准频率信号的测试中，测试系统的噪声水平与目前最优秀的商业产品相当，可用于多个具有相同频率的频率源之间比对。但作为一款实验室产品，频率稳定度分析仪还存在一些不足，比如设备可靠性、易用性还有待验证。

11.4 参考文献

[1] 边玉敬. 双混频时差测量系统设计中的理论和技术问题[J]. 时间频率学报, 1991,14(2):156-163.

[2] 刘娅. 多通道数字化频率测量方法研究与实现[D]. 北京:中国科学院研究生院,2010.

[3] 刘娅,李孝辉. 基于 LabWindows/CVI 的虚拟仪器软件性能优化设计[J]. 仪器仪表学报,2009,30(10):134-137.

[4] 刘娅,李孝辉,王玉兰. 一种基于数字技术的多通道频率测量系统[J]. 仪器仪表学报,2009,30(9):1963-1968.

[5] 金涛. 虚拟仪器系统的误差分析方法的研究[D]. 重庆:重庆大学,2005.

[6] 王国永. 高精度偏差频率产生方法研究[D]. 北京:中国科学院研究生院(国家授时中心).2012.

[7] 张毅刚,付平,王丽. 采用数字相关法测量相位差[J]. 计量学报,2000,21 (3):216 – 221.

[8] GREENHALL C A. Common – source phase noise of a dual – mixer stability analyzer [J]. TMO Progress Report,2000:1 – 13.

[9] LOW S M. Influence of noise of common oscillator in dual – mixer time – difference measurement system[J]. IEEE Transactions on Instrumentation and Measurement, 1986,35(4):648 – 651.

[10] MORGAN D R,CASSARLY W J. Effect of word – length truncation on quantized Gaussian random variables [J]. IEEE Transactions on Acoustics, Speech, and Signal Processing,1986,34(4):1004 – 1006.

11.5　思考题

1. 设计一个锁相环路，参考频率为 100MHz，输出频率为 9.9999MHz 信号，给出原理图和主要器件参数？

2. 设计一个数字化频率测量方案，测量频率 1kHz 的信号，请给出测试方案，分析测量的理论精度？

3. 如果待测频率信号与参考频率信号之间存在不少于 2Hz 的频率偏差，请问是否可以使用互相关方法测出待测信号的频率差？为什么？

4. 为了检验一台频率测量仪器的测试性能，请给出不少于两种测试方案，并画出测量原理图，解释其技术特点？

5. 设计一个满足 1～20MHz 范围的频率信号的频率测量仪器，要求测量噪声优于 $5 \times 10^{-12}/s$，给出总体方案和关键指标解决方案？

6. 试分析差拍数字化频率测量方法的应用局限性，以及可能提高测量分辨率的方法？

第12章 时间统一系统的工程实现

时间统一系统可以为区域系统提供统一的时间和频率信号，最初是因导弹、航天试验等需要在较大区域内开展试验活动而发展起来的一门工程学科，随着现代导航、通信、电力、轨道交通等科学技术的进步，越来越多的工程和科学领域需要在更广泛的区域实现时间、频率的统一，对时间统一系统提出了更多要求。本章将简单回顾时间统一系统的发展历程，列出了涉及的关键技术，最后通过一个设计实例，介绍时间统一系统的工程实现。

12.1 时间统一系统的发展和应用

时间统一系统是由导弹、航天试验等需求而发展起来的一门工程科学，主要是为了给广域分布的导弹、航天试验系统提供标准时间信号和标准频率信号，保障整个试验系统的参试设备在统一的时间和频率驱动下运行，使得所有参试设备协调同步地工作，支撑实时准确测量和控制飞行目标以及获取各种精确数据。

随着社会生产力的不断提高，人类生产活动和社会活动对时间的精度要求也越来越高，比如通信领域，从初代仅满足语音通信，到3G时期可以为人们提供图像、音乐、视频流传输服务，到随着智能手机的普及，4G时期人们对网速、容量、带宽等需求大幅上升，数据业务占通信量的约90%。近年发展起来的5G，更是以解决高带宽、高可靠低延时、万物互联等需求为导向，对通信网的时间、频率同步精度有了量级提升。通信领域用了二十年左右的时间，将时间同步网的同步精度从毫秒、微秒提升至纳秒量级。类似不断发展的领域还包括轨道交通、电力系统等，以人们能显著体会到的变化高速发展，离不开时间统一系统的支撑。

12.1.1 时间统一系统的发展

在导弹和航天试验中，为了实现对导弹、航天器的测量（测量其位置、速度、加速度和飞行姿态）和控制（控制其飞行状态），最早提出了现代时间统一系统的概念和要求。因为导弹和航天试验地域辽阔，甚至可能覆盖全球、涉及深空，单台设备难以完成测控任务，需要由分布各地的设备协作完成测控任务，要求各设备的时间必须统一。此外，由于导弹和航天器具有运动速度快，对位置精度需求高等特征，相应测控所需的时间同步精度要求也高。部分测距、定位技术的定位误差与电磁波传播速度相关，时间同步精度直接影响定位精度，因此要求时间同步性能要能够匹配定位精度需求。

靶场仪器组（Inter Range Instrumentation Group，IRIG）是美国靶场司令委员会（Range Commanders Council，RCC）的下属机构，成立于 1951 年 8 月，常设机构在美国白沙导弹基地，IRIG 的执行委员会由美国的各靶场代表、三军代表、国防部、国家航空航天局和国家标准局代表组成。白沙导弹基地是第一颗原子弹的试验地点，以战术导弹为主，也承担战略导弹试验和航天器的试验，还是航天飞机的备用着陆点。

1956 年 10 月，执行委员会把标准化任务交给了 IRIG 的通信分组（TCG）。TCG 在考察了靶场、导弹、卫星和空间研究计划后，结合政府和军事行动需要，于 1959 年设计了最早的 BCD 调制码，拟定了靶场"时间统一系统"标准化时间格式。1960 年 7 月，经批准后开始实施，即 IRIG 文件 104 - 60，随之产生了靶场"时间统一系统"。IRIG 文件 104 - 60 规定了 A、B、C、D、E 五种串行时间码标准，用于靶场参试设备的时间同步，1970 年，IRIG 对标准做了修改，增加了 G 和 H 格式的串行时间码，取消了 C 码，形成了 IRIG 文件 104 - 70。

IRIG 的工作得到了美国国防部的承认和尊重，相应的系列文件被推广应用，部分成了国际通用标准，得到了广泛应用。

我国时间统一系统经历了从引进到国产、从非标到标准化的发展过程。20 世纪 50 年代末，从苏联引进了我国的第一套时统设备。80 年代初，为满足各种大型试验任务需求，自行研制了十几种不同型号的时统设备，并装备到导弹、卫星、飞船等航天试验靶场和常规武器试验靶场。1984 年，利用我国发展第二代战略武器的契机，国防科工委组织了标准化时统设备的研究与论证。1989 年，我国自主研制的第一套标准化时统设备定型为 301 标准化时统。随后又发展了303、305、307 等标准化时统、靶场小型化时统和网络化时统系列设备。

我国靶场也采用国际通用的 IRIG 时间码体制，并编制了一系列的国军标，如：GJB2242 - 1994《时统设备通用规范》；GJB2696 - 1996《导弹、航天器飞行试验地面测控设备接口》；GJB2991A - 2008《B 时间码接口终端通用规范》。

广义的时间统一系统一般包含标准时间产生、授时系统和定时（用时）系统三部分，其中标准时间产生和授时系统一般由国家机构负责。因此，通常的时间统一系统主要是指根据需要，部署于各地实现定时的设备。每个地方对定时设备的需求不尽相同，但基本功能应包括与标准时间的远程比对、频率标准、信号合成、时码产生、时间频率信号分配放大等。

经过多年发展，时间统一系统的基本功能没有发生大的变化，但时间同步性能等关键指标有了显著提升，主要体现在远程时间测量性能、频率标准的频率准确度和稳定度等。随着时间统一系统应用场景多样化，对用时设备输出信号的形式多样性，以及设备的体积、功耗、性能、成本等方面也提出了更多的要求，已经发展了一批集成度高、性能卓越的系统或单机设备，广泛地服务各行业。

12.1.2 在导弹航天领域的应用

导弹、航天试验作为一项综合性工程，时间统一系统的作用是十分重要，主要体现在以下三个方面。

1）标志导弹、航天试验中重要事件的时刻

众所周知，航天试验如运载火箭发射、联合打击导弹的发射时刻十分重要，甚至关系试验的成败，发射时刻正是由时间统一系统驱动并标记。

此外，导弹、航天试验中重要事件的发生时刻都离不开时间统一系统。如火箭发动机点火和关机时间、多级火箭分离时间、航天器入轨时间、航天器回收制动火箭点火时间等，都需要时间统一系统提供准确的时刻标志。

2）统一导弹、航天测量系统的时间和频率

导弹、航天试验高速运行特点决定了其测量系统必然分布在辽阔区域，甚至还需要依靠天基测量系统。为使系统中各设备统一、协调、一致工作，全系统各环节必须受统一时钟驱动。导弹试验资源耗费非常大，一般少量开展，为保证试验效果，要求测量系统的精度足够高。航天试验的测量精度虽然没有导弹要求高（如深空探测器的跟踪测量），对时间和频率的统一也提出了很高的要求。因为各地测量设备跟踪航天器，是通过测量航天器到测量设备间的距离实现，而测距需要准确测定信号在目标与测量设备之间传播的时间延迟，且无论是多站接力工作还是交会工作，都需要汇聚各站测量结果统一处理，因此需要统一的空间和时间坐标，以及统一各测量站时间，各测量站时间同步误差将影响测量总误差。测量系统精度越高，对站间同步误差的要求就越高。过去以跟踪航天器为目标，对站间同步误差要求约为毫秒至微秒量级，随着测控技术和时间同步技术的进步，对飞行器的轨道确定精度进入了米级甚至分米级，站间同步误差也需能与之适配，部分场合需求甚至达到了纳秒、皮秒量级，这也对时间统一系统的相关技术和设备提出了新的挑战。

3）提供对导弹、航天器飞行控制所需的精确时间

导弹、航天器在发射后，在根据事先设定程序自主控制其飞行轨迹和状态外，通常还可能由地面控制系统对导弹、航天器的飞行轨迹和状态实施干预。例如，中国空间站的在轨对接，中低轨卫星的轨道控制，返回式卫星的返回控制和

星上有效载荷的控制，地球同步轨道卫星的变轨控制、定点控制、姿态保持控制、载人航天器的返回控制等，都需要地面控制系统根据时间统一系统提供的标准时刻，经遥控系统对航天器实施控制。由于被控对象差异，控制系统对时间统一系统的时刻精度要求也不同，有的仅需秒级准确，而有的则需要毫秒甚至微秒级时刻。

12.1.3 在电力领域的应用

随着电网智能化程度的不断提升，大部分高压设备长期处于无人值守状态，通常由数千米外的调度员监管。电网运行状态瞬息万变，在事故发生时支撑及时排查、处理，需要全网统一时间，保证调度自动化系统、故障录波等自动化装置运行的时间准确性。因此，电网内的变电站和调度中心都需要时间统一系统，以保证电力系统安全、稳定和可靠地运行。

电网的自动化对时间同步需求大致分为四类。

（1）时间同步准确度优于 $1\mu s$，同步需求设备包括线路行波故障测距装置、同步相量装置、雷电定位系统、电子式互感器的合并单元等装置。

（2）时间同步准确度优于 1ms，同步需求设备包括故障录波器、事件顺序记录装置、电气测控单元、电源管理单元、功角测量系统、保护测控一体化装置等。

（3）时间同步准确度优于 10ms，同步需求设备包括微机保护装置、安全自动化装置、馈线终端装置、变压器终端装置、配电网自动化系统等。

（4）时间同步准确度优于 1s，同步需求设备如电能量采集装置、用电监控装置、电气设备在线状态检测装置或者是自动化记录、控制、调度中心数字显示时钟、电厂或变电站的计算机监控系统、监控与采集数据系统、电能计费系统、继电保护以及保障信息管理系统主站、电力市场技术支持系统等，以及负荷监控、用电管理系统、配电网自动化管理系统、调度管理信息系统、企业管理信息系统等运维管理系统。

12.1.4 在科研领域的应用

甚长基线干涉测量（简称：VLBI）是一种天文干涉测量方法，其测量的特点是基线特别长，可能数千公里甚至超过万公里。VLBI 支持通过相距甚远的多个射电望远镜观测系统同时观测一个天体，形成一个相当于以射电望远镜间最大距离为口径的巨型望远镜的观测效果。为了测定射电信号到达各地望远镜的时间差，要求各站所用的设备必须由统一的时钟驱动。因此甚长基线干涉测量的基础是时间、相位同步，在统一、稳定的时钟驱动下进行互相关处理测定时间差和射电信号传输距离。氢原子钟的诞生以及时间统一技术的发展，使得站间同步性能显著提升，也促进了 VLBI 测量精度的提升。

12.1.5　在国防领域的应用

除航天器和导弹等战略武器试验需要时间统一系统外，常规兵器（包括战术导弹、火炮、航弹等）试验都离不开时间统一系统。与航天和战略武器试验相比，常规兵器试验的场地要小得多，但其试验的频度却更高，因此要求时间统一系统能适应此类试验快速、机动、自成体系的特点。这类试验在时间统一方面主要关心试验场范围内的时间同步。

雷达对目标运动参数的测量，如速度或位置，都是建立在精密频率测量或时间间隔测量基础上。大部分单站雷达设备可以独立工作，但部分应用需要多站雷达设备联合工作，多站联合时站间频率和时间的同步是保障应用的关键工作。

此外，战略导弹的发射、预警、核爆的探测、自动化指挥等关系到国家安全的重大活动也需要时间统一。

12.1.6　在通信领域的应用

通信服务商十分关心时间频率的统一，过去载波通信就是通过发播和接收导频实现系统内的频率统一，以便区分调制在载波上的各路信号。现代通信技术发展迅速，尤其是数字通信在采用了光纤信道后，码速率越来越高，可以承载信息更高速地传输。也因为码速率越来越高，高速数字通信对网内的时间同步要求也越来越高。数字通信网目前是根据重要性分级实现时间同步，各级时间节点根据需求配置包括铯原子钟、铷原子钟和高稳石英晶振、北斗授时设备等各类能提供时间或频率信号的时钟源。

现行数字通信网的四种时间同步方式。

（1）主从同步方式。网内设置基准钟，网内其余钟为从钟，用锁相技术使其输出信号的相位锁定在由基准钟控制的同步信号相位上，从而实现全网同步。

（2）准同步方式。网内各钟独立运行，互不控制，同步靠高精度钟自身的稳定性和准确性保证，简化了钟控制，但存在周期性滑码现象。

（3）混合同步方式。实际为上述两种方式的结合，即区域内为主从同步方式，区域间为准同步方式。

（4）互同步方式。网内不设基准钟，各个钟通过锁相环路受所有接收到的同步信号加权控制。在各时钟源相互作用下，如果网络参数配置合适，网内时钟同步可满足要求。

通信网的上述四种同步方式，各有优缺点，需要根据网络的拓扑结构、时间同步要求、性价比及可靠性等因素共同确定最优方案。

随着数字通信网技术的发展，在同步关键节点或设备较为集中的枢纽机房，单独部署时钟系统，为所在楼宇的所有设备提供同步信号，满足上述功能的时钟系统称为大楼综合定时系统（Building Integrated Timing Supply，BITS），其功能和时统设备类似，因此 BITS 也会使用时统设备的相关技术。

与导弹、航天系统的时间统一系统相比，通信网的同步系统有丰富的信道资源作为支撑，正因如此，发展了适合通信网的 IEEE 1588 系列时间同步技术，结合 GNSS 卫星授时形成有线和无线互备的时间同步技术，满足了 4G 时期的时间频率同步需求，随着 5G 的大面积应用，对时间频率同步提出了更高要求，与 GNSS 卫星共视等更高精度的时间比对技术结合，是支撑其目标实现的重要手段。

12.2　时间统一系统设计

提供标准时间和标准频率信号，使其他设备同步工作的一整套电子设备，简称时统。

根据需求不同，对时间统一系统的设备组成、功能、性能、接口等要求也有差异，本节以产生稳定、可靠、准确的时频信号为目标，介绍功能相对完整的典型时间统一系统的基本组成和工作原理。

12.2.1　时间统一系统组成

时间统一系统为广域分布的航天试验系统、通讯网、输电网提供标准时间和标准频率信号，以保障整个系统时间和频率的统一。其基本组成如图 12.2.1 所示。一般时间统一系统由四部分组成，参考频率源产生时间统一系统的本地参考频率信号，考虑到常见频率源的频率稳定度和准确度性能远不及频率基准，甚至难以达到频率标准源要求，因此参考频率信号与标准频率可能存在频率偏差。此外根据参考频率源分频产生的本地参考时间与标准时间也存在偏差，该偏差除受参考频率源频率偏差影响外，还与信号分频等处理的时刻有关，导致初始时刻本地参考时间与标准时间的偏差是随机值。因此本地参考时间、频率信号需要通过溯源比对单元测量出上述频率偏差和时间偏差，然后根据偏差量对参考频率源的频率或者相位进行驾驭，使本地参考频率和时间信号与标准时间尽可能一致，最后通过信号分配单元分成多路，供其他设备使用。

参考频率源的主要功能是产生代表时间统一系统中单机最高稳定度、准确度性能的标称频率为 5MHz、10MHz 等的频率信号，通常有四类设备可选。

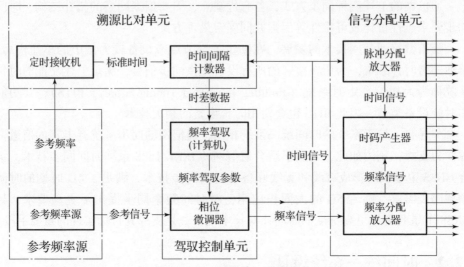

图 12.2.1 时间统一系统组成

（1）铯原子钟。铯原子钟利用铯原子基态能级跃迁辐射的微波频率为基准产生高稳定和高准确的频率信号，一般频率准确度可达 10^{-13} 量级，频率稳定度优于 $5 \times 10^{-12}/\mathrm{s}$。目前主要有美国的 5071A，中国的 TA1000、BD1024、LIPCs3000 等型号可选。

（2）氢原子钟。氢原子钟利用氢原子能级跃迁的辐射频率进行计时，氢原子钟具有很高的频率稳定度，按工作原理分为被动型和主动型，被动型氢原子钟体积与铯原子钟相当，频率稳定度可优于 $5 \times 10^{-13}/\mathrm{s}$；主动型氢原子钟体积相对偏大，频率秒级稳定度可达 10^{-14} 量级，天稳定度进入了 10^{-16} 量级。目前主要使用的主动型氢原子钟有俄罗斯的 VCH1003M、美国的 MHM2010、中国的 BM2101和 SOHM04 等。

（3）铷原子钟。铷原子钟利用铷原子跃迁辐射频率进行计时，按工作原理分为抽运型和激射型，后者较前者短期频率稳定度高，比较常用的是较为经济的抽运型铷原子钟，频率准确度在 10^{-10} 量级，频率稳定度在 $10^{-11}/\mathrm{s}$ 量级。铷原子钟由于技术成熟、性价比高、小型化及工程化程度高等特点，已大量应用于航天测控系统，成为标准化时统设备的重要组成部分。

（4）石英晶体振荡器。以石英晶体压电效应产生的稳定振荡信号为基础，产生短期稳定度较高的频率信号。普通石英晶体振荡器的频率准确度为 $10^{-6} \sim 10^{-5}$，温度补偿石英晶体振荡器的频率准确度为 $10^{-7} \sim 10^{-6}$，恒温型石英晶体振荡器的频率准确度为 $10^{-9} \sim 10^{-8}$。石英晶体振荡器有多种类型，其秒级频率稳定度约为 $10^{-13} \sim 10^{-8}$。石英晶体频标体积相对原子钟更小、频率短期稳定度较高，开机预热时间约为几分钟至几十分钟，一般能比原子钟更快稳定，但受环境温度影响大，受老化率影响频率需要定期校准。

溯源比对单元测量时间统一系统产生的本地参考时间和标准时间的偏差，根据当前及历史偏差可以计算出系统参考频率与标准频率的偏差。溯源比对系统一般包括定时接收机和时间间隔计数器，定时接收机接收授时系统的信号，并输出与标准时间同步的时间信号，时间间隔计数器测量标准时间和时间统一系统产生时间的偏差，部分定时接收机集成了时间间隔计数器功能。在部分特定应用场景，需要纳秒级甚至更高精度的国家标准时间，就需要建立与国家标准时间的直接溯源比对系统，例如共视时间比对系统（准确度约 $2 \sim 5 \mathrm{ns}$）、卫星双向时间传递系统（准确度约 $1 \mathrm{ns}$）、光纤时间传递系统（根据所使用的技术不同准确度可以满足 $1 \mu \mathrm{s} \sim 100 \mathrm{ps}$）。

驾驭控制单元是为使时间统一系统输出的参考时间和频率信号与标准时间保持高精度同步。驾驭方式通常分两种。

（1）直接驾驭，对原子钟等参考频率源直接进行控制，使其输出的时间和频率保持准确，但这可能破坏原子钟或参考频率源自身的频率稳定度和可预测性。

（2）间接驾驭，为维持频率标准自身的频率稳定性，保持参考频率源自由运转，采用相位微调仪等辅助设备实施对时间和频率信号的调整。

信号分配单元将经过驾驭单元处理后的信号，经频率变换为特定频率，或经频率和脉冲分配放大器直接分成多路与参考信号一致的时间、频率信号输出。时间统一系统常见输出信号包括以下几种类型。

（1）参考频率信号，以时间统一系统内的参考频率源输出信号为参考，经过频率驾驭后形成的频率信号，频率标称值通常为 $5 \mathrm{MHz}$、$10 \mathrm{MHz}$、$100 \mathrm{MHz}$。

（2）参考时间信号，以时间统一系统内经驾驭单元驾驭后的频率信号为参考，通过分频和时间校准处理得到的秒脉冲信号（1PPS），通常脉冲前沿代表当前这一秒的"起点"，结合当前的年月日时分秒等时码信息，形成系统时间。

（3）时间码，说明当前输出 1PPS 表示的年、月、日、时、分、秒等信息。时码中最常用的是靶场仪器组（Inter Range Instrumentation Group，IRIG）规定的 B 码，我国在 IRIG – B 码基础上制定了时间码标准，现在约定俗成的称为 B 码。

12.2.2 时间统一系统主要性能要求

时间统一系统主要输出时间、频率两种信号，两种信号的性能参数不同。根据应用场景的需求不同，对时间统一系统的关键技术指标要求也不相同，与输出信号质量相关的主要性能参数包括系统时间偏差、时间信号一致性、时间信号抖动、时间稳定度、频率准确度以及频率稳定度等。

1) 系统时间偏差

系统时间偏差是时间统一系统最基本的指标要求，也称为时间同步误差。时间同步误差按同步对象差异分为两类：一是描述系统时间与标准时间之间偏差的绝对时间同步误差；二是描述时统系统输出各端口间偏差的相对时间同步误差。系统时间偏差是分布各地测量系统统一、协同、一致工作的保障条件，不同应用需求不同，有的要求绝对时间同步误差在纳秒量级，有的仅需要相对时间同步误差满足毫秒、微秒即可。

2) 时间信号的一致性

时间信号的一致性，包括：①代表系统时间的各路1PPS脉冲信号的一致程度；②代表"时刻"的时码信息的一致程度；③代表1PPS脉冲信号与时码的一致程度；④代表1PPS脉冲信号与参考频率信号的一致程度。

时间统一系统为满足所服务的各种用时设备的时间同步需求，需要提供不同类型的多路信号，各种信号之间的一致性是一个影响时间同步性能的重要参数。比如脉冲分配放大器可以将1PPS信号分成多路信号输出，各通道之间的不一致性将会影响用时设备的同步性能，当前主流设备通道间的差异在数十皮秒至数纳秒不等，需结合用时设备对时间信号的一致性需求予以保障。

3) 时间信号的抖动

时间信号的抖动，指时间统一系统输出时间信号的边沿相对于标准时间的起伏，是表征时间信号相对理想状态的短期随机变化，变化频率大于10Hz。

当时间统一系统为用时设备提供时间信号时，为确保使用效果，对时间信号的边沿质量有一定的要求，具体包括从低电平到高电平所需的上升时间，或从高电平到低电平的下降时间，以及每个边沿的准确、均匀性。

4) 频率准确度

频率准确度指时间统一系统输出信号的瞬时频率值或某时段内的平均频率值与其标称频率值的符合程度，一般用相对频偏表示，它是输出频率与标称频率的偏差，也称为频率偏差。

时间统一系统输出的频率信号可以用来校准用时设备本振的频率偏差。一般要求比被校准用时设备的频率准确度高三倍或者一个数量级以上。比如被校准设备的频率准确度为6×10^{-11}，则时间统一系统的频率准确度应优于2×10^{-11}，最好是6×10^{-12}。

对频率准确度的要求还来自时间统一系统本身，因为时间统一系统输出的时间信号与频率信号紧密相关，频率准确度越高，系统维持其时间偏差在较小范围内所能持续的时间越长。

某些应用如多站无线电测速系统，就是由时统设备输出的频率信号，不同站间参考信号的频率偏差直接影响测量的系统误差。

5）频率稳定度

频率稳定度指在给定时间范围内，频率偏差相对于平均频率的起伏，是频率偏差的统计特性估计。对于符合正态分布的平稳随机过程，可以使用标准方差，但由于常见振荡器输出信号中的噪声是非平稳的，因此常采用双取样的阿伦方差表征频率稳定度。

取样时间是频率稳定度指标的重要参数。不同取样时间对应不同的稳定度量值。时间统一系统中常用的频率稳定度指标有短期频率稳定度，通常是指取样时间 100 s 以内的波动；长期频率稳定度，指取样间隔大于 100 s，通常指取样间隔大于 1 天的波动。

频率稳定度是用来表征频率信号噪声的大小。如果时统的频率信号由于电缆传输、多级分配，以及工作现场电磁环境干扰等引入噪声，表现为频率稳定度变差，需要采取屏蔽、恒温等保护措施。

时间统一系统中，时间信号和频率信号同源，因此频率稳定度、频率准确度和时间稳定度指标在某种程度上，是相互影响、相互保证的关系。

6）相位噪声

频率信号的稳定度，在频域一般使用相位噪声表征，反映因噪声作用引起的信号相位的随机变化。定义为偏离载频的某处，1 Hz 带宽内由于相位抖动引起的噪声功率与信号总功率的比值。

7）最大时间间隔误差

最大时间间隔误差是用于表征时间统一系统输出的时间信号在确定时间间隔内最大的时间误差量。计算方法是通过滑动一个包含若干个时间误差（或相位）数据点的窗口，计算每个窗口内最大值与最小值之差。最大时间间隔误差对单个极值、瞬时值或是奇异值尤为敏感，在通信领域用来表示网内时间同步误差的最坏情况。

12.2.3　时间统一系统关键技术

随着科技的发展，越来越多的场合需要高精度的时间，相应的，对时间统一系统的要求也越来越高。首先是精度的提高，航天测控网、5G 通信基站对时间同步的精度要求已经达到纳秒量级，空间目标探测等领域对时间同步的精度已经达到亚纳秒甚至十皮秒量级。其次是适应能力，以往的时统设备无论是用于固定站还是车载、船载，都是静态使用。随着导弹机动能力的提高，对这类飞行器测量的机动要求随之提出，因此需要时统设备能适应动态工作条件，如能在车载或机载环境下工作。最后是可靠性要求，时间统一系统的支撑保障要求其具有一定的容错以及抗干扰和防欺骗能力。

针对各类需求，时间统一系统的设计需要综合考虑性能、适应性和可靠性等要素，涉及的关键技术包括高精度授时技术、高可靠时频基准维持技术等。

12.2.3.1 授时技术

通过观测天文、物理现象建立并保持某种时间标准，通过一定的方式把标记该时间标准的信号（或信息）发播、传递出去，并用时号改正数进行精密改正的全过程，称为授时技术，又称时间服务。在时间统一系统中，通过各种授时技术获得标准时间的装置称为溯源比对单元，溯源比对单元建立时间统一系统输出时间频率信号与标准时间的比对关系，是保障时间统一系统输出时间与标准时间同步的关键环节。

目前的授时技术从性能角度，已经可以覆盖从秒到皮秒量级的需求，但各授时技术所适应的应用场景不同，因此授时技术的选择还需要结合技术的使用特征、应用场景客观条件，以及性价比等因素共同确定。我国当前可选的授时技术包括精度在毫秒量级的短波、电话、低频时码授时、广播网授时以及互联网授时等；精度在微秒级的长波授时、数字卫星电视授时；精度在纳秒量级的卫星导航系统授时，通信卫星授时、光纤通信网授时等。从授时技术所使用的载体还可以分为无线电授时和有线授时，其中短波授时、低频时码授时、长波授时、数字卫星电视授时、卫星导航系统授时，通信卫星授时等通过无线电传输信号的属于无线电授时，其余使用了电缆、光纤等媒介传输的为有线授时。其中卫星导航系统授时，使用无线电信号广播标准时间，卫星信号覆盖区域大，信号在路径上的传播时延可以高精度地测量，是目前覆盖范围最广的高精度授时系统。也是时间统一系统的溯源比对单元最常使用的技术之一。

用户使用对应的授时接收设备，就可以获得对应时间服务性能的时间信号。

除了上述公共服务的授时技术，纳秒甚至亚纳秒级的高精度时间溯源还有以下专用技术可以选择，包括 GNSS 卫星共视、GNSS 卫星全视、GNSS PPP 和专用光纤时频传递等，下面分别介绍各种授时技术以及使用对应技术的时间统一系统溯源比对单元的设备特征。

1）基于 GNSS 的卫星授时技术

卫星授时是指通过卫星无线电信号实现标准时间发播和传递的过程，具有全天候、覆盖范围大、精度高、使用方便等特点，被广泛采用。GNSS 导航卫星上配有包括原子钟在内的专用时频系统，为星上载荷提供统一的参考时频信号，通过地面监测系统测量并预报卫星时间与 GNSS 导航系统时间的钟差，并通过导航电文广播给 GNSS 定时设备，GNSS 定时设备接收到导航信号和电文后可以将接收到的卫星时间修正到系统时间，从而确保通过观测各导航卫星获得的时间统一为 GNSS 导航系统的系统时间。导航电文中还发播了卫星星历数据、时延修正参数、GNSS 系统时间与标准时间的偏差参数等信息。

时间统一系统的溯源比对单元常用的装置是 GNSS 定时接收机，接收卫星信号，得到伪距测量值，伪距值中包含路径传播延迟和接收机钟与星钟的钟差，使用钟差参数修正星钟与 GNSS 系统时间的偏差，并扣除传播路径上包括大气和设备等造成的时延，然后得到只包含卫星与接收机几何距离、系统时间与接收机时间偏差的伪距。通过接收不少于四颗卫星的信号，建立定位方程组，可解算出用户的三维位置、GNSS 定时接收机时间与系统时间的偏差，然后用导航电文中的 GNSS 系统时间溯源模型将 GNSS 定时接收机输出时间修正到标准时间，从而完成向标准时间的溯源。目前典型的 GNSS 定时接收机可以实现优于 20ns 的定时精度（RMS），部分采用了其他辅助技术的 GNSS 定时接收机可以实现 10ns 甚至更高的定时精度。

2）短波授时技术

短波授时是通过短波无线电信号实现标准时间发播的过程，典型短波授时工作频率范围是 3~30GHz，采用双边带调幅调制方式按特定发播时刻和发播程序进行短波时号的发播。时间统一系统的溯源比对单元通过无线电接收机接收并检测短波时号达到时间，然后扣除传播时延，在本地复现出与标准时间同步的信号。短波授时具有作用距离远、接收设备简单、抗摧毁性强等特点，但受电离层传播时延不稳定的影响，其授时精度约在毫秒量级。

3）长波授时技术

长波授时是通过长波无线电信号，通常指利用罗兰－C 信号体制，实现标准时间发播的过程。从系统组成角度分，长波授时主要有单台授时及台链授时两种方式。单台授时即只有一个发射台，时间统一系统的溯源比对单元使用长波定时接收机，在长波定时接收机位置已知前提下连续观测，经过路径时延修正、二次相位因子修正后，测得接收机与发播台时差值并完成定时，我国的 BPL 长波授时台即采用该模式进行授时。台链授时由三个及以上发射台组成，台链中一个发射台称主台，其余都称副台，采用脉冲相位双曲线原理，以测量传输延迟差为基础，工作区内某观测点的长波定时接收机接收同一台链两个发射台信号到达的时间差，转换为距离差，根据双曲线几何原理确定观测者的位置，明确位置后即可获得长波定时接收机与发播台间时差并完成定时，长河二号系统就采用这种模式进行授时。

长波授时具有发射信号功率强，抗干扰能力好等特点，地波信号覆盖半径约

1000 公里，授时精度在微秒量级，采用差分技术修正后可降低至 100ns 内。

4）网络授时技术

网络授时技术是通过互联网络实现标准时间发播和传递的过程，是应用最广泛的授时方式，具有成本低、使用方便、无须重复建设基础设施等优势。网络授时同步协议主要有 NTP（Network Time Protocol）网络时间协议和 PTP（Precision Time Protocol）精密时间协议两种，NTP 协议主要为互联网用户提供毫秒级的授时，基于 PTP 协议的网络时间服务可以为用户提供亚微秒级授时。

在时间统一系统中，网络授时技术可以为局域网内计算机、移动设备或路由器等提供统一的时间信息。网络授时及服务基本组成包括网络授时服务器、局域网及用户终端。网络授时服务器以时间统一系统的系统时间为参考，或直接溯源至国家标准时间，用户终端的客户端软件或者计算机操作系统的时间溯源功能自动定期向网络时间服务器发起时间校准请求，网络授时服务器通过 NTP/PTP 协议向各用户终端提供标准时间信息。

5）电话授时技术

电话授时是指通过公共交换电话网络实现标准时间发播和传递的过程，采用基于查询的实时双向线路交换方式授时，传输信息只限专用用户接收，具有较高的保密性、发射和接收设备相对简单、网络覆盖范围广、工作可靠，抗干扰能力强等优点，但信号传输路径路由选择的影响存在不确定性，因此其授时精度为毫秒级。

时间统一系统的溯源比对单元通过电话授时用户端自动向授时服务器发送授时请求，电话授时服务器将标准时间及 1PPS 信号通过电话网络传送至用户端，用户端根据发射和接收时刻计算传播时延并进行补偿，完成授时。

6）其他高精度授时技术

除上述授时技术外，为支撑时间统一系统以更高的比对精度向标准时间溯源，还可以选择 GNSS 共视时间传递、GNSS 载波相位时间传递、GNSS 全视时间传递、卫星双向时间传递和光纤时间传递等技术。当上述各时间传递技术以标准时间为参考为用户服务时，时间传递技术等价于授时技术。时间统一系统的溯源比对单元使用对应各技术的时间传递设备，即可获得对应精度的定时信号，目前上述授时技术可以满足 100ps～5ns 定时精度需求。各技术的工作原理及特征参见第八章，此处不再赘述。

12.2.3.2 可靠时频基准维持技术

时间统一系统为航天试验系统，以及通信网络、轨道交通网、电力传输网等领域的时间统一提供保障，使各地设备在统一的时间尺度下有序且高效地开展工作。不难想象，即使只是其中某一个节点或台站的时统设备故障，都可能带来严重后果，时统设备的可靠性尤其重要。此外，由于时频信号特征限制，中断后重新恢复的信号与中断之前可能存在频率、相位跳变，导致后级用时设备重新锁定，影响系统连续性、稳定性。这对时统设备提出了十分苛刻的可靠性要求。同时必须注意到，精密的时统设备可能还需要适应各种工作环境，甚至部分是在较为恶劣的工程环境，对设备的可靠运行带来威胁。

为提高可靠性，时统设备特别是核心设备的冗余设计必不可少。冗余设计的目标包括：一是正确、及时识别各类故障；二是当故障发生需要切换至备份装置时，尽可能减少因切换对输出时间频率信号造成的影响。

结合时频信号特征和工程实践经验，常见故障类型包括三类：信号中断、信号瞬时跳变和信号质量下降。其中信号中断、信号质量下降对后期应用影响较大，在可靠性要求较高的场合需采取保障措施。冗余备份是提高可靠性最有效的措施，可以分为热备和冷备两种。热备是备份设备处于正常运行状态，便于异常时快速接替主用设备的工作，冷备是设备处于非运行状态，冷备优点是能延长备份设备寿命，不足是较热备，恢复耗时更长且可根据系统可靠性要求选择合适的备份方式。时间统一系统常用的备份方式为热备份，在可靠性要求特别高的场合还可能需要热备与冷备组合模式。当使用热备方案时，为保障应用需考虑主用设备故障时，切换到热备份的过程中、切换后为用户提供连续、稳定信号的能力。常用的电子切换开关能在毫秒量级间隙内完成信号切换，对于更快速切换甚至无缝切换需求，需要根据应用场景制定可行实施方案。

图 12.2.2 给出了一种核心单机设备的备份方案，其中时统设备的核心设备通常包括原子频标和相位微调器，原子频标作为时统设备的本振源，是产生时频信号的基础，其重要性不言而喻，地位重要的时统设备通常需要配置至少一台热备原子频标，与主用原子频标并行运行，一旦检测到主用原子频标异常时，在最短时间内完成主备替换。为降低成本，部分系统使用性能次一级的原子频标作为备份，在主用原子频标故障后短期维持系统运行，直至主用原子频标恢复正常。相位微调器是以原子频标的频率信号为基准，通过频率或相位微调功能使输出的 10MHz 和 1PPS 信号与标准同步，产生代表时间统一系统的参考时间频率信号。相较原子频标和相位微调器的失效将导致时间统一系统无可用的输出信号，系统对溯源比对单元的可靠性要求与原子频标的频率准确度、稳定度性能和系统时间偏差等要求直接相关，当系统配置了多台原子钟时，结合自主守时算法保障系统的自主维持能力，可以降低对溯源比对单元可靠性要求，通常可为故障排除争取 1～24h 的时间。信号分配单元是用于将时间、频率信号转换为各种接口形式，直接服务各用时设备，其故障仅影响局部范围，常采用冷备方式进行冗余配置。

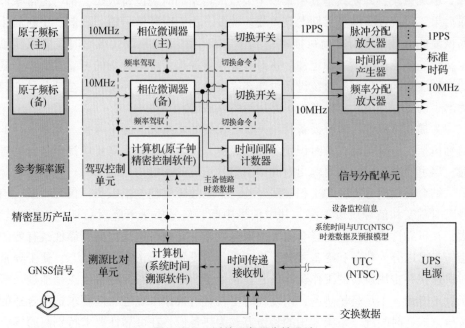

图 12.2.2　时统设备可靠性设计

图 12.2.2 为含两台原子频标和两台相位微调器的热备时统，当主用设备发生故障时，通过控制切换开关切换至备用输出，为降低因切换导致的信号跳变，通常会通过原子钟精密控制软件控制热备相位微调器的输出，使其与主用输出信号尽可能保持同步。图 12.2.2 中时间间隔计数器用来监视主用设备的完好性，以及在主、备设备均正常时，该时间间隔计数器的测量结果可支持备用设备与主用保持同步。

图 12.2.2 中两台切换开关分别实现主备两路 10MHz 和两路 1PPS 信号的切换。切换开关是一种通过电子开关导通不同输入到输出端的装置，其工作原理如图 12.2.3 所示，切换过程中存在信号瞬时中断的情况，部分对信号连续性要求较高时统设备，可以使用无缝切换技术代替电子切换开关，确保输出信号的连续性。无缝切换工作原理如图 12.2.4 所示，其本质是通过类似锁相环的工作机制，使用一颗本振源锁定多路来自原子频标或相位微调器的频率信号，输出信号锁定于一个多源"综合"的参考，支持任一频率源失效时到系统输出信号连续、稳定。

基于冗余配置的时统设备的可靠性设计是以成本增加为代价，而且如果复杂的故障判别装置本身的可靠性不高，反而可能会导致冗余配置的系统可靠性不如单台设备，因此，时统设备的可靠性设计应结合需求进行设计。

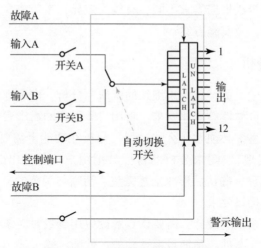

图 12.2.3　高速切换开关工作原理

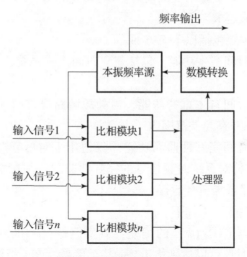

图 12.2.4　无缝切换工作原理

12.3　时间统一系统实施方案

时间统一系统面向各类需要时间频率信号统一驱动的场合，提供溯源至标准时间的时间、频率信号，比如导弹、航天实验各个参试设备、通信网时钟网各级设备、导航地面运控系统主控站和监测站设备等。确保各站设备时间、频率统一，从而保障整个系统正常运行。为满足上述需求，时间统一系统按功能可分为参考频率源，驾驭控制单元、信号分配单元、溯源比对单元以及条件保障单元五部分。各单元设备组成根据需求不同，有较大差异，本节将介绍时间统一系统的设计实施主要流程，及实施方案。

12.3.1　需求分析

需求分析是开发人员经过深入细致的调研和分析，准确理解用户和项目的功能、性能、接口、可靠性等具体要求，将用户非形式的需求表述转化为完整的需求定义，从而确定系统必须做什么的过程。分析在功能上需要"实现什么"，而不必考虑如何"实现"。需求分析的目标是把用户项目提出的"要求"或"需要"进行分析与整理，确认后形成描述完整、清晰与规范的文档，确定需要实现哪些功能、性能、接口要求。

对于时间统一系统的设计，需要认真解读应用场景对时统设备的需求，包括但不限于工作环境、条件、预期目标、功能、性能、输入输出接口、可靠性等各方面约束。下面以为某试验系统提供时统设备为任务，介绍满足高精度、高可靠时间频率统一的具体需求。

须具备的功能主要包括以下三方面。

（1）具备系统时间产生功能，包括建立时间产生系统，产生系统参考时间，并能溯源到 UTC（k）。

（2）具备系统时间自主维持功能，当溯源链路异常时，依然能保持系统时间与 UTC（k）的偏差在允差范围内。

（3）具备系统时间完好性监测功能（仅适用于对可靠性要求较高、有冗余配置需求场景），支持对系统时频信号的完好性监测，并在主用信号异常时提供备份时频信号，确保系统正常运行。

须具备的主要性能要求如下。

（1）系统时间与 UTC（k）的偏差：典型值是 $5\sim100$ns，当前主流水平在 $5\sim10$ns，更高要求时还可以达到优于 2ns 甚至更高。该项指标与溯源比对单元使用的授时技术、原子频标（振荡器）性能等相关。

（2）系统输出 5MHz 或 10MHz 信号的频率准确度和稳定度：频率准确度典型值优于 5×10^{-13}；频率稳定度指标要求可分长期稳定度和短期稳定度两类，其中短期稳定度主要由系统中频率标准的短期稳定度特性决定，典型取值为优于 10^{-11}/s、5×10^{-12}/s 或 5×10^{-13}/s 等，长期频率稳定度主要与溯源参考的频率稳定度和溯源技术的测量稳定度等因素有关，当前 UTC（k）的频率稳定度典型取值优于 5×10^{-14}/d，部分守时实验室的频率稳定度甚至进入了 10^{-16}/d；

（3）系统时间自主维持性能：典型自主维持时长包括 12h、24h、1 个月、3 个月等，系统时间与 UTC（k）的偏差小于 10ns、100ns，或者 1μs 等。本项性能要求将影响时间统一系统中参考频率源单元的设备选型，如原子频标或者晶体振荡器等。

（4）除上述系统性能要求外，如下性能要求将约束时间统一系统单机设备性能。信号分配单元的各种时间信号输出设备，主要关注端口间时间信号的一致性，典型取值为 0.1~5ns，1PPS 信号的上升时间，典型取值为 1~5ns，1PPS 信号的抖动，典型取值为优于 100ps。此外输出 5MHz 或 10MHz 频率信号的相位噪声也是较常关心的指标，与参考频率源、驾驭控制单元以及分配单元相关设备的相位噪声都有关系，需根据具体要求在选型设备时予以考虑。

在输出接口方面，典型需求如下。

（1）输出 1PPS 信号，一般不少于 2 路。

（2）输出 10MHz 信号，一般不少于 2 路。

（3）部分系统还需提供基于 NTP 或 PTP 协议的网络时间同步服务，以及输出时码信号。

下面以某导航试验系统主控站的时间统一系统为例介绍，该项目的功能和性能需求描述如下。

功能要求：

（1）产生并输出系统时间频率信号，并能直接溯源到 UTC（NTSC）。

（2）具备系统时间自主维持能力。

（3）具备对系统输出信号状态监视功能，能在异常时告警。

（4）具备通过 NTP 协议，为局域网内设备提供时间同步服务功能。

性能要求：

（1）系统时间与 UTC（NTSC）的时间同步误差：≤5ns。

（2）系统时间溯源不确定度：A 类评定 <2ns，B 类评定 <5ns。

（3）系统时间自主维持 24h，与 UTC（NTSC）偏差：≤10ns。

（4）时间输出信号端口间偏差：≤0.2ns。

（5）10MHz 频率准确度：$\leq 3 \times 10^{-13}$。

（6）10MHz 相位噪声：≤ -127dBc/Hz@10Hz，-152dBc/Hz@100Hz。

（7）10MHz 频率稳定度：$\leq 5 \times 10^{-12}/1s$、$10^{-13}/100s$、$10^{-14}/1d$（ADEV）。

（8）主备切换时间：<0.1ms。

（9）1PPS 上升时间：≤2ns。

（10）1PPS 信号抖动：≤0.1ns。

须提供以下输出接口。

（1）输出 1PPS 信号，为相距 100 米内的三个导航上行站分别提供不少于 16 路 1PPS 信号，要求 1PPS 满足 TTL 电平，高电平大于 3V，低电平小于 0.8V，脉宽大于 10μs。

（2）输出 10MHz 信号，为相距 100 米内的三个导航上行站分别提供不少于 16 路 10MHz 信号，要求 10MHz 信号满足功率 7dBm～15dBm，正弦波形，50Ω 阻抗。

（3）提供基于 NTP 协议的网络时间同步服务。

（4）输出多路时码信息。

分析上述功能、性能及接口需求，其中功能要求（1）为产生系统时间，是时统设备的标准功能；功能要求（2）为具备自主维持系统时间能力，这对时统设备的参考频率源的频率准确度提出了要求；结合性能要求（3）自主维持 24h 要求，可以排除晶体振荡器等非原子频率标准；结合性能要求（7）对 10MHz 的短期稳定度要求，可以确定参考频率源应使用铯原子频标，或者具有同等量级频率准确度、稳定度的频率标准。

分析性能要求（2）溯源不确定度要求，结合目前常用的授时技术性能，满足要求可选的技术包括 GNSS 共视时频传递、光纤双向时频传递和卫星双向时频传递等，其中 GNSS 共视时频传递的 B 类不确定度公认为 5ns，尽管卫星双向时频传递和光纤双向时频传递可以实现更低的不确定度，基于性价比最优准则，使用 GNSS 共视时频传递技术溯源是本需求的最优解。

结合功能要求（3）和性能要求（8）的关键设备状态监视、主备切换时间等要求，时统设备的关键单机需要冗余设计。

结合功能要求（4）和接口要求，时统系统需要有 NTP 网络时间服务、时频信号分配等能力。

综合上述需求，对照商用标准化时统单机设备的技术规格，进一步开展时间统一系统的实施方案设计。

12.3.2 方案设计

综合上述需求，设计了时间统一系统的实施方案如图 12.3.1 所示（注：本示例为便于呈现一般性实施方案的设计过程，简化了部分内容，且方案不唯一）。

参考频率源由两台原子钟组成，一台为被动型氢原子钟，其输出 10MHz 信号短期频率稳定度优于 $5 \times 10^{-13}/s$，频率准确度校准后可以优于 $5 \times 10^{-13}/s$。该被动型氢原子钟较铯原子钟典型的 $5 \times 10^{-12}/s$ 短期稳定度更高，价格相差不大，关键技术指标均满足作为系统主用参考频率源的需求。基于可靠性和成本控制考虑，热备参考频率源选择性能次一级的铷原子钟，其成本约为被动型氢原子钟的十分之一，频率准确度经校准后可以优于 $2 \times 10^{-12}/s$，频率短期稳定度优于 $5 \times 10^{-12}/s$，基本满足系统要求。对于成本不敏感或对可靠性要求更高的系统，热备频率源的最优选择是与主用同等性能的原子钟，确保切换前后性能无差异。

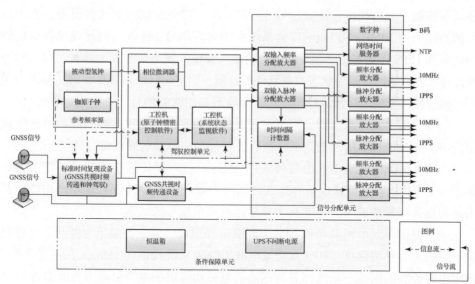

图 12.3.1　某导航时延系统主控站的时间统一系统实施方案

　　驾驭控制单元由一台相位微调器，部署了原子钟精密控制软件和系统状态监视软件的两台工控机，一台时间间隔计数器，和一台兼有铷原子钟驾驭和基于 GNSS 实时卫星共视溯源比对功能的标准时间复现设备组成。其中相位微调器以被动型氢原子钟输出的 10MHz 信号为参考，输出受原子钟精密控制软件控制，代表系统时间的 10MHz 和 1PPS 参考信号，将参考信号输入信号分配单元供后端设备使用。溯源比对单元的 GNSS 共视时频传递设备输出系统时间与标准时间 UTC（NTSC）主钟的偏差数据送入原子钟精密控制软件，由其计算出对系统时间的频率或相位调整量，使系统时间、频率保持与标准时间同步。铷原子钟作为备用频率源保持运行，并受标准时间复现设备控制，标准时间复现设备是一款集成了铷原子钟、GNSS 共视时间比对、时差测量、钟控制和信号分配等功能于一体的小型时统设备，能通过 GNSS 共视比对近实时测得备用 1PPS 与标准时间 UTC（NTSC）主钟的偏差，时差测量模块测得备用 1PPS 与系统 1PPS 时差，然后根据两类时差结果生成对铷原子钟的控制量，输出备用的 10MHz、1PPS 信号，并保持与系统时间同步。时间间隔计数器作为独立的监测设备持续监测系统输出 1PPS 与备用 1PPS 的时差，并将测试结果实时反馈给系统状态监视软件，该软件结合设备状态反馈信息和 GNSS 共视时频传递设备的测试结果，综合评估时间统一系统各设备工作状态是否正常，当异常发生时控制双输入分配放大器切换备用信号作为系统输出。

　　为简化系统组成，本方案选择具有双输入切换功能的脉冲分配放大器和频率分配放大器，即用双输入频率分配放大器和双输入脉冲分配放大器用一台设备代替驾驭控制单元的切换设备和信号分配单元的信号分配放大器两台设备，将相位微调器输出的 10MHz 和 1PPS 作为系统主用时频信号、标准时间复现设备输出的 10MHz 和 1PPS 作为备用时频信号，分别接入双输入频率分配放大器和双输入脉冲分配放大器，输出受系统状态监视软件的控制，当主用时频信号正常时，输出为主用时频信号，当主用时频信号异常时，切换至备用时频信号，并向用户告警。

信号分配单元由数字钟、网络时间服务器、多台分配放大器组成，将系统输出的 10MHz 和 1PPS 信号按需求转换成各种接口，驱动后级设备时钟统一。

本系统的溯源比对单元由两台具有 GNSS 共视时频传递功能的设备组成，分别是 GNSS 共视时频传递设备和标准时间复现设备，两台设备工作原理相似，互为备份提高可靠性同时，还能互为参考监视输出信号的状态。

条件保障单元由恒温箱和 UPS 不间断电源组成，其中恒温箱为被动型氢钟提供稳定的工作环境温度，UPS 在交流电故障时为系统提供约 120min 的应急供电，该供电时长与时间统一系统部署所在地供电机构提供的电力保障服务能力有关。

12.3.3　系统主要组成设备

如 12.3.2 节所述，时间统一系统的主要设备类型包括频率源、相位微调设备、溯源比对设备、时间间隔测量设备、频率测量设备以及信号分配设备等，本节简单介绍目前上述类型设备的基本情况，其中时间间隔和频率测量设备相关情况可以参阅本书第九章和第十章，本节不再赘述。

12.3.3.1　频率标准

频率标准作为时间统一系统的参考频率源，产生高稳定度、高准确度的标准频率信号，信号频谱纯净、波形失真小，一般不进行外部调制处理。时间统一系统至少包含一台频率标准，通常由两台及以上的频率标准组成。目前可选的商用频率标准主要包括石英晶体振荡器、铷原子频率标准、铯原子频率标准、氢原子频率标准。其中石英晶体振荡器按功能和实现技术可分为普通晶振（PXO）、温度补偿晶振（TCXO）、电压控制晶振（VCXO）、恒温晶振（OCXO）、超稳恒温晶振（BVA OCXO）；铯原子频率标准按工作原理不同可分为磁选态、光抽运原子频率标准；氢原子频率标准可分为主动型氢原子频率标准和被动型氢原子频率标准。此外，各类微波钟、冷原子光钟也在不断发展，有望成为新的原子频标类型。下面分别介绍各类频率标准的特征。

（1）普通晶振（PXO）：结构简单、价格低廉，应用最广泛。

（2）温度补偿晶振（TCXO）：靠内部温度补偿电路改善输出的频率—温度特性，具有功耗低、体积小等特点，可以工作在常温下。

（3）电压控制晶振（VCXO）：简称压控晶振，通过改变控制电压影响晶振输出频率，应用于校准、锁相环，频率调制和频率捷变技术中。

（4）恒温晶振（OCXO）：将晶振放置在恒温器内，有单层和双层恒温两种结构，短期频率稳定度好，接近甚至优于原子频标。

（5）超稳恒温晶振（BVA OCXO）：带老化补偿的双恒温槽晶振，被称为"第三代"晶体振荡器，是现有短期频率稳定度最高的商品级频率标准，频率为 10MHz 的短期频率稳定度目前最高可优于 $5\times10^{-14}/s$。

（6）铯原子频标：利用铯 133 原子在其基态的两个超精细能级间的跃迁信号控制一台压控晶体振荡器，跃迁频率为 9192631770Hz，是一种被动型原子频标。晶振的频率一般为 5MHz 和 10MHz，综合成微波激励信号，其频率接近原子跃迁频率，使铯原子在激励信号的感应下发生跃迁。当激励信号频率偏离原子跃迁频率时调整晶振控制电压，使晶振的输出频率与实际发生的跃迁频率具有同样的准确度。目前商品型铯频标的准确度已达到 $5\times10^{-13}/s$，频率稳定度优于 $5\times10^{-12}/s$。目前主要有美国的 5071A，中国的 TA1000、BD1024 以及 LIPCs3000 等。

（7）氢原子频标：分被动型和主动型两种，原子跃迁频率为 1420405752Hz，被动型工作过程类似铯频标。主动型又称为氢脉泽，不是在外界激励信号的感应下发生跃迁，而是当满足条件时跃迁自动发生，以自激振荡信号为参考，锁定一台 5MHz 或 10MHz 压控晶体振荡器。氢原子频标具有很高的频率稳定度，被动型氢原子钟体积较主动型小，频率稳定优于 $10^{-12}/s$，部分设备能达到 $5\times10^{-13}/s$；主动型氢原子钟相对体积较大，当前主流设备的频率稳定度优于 $10^{-13}/s$，部分设备能达到 $8\times10^{-14}/s$ 甚至更高。与铯原子频标相比，频率短期（$\tau\leq1d$）稳定度比较好，因存在频率漂移，长期特性稍差，通过大量试验证明，主动型氢原子频标的频率漂移一定条件下可以准确预报，因此，近年来，在国际原子时的权重显著提升。目前主要使用的主动型氢原子钟有俄罗斯的 VCH1003M、美国的 MHM2010、中国的 BM2101 和 SOHM04 等。

表 12.3.1　常用频率标准主要特点对比

类型	TCXO	OCXO	BVA OCXO	铷原子频标	铯原子频标	氢原子频标
共振频率	机械谐振（可变）	机械谐振（可变）	机械谐振（可变）	6.834682608GHz	9.919263177GHz	1.42040575GHz
失效原因	无	无	无	铷泡（15 年）	铯束管（3 至 5 年）	氢耗尽（>7 年）
短稳	10^{-9}	10^{-12}	6×10^{-14}	5×10^{-11} ~1×10^{-12}	5×10^{-11} ~1×10^{-12}	1×10^{-13} ~8×10^{-14}

续表

类型	TCXO	OCXO	BVA OCXO	铷原子频标	铯原子频标	氢原子频标
噪声本底	1×10^{-9} ($\tau = 1 \sim 100\mathrm{s}$)	1×10^{-12} ($\tau = 1 \sim 100\mathrm{s}$)	1×10^{-12} ($\tau = 1 \sim 100\mathrm{s}$)	1×10^{-12} ($\tau = 10^3 \sim 10^5\mathrm{s}$)	3×10^{-14} ($\tau = 10^5 \sim 10^7\mathrm{s}$)	2×10^{-16} ($\tau = 10^3 \sim 10^5\mathrm{s}$)
老化/年	5×10^{-7}	5×10^{-9}	5×10^{-9}	2×10^{-10}	无	1×10^{-13}
准确度	1×10^{-6}	$1 \times 10^{-8} \sim$ 1×10^{-10}	$1 \times 10^{-8} \sim$ 1×10^{-10}	$5 \times 10^{-10} \sim$ 5×10^{-12}	$5 \times 10^{-12} \sim$ 1×10^{-14}	$1 \times 10^{-12} \sim$ 1×10^{-13}

(8) 铷原子频标：用在时统设备中的主要是被动型，其原子跃迁频率为6834682608 Hz。工作过程类似铯频标。相较铯原子频标，铷原子频标的频率准确度较低，一般为 $10^{-10} \sim 10^{-12}$，频率稳定度优于 $10^{-11}/\mathrm{s}$。与铯和氢原子频标相比，铷原子频标具有较大的频率漂移，大约在 10^{-11} 量级。铷原子频标有技术成熟、体积小、性价比高、工程化程度高等特点，已大量应用于航天测控系统，成为标准化时统设备的重要组成部分。

(9) 光频标：是一种还在研发阶段的频率标准，目前有锶原子、镱原子、钙离子、铝离子等光频标已经开展了性能评估，频率不确定度达到 10^{-18} 量级，甚至 10^{-19} 量级，部分型号投入了科研项目使用，其基本原理是基于离子或原子在光频范围内跃迁，比之基于微波跃迁的原子频标，具有更高的频率稳定度和频率准确度。光频标目前被认为最有可能成为下一代秒长定义的竞争者。

12.3.3.2 相位微调设备

常用的相位微调设备名称包括相位微跃计、相位微调仪、相位微跃器等，主要功能是用来调节原子频标输出信号的频率、相位的设备。受自身准确度和老化特性影响，任何原子频标相对于标准频率都可能存在频差，提高频率准确度需要校准频率，尽管大部分原子频标也支持直接微调其输出频率，但直接调节可能会影响原子频标稳定性，并且影响对原子频标的预报，因此对于守时型原子频标，一般通过相位微调设备间接实施调整。即以原子频标的频率信号为参考，相位微调设备将内部的本振锁定到参考，同时接收频率或相位调整量，微调输出信号的频率或相位。因此相位微调设备应具有高分辨率调频调相、低相位噪声、短期稳定度优于被控原子频标等特征。铷原子频标或晶体频标的准确度和长期稳定度指标相对于其他原子频标较差，为简化系统、降低成本，通常采用直接调节法，即直接通过铷原子钟或晶振的控制端口输入频率或相位调整量。无论是直接对频率标准进行控制，或是通过相位微调设备间接实施控制，主要目的都是为了调整输出信号的频率、相位，使其与标准频率或参考频率尽可能一致，根据不同的实现方式，部分相位微调设备还具有相位噪声净化、信号分配和功率放大等功能，与相位微调设备相关的主要功能性能规格包括如下几点。

（1）频率调节范围：典型值如 ±1Hz。

（2）频率调节分辨率：典型值 $<1\times10^{-15}$（相对值），当前最优值 5×10^{-19}。

（3）时间调节分辨率：典型值 <1fs，当前最优值 0.024fs。

（4）输出 10MHz 的频率稳定度：$<5\times10^{-13}/s$，当前最优值 $5\times10^{-14}/s$。

（5）输出 1PPS 同步到输入的偏差：<15ns。

12.3.3.3　溯源比对设备

溯源比对设备须根据可获得的授时系统或专用溯源比对系统资源条件，结合时间统一系统的功能、性能需求进行选择。目前我国公开免费提供服务的授时系统有短波、电话、低频时码、网络、长波、GNSS 等授时，其中卫星导航系统因具有信号覆盖区域广、授时精度高、接收机集成化程度高、成本低等优点，应用范围最广。上述公用授时系统可以满足 10ns 以上精度的时间远程校准需求，更准确的时间溯源需要借助专用技术，比如 GNSS 共视时频传递、GNSS 全视时频传递、GNSS 载波相位时频传递、卫星双向时频传递和光纤双向时频传递等技术，可以实现纳秒甚至亚纳秒级时间溯源需求。下面分别介绍可满足时间统一系统毫秒量级以上时间溯源需求的各种溯源比对设备。

1）GNSS 定时接收机

接收包括北斗、GPS 在内的全球卫星导航系统（GNSS）卫星信号的定时接收机，称为 GNSS 定时接收机，截至 2025 年初，主流 GNSS 定时接收机的定时精度为 20ns（均方根值）。GNSS 定时接收机一般由 GNSS 卫星接收天线、射频模块、信号处理模块、时钟模块、接口模块和电源组成。卫星信号首先通过天线接收，进入射频模块的射频前端进行处理，包括射频放大、下变频、滤波、中频放大及自动增益控制等环节，将射频下变频为中频信号；送入信号处理模块，首先经模数转换芯片转换为数字中频信号，接着进行正交数字下变频、捕获、环路滤波、跟踪、解扩、译码、校验等处理，提取出导航电文数据，并解帧和解电文得到卫星电文信息，获得当前时码的同时，计算出卫星信号的时延，用于驯服时钟模块，使其恢复出与授时系统广播时间一致的时间和频率信号。为了提高授时信号的稳定性，部分型号的定时接收机支持接入更稳定的频率源作为时钟模块的参考。GNSS 定时接收机高度集成化，性价比高，是目前最主要的溯源比对设备。

2）短波定时接收机

短波授时系统采用固定载波频率双边带 AM 调幅调制方式，通过多种频率（频率范围 3~30MHz）的短波无线电信号发播标准时间信号，具有作用距离远、接收设备简单、抗摧毁性强等特点，但受电离层传播时延不稳定的影响，其授时精度约在毫秒量级。接收短波授时台信号的定时接收机称为短波定时接收机。短波定时接收机接收并检测短波时号达到时间，然后扣除传播时延，获得标准时间，用于校准时间统一系统的本地时间。

截至 2025 年 1 月，有多个国家在用短波授时台发播短波时号。比较著名的有美国 WWVV 和 WWVH 短波时号，加拿大 CHU 短波时号，以及中国 BPM 短波时号等。中国科学院国家授时中心的 BPM 短波授时台于 1970 年建成，并经周恩来总理批准开始发播。BPM 短波授时台以 2.5MHz、5MHz、10MHz、15MHz 频率发播标准时间和标准频率，综合覆盖半径超 3000km，向用户广播 UTC（NTSC）的精度为毫秒量级。

3）长波定时接收机

长波授时系统通过长波无线电信号，通常用罗兰–C 信号体制发播标准时间，较 GNSS 卫星授时信号具有功率高，抗干扰能力强、地波信号传播时延稳定等优点，地波信号覆盖半径约 1000km，授时精度在微秒量级，采用差分技术修正后可达 100ns，天波信号受电离层影响时延变化稍大。接收长波授时系统或长河二号系统等发播的长波无线电信号的定时接收机称为长波定时接收机。截至 2025 年，我国运行中的长波授时系统由中国科学院国家授时中心建成并维护，位于陕西蒲城，呼号为 BPL，可以通过长波定时接收机为用户提供微秒量级的定时信号。两年内还将在敦煌等西部地区建设新的长波授时台，其中，敦煌长波授时台 2025 年已开始测试。除长波授时台，目前我国还有采用类似体制的长河二号系统。

长波定时接收机的定时原理根据发播台不同主要有两种模式：一是使长波定时接收机在固定位置进行连续观测，经过路径时延修正、二次相位因子修正后，可测得时间统一系统的参考时间与发播台时差值，完成时间溯源，BPL 长波授时台采用的这种模式进行授时；二是由三个及以上发射台组成台链，台链中一个发射台称主台，其余台为副台，采用脉冲相位双曲线原理，以测量传输延迟差为基础，工作区内某观测点接收同一台链两个发射台信号到达的时间差，转换为距离差，根据双曲线几何原理确定观测者的位置，明确位置后即可测得用户与发播台的时延值并完成定时，长河二号系统采用该模式。

长波定时接收机可以获得较短波授时更高的精度。但长波授时信号的接收较短波时号更复杂，因此长波定时接收机更为复杂。

4）基于 GNSS 共视/全视/载波相位比对技术的时间传递接收机

通过 GNSS 共视、GNSS 全视和 GNSS 载波相位远程时间比对的时间传递技术是目前向标准时间纳秒甚至亚纳秒量级溯源的主用手段，各类时间统一系统需要配置对应的时间传递接收机。部分类型的时间传递接收机需要输入时间统一系统的系统时间、频率信号作为与标准时间远程比对的参考信号，其功能实质是测量参考时间与标准时间的时差。目前主流时间传递接收机都能兼容共视和全视功能，部分型号还能支持载波相位时间传递。其中 GNSS 共视和全视技术成熟度较高，可以满足优于 5ns 不确定度的远程时间比对，载波相位时间传递技术相对起步较晚，成熟度较低，但是精度更高，可以实现优于 1ns 的时间比对，主要用于事后的高精度时间比对，目前也有多个团队报道了实时载波相位时间传递技术的研制进展。

使用基于 GNSS 共视、全视或载波相位的时间传递接收机实现时间统一系统向标准时间的溯源，需要标准时间产生系统所在地部署与之配套的时间传递接收机同时运行，可能还需要有通信链路支持两地时间传递接收机的观测数据交换，目前包括中国科学院国家授时中心在内的各国守时实验室均具备相关条件。

5）基于卫星双向时频传递技术的卫星双向时频传递地面站

卫星双向时间频率传递是通过地球静止同步轨道通信卫星进行时间频率量值传递的方法，因信号传输路径高度对称，几乎可以抵消所有传播路径时延，较卫星共视和全视时间传递方法，可以获得更高的时间比对精度，是国际计量局（BIPM）组织的国际时间比对网的主用方法之一，能达到 1ns 左右的比对不确定度。

卫星双向时间频率传递实现时间统一系统参考时间向标准时间溯源，需使用专用卫星双向时频传递地面站，包括专用的调制解调器将调制有时间信息的伪随机噪声码通过相移键控技术（BPSK）调制为射频信号，通过发射机发射和接收机接收（通常使用 X 或 Ku 波段），双方各自向卫星发射调制有本地参考时间的信号，由卫星转发后被对方接收并解调，与本地参考时间进行时差测量，最后通过通信网络（部分设备支持将信息调制到上行信号通过卫星转发）交换数据，计算得到参考时间与标准时间的偏差结果。

卫星双向时间频率传递需要在标准时间产生端和时间统一系统部署所在地分别安装一套卫星双向时频传递地面站，通常由包括发射机、接收机、上下变频器、功放、低噪放、天线以及计数器等部件组成。其设备复杂度远高于基于 GNSS 的时间传递接收机，且开展时频比对需要使用卫星转发器带宽资源，使用成本约为时间传递接收机的数倍。近年来，卫星双向时频传递地面站设备研制的主要发展方向包括基于软件的接收机和载波相位比对两方面，基于软件的接收机在改善周日效应方面有一定的效果，目前已经应用到 BIPM 的国际时间比对网中。

6）光纤时间传递设备

光纤时间传递设备利用光纤作为信号传递介质，将标准时间信号传递到时间统一系统所在地，输出与标准时间频率同步的时间频率信号，用于校准时统设备的参考时间和频率，部分光信号经过光放大器后原路返回到发送端，实时对光纤链路时延进行预补偿，以消除光纤链路引入的传输时延及其变化，保证时间信号的高精确同步。

光纤时间传递具有精度高、噪声低、损耗小以及信道资源丰富等优点，已在百公里以及千公里级实验线路上实现了最高皮秒量级的时间同步和 10^{-19} 量级的频率传递，远优于目前广泛应用的卫星授时技术。目前光纤时频传递技术主要在科研领域应用，也有部分机构开展了数百公里实地光纤的传递试验，受光纤信道专用、级联导致信号质量不可控等因素，还未大规模应用。我国于 2022 年启动高精度地基授时系统建设，预计 2027 年在我国建成总里程约 20000km 的光纤时频传输环路，实现主要城市的光纤覆盖。

12.3.3.4　信号分配设备

信号分配设备是为了满足时间统一系统后端用户设备的接口数量需求，通常包括频率分配放大器、脉冲分配放大器两类。此外，考虑到频率标准输出信号性能易受输出带载能力、负载特性、负载设备电磁干扰等影响，一般不宜直接与用时设备联通，此外频率标准输出信号端口数量有限，难以满足大量用时设备同时使用的需求，因此，大多数应用场合信号分配设备必不可少。

与一般的信号输出放大器相比，为匹配时间统一系统输出参考时间频率信号的性能，频率分配放大器的输出路数多，除需要高隔离度外，还要求其输出信号的频谱纯度高、对放大器的失真度和相位噪声也有要求。应保证时间统一系统输出信号的性能不因使用分频放大器而损失。

当前主流厂家的频率分配放大器典型指标：

➢ 输出频率范围：1~20MHz、1~120MHz 等

➢ 输出路数：1×16 路、2×8 路或 3×5 路等，可定制

➢ 输出—输入反向隔离度：>110dBc

➢ 输出—输出路间隔离度：>90dBc

➢ 谐波：<-40dB

➢ 杂散：<-90dB

➢ 相位噪声（10MHz）：<-128dBc/Hz@1Hz

<-139dBc/Hz@10Hz

<-160dBc/Hz@10kHz

脉冲分配放大器的主要功能是扩展时间信号的输出端口、重塑信号边沿、提高信号负载能力、隔离干扰信号等，其典型指标如下：

➤ 输入路数：1 路或 2 路，多输入时，还可以受指令控制切换输出
➤ 输出路数：2×8 路或 3×5 路等，可定制
➤ 脉冲上升时间/下降时间：<3ns，部分型号<1ns
➤ 输出脉冲抖动：优于 50ps
➤ 输出通道间一致性：<1ns

可以根据时间统一系统具体需求，配置一台或组合多台分配放大器。

12.3.4　关键指标测试方法

时统设备主要技术指标的测试是保证整个系统时间统一、任务正常完成的重要技术措施。系统的集成、调试、验收、运行、维修等环节都离不开对主要技术指标的测试。测试的目的是获得被测技术指标准确的量值，以确认被测对象的量值在一定范围内、一国范围内，甚至世界范围内有统一的认知。

时统设备的主要技术指标大多是与时间频率相关的参数，而时间频率的测量与其他量值的测试有明显的特点：一是时间频率信号可通过无线电波传播，极大地扩展了时间频率比对的范围；二是时间的量值非静态，被测量的每个时刻都在变化，不能重复。

12.3.4.1　系统时间偏差测试

系统时间偏差是指系统时间与标准时间同步后，剩余偏差的最大范围。用于反映时间统一系统的时间同步误差，是时间统一系统最关键的技术指标。系统时间偏差的测量对象是代表时间统一系统某秒起始时刻的秒信号，当前授时技术较容易保证秒以上的时间同步，比如网络时间同步可以保证当前秒以上时间信息的准确性。

根据国际惯例，以标准时间的秒信号为参考，被测秒信号滞后参考秒信号时，其系统时间偏差为正值；反之，当被测秒信号超前参考秒信号时，其系统时间偏差为负值。

当标准时间与被测时间信号在同一场所时，可以用时间间隔计数器直接测量系统时间偏差，测试结构如图 12.3.2 所示，代表标准时间的 1PPS 信号被接入时间间隔计数器，启动开门信号，同时将代表时间统一系统时间的 1PPS 信号接入时间间隔计数器另一个通道，作为被测信号触发关门信号。当被测秒信号滞后参考秒信号时，系统时间偏差为正值，反之为负值。需要提醒注意的是，部分时间间隔计数器能显示负值，此时直接读取显示值即可，部分时间间隔计数器没有负

值显示功能，当被测秒信号超前参考秒信号时，时间间隔计数器显示值可能是一个接近1s的数值，用1s减去该显示值才是被测信号的系统时间偏差。

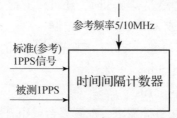

参考频率5/10MHz

标准(参考)
1PPS信号

被测1PPS

时间间隔计数器

图 12.3.2　站内系统时间偏差测试结构图

当标准时间信号与被测时间信号不在同一地点时，这也是大多数时间统一系统的应用现状，与标准时间之间可能存在数十甚至数千公里的距离，需要采用远距离的时间比对方法测试系统时间偏差。常用的远程时间比对方法有搬钟法、GNSS 共视法、GNSS 全视法、GNSS 载波相位时间比对法、卫星双向时频比对法以及光纤时间传递法等，选择时间比对方法的基本原则是比对技术的测量误差要比被测时间统一系统所用时间溯源技术误差更小，通常为三倍到一个量级。时间统一系统的系统时间偏差测试结构如图 12.3.3 所示。使用一台或者一套站间时间比对设备，测试标准时间与时间统一系统输出 1PPS 的时差。以 GNSS 共视法为例，其 5ns 的比对不确定度优于 GNSS 授时 20ns 的不确定度，因此可以用于测试通过 GNSS 授时技术溯源的时间统一系统的系统时间偏差。测试时，需要两台标校过系统误差的 GNSS 共视时间比对设备，分别安装在标准时间主钟所在地，接入标准时间 UTC（k）的 1PPS 和 10MHz 信号，同时另一台 GNSS 共视时间比对设备安装在被测的时间统一系统部署地，以时间统一系统输出 1PPS 和 10MHz

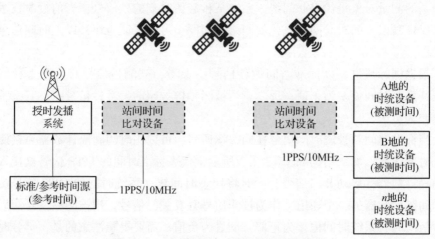

图 12.3.3　站间系统时间偏差测试结构图

信号为参考，经测试和数据处理后，可以得到时间统一系统的系统时间偏差。然后把 GNSS 共视时间比对设备搬运至其他被测系统所在地，依次完成所有站点的系统时间偏差测试。

12.3.4.2　时间信号的一致性和抖动测试

时间统一系统输出时间信号的一致性测试主要是为了评估时间统一系统各输出端口信号与系统参考时间信号间的一致程度，主要反映各信号产生、分配设备之间、分配设备内各通道之间的一致性。测试方法如图 12.3.4 所示，一般使用时间间隔计数器测试，也可以使用高速示波器。为保证测试结果的准确性，测试时需要注意以下事项。

（1）时间间隔计数器建议接入时统设备所在地频率准确度最高的频率标准当频率参考。

（2）通常令参考或被测信号中频率高的信号触发时间间隔计数器的开门信号进行测试。

（3）应特别注意时间间隔计数器各输入通道的信号触发电平参数，一般是上升沿，触发电平设置在斜率最大的地方，典型值如 1V，应根据实际情况设置。

（4）需标定信号输出端口至接入时间间隔计数器的电缆时延，以减少测试引入的误差。

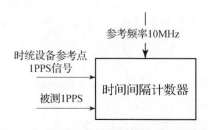

图 12.3.4　时统设备输出时间信号一致性测试

时间信号抖动是表征定时信号相对理想状态的短期随机快速变化，对时间信号的抖动测试，可以使用时间间隔计数器，以边沿陡峭的 1PPS 信号作为参考，或者使用频率短期稳定度较高的 10MHz 信号作为参考，触发时间间隔计数器的开门信号，被测信号触发关门信号，统计一定时间内测量结果的随机起伏情况，反映被测时间信号的抖动指标，一般使用标准差统计。

12.3.4.3　频率准确度测试

频率准确度是用来表征时间统一系统输出信号的实际频率值靠近标称值的程度，用相对值表示。频率偏差是指实际频率值与标称值之差，一般用相对值表示。在使用中两者经常等价。从测试方法看，两者所用方法类似，区别是频率准确度测量需要使用优于被测信号准确度一个量级或者三倍以上的频率标准作为参考，频率偏差可以用来表示任意两台频率标准之间的相对频率偏差，不需要特别关注两频率标准的频率准确度指标差异，频率偏差也不反映被测信号频率与其标称频率的关系。

频率准确度的测试方法可分为两类，一种是测频法，一种是时差法。其中测频法是指使用一台频率准确度优于被测频率信号准确度指标一个量级或三倍以上，且输出频率标称值与被测频率信号相同的频率标准作为参考，使用频率测量仪器直接比较被测频率信号与参考频率信号的频率偏差，测试结构如图 12.3.5 所示，使用频率测量值计算频率准确度如式（12-1）所示。时差法是指使用比相仪或时间间隔计数器进行测量，同样需要一台频率准确度优于被测频率信号准确度指标一个量级或三倍以上，且输出频率标称值与被测频率信号相同的频率标准作为参考，使用比相仪测量确定取样时间内被测信号相对于参考信号的相位变化量值，测量结果按式（12-2）计算频率准确度。当使用时间间隔计数器进行测量时，通常还需要使用分频设备，将频率信号先变换为脉冲信号，然后测量被测信号与参考信号的时差，时差测量结果按式（12-2）可换算为频率准确度。

$$A = \left| \frac{f_0 - f_x}{f_0} \right| \qquad (12-1)$$

式中：f_0 表示参考频率信号标称频率值；f_x 表示被测信号频率值。

$$A = \left| \frac{\Delta\phi}{\phi} \right| = \left| \frac{\Delta T}{T} \right| \qquad (12-2)$$

式中：$\Delta\phi$ 表示测量时段内，被测信号相对于参考频率信号的相位变化值；ϕ 表示取样时间内参考频率信号对应的相位积累值；ΔT 表示测量时段内时差变化值；T 表示产生对应时差变化值所持续的取样时间。

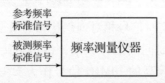

图 12.3.5　测频法测量频率准确度

需要注意的是，不同频率标准的频率准确度测量对应的测量时间长度不同，比如铷原子频率标准的频率准确度，通常使用不少于 100s 的取样时间，铯原子频标的取样时间一般为 24h，需要先了解相关频率标准的测量规程后实施。此外，时间统一系统配备的频率标准通常是原子频标或高稳恒温石英晶体频率标准，对工作环境包括温度、湿度、震动、供电电源等都有一定的要求，应结合频率标准与应用环境特点，保障频率标准所需工作条件。

12.3.4.4 频率稳定度测试

频率稳定度是用来描述平均频率随机起伏程度的量，平均时间称为取样时间，为频率稳定度指标的重要参数。不同的取样时间对应不同的稳定度量值。频率稳定度有多种表征方式，最常用的是阿伦方差的平方根，称为阿伦偏差，有的文章也称其为艾伦方差。根据定义，可以使用频率测量数据或相位测量数据计算阿伦方差，基于频率测量数据的阿伦方差定义如式（12-3）所示。

$$\sigma_y^2(\tau) = \frac{1}{2(M-1)} \sum_{i=1}^{M-1} [y_{i+1} - y_i]^2 \qquad (12-3)$$

式中：y_i 表示第 i 个测量间隔为 τ 的频率偏差均值，i 的取值范围为 $1 \sim M$；M 表示频率偏差均值的总个数。

当测量数据是相位数据，则根据相位数据用式（12-4）计算阿伦方差。

$$\sigma_y^2(\tau) = \frac{1}{2(N-2)\tau^2} \sum_{i=1}^{N-2} [x_{i+2} - 2x_{i+1} + x_i]^2 \qquad (12-4)$$

式中：x_i 表示的相位数据实际内涵是时间偏差量，单位为 s，称为相位数据是为了与时间变量区分，表示第 i 个相位数据。每个相位数据的取样时间为 τ；N 表示测得相位值总数，且 $N = M + 1$。其中取样时间是确定频率稳定度指标的一项重要参数，通常取 1ms、10ms、100ms、1s、10s、100s、1000s、10000s 以及 100000s 等整数值。不同频率标准，根据其在不同取样时间上的频率稳定度表现差异，取样时间有所不同。如晶振频率标准，短期稳定度特性较好，一般关心取样时间100s 以内的稳定度，而针对铯原子或氢原子频率标准，长期稳定度更能反映其频率稳定度性能，所以常关心 1000s 以上取样时间的频率稳定度，甚至 10^5s 以及更长取样时间。取样数据点数与结果置信度有关，数据越多频率稳定度计算结果置信度越高，一般不少于七个，通常要求取样点数为十个以上。

为了评价时间统一系统频率信号的频率稳定度，根据阿伦偏差等频率稳定度分析工具对测量数据的需求，常使用比相仪、频率测量仪、频率稳定度分析仪、时间间隔计数器等专业精密仪器进行测量，测量结构与频率准确度测量类似，如图 12.3.5 所示，测量仪器的主要工作原理包括双混频时差测量法、比时法、比相法、频差倍增法、差拍数字化法等，各测量方法的工作原理见本书第十章。使用时可以根据被测频率信号的频率稳定度指标要求，选择测量噪声远优于被测信号的测量仪器。

高精度的频率稳定度测量需要比被测信号频率稳定一个量级或三倍以上的频率标准作为测试参考。在实际测试时，尤其是针对高稳频率标准的测试时，这一测试条件往往不易满足，为测试其频率稳定度，主要有以下三种折中的测量方法可供选择。

1）互比法

当仅有两台性能相近的频率标准时，可以认为两台不相关的频率标准各自对测量噪声的贡献相当，那么其中一台频率标准的稳定度可以通过将两台互比时得到的结果除以 $\sqrt{2}$ 来近似表征。

2）三角帽法

当有三台或三台以上频率稳定度性能接近的频率标准时，可以采用三角帽法进行测量，其基本原理是两两互测，得到三组或者更多组频率稳定度结果，假设三台频率标准分别用 a，b 和 c 表示，两两测量的方差如式（12-5）所示。

$$\begin{cases} \sigma_{ab}^2 = \sigma_a^2 + \sigma_b^2 \\ \sigma_{ac}^2 = \sigma_a^2 + \sigma_c^2 \\ \sigma_{bc}^2 = \sigma_b^2 + \sigma_c^2 \end{cases} \qquad (12-5)$$

则各频率标准的方差可以表示如下式。

$$\begin{cases} \sigma_a^2 = \dfrac{1}{2}\left[\sigma_{ab}^2 + \sigma_{ac}^2 - \sigma_{bc}^2 \right] \\ \sigma_b^2 = \dfrac{1}{2}\left[\sigma_{ab}^2 + \sigma_{bc}^2 - \sigma_{ac}^2 \right] \\ \sigma_c^2 = \dfrac{1}{2}\left[\sigma_{ac}^2 + \sigma_{bc}^2 - \sigma_{ab}^2 \right] \end{cases} \qquad (12-6)$$

对于三个性能相近的独立频率标准可以采用以上公式确定各自的方差，但当三个频率标准的稳定度差别较大，或数据较少，或相关时，可能出现负方差，三角帽法可能不再适用。

三角帽法应该慎重使用，它不能替代测量中低噪声的参考源，并且三组稳定度数据应该同步测量，最好用于三个频率标准稳定度相近的情况，通过使用三角帽法识别其中稳定度性能最好的频率标准。测量结果若出现负方差，则意味着该方法失效。

3）远程比时法

当本地没有更好的频率标准，甚至没有其他频率标准可以作为测试参考时，为了测试时统设备频率信号的频率稳定度，还可以使用远程站点的频率标准或时统设备的频率信号作为参考，测试结构与频率准确度测试结构类似，如图 12.3.3 所示，将被测频率信号和参考频率信号均分频为 1PPS 信号，使用 GNSS 共视等远程比对方法进行测量，可以获得被测信号在测量间隔 τ_0 内与远程参考信号的时差值 T_{RA}，则被测信号相对于参考信号的频率偏差值可以根据式（12-7）计算。

$$y_{RA}(\tau_0) = \frac{1}{\tau_0}(T_{RA(i+1)} - T_{RAi}) \qquad (12-7)$$

在测量时间内可以获得 $(M+1)$ 个 T_{RA}，可得到 M 个 $y_{RA}(\tau_0)$，其平均值 $\bar{y}_{RA}(\tau_0)$ 如式（12-8）所示，作为被测时统设备频率信号相对于参考频率标准的频率偏差值 $y_{RA}(\tau)$，即可使用阿伦偏差算式计算被测信号的频率稳定度。

$$\bar{y}_{RA}(\tau_0) = \frac{1}{\tau}[T_{RA(M+1)} - T_{RA1}] \qquad (12-8)$$

远程比时法受限于比对技术的测量误差，难以满足低取样时间的频率稳定度测试需求，通常用于千秒及以上取样时间频率稳定度测试。

除了需要注意选择合格的参考频率标准，频率稳定度测试还需要考虑测试仪器的工作带宽，频率稳定度的测试实质上就是对频率标准或时间统一系统输出频率信号的噪声测量，为了使测试结果能反映频率信号噪声的实际情况，要求测试仪器的带宽大于所测噪声带宽。一般对带宽的约束与所测阿伦偏差对应的取样时间有关，要求取样时间和测量带宽满足如式（12-9）所示关系。

$$f_h > \frac{1}{\tau} \qquad (12-9)$$

式中：f_h 为测试仪器的截止频率；τ 为对应阿伦偏差的取样时间。

通常频率稳定度分析仪的测量带宽可以配置，也有部分仪器是自动根据取样时间默认配置工作带宽，如果可以配置，在测试时注意满足要求即可。

12.3.4.5　最大时间间隔误差测试

为了分析时间统一系统输出信号的时间波动性能，常用的评价参数是最大时间间隔误差，表征时间统一系统在确定时间间隔内最大的时间变化量。

最大时间间隔误差的测试需要获得被测时间信号与标准时间或参考时间信号的时差值，时差值的获取方法与系统时间偏差的测试相同，测试结构如图 12.3.2 和图 12.3.3 所示。

最大时间间隔误差（MTIE）计算方法是通过滑动一个包含 n 个时间差（或相位差）数据点的窗口，计算每个窗口内最大值与最小值之差，其中 $n = \tau/\tau_0$。MTIE 的估计对象是整个数据序列的最大时间间隔误差。根据式（12-10）计算。

$$MTIE(\tau) = Max_{1 \leqslant k \leqslant N-n}\{Max_{k \leqslant i \leqslant k+n}(x_i) - Min_{k \leqslant i \leqslant k+n}(x_i)\} \qquad (12-10)$$

式中：$n-1,2,\cdots,N-1$；N 表示相位数据点数。

MTIE 用于测量时统设备输出时间信号的偏差峰值，因此对单个极值、瞬时值或是奇异值尤为敏感。

12.4 参考文献

[1] 童宝润. 时间统一系统[M]. 北京:国防工业出版社,2003.

[2] HOWE D A,PEPPLER T K. Very long – term frequency stability:estimation using a special – purpose statistic [C]. Proc. 2003 IEEE International Frequency Control Symposium,2003:233 – 238.

12.5 思考题

1. 除了文中提到的应用，时统设备可能还会应用到什么地方，具体功能性能需求是什么？

2. 时统设备的设计，需要注意哪些因素？

3. 除了文中提到的时统设备关键技术指标，还有哪些技术指标是时统设备可能会关心的，请结合应用场景举例？

4. 时间统一系统中，如何保证时统设备输出信号与标准时间或参考时间同步，工作原理是什么？

5. 如何提高时统设备的可靠性？重点考虑哪些环节？

6. 设计一个时统设备，主要性能需求包括 10MHz 频率稳定度优于 $5 \times 10^{-12}/s$，长期稳定度优于 $5 \times 10^{-14}/d$，频率准确度优于 5×10^{-12}，时间同步不确定度优于 10ns。给出原理图、设备组成。